高等学校土建类专业应用型本科“十四五”规划教材
高等学校土建类专业“互联网+”创新教材

混凝土结构设计原理

主　编　田　悦
副主编　于明鑫　吴　骞　金　焕

武汉理工大学出版社
·武　汉·

内容简介

本书依据现行国家标准《混凝土结构设计标准》(GB/T 50010—2010)(2024年版)、《混凝土结构通用规范》(GB 55008—2021)、《工程结构通用规范》(GB 55001—2021)、《建筑结构可靠性设计统一标准》(GB 50068—2018)及有关规范、图集等,并结合编者多年的教学实践编写而成。本书主要内容包括绪论,混凝土结构材料物理力学性能,结构设计原则,受弯构件正截面承载力,受弯构件斜截面承载力,受压构件截面承载力,受拉构件截面承载力,受扭构件截面承载力,钢筋混凝土构件的裂缝、变形及耐久性设计,预应力混凝土结构构件,并在本书最后附有钢筋混凝土肋梁楼盖设计实训,突出实践性与应用性。

本书可作为高等学校土木工程专业及相关专业教材,也可供工程技术人员及科研人员使用。

图书在版编目(CIP)数据

混凝土结构设计原理 / 田悦主编. -- 武汉 : 武汉理工大学出版社, 2025. 1.
ISBN 978-7-5629-7046-0
Ⅰ. TU370. 4
中国国家版本馆 CIP 数据核字第 2024ZP1595 号

项目负责人:王利永(027-87290908)
责任编辑:王 思
责任校对:余士龙
排版设计:正风图文
出版发行:武汉理工大学出版社
地　　址:武汉市洪山区珞狮路 122 号
邮　　编:430070
网　　址:http://www.wutp.com.cn
经　　销:各地新华书店
印　　刷:武汉乐生印刷有限公司
开　　本:787 mm×1092 mm 1/16
印　　张:18
字　　数:458 千字
版　　次:2025 年 1 月第 1 版
印　　次:2025 年 1 月第 1 次印刷
定　　价:46.00 元

凡购本书,如有缺页、倒页、脱页等印装质量问题,请向出版社发行部调换。
本社购书热线:027-87523148 87391631 87165708(传真)

前　言

混凝土结构设计原理是土木工程专业的专业基础课，本书依据现行国家标准《混凝土结构设计标准》(GB/T 50010—2010)(2024 版)、《混凝土结构通用规范》(GB 55008—2021)、《工程结构通用规范》(GB 55001—2021)、《建筑结构可靠性设计统一标准》(GB 50068—2018)及有关规范、图集等，并结合编者多年的教学实践经验编写而成。

本书按混凝土构件的受力性能和特点划分章节，主要内容包括绪论，混凝土结构材料物理力学性能，结构设计原则，受弯构件正截面承载力，受弯构件斜截面承载力，受压构件截面承载力，受拉构件截面承载力，受扭构件截面承载力，钢筋混凝土构件的裂缝、变形及耐久性设计，预应力混凝土结构构件，并在最后增加整体式肋梁楼盖设计实训。本书编写时，力求内容充实，重点突出，语言通俗易懂，由浅入深，循序渐进，有明确的计算方法和实用设计步骤，为了利于教学和自学，每章均有本章概要、学习目标、本章小结及思考题等，并在每章最后设置特色的能力训练项目，以加深对所学知识的理解与应用，基于“互联网＋教育”的教学理念，可通过扫描书中设置的二维码，对本章节相关知识点进行在线测试。

本书由沈阳城市建设学院、广东石油化工学院、上海建工五建集团东北分公司共同合作编写，沈阳城市建设学院田悦担任主编，沈阳城市建设学院于明鑫、上海建工五建集团东北分公司吴骞、广东石油化工学院金焕担任副主编，沈阳城市建设学院张明月、岳川云、金子捷、闫密、张君兰、高蕉、王志博、王子靖参与编写。具体分工为如下：田悦编写第 1、9、11 章，岳川云编写第 2 章，张明月、金子捷、王子靖编写第 3、6 章，闫密、张君兰、高蕉编写第 4、5 章，于明鑫编写第 7、8 章，金焕编写第 10 章，吴骞编写各章思考题、习题、能力训练项目及各种案例等，王志博负责编写附录及全书校核。全书由田悦负责最终统稿工作。同时感谢沈阳建筑大学吴献、张曰果对本书提出的宝贵意见，在此表示衷心感谢。

本书在编写过程中参考了大量文献，并引用了一些学者的资料，在本书的参考文献中一一列出，由于编者水平有限，书中缺点甚至错误在所难免，敬请读者批评指正。

编　者

2024 年 9 月

目　录

1 绪　论

本章概要

本章主要讲述内容：混凝土结构一般概念；混凝土结构的发展与应用；本课程的主要内容与学习方法。

学习目标

通过本章的学习，熟悉混凝土结构一般概念，理解钢筋和混凝土共同工作的原理，了解混凝土结构的特点，了解混凝土结构的发展与应用，了解混凝土结构设计原理课程特点，以及在课程学习中应注意的事项，能够理解配筋的主要作用及对配筋的基本要求。

1.1 混凝土结构一般概念

1.1.1 混凝土结构的定义与分类

以混凝土材料为主制作的结构称为混凝土结构，包括素混凝土结构、钢筋混凝土结构、预应力混凝土结构等。

素混凝土结构是指无筋或者不配置受力钢筋的混凝土结构。素混凝土结构承载力较低，其破坏表现出明显的脆性，很少用于建筑工程的承力结构。

钢筋混凝土结构是指配置有受力的普通钢筋、钢筋网或钢筋骨架的混凝土结构。图 1.1(a)所示为钢筋混凝土简支梁配筋图，图 1.1(b)所示为钢筋混凝土简支板配筋图。

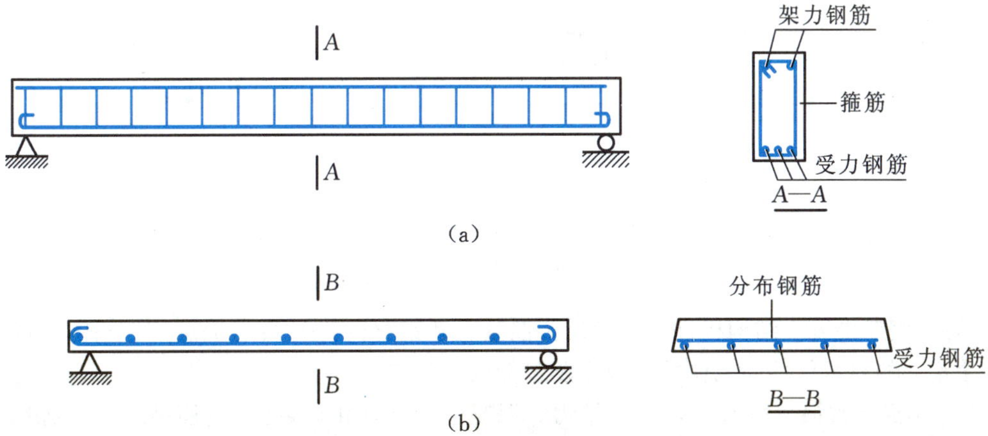

图 1.1　钢筋混凝土结构配筋图

预应力混凝土结构是指由受力的预应力钢筋，通过张拉或者其他方法建立预应力的混凝土结构。

本书重点讲述钢筋混凝土结构的材料性能、设计方法、结构构件计算方法及构造要求，不讲述素混凝土相关内容，对于预应力混凝土结构在本书第 10 章中讲述。

1.1.2 混凝土结构的组成原理

混凝土结构主要由混凝土和钢筋两种材料组成，两种材料有各自的优缺点：混凝土抗压强度高，耐火性好，但抗拉强度低，一般来说抗拉强度是抗压强度的 1/18～1/8，破坏时表现出明显的脆性；钢筋抗拉强度和抗压强度均很高，破坏时表现出明显的延性，但耐火性差，容易锈蚀。

以钢筋混凝土简支梁为例，如图 1.2 所示，在混凝土受拉区设置适量钢筋，当混凝土开裂后，钢筋可以继续承受拉力，梁不但不会脆性断裂还可以继续承受增加的荷载，变形将相应发展，裂缝的数量和宽度将增大，受拉钢筋屈服之后，荷载还会略有增加，直至受压区边缘混凝土被压碎，梁才破坏。破坏前，构件变形较大，有明显破坏征兆，属于延性破坏。混凝土保护层又可防止钢筋受火灾危害和锈蚀，可见，在素混凝土梁内合理配置受力钢筋不但改变了梁的破坏类型，而且梁的承载能力、变形能力及耐久性能均有很大提高。

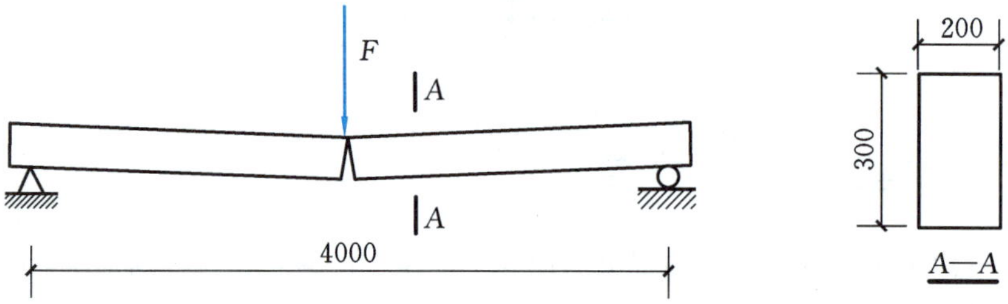

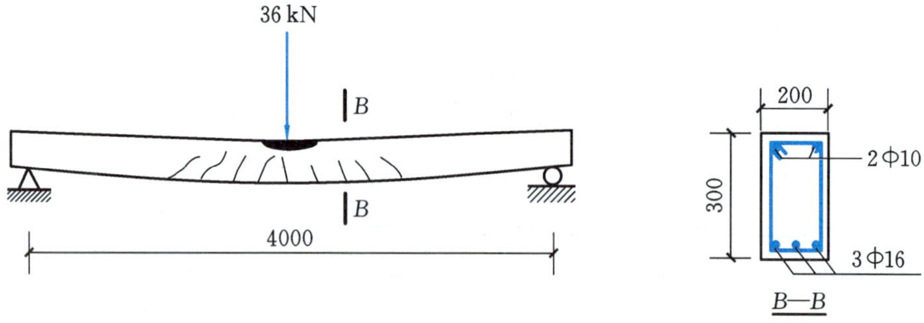

图 1.2 素混凝土梁与钢筋混凝土梁的破坏情况对比

(a)素混凝土梁；(b)钢筋混凝土梁

因此，钢筋混凝土结构构件充分利用了混凝土和钢材两种材料的优点，取长补短，两种性质完全不同的材料能共同工作的原因主要包括以下几点：

(1) 钢筋与混凝土具有良好的黏结力。混凝土凝结硬化后，能与钢筋黏结在一起形成整体，以保证两者共同受力，协调变形。

(2) 钢筋与混凝土具有相似的温度线膨胀系数。钢筋温度线膨胀系数为 $1.2\times10^{-5}/℃$，混凝土温度线膨胀系数为 $(1.0\sim1.5)\times10^{-5}/℃$，当温度发生变化时钢筋与混凝土之间不会产生较大的相对变形而破坏两者之间的黏结力。

(3) 保护层的存在。混凝土包围在钢筋的外围，起着保护钢筋免遭锈蚀的作用，这对两种材料共同工作无疑也是一种保证。

在钢筋混凝土结构构件中，受力钢筋的布置和数量都应由计算和构造要求确定。

1.1.3 混凝土结构的特点

1.1.3.1 混凝土结构的优点

(1) 材料利用合理，就地取材。钢筋混凝土结构合理发挥了钢筋和混凝土两种材料的优点，混凝土结构中砂、石比例较大，水泥和钢筋比例较小，砂、石易于就地取材，还可以有效利用粉煤灰、矿渣等工业废料。

(2) 整体性好，刚度大。整体现浇或者装配整体式钢筋混凝土结构具有很好的整体性，刚度大，变形小，有利于抵抗振动和防爆。

(3) 可模性好。钢筋混凝土结构可以根据需求现浇成各种形状和尺寸。

(4) 耐久性、耐火性好，维护费用较低。混凝土呈碱性，钢筋包裹在混凝土里，不易被锈蚀。同时由于保护层的存在，混凝土是热的不良导体，受到火灾等高温作用时，混凝土可保护钢筋，提高结构的耐火性。

1.1.3.2 混凝土结构的缺点

(1) 自重大。普通钢筋混凝土的重度为 25 kN/m^3，结构构件的截面尺寸一般也比较大，对于大跨度结构、高层建筑结构等是不利的。解决这个问题可以采用轻质混凝土、高强混凝土、预应力混凝土等。

(2) 抗裂度差。由于混凝土的抗拉强度很低，钢筋混凝土在正常使用阶段都是带裂缝工作的，混凝土结构的裂缝限制了混凝土结构的适用范围，也会影响结构的耐久性和美观，可以采用预应力混凝土解决这个问题。

(3) 承载力有限。与钢材比，混凝土的强度比较低，因此作为承受荷载的构件、高层建筑底部结构或者大跨度结构时，需要较大的构件尺寸，占用较大的建筑空间。需要使用高强混凝土、钢骨混凝土、钢管混凝土或者预应力混凝土解决这些问题。

(4) 混凝土结构施工复杂、工序多、周期长，受季节性影响比较大。混凝土结构施工工序很多，包括支模、绑钢筋、浇筑混凝土、养护等，而且受季节性影响很大，冬季温度过低不易施工。

(5) 混凝土结构一旦破坏，其修复和加固比较困难。

综上所述不难看出，混凝土结构优点突出，虽然有很多缺点，但均可以克服，因此混凝土结构在房屋建筑、地下结构、桥梁、隧道、铁路、水利工程等领域都得到广泛应用。

1.2 混凝土结构的发展与应用

1.2.1 混凝土结构的发展

现代混凝土结构是随着水泥和钢铁工业的发展而发展起来的，至今已有近 200 年的历史。与钢、木和砌体结构相比，由于混凝土在物理力学性能、材料来源及工程造价等多个方面的优点，发展速度很快，应用也最广泛。

混凝土结构发展按时间主要分为以下三个阶段：

第一阶段从钢筋混凝土的发明至 20 世纪初。1824 年，英国人约瑟夫·阿斯普丁(Joseph Aspdin)发明了波特兰水泥并取得了专利。1850 年，法国人蓝波特(L.Lambot)制成了铁丝网水泥砂浆结构小船。1861 年，法国人约瑟夫·莫尼埃(Joseph Monier)制造了钢筋混凝土板、管道和拱桥，并获得了专利。这个阶段可以称为混凝土结构的发展初级阶段，钢筋和混凝土的强度都比较低，主要用于建造中小型楼板、梁、柱、拱和基础等构件。结构内力和构件截面计算均套用弹性理论，采用容许应力设计方法。

第二阶段从 20 世纪 20 年代到第二次世界大战前后。混凝土和钢筋强度的不断提高，材料性能不断改善，结构形式的多样化，施工方法的革新，使得混凝土结构可以用来建造大跨度、高层建筑，使钢筋混凝土结构进入大量运用阶段。计算理论开始考虑混凝土塑性性能的破损阶段设计法(failure stage design method)，50 年代又提出更为合理的极限状态设计法(limit state design method)，奠定了现代钢筋混凝土结构的基本计算理论。

第三阶段是第二次世界大战以后到现在。出现装配式钢筋混凝土结构、泵送商品混凝土等工业化生产技术；建造了一大批超高层建筑、大跨度桥梁、特长跨海隧道、高耸结构等大型工程，成为现代土木工程的标志；设计计算理论发展了以概率理论为基础的极限状态设计法，基础理论问题大都得到解决，而新型混凝土材料及其复合结构形式的出现又不断提出新的课题，并不断促进混凝土结构的发展。

随着工程建设的不断发展及工程要求的不断提高，混凝土材料、结构形式及计算理论发展越来越快。

从材料方面讲，轻质高强、高性能、绿色材料是混凝土发展的主要方向，世界各国使用的混凝土强度在 20 世纪 30 年代约 10 MPa，到 20 世纪 50 年代提高到 20 MPa，20 世纪 60 年代约为 25 MPa，20 世纪 80 年代初在发达国家 C50 级混凝土已经普遍采用，我国目前应用的高强混凝土已经达到 C100 级以上，近年来国内外已制成强度为 200 MPa 以上的混凝土。高强度混凝土的出现扩大了混凝土结构的应用范围，混凝土与纤维材料复合或与有机材料组合，制成纤维混凝土、聚合物混凝土等，利用建筑垃圾等再生材料可以制成绿色环保混凝土。

从结构方面讲，混凝土结构在应用最初所用材料强度很低，所建结构规模很小，随着混凝土结构不断发展，预应力混凝土的出现使混凝土结构的抗裂性得到根本的改变，使高强度钢筋能够在混凝土结构中得到有效利用。

从计算理论与设计方法方面讲，20 世纪 30 年代之前，混凝土结构设计计算采用的都是弹性理论，应用允许应力设计法，不考虑混凝土的非线性性质。1938 年苏联颁布了世界上第一个按破损阶段设计钢筋混凝土构件的规范，标志着钢筋混凝土构件承载力计算的实用方法进入了一个新的发展阶段。在此基础上，到 20 世纪 50 年代发展了极限状态设计理论，奠定了现代钢筋混凝土结构的基本设计理论。20 世纪 80 年代以来，以概率论为基础的结构可靠度理论有了很大发展，我国现行《混凝土结构设计标准》(GB/T 50010—2010)(2024 年版)积累了半个多世纪以来的工程实践经验和科研成果，把我国混凝土结构设计方法提高到了当前国际水平，在工程设计中发挥指导作用。

1.2.2 混凝土结构的应用

混凝土结构不仅大量应用于工业与民用建筑中，还广泛用于大跨度结构、高耸结构、特种结构、水利工程等各个领域。

(1) 工业与民用建筑，单层及多层房屋，如单层厂房、多层厂房、多层框架结构等；高层建筑，如框架结构、剪力墙结构、筒体结构、框筒结构、筒中筒结构、桁架筒结构、成束筒结构等；大跨屋盖结构，包括平面结构体系和空间结构体系。目前，我国最高建筑是 2016 年建成的上海中心大厦(图 1.3)，高达 632 m，采用了“巨型框架-核心筒-伸臂桁架钢-混凝土”抗侧力混合结构体系；世界上最高的建筑是 2010 年建成的阿拉伯联合酋长国迪拜市的哈利法塔(图 1.4)，高达 828 m，大楼的中心有一个采用钢筋混凝土结构的六边形“扶壁核心”。

图 1.3 上海中心大厦

图 1.4 哈利法塔

(2) 地下建筑工程，包括各种工业、交通、民用和军用的地下工程，如矿井和巷道、铁路隧道和道路隧道、地下铁道和水底隧道、地下仓库和油库，以及各种用途的输水工程和其他的水下隧道等。港珠澳大桥有一段 6.7 km 长的世界最长海底沉管隧道，隧道被埋设在海平面以下，最深处超过 40 m。

(3) 特种工程结构，包括高耸结构、海洋工程结构、管道结构和容器结构等，如烟囱、冷却塔、水池、筒仓、料斗、料仓和储罐、电视塔等。目前，世界最高的混凝土电视塔是 2012 年建成的日本东京晴空塔(图 1.5),高达 634 m;我国最高的电视塔是 2009 年建成的广州电视塔(图 1.6),高达 600 m,由钢筋混凝土内核心筒与钢结构外框筒及连接两者之间的组合楼层构成。

图 1.5　日本东京晴空塔

图 1.6　广州电视塔

(4) 道路与桥梁工程,中小跨度桥梁大部分采用钢筋混凝土建造,大跨度桥梁以预应力混凝土为主,桥梁结构形式有梁、拱、桁架、悬索、斜拉等。目前,港珠澳大桥全长 55 km,是世界上最长的跨海大桥;重庆万州长江大桥是世界上最大的混凝土拱桥,主跨 420 m。

(5) 水利工程,如坝、水电站、拦洪坝、引水渡槽、船闸、船坞、码头、污水池、港口、排灌管等。我国长江三峡水利枢纽工程是世界上最大的水利工程,混凝土大坝高 186 m,坝体混凝土用量达 1527 万 m^3。

1.3　本课程的主要内容

混凝土结构设计原理课程主要是对建筑工程中混凝土结构构件的受力性能、计算方法和构造要求等问题进行探讨。通过本课程的学习,并通过课程设计和毕业设计,使学生初步具备运用这些理论知识正确进行混凝土结构设计及解决实际工程问题的能力。

“混凝土结构设计原理”首先介绍混凝土结构的材料性能,然后讲述混凝土结构设计方法,接着主要研究混凝土构件,如受弯、受压、受拉、受扭及组合受力构件的受力性能,截面设计原理及基本构造要求,混凝土构件的裂缝、变形和耐久性,最后介绍预应力混凝土结构构件设计。

混凝土结构课程和许多课程关系密切、互相呼应,有的需要先行掌握,有的是后续课程,例如:

(1) 土木工程材料课程。课程中有关混凝土和钢材的基本知识。要正确理解混凝土结构的性能，就必须先熟悉混凝土结构组成材料，即钢筋和混凝土材料的性能。

(2) 材料力学课程。混凝土结构基本原理涉及钢筋混凝土及预应力混凝土的材料力学知识，材料力学解决问题的观点和方法可为解决混凝土结构问题提供借鉴，只不过考虑问题时要顾及混凝土材料具体性能的特点。

(3) 结构力学课程。结构力学课程中对各种结构的内力分析和变形计算，都是混凝土结构计算中要用到的，必须掌握。

(4) 房屋建筑学课程。有关建筑方案、房屋构造方面的知识等，均可为混凝土结构设计打下基础。

(5) 其他课程。本课程仅讨论混凝土在荷载作用下的计算，有关地震作用的设计计算与结构抗震课程有关；混凝土结构的基础方面的知识与土力学、地基基础和工程地质课程有关；研究混凝土结构有时要做构件和结构的试验，这又跟结构试验课程有关；混凝土结构设计还必须经济合理、方便施工，这必然与土木工程施工课程、工程管理、政策与法规等课程相关。

“混凝土结构设计原理”课程是以试验研究为基础的，因为材料复杂、离散性高、受力机理和破坏规律复杂、计算方法具有局限性、公式多、规定多，学好本门课并非易事，在学习中注意把握以下几个关键问题：

(1) 首先要对钢筋和混凝土的力学性能有很好的认识。钢筋混凝土材料既不是理想的弹性材料，也不是理想的塑性材料，其力学性能决定了结构构件的非线性性质。掌握这两种材料的力学性能是理解混凝土结构的受力性能和破坏特征的基础。

(2) 理解构件和结构设计是一个综合性问题。需要遵循建筑方针，考虑适用、经济(造价、材料用量)、安全、施工可行，牵涉到方案的比较、构件选型、材料选择、配筋构造、施工方案等。许多构件设计不是唯一的，没有正确与否，只有合理与否，最终设计结果应经过各种方案的比较，才能确定较为合适的一个设计结果。

(3) 突出重点，深刻理解重要的概念，不要死记硬背。本课程内容多、计算公式多而复杂，构造要求多，学习时应该突出重点，掌握学习的主线(从试验现象到受力机理与破坏规律)，对于半理论半经验公式，要理解这些公式的本质和应用条件，正确使用。特别应做好复习总结工作，为此本书的每章后都附有“本章小结”，以帮助学生复习。

(4) 要学会运用相关规范或者规程。本课程实践性很强，基本原理与设计方法源于对相关规范的正确理解。本课程与《混凝土结构设计标准》(GB/T 50010—2010)(2024 年版)、《建筑结构可靠性设计统一标准》(GB 50068—2018)、《建筑结构荷载规范》(GB 50009—2012)等有关规范或者规程是国家技术政策在工程实践中的具体体现，规范条文尤其是强制性条文是设计中必须遵守的，只有正确理解规范条文的概念和实质，才能充分发挥设计者的主动性。遵循规范但不盲从，随着科学技术的发展，结构分析和设计方法不断革新，各国每隔一段时间都要对结构设计标准或规范进行修订，因此在学习和运用规范的过程中，也要善于发现问题，灵活运用，勇于创新。

【在线测试】

【本章小结】

(1) 混凝土结构是以混凝土为主要材料制成的结构，一般分为素混凝土结构、钢筋混凝土结构和预应力混凝土结构等。由于素混凝土结构应用的局限性，本课程主要讲述钢筋混凝土结构及预应力混凝土结构。

(2) 钢筋和混凝土两种力学性质完全不同的材料能共同工作是基于三个条件，在混凝土中配置钢筋之后的构件承载力相较相同条件的素混凝土构件有了很大的提高，构件的受力性能得到极大改善，混凝土结构有很多优点及缺点，应通过合理设计，发挥优点、克服缺点。

(3) 本课程主要讲述混凝土结构构件设计原理，在构件设计中要根据结构使用功能要求，考虑经济性和施工条件等，选择合理的设计方案，其基本原理及设计方法主要源于规范，学会应用规范，但不盲从，根据课程特点，注意学习方法。

思考题

1.1 什么是混凝土结构？请简述常见的混凝土结构分类及其定义。

1.2 试分析相同条件下素混凝土构件与钢筋混凝土构件在承载力和受力性能方面的差异。

1.3 钢筋和混凝土两种不同材料能够一起有效工作的原理是什么？

1.4 混凝土结构有哪些优点和缺点？

1.5 学习本课程应该注意哪些事项？

能力训练项目

一、训练目的：根据本章内容，结合自己所在家乡或者熟悉的城市，介绍一个用混凝土建造而成的工程。

二、训练要求

1. 通过查资料或实地走访，介绍混凝土工程建成时间、结构形式、结构特点、主要用途，并对比钢结构、砌体结构类似项目的优缺点。

2. 需要配图片，字数不少于 1000 字。

2 混凝土结构材料物理力学性能

本章概要

本章主要包括钢筋的物理力学性能、混凝土的物理力学性能、钢筋与混凝土的黏结三部分内容，主要介绍钢筋的种类与级别；钢筋的强度与变形；混凝土结构对钢筋性能的要求及选用原则；混凝土在各种受力状态下的强度与变形性能；钢筋与混凝土之间的黏结。

学习目标

通过本章学习，要求熟悉土木工程中常用钢筋的品种及级别；掌握钢筋物理力学性能；熟悉混凝土在各种受力状态下的强度与变形性能；熟悉黏结力的组成，理解黏结力的影响因素及保证措施；学会混凝土结构钢筋与混凝土的选用原则；学会查表得到钢筋与混凝土的强度、弹性模量等。

2.1 钢　　筋

2.1.1 钢筋的种类和级别

2.1.1.1 钢筋的种类

钢筋按外形可分为光面钢筋和变形钢筋两大类。光面钢筋又称“圆钢”[图 2.1(a)]，光面钢筋的截面呈圆形，其表面光滑无花纹。变形钢筋也称为带肋钢筋，俗称“螺纹钢”，是在钢筋的表面轧制纵向和斜向的凸缘。根据凸缘的形状和排布不同，可分为螺旋纹[图 2.1(b)]、人字纹[图 2.1(c)]和月牙纹[图 2.1(d)]等。

钢筋按化学成分可分为碳素钢和普通低合金钢两类。碳素钢除含有铁元素外，还含有少量的碳、硅、锰、硫、磷等。根据含碳量的多少，碳素钢可分为低碳钢(含碳量小于 0.25%)、中碳钢(含碳量为 0.25%～0.6%)、高碳钢(含碳量为 0.6%～1.4%)。钢筋的强度随碳含量的增加而提高，但塑性和韧性会随之降低。普通低合金钢则是在冶炼的过程中加入了少量的合金元素，如锰、硅、钒、钛等，以改善钢筋的强度、塑性和焊接性等。

钢筋按生产工艺可分为热轧钢筋、冷加工钢筋和热处理钢筋，其中应用最广泛的是热轧钢筋。热轧钢筋是由低碳钢、普通低合金钢在高温状态下轧制而成的软钢；冷加工钢筋是将某些热轧光面钢筋经过冷拉、冷拔或冷轧、冷扭等工艺进行再加工而得到的直径较小的光面或变形钢筋，有冷拉钢筋、冷拔钢丝、冷轧带肋钢筋和冷扭钢筋。热轧钢筋经过冷加工后强度提高，但塑性(伸长率)明显降低，因此冷加工钢筋主要用于延性要求不高的板类构件；热处理钢筋是由轧制的钢筋经高温淬水、余热回温处理后得到的，其强度较高，价格相对较低，但可焊性、机械

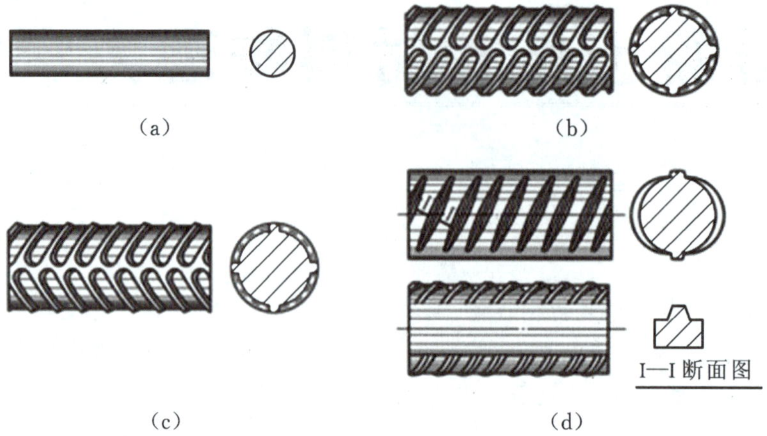

图 2.1 钢筋的表面及截面形状

(a)光面钢筋;(b)螺旋纹钢筋;(c)人字纹钢筋;(d)月牙纹钢筋

连接性能及施工适应性稍差,可在对延性及加工性能要求不高的构件中使用。

钢筋按照受力性能的不同,分为有明显屈服点的钢筋(又称为“软钢”)和无明显屈服点的钢筋(又称为“硬钢”)。

2.1.1.2 钢筋的级别

我国《混凝土结构通用规范》(GB 55008—2021)规定,在钢筋混凝土结构中使用的钢筋为热轧钢筋,按强度不同可分为 3 个强度等级:300 MPa、400 MPa、500 MPa。

(1) HPB300 级热轧光面钢筋,HPB 为英文名称 Hot Rolled Plain Steel Bars 的缩写,300 是其屈服强度标准值,用代号“ф”表示。

(2) HRB400 级、HRBF400 级、RRB400 级分别为热轧带肋钢筋、细晶粒热轧带肋钢筋和余热处理带肋钢筋,HRB 为英文名称 Hot-rolled Ribbed-steel Bar 的缩写,HRBF 在热轧带肋钢筋的英文缩写后面加“细”的英文缩写 Fine 首位字母,RRB 为英文名称 Remained Heat-treatment Ribbed Steel Bars 的缩写,用代号Φ、Φ^F、Φ^R表示。

(3) HRB500 级、HRBF500 级分别用代号Φ、Φ^F表示。

普通钢筋的种类、代表符号、直径范围及强度标准值见附表 1.1

2.1.2 钢筋的强度和变形

钢筋的强度与变形可以通过单向拉伸试验得到的钢筋应力-应变关系曲线来说明。钢筋按照受力性能不同可以分为两类:一类是有明显屈服点的钢筋,如图 2.2(a)所示,在工程中常用的热轧钢筋就属于这类;另一类是无明显屈服点的钢筋,如图 2.2(b)所示,高强度钢丝、热处理钢筋就属于这类。

2.1.2.1 有明显屈服点的钢筋

有明显屈服点钢筋拉伸时的应力应变曲线如图 2.2(a)所示。从图 2.2(a)中可以看到,Oa 为一段斜直线,其应力与应变之比为常数,应变在卸荷后能完全消失,称为弹性阶段,与 a 点相应的应力称为比例极限。

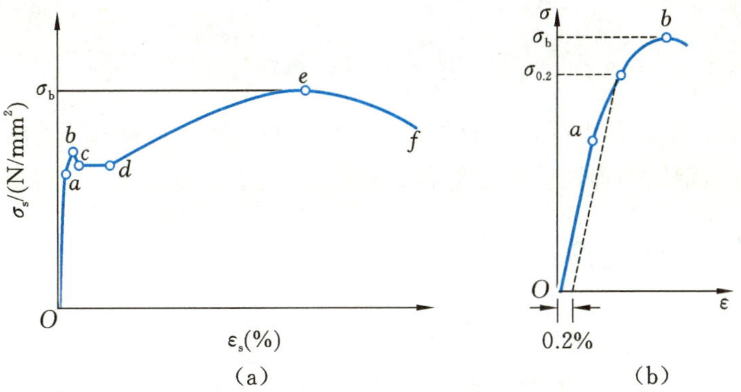

图 2.2　钢筋应力-应变曲线

(a)有明显屈服点的钢筋；(b)没有明显屈服点的钢筋

曲线到达 b 点后，钢筋开始进入屈服阶段，该点称为屈服上限，它与加载速度、截面形式、试件表面粗糙度等因素有关，通常 b 点是不稳定的。c 点称为屈服下限，c 点较稳定，通常将其作为屈服强度的取值，该点对应的应力称为屈服强度。

到达 c 点后，钢筋应力保持不变，应变急剧增加，曲线出现趋于水平的一段 cd，cd 段称为屈服台阶或流幅。

经过屈服阶段之后，钢筋内部晶粒经调整重新排列，抵抗外荷载的能力又有所提高，de 段称为强化阶段，e 点对应的应力称为钢筋的抗拉强度或极限强度，而与 e 点应力相对应的荷载是试件所能承受的最大荷载，称为极限荷载。

过 e 点之后，在试件的最薄弱截面出现横向收缩，截面逐渐缩小，塑性变形迅速增大，出现所谓颈缩现象，此时应力随之降低，直至 f 点试件断裂。

对于有明显屈服点的钢筋，通常有两个强度指标：一个是对应 c 点的屈服强度，由于屈服之后钢筋的塑性变形将急剧增加，钢筋混凝土构件将出现很大的变形和过宽的裂缝，以致不能满足正常使用要求。因此一般结构计算中不考虑钢筋的强化段而取屈服强度作为设计强度的依据；另一个是对应 e 点的极限抗拉强度，一般情况下用作材料的实际破坏强度，钢筋的强屈比(极限抗拉强度与屈服强度的比值)表示结构的可靠性潜力，在抗震结构中，考虑到受拉钢筋可能进入强化阶段，要求钢筋的抗拉强度也不能过低，若与屈服强度太接近则是危险的，要求强屈比不小于 1.25。

2.1.2.2　无明显屈服点的钢筋

无明显屈服点的钢筋拉伸的应力-应变关系曲线如图 2.2(b)所示。在应力未超过 a 点时，应力-应变关系曲线为直线，称为弹性阶段，a 点对应的应力称为比例极限，应力相当于其抗拉强度的 65%。此后钢筋出现塑性变形，直至最高点 b 点之前均没有屈服点，最高点对应的应力为极限抗拉强度，过最高点之后钢筋很快被拉断，破坏时呈脆性。

对于无明显屈服点的钢筋，在工程设计中一般取残余应变为 0.2%时的应力 $\sigma_{0.2}$ 作为强度设计指标，称为条件屈服强度，对应于极限抗拉强度 σ_b 的 85%。

2.1.2.3　钢筋的弹性模量

钢筋屈服前(严格地讲是达到比例极限之前)，应力-应变为直线关系，应力与应变的比值为钢筋的弹性模量。弹性模量主要用于构件变形和预应力混凝土结构截面应力的分析和验算，用 E_s 表示，即：

$$E_s=\frac{\sigma}{\varepsilon}=常数 \tag{2.1}$$

各种钢筋的弹性模量是根据钢筋的受拉试验确定的，同一种钢筋的受拉弹性模量与受压弹性模量相同，各类钢筋的弹性模量见附表 1.5。

2.1.3 钢筋的塑性性能

2.1.3.1 伸长率

钢筋的伸长率是指钢筋拉断的伸长值与原长的比值。伸长率越大，钢筋的塑性性能越好。伸长量用 δ 表示，即：

$$\delta=\frac{l'-l}{l}\times 100\% \tag{2.2}$$

式中 l——钢筋拉伸试验试件的原长度；

l'——试件经拉断并重新拼合后测断口两侧的标距，即产生残留伸长后的标距。

一般钢筋的原长取标距 $10d$ 或 $5d$（d 为钢筋试件直径），记为 δ_{10} 或 δ_5。

混凝土结构对钢筋最大力作用下总伸长率限值的要求见附表 1.6。

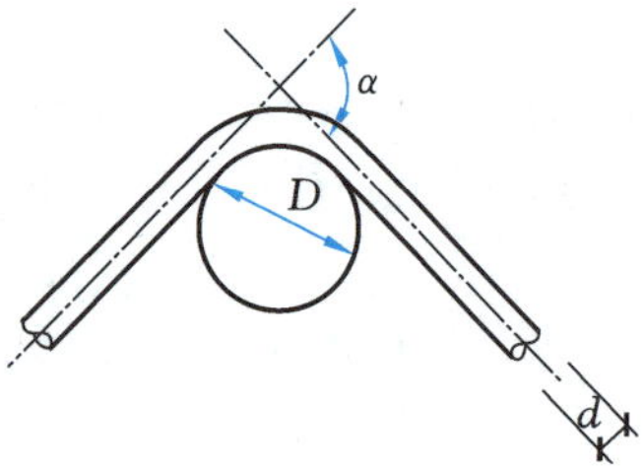

图 2.3 钢筋的冷弯试验

α—冷弯角度；D—辊轴直径；d—钢筋直径

2.1.3.2 冷弯性能

钢筋的冷弯是钢筋弯曲到一定程度而不破坏的能力。冷弯试验是将直径为 d 的钢筋绕弯心（直径为 D）弯曲到规定的角度，通过检查被弯曲后的钢筋试件是否产生裂纹、断裂来判断钢筋冷弯性能合格与否，如图 2.3 所示。

弯转角度 α 越大、弯心直径 D 越小，钢筋的塑性就越好。钢筋的冷弯性能是检验钢筋韧性、内部质量和可加工性的有效方法，是衡量钢筋力学性能的一项综合指标。

2.1.4 混凝土结构对钢筋性能的要求和选用原则

2.1.4.1 混凝土结构对钢筋性能的要求

（1）强度高。强度是指钢筋的屈服强度和极限抗拉强度。钢筋的强度高，则钢筋的用量就少，节省钢材。尤其在预应力混凝土结构中，可以充分发挥高强度钢筋的优势。

（2）塑性好。钢筋混凝土结构要求钢筋在断裂前有足够的变形，给人以明显的预兆。因此，应保证钢筋的伸长率和冷弯性能都合格。

（3）焊接性能好。由于加工、运输的要求，除直径较小的钢筋外，一般钢筋都是直条供应的，因长度有限，所以在工程中需要将钢筋进行接长以满足需要。目前，钢筋接长常用的方法是焊接，所以要求钢筋具有较好的焊接性能，以保证钢筋焊接接头的质量。

（4）与混凝土的黏结锚固性能好。为了使钢筋的强度能够充分被利用和保证钢筋与混凝土共同作用，二者之间应有足够的黏结力。

2.1.4.2 混凝土结构对钢筋的选用原则

《混凝土结构通用规范》(GB 55008—2021)根据"四节一环保"的要求，提倡使用高强度、高性能钢筋。纵向受力普通钢筋可采用 HRB400、HRB500、HRBF400、HRBF500、RRB400、HPB300 钢筋，并将 400 MPa、500 MPa 级高强热轧带肋钢筋作为纵向受力筋的主导钢筋推广应用，尤其是梁、柱和斜撑构件的纵向受力钢筋优先采用 400 MPa、500 MPa 级高强热轧带肋钢筋。

箍筋宜采用 HRB400、HRBF400、HPB300、HRB500、HRBF500 钢筋。

细晶粒系列 HRBF 钢筋、HRB500 钢筋和热处理钢筋 RRB400 都不能作为承受疲劳作用的钢筋，宜采用 HRB400 钢筋。

预应力筋宜采用预应力钢丝、钢绞线和预应力螺纹钢筋(第 10 章详细讲)。

国产的普通钢筋的抗拉、抗压强度标准值和设计值，见附表 1.1 和附表 1.2。

普通钢筋的种类、代表符号和直径范围见附表 1.1。钢厂提供钢筋的直径为 6 mm，8 mm，10 mm，12 mm，14 mm，16 mm，18 mm，20 mm，22 mm，25 mm，28 mm，32 mm，36 mm，40 mm 和 50 mm。其中直径大于 40 mm 的钢筋主要用于大坝之类大体积混凝土结构中。当采用直径大于 40 mm 的钢筋时，应有可靠的工程经验。

2.2 混 凝 土

2.2.1 混凝土的组成和结构

普通混凝土是由水泥、石子(粗集料)、砂(细集料)、水及外掺料(外加剂、掺合料)按一定的配合比经搅拌后入模浇筑，并经养护硬化后做成的人工石材。

由于混凝土内部结构复杂，其性能除与水泥的强度等级、水胶比、集料的性质、级配和混凝土的配合比等直接相关外，还受不同的成形方法、硬化养护条件、龄期、试件尺寸、试件形状、试验方法、加载速度等外部因素的影响，使混凝土所表现出的力学性能非常复杂。

混凝土在凝结硬化过程中，水泥和水形成的水泥胶块(包括水泥结晶体和水泥胶凝体)把集料黏结在一起。其中，水泥结晶体和砂、石集料组成混凝土弹性骨架，弹性骨架起着承受外力的主要作用，并使混凝土产生一定的弹性变形；水泥胶凝体则起着调整和扩散混凝土应力的作用，并导致混凝土具有相当的塑性变形。

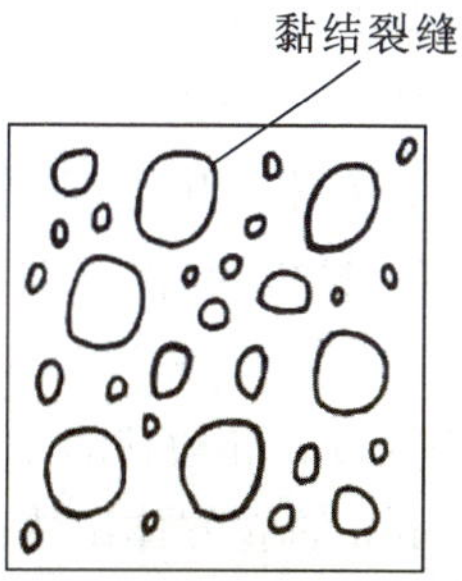

图 2.4 混凝土内部微裂缝

在混凝土凝结初期，由于水泥胶块的收缩及泌水、集料下沉等原因，在集料与水泥胶块的接触面上及水泥胶块内部将形成微裂缝。集料与水泥胶块接触面上的微裂缝，又称为黏结裂缝(图 2.4)，它是混凝土内部最薄弱的环节。混凝土在受荷前存在的微裂缝，在荷载作用下将继续开展，对混凝土的强度和变形都有重要影响。

混凝土的强度随时间延长而增长。初期强度增长速度快，随后增长速度减缓并趋于稳定。对使用普通水泥的混凝土，若以龄期 3 d 的受压强度为 25%，则 1 周将达到 50%，4 周为 100%，3 个月为 120%，1 年为 130%左右。龄期为 4 周的强度大致稳定，该强度值可作为混凝土早期强度的界限(图 2.5)。混凝土强度在长时期内能随时间延长而增长，这主要是因为水泥胶凝体向结晶体的转化是一个长期过程。

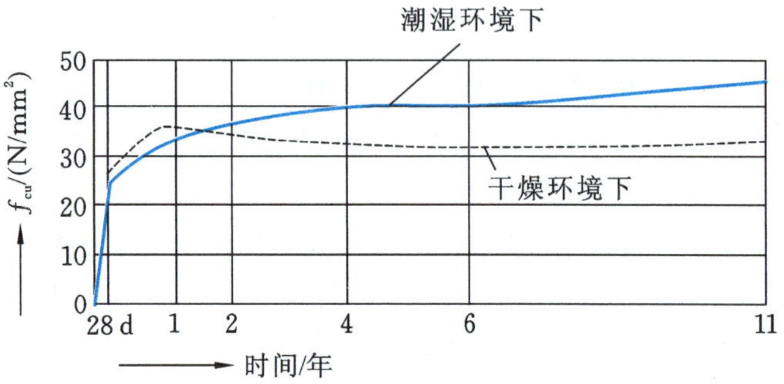

图 2.5 混凝土强度随时间变化

2.2.2 混凝土的强度

混凝土的强度是指它所能承受的某种极限应力。例如，对均匀受压的混凝土，它在即将破坏时所能承受的最大压应力即为其抗压强度。在实际工程中，混凝土一般是在复合应力状态下工作的，但目前对混凝土在复合应力状态下强度的研究还未达到能简便地应用于理论计算的程度，因此在大部分的实用设计中，还是普遍采用混凝土在单向受力状态下的强度和变形。影响混凝土强度的因素很多，如水泥强度、水胶比、集料性质和级配、制作方法、硬化条件和龄期等，同时，试件的尺寸和形状、试验方法和加载速率等也会影响试验结果。因此，各国对单向受力状态下混凝土强度的测定均规定了统一的标准试验方法。

2.2.2.1 单轴应力状态下混凝土的强度

(1) 混凝土的立方体抗压强度

混凝土的立方体抗压强度可作为评价和衡量混凝土强度的基本指标。我国以边长为 150 mm的立方体试件，按标准方法制作，在(20±3)℃、相对湿度在 90%以上的环境下养护 28d，采用标准试验方法(试件表面不涂润滑剂、按规定的加荷速度 0.3～0.8 MPa/s 施加压力)测得具有 95%的保证率时的抗压强度作为混凝土立方体抗压强度标准值，用符号 $f_{cu,k}$ 表示，其单位为N/mm^2。

立方体抗压强度的测定方法反映了影响立方体抗压强度的主要因素：

① 试件尺寸：试件的尺寸越小，其抗压强度越高，反之越低，因此当采用边长为 200 mm 的立方体试件或 100 mm 的立方体试件时，须将其抗压强度实测值乘以换算系数转换成标准试件(150 mm 边长的立方体)的立方体抗压强度值。根据对比试验结果，200 mm×200 mm×200 mm 的立方体试块的换算系数为 1.05；100 mm×100 mm×100 mm 的立方体试块的换算系数为 0.95。

② 养护温度：养护温度越高，混凝土的早期强度越高，这也是预制混凝土构件采用加热养

护的原因。

③ 环境：混凝土在潮湿环境下的强度增长可延续若干年，而在干燥环境下，混凝土的强度增长则要受到影响（参见图 2.5），因此早期混凝土应加强养护。

④ 试验方法：试验方法对混凝土立方体抗压强度也有很大影响。一般情况下，试件受压时上下表面与试验机承压板之间将产生阻止向外横向变形的摩擦阻力，像两道套箍一样将试件上下两端套住，从而延缓裂缝的发展，提高了试件的抗压强度；破坏时试件中部剥落，形成两个对顶的角锥形破坏面，如图 2.6(a)所示。如果在试件的上下表面涂一些润滑剂，试件的摩擦阻力就大大减小，试件将沿着平行力的作用方向产生几条裂缝而破坏，所测得的抗压强度较低，其破坏形状如图 2.6(b)所示。我国规定的试验方法是混凝土表面不涂润滑剂的；此外，加荷速度越高，测得的混凝土强度也越大。

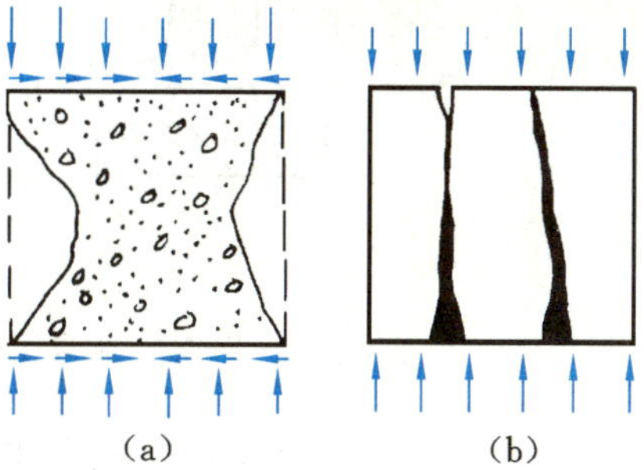

图 2.6　混凝土立方体试件破坏情况

《混凝土结构设计标准》(GB/T 50010—2010)(2024 年版)规定，混凝土强度等级根据混凝土立方体抗压强度标准值分为 13 个等级，即 C20、C25、C30、C35、C40、C45、C50、C55、C60、C65、C70、C75、C80 表示，其中，C50 以上为高强混凝土。C 为混凝土的英文 concrete 的首位字母，C 后的数字为立方体抗压强度标准值，如 C30 表示混凝土立方体抗压强度的标准值 $f_{cu,k}=30\ N/mm^2$。

《混凝土结构设计标准》(GB/T 50010—2010)(2024 年版)规定，素混凝土结构的混凝土强度等级不应低于 C20；钢筋混凝土结构的混凝土强度等级不应低于 C25；预应力混凝土楼板结构的混凝土强度等级不应低于 C30，其他预应力混凝土结构构件的混凝土强度等级不应低于 C40；承受重复荷载的钢筋混凝土构件，混凝土的强度等级不应低于 C30。同时，还应根据建筑物所处的环境条件确定混凝土的最低强度等级，以保证建筑物的耐久性。

(2) 混凝土的轴心抗压强度(棱柱体抗压强度)

混凝土的抗压强度与试件的形状尺寸密切相关。在实际工程中，钢筋混凝土构件的长度常比其横截面尺寸大得多。为更好地反映混凝土在实际构件中的受力情况，可采用混凝土的棱柱体试件测定其轴心抗压能力，所对应的强度称为混凝土轴心抗压强度，也称为棱柱体抗压强度，以符号 f_c 表示。

我国《混凝土物理力学性能试验方法标准》(GB/T 50081—2019)规定，以 150 mm×150 mm×300 mm 的棱柱体作为轴心抗压强度试验的标准试件，其制作、养护、试验方法都与立方体的相同。图 2.7 所示为混凝土棱柱体抗压试验和试件破坏的情况。

由于试件高度增加，垫板接触处的摩擦力对试件中部的影响不大，故试件中部处于纯受压状态。经试验对比发现，立方体抗压强度与轴心抗压强度大体呈线性关系，如图 2.8 所示。根据试验结果的分析，混凝土的棱柱体抗压强度标准值 f_{ck} 与其立方体抗压强度标准值 $f_{cu,k}$ 的关系可按下式确定：

$$f_{ck}=0.88\alpha_{c1}\alpha_{c2}f_{cu,k} \tag{2.3}$$

式中　α_{c1}——棱柱体抗压强度与立方体抗压强度之比，对于 C50 及以下强度等级的混凝土取 $\alpha_{c1}=0.76$，C80 取 $\alpha_{c1}=0.82$，C50 至 C80 之间按线性规律变化；

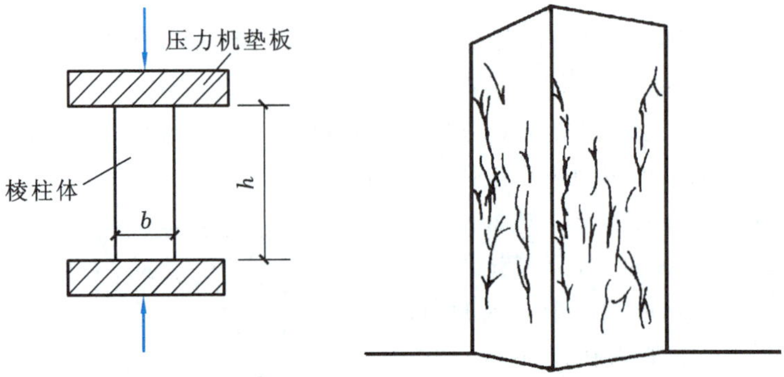

图 2.7 混凝土棱柱体抗压试验和试件破坏的情况

α_{c2}——混凝土脆性折减系数，仅对 C40 以上的混凝土考虑脆性折减系数，对于 C40 混凝土取 $\alpha_{c2}=1.00$，C80 取 $\alpha_{c2}=0.87$，C40 至 C80 之间按线性规律变化；

0.88　考虑结构构件中的混凝上强度与试件混凝上强度之间的差异等因素而确定的试件混凝土强度修正系数。

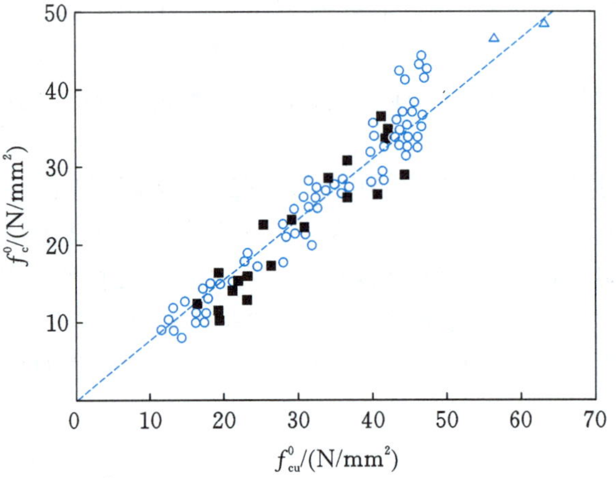

图 2.8 混凝土轴心抗压强度与立方体抗压强度的关系

(3) 混凝土的轴心抗拉强度

混凝土轴心抗拉强度也是混凝土的一个基本强度，用符号 f_t 表示。混凝土构件的开裂、裂缝宽度、变形验算，以及受剪、受扭、受冲切等计算均与抗拉强度有关。混凝土的抗拉强度远比其抗压强度低，一般只有抗压强度 1/17～1/8，且不与抗压强度成正比。

混凝土轴心抗拉强度的试验方法通常有两种：

① 直接拉伸试验[图 2.9(a)]：在混凝土试件(100 mm×100 mm×500 mm)的两端对心埋设 150 mm 长的变形钢筋($d=16$ mm)，试验机夹住两端伸出的钢筋进行拉伸，直到试件中部产生横向裂缝破坏，其平均拉应力即为混凝土的轴心抗拉强度。但由于直接测试法的对中比较困难，加上混凝土内部的不均匀性，使得所测结果的离散程度较大。

② 间接测试法——劈裂试验[图 2.9(b)]：对圆柱体或立方体施加线荷载，试件破坏时，在破裂面上产生与该面垂直且基本均匀分布的拉应力。按弹性力学理论，混凝土的劈拉强度试

验值 $f_{t,s}$ 可以用下式计算：

$$f_{t,s}=\frac{2F}{\pi dl} \tag{2.4}$$

式中 F——破坏荷载；

d——圆柱体试件的直径或立方体试件的边长；

l——圆柱体试件的长度或立方体试件的边长。

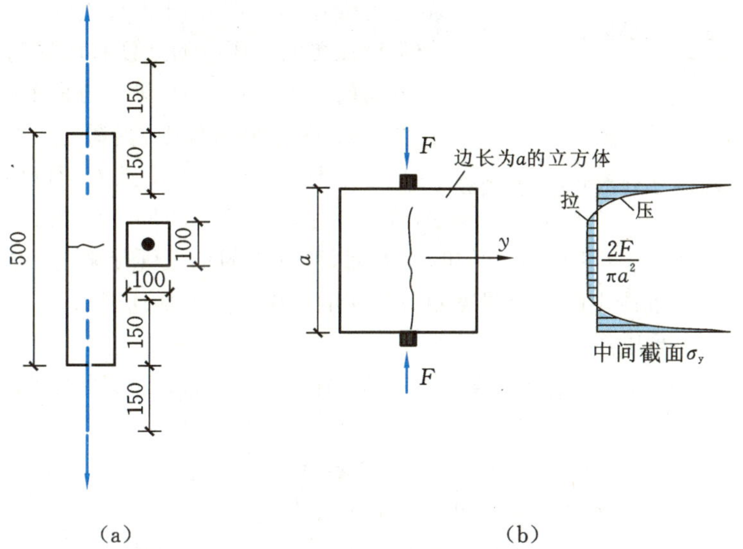

图 2.9 混凝土抗拉强度试验

(a)直接拉伸试验；(b)劈裂试验

通过对比试验，混凝土轴心抗拉强度与混凝土立方体抗压强度的折算关系约为 0.55 次方的幂函数。作为强度标准值，还应考虑保证率和试验变异系数 δ 的影响。混凝土轴心抗拉强度标准值 f_{tk} 与立方体抗压强度标准值 $f_{cu,k}$ 的换算关系如下：

$$f_{tk}=0.88\times0.39\alpha_{c2}f_{cu,k}^{0.55}(1-1.645\delta)^{0.45} \tag{2.5}$$

式中 $(1-1.645\delta)^{0.45}$——反映试验离散程度对混凝土强度标准值保证率影响的参数；

$0.39\alpha_{c2}f_{cu,k}^{0.55}$——轴心抗拉强度与立方体抗压强度之间的折算关系；

δ——混凝土立方体抗压强度变异系数，按表 2.1 选用。

表 2.1 混凝土立方体抗压强度变异系数

$f_{cu,k}$	C20	C25	C30	C35	C40	C45	C50	C55	>C60
δ	0.18	0.16	0.14	0.13	0.12	0.12	0.11	0.11	0.10

0.88 和 α_{c2} 的取值与式(2.3)相同。

2.2.2.2 复合应力状态下混凝土的强度

混凝土结构和构件通常受到轴力、弯矩、剪力和扭矩的不同组合作用，混凝土很少处于理想的单向受力状态，而更多的是处于双向或三向受力状态。在复合受力状态下，混凝土的强度和变形有明显的变化。

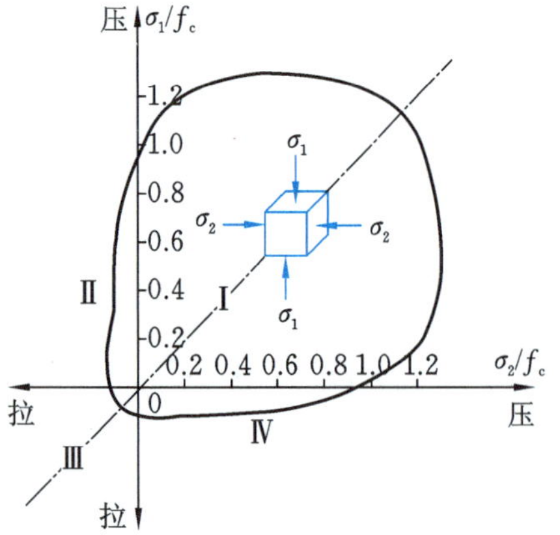

图 2.10　混凝土双向应力状态下的强度曲线

(1) 混凝土双向应力状态下的强度

双向应力状态下的强度是在两个互相垂直的平面上作用着法向应力 σ_1 和 σ_2，第三个平面上的应力为零时，混凝土双向应力状态下的强度曲线如图 2.10 所示。

双向受压(两个方向的应力为压应力，第三方向的应力为零)时，即在图 2.10 中的第一象限，混凝土的强度比单向受压时的强度有所提高。双向受拉(两个方向的应力为拉应力，第三方向的应力为零)时，即在图 2.10 中的第三象限，混凝土一向的抗拉强度基本与另一向的拉应力大小无关，即双向受拉的强度与单向受拉的强度基本相同。图 2.10 中的第二、第四象限为一拉一压作用区。由图 2.10 可知，一方面，混凝土的抗压强度随另一向的拉应力的增加而降低；另一方面，混凝土的抗拉强度随另一向的压应力的增加而降低。

(2) 混凝土三向受压强度

在三向压力作用下，混凝土强度会大大提高(图 2.11)。由试验结果得到经验公式为：

$$f'_{cc}=f'_c+\kappa\sigma_2 \tag{2.6}$$

式中　f'_{cc}——在等侧向压力 σ_2 作用下混凝土圆柱体抗压强度；

f'_c——无侧向压应力时混凝土圆柱体抗压强度；

κ——侧向压应力系数，根据试验结果取 $\kappa=4.5\sim7.0$；平均值为 5.6，当侧向压应力较低时得到的系数值较高。

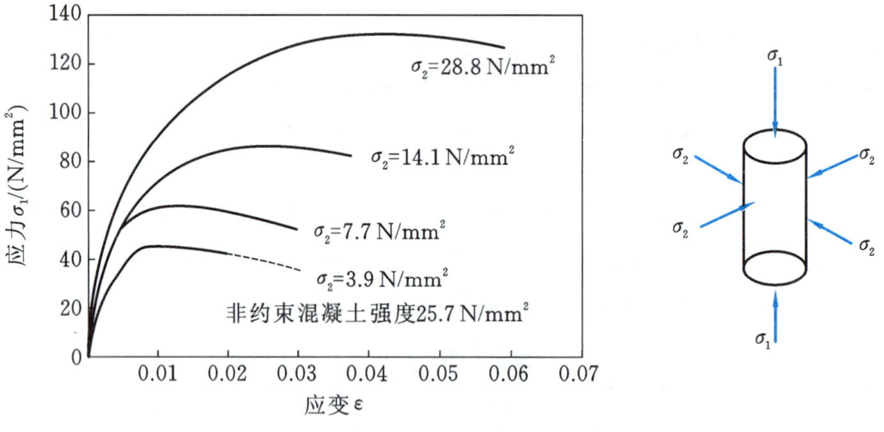

图 2.11　混凝土三向受压的试验曲线

可见，施加横向压力可显著地提高混凝土的强度。其原因是周围的压力约束了混凝土的横向变形，在破坏前抑制混凝土内部开裂的倾向和体积的膨胀。利用复合受压可以使混凝土强度得到提高这一特性，在工程中可将受压构件做成“约束混凝土”，如螺旋箍筋柱、钢管混凝土柱等。

(3) 混凝土在正应力和剪切应力共同作用下的强度

当混凝土受到剪应力和一个方向的正应力作用时，形成剪压或剪拉复合应力状态，其强度曲线如图 2.12 所示。混凝土的抗剪强度一般随拉应力的增加而减小，随压应力的增加而增大，但当压应力大于(0.5～0.7)f_c时，抗剪强度反而随压应力的增加而减小。

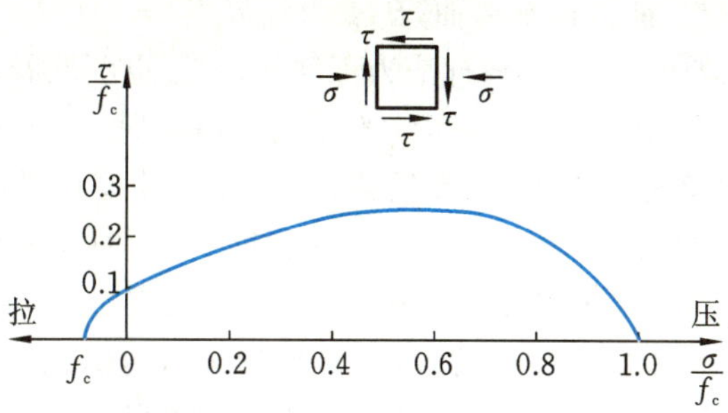

图 2.12 混凝土在单轴向压应力和剪(切)应力共同作用下的强度曲线

由上述可知，混凝土在复合应力状态下的强度较为复杂，到目前为止，相关的研究成果还未能直接应用于常规设计计算，一旦有所突破，将会给钢筋混凝土结构的计算方法带来根本性的改变。

2.2.3 混凝土的变形性能

混凝土的变形可分为两类，一类为荷载(包括一次短期荷载、重复荷载和长期荷载)作用下的变形，另一类为非荷载作用下的变形(体积变形)。

2.2.3.1 混凝土在一次短期荷载作用下的变形

混凝土在单轴一次短期单调加载过程中的应力-应变关系，表现了混凝土最基本的力学性能，也是研究钢筋混凝土结构的强度、变形、裂缝、延性的基本依据。

(1) 混凝土受压应力-应变曲线

图 2.13 所示为混凝土棱柱体标准试件受压时的应力-应变关系曲线。

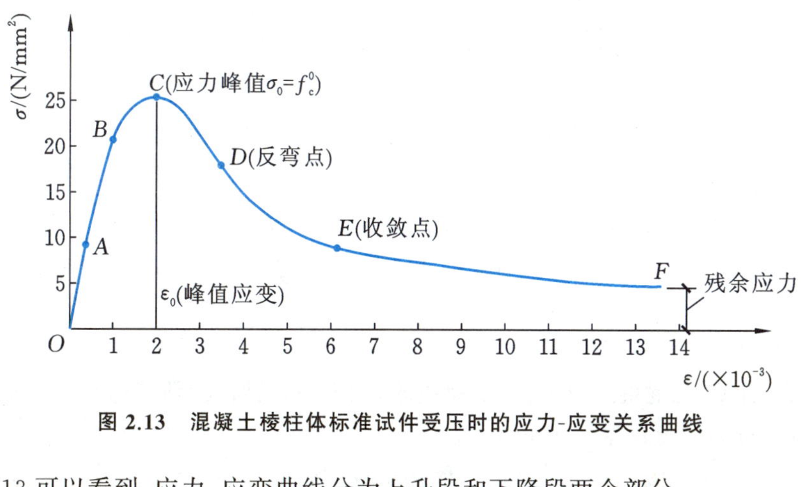

图 2.13 混凝土棱柱体标准试件受压时的应力-应变关系曲线

由图 2.13 可以看到，应力-应变曲线分为上升段和下降段两个部分。

上升段 OC：上升段 OC 分为三个阶段。第一阶段 OA 段为弹性阶段，混凝土应力较小时（$\sigma \leqslant 0.3f_c$），应力-应变关系接近于直线，A 点称为比例极限，混凝土内部的微裂缝还未发展，水泥凝胶体的黏性流动很小，主要是集料和水泥石受压后的弹性变形；第二阶段 AB 为裂缝稳定发展阶段，随着应力的升高，混凝土表现出越来越明显的非弹性性质，应变的增长速度超过应力的增长速度，应力-应变曲线逐渐弯曲，B 点为临界点（$\sigma_B=0.8f_c$），这一阶段混凝土内部的微裂缝开始发展，但仍处于稳定状态，即应力不增加，裂缝也不发展，B 点的应力可作为混凝土长期受压强度的依据；第三阶段 BC 为裂缝不稳定发展阶段，应变的增长速度进一步加快，曲线斜率急剧减小，微裂缝进入非稳定发展阶段，当应力达到 C 点时，此时混凝土内部的微裂缝已发展贯通，峰值 C 点的应力为混凝土轴心抗压强度 f_c，所对应的应变为峰值应变 ε_0，其值为 0.0015～0.0025，对 C50 及以下混凝土常取 $\varepsilon_0=0.002$。

下降段 CF：C 点以后，表面裂缝迅速发展，试件的承载力随应变的增加而降低，应力-应变曲线向下弯曲出现下降段，直到凹向发生改变，曲线出现拐点 D，此后，曲线开始凸向应变轴，直至收敛点 E，这时贯通的主裂缝已经很宽，对于无侧向约束的混凝土，E 点以后的曲线已失去结构意义。

混凝土的应力-应变关系曲线的形状受混凝土强度、组成材料、试验加载方式、有无约束等的影响。图 2.14 所示为不同强度等级混凝土的受压应力-应变关系曲线。由图 2.14 可知，不同强度等级混凝土的应力-应变关系曲线的峰值应力 f_c 所对应的受压应变 ε_0 约在 0.002 处，但随着混凝土强度等级的提高，混凝土的极限压应变 ε_{cu} 却明显减小，说明混凝土强度越高，其脆性就越明显。《混凝土结构设计标准》(GB/T 50010—2010)(2024 年版)规定：混凝土的极限压应变 ε_{cu} 可按 $\varepsilon_{cu}=0.0033-(f_{cu,k}-50)\times10^{-5}$ 计算，如算得的 $\varepsilon_{cu}>0.0033$，则取 $\varepsilon_{cu}=0.0033$。

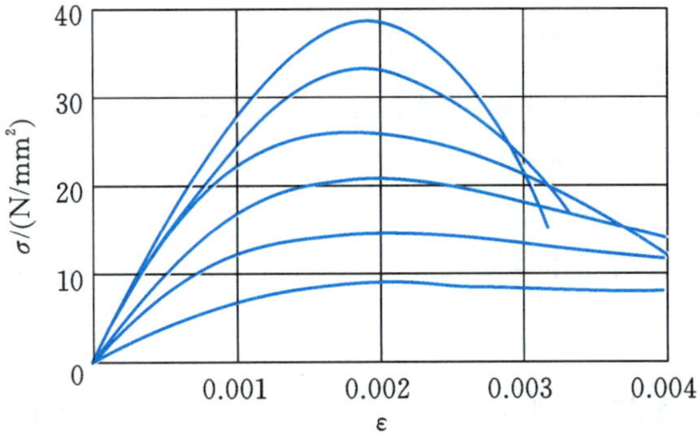

图 2.14　不同强度等级混凝土的受压应力-应变关系曲线

(2) 混凝土的变形模量

与弹性材料不同，混凝土的应力-应变曲线是一条曲线，在不同的应力阶段，应力与应变之比的变形模量不是一个常数，而是随着混凝土的应力变化而变化。混凝土的变形模量有三种表示方法：

① 混凝土的弹性模量(原点模量)E_c

如图 2.15 所示，在混凝土应力-应变曲线的原点作曲线切线，则该切线的斜率称为混凝土的弹性模量(又称为原点模量)，用 E_c 表示：

$$E_c=\tan\alpha_0 \tag{2.7}$$

式中　α_0——混凝土应力-应变曲线在原点处的切线与横坐标的夹角。

对于一定强度等级的混凝土，弹性模量 E_c 是一定值。混凝土的弹性模量与混凝土立方体抗压强度之间的关系，可用下列公式表达：

$$E_c=\frac{10^5}{2.2+\dfrac{34.7}{f_{cu,k}}} \tag{2.8}$$

式中　$f_{cu,k}$——混凝土的立方体抗压强度标准值，N/mm^2。

按式(2.8)求出的混凝土弹性模量 E_c 见附表 2.3。

当混凝土的应力较小时，E_c 能反映应力与应变的关系；当应力较大时，由于混凝土的塑性发展，E_c 就不再能准确反映混凝土的实际情况。

② 混凝土的变形模量(割线模量)

如图 2.15 所示，混凝土应力-应变曲线任意一点与原点连线，其斜率称为混凝土的变形模量(又称为割线模量)，用 E_c' 表示：

$$E_c'=\tan\alpha_1 \tag{2.9}$$

式中　α_1——混凝土应力-应变曲线的割线与横坐标的夹角，°。

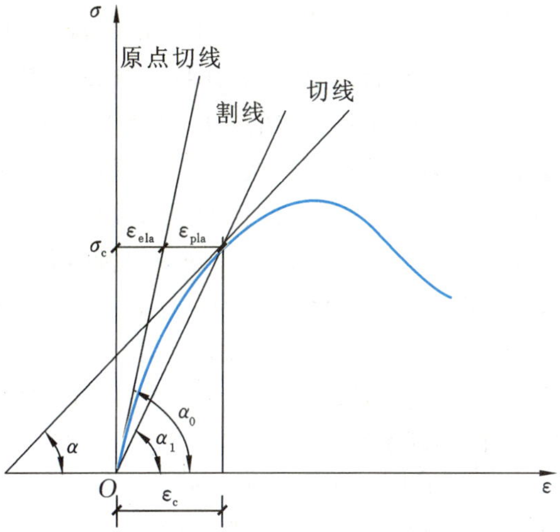

图 2.15　混凝土变形模量的表示方法

从图 2.15 可以看出，由于总变形 ε_c 包含弹性变形 ε_{ela} 和塑性变形 ε_{pla} 两个部分，因此混凝土的变形模量是个变值，随着混凝土的应力变化而变化，其与弹性模量的关系如下：

$$E_c'=\frac{\sigma_c}{\varepsilon_c}=\frac{\varepsilon_{ela}}{\varepsilon_{ela}+\varepsilon_{pla}}\cdot\frac{\sigma_c}{\varepsilon_{ela}}=\nu E_c \tag{2.10}$$

式中　ν——混凝土的弹性系数，当 $\sigma_c<0.3f_c$ 时，混凝土基本处于弹性阶段，取 $\nu=1$；当 $\sigma_c=0.5f_c$ 时，可取 $\nu=0.8\sim0.9$；当 $\sigma_c=0.8f_c$，可取 $\nu=0.4\sim0.7$。

③ 切线模量 E_c''

如图 2.15 所示，在混凝土应力-应变曲线上任意一点作切线，其斜率称为混凝土的切线模量，用 E_c'' 表示：

$$E_c''=\tan\alpha \tag{2.11}$$

式中　α——混凝土应力-应变曲线任意一点切线与横坐标的夹角，°。

可以看出，混凝土的切线模量是个变化的值，随着混凝土应力的增大而减小。

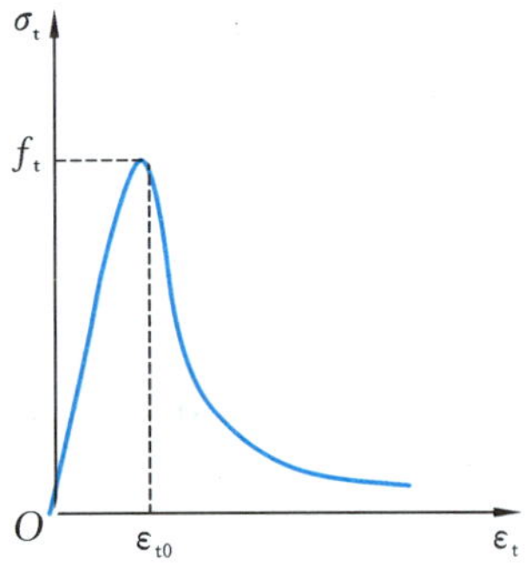

图 2.16　混凝土受拉应力-应变曲线

(3) 混凝土受拉应力-应变曲线

混凝土的受拉应力-应变关系曲线的形状与受压时的曲线形状相似，如图 2.16 所示，同样具有上升段和下降段。试验表明，当应力 $\sigma<(0.4\sim0.6)f_t$ 时，应力与应变基本呈正比例增加。此后混凝土的塑性变形随着应力的增长而逐渐增大，达到峰值应变 $\varepsilon_{t0}=(70\sim120)\times10^{-6}$ 时，混凝土达到极限抗拉强度 f_t。随后曲线的下降段随着混凝土强度等级的提高而更加陡峭。混凝土的受拉弹性模量与受压弹性模量值基本相同。当 $\sigma_c=f_t$ 时，弹性系数 $\nu\approx0.5$，相当于混凝土抗拉强度 f_t 的变形模量 E_t' 为：

$$E_t'=\frac{f_t}{\varepsilon_{t0}}=\nu E_c=0.5E_c \tag{2.12}$$

2.2.3.2　混凝土在重复荷载作用下的变形(疲劳变形)

前述混凝土的变形性能，是根据混凝土从加荷到破坏的一次短期荷载作用下的连续过程得出的。若将试件加荷至某一数值，然后卸荷至零，并将这种过程多次重复，这就是通常所指的重复荷载作用，混凝土在重复荷载作用下引起的破坏称为疲劳破坏。

图 2.17(a)所示为混凝土棱柱体试件经历一次加荷、卸荷时的应力-应变曲线。当一次短期加荷应力不超过混凝土的疲劳强度时，加荷、卸荷的应力-应变曲线 OAB' 形成一个环状：加荷曲线为 OA，卸荷曲线为 AB。其中，应变包括三部分：一是卸荷后立即恢复的弹性应变；二是停留一段时间还能恢复的应变 BB'，称为弹性后效；三是不能恢复而残存在试件中的应变 OB'，称为残余应变。混凝土经历一次加荷及卸荷过程(称为一个循环)就有一部分变形(残余应变导致的塑性变形)不能恢复，因此在荷载多次的重复作用下，这些塑性变形将逐渐积累，但是每次循环产生的塑性变形将随循环次数的增加而减少。

如图 2.17(b)所示，当加荷应力 σ_1 小于混凝土的疲劳强度 f_c^f 时，其一次加荷、卸荷应力-应变曲线形成一个环状，经过多次重复后，环状曲线逐渐密合成一直线。如果再选择一个较高的加荷应力 σ_2，但 σ_2 仍小于混凝土的疲劳强度 f_c^f 时，经过多次重复后，应力-应变曲线仍能密合成一直线。如果选择一个高于混凝土疲劳强度 f_c^f 的加荷应力 σ_3，在经历若干次循环后，应力-应变曲线也成为直线，但继续经过多次重复加荷、卸荷后，曲线将从凸向应力轴而逐渐凸向应变轴，不能形成闭环；随着荷载重复次数的增加，应力-应变曲线的斜率不断降低，最后混凝土试件因严重开裂或变形太大而破坏，这种因荷载重复作用而引起的混凝土的破坏称为疲劳破坏。混凝土能承受荷载多次重复而不发生疲劳破坏的最大应力限值称为混凝土的疲劳强度 f_c^f。

施加荷载时应力的大小是影响应力-应变曲线不同的发展和变化的关键因素，即混凝土疲劳强度与重复作用时应力变化的幅度有关。在相同的重复次数下，疲劳强度随着疲劳应力比值的增大而增大，疲劳应力比 ρ_c^f 按下式计算：

$$\rho_c^f=\frac{\sigma_{c,\min}^f}{\sigma_{c,\max}^f} \tag{2.13}$$

式中　$\sigma_{c,\min}^f$，$\sigma_{c,\max}^f$——截面同一纤维上混凝土的最小、最大应力。

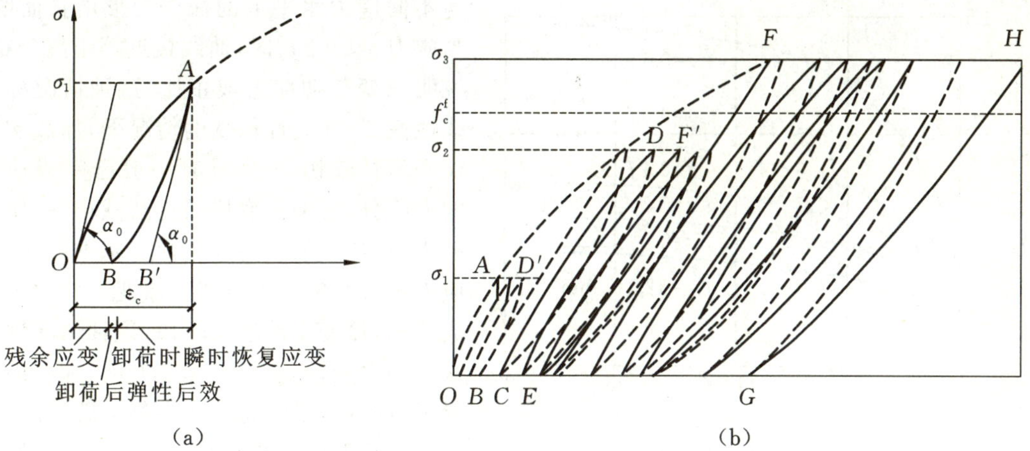

图 2.17　混凝土在重复荷载作用下应力-应变曲线

2.2.3.3　混凝土在长期荷载作用下的变形——徐变

混凝土在长期荷载作用下,应力不变,其应变随时间的增长而继续增长的现象称为混凝土的徐变。图 2.18 所示为混凝土的徐变-时间的关系曲线。由图 2.18 可知,当加荷应力达到 $0.5f_c$,其加荷瞬间产生的应变为瞬时应变 ε_{ela},若荷载保持不变的情况下,随时间的增长而不断增加的应变为混凝土的徐变 ε_{cr}。由图 2.18 可知,徐变的发展规律是先快后慢,在前几个月,徐变增长很快,在第 1 年内完成 90%左右,2～3 年后基本趋于稳定。如 2 年后于某时卸载,则在卸载瞬间,混凝土将发生瞬时的弹性恢复应变 ε'_{ela},其数值小于加载时的瞬时应变 ε_{ela},卸载后经过一段时间监测,发现混凝土并不处于静止状态,而是逐渐恢复,这种恢复变形称为弹性后效 ε''_{ela},也称为“徐回”,弹性后效的恢复时间大约为 20 d,其值约为徐变变形的 1/12,而剩下的 ε'_{cr} 则是不可恢复的残余应变。

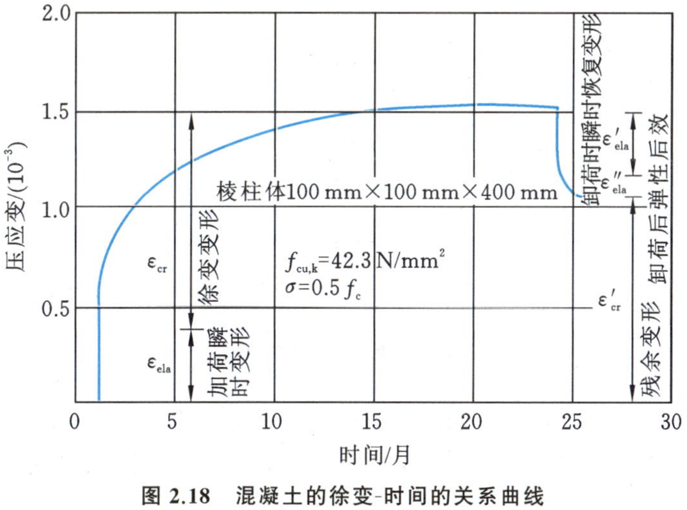

图 2.18　混凝土的徐变-时间的关系曲线

混凝土的应力条件是影响徐变的主要因素。加载时混凝土的龄期越短,徐变也就越大,混凝土的应力越大,徐变就越大。随着混凝土应力的增加,徐变将出现不同情况。图 2.19 所示

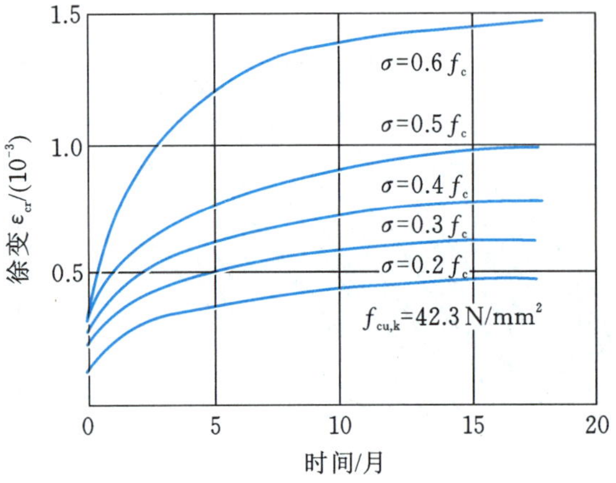

图 2.19 应力与徐变的关系

为不同应力水平下的徐变变形增长曲线，当应力 $\sigma \leqslant 0.5 f_c$ 时，曲线接近等距离分布，说明徐变与初应力成正比，这种情况称为线性徐变；在线性徐变的情况下，加载初期徐变增长较快，6 个月时一般已完成徐变的大部分，后期徐变增长逐渐减小，一年后趋于稳定，一般认为 3 年徐变基本终止；当应力 $\sigma=(0.5\sim0.8)f_c$ 时，徐变与应力不再成正比，徐变变形增长较快，这种情况称为非线性徐变；当应力 $\sigma>0.8f_c$ 时，徐变的发展不再收敛，最终将导致混凝土破坏。

影响混凝土徐变的其他因素：水泥用量越多和水胶比越大，徐变就越大；混凝土集料的级配越好、弹性模量越大，徐变也越小；养护温度高、湿度大、水泥水化作用充分，则徐变就小等。

混凝土的徐变对钢筋混凝土结构的影响，在有些情况下是不利的，徐变会使构件的变形增大；在预应力混凝土中，徐变会造成预应力的大量损失。但徐变也有有利的方面，如徐变可以减小由于不均匀沉降引起的附加应力和温度应力等，所以对徐变要有全面的认识，以便采取正确的处理方式。

2.2.3.4 混凝土的非荷载作用变形

(1) 混凝土的收缩

混凝土在空气中硬化时体积缩小的现象称为收缩。混凝土的收缩值随时间而增长。蒸汽养护的混凝土的收缩值要低于常温养护下的收缩值(图 2.20)。

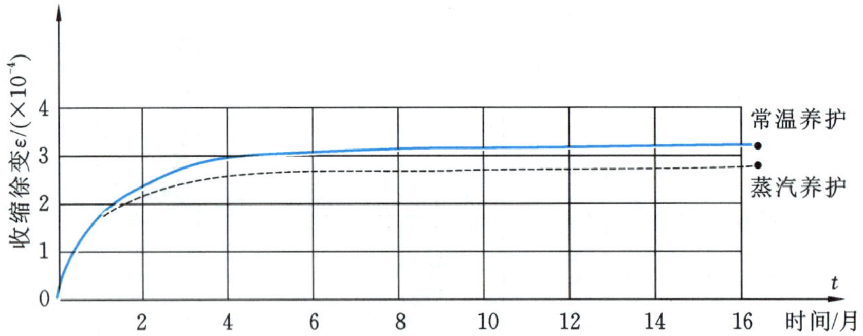

图 2.20 混凝土的收缩变形

混凝土从开始凝结时起就产生收缩，整个收缩过程可延续 2 年以上，初期收缩变形发展较快，2 周时可完成全部收缩量的 25%，1 个月约完成 50%，3 个月后增长缓慢，最终收缩值为 $(2\sim5)\times10^{-4}$。

引起混凝土收缩的主要原因有两个：一是由于干燥失水，如水泥水化凝固结硬、颗粒沉陷析水和干燥蒸发等都将导致失水；二是由于碳化作用[水泥胶体中的 $Ca(OH)_2$ 向 $CaCO_3$ 转化]。总之，收缩现象是混凝土内水泥浆在凝固硬化过程中物理和化学作用的结果。

影响混凝土收缩的因素有：水泥强度等级越高，制成的混凝土收缩越大；水泥越多，收缩越大；水灰比越大，收缩也越大；集料的弹性模量大，收缩小；在结硬过程中周围温、湿度越大，收缩越小；混凝土越密实，收缩越小；使用环境温度、湿度大时，收缩小；构件的体积与表面积比值大时，收缩小。

(2) 混凝土的温度变形

混凝土与其他材料一样，也会随温度的变化产生热胀冷缩变形。混凝土在结硬初期，水泥的水化会放出较多的热量，由于混凝土属于热的不良导体，使得混凝土的内外温差很大，造成混凝土的内胀外缩，对混凝土的外表面产生很大的拉应力，严重时混凝土将产生裂缝。这种温度裂缝在大体积、大面积混凝土工程中常会发生，是极为不利的。

2.3 钢筋与混凝土的黏结

钢筋和混凝土之间的黏结，是保证钢筋和混凝土这两种力学性能完全不同的材料能在一起工作的基本前提。

2.3.1 黏结力的定义及组成

若钢筋和混凝土有相对变形(滑移)，就会在钢筋和混凝土交界面上产生沿钢筋轴线方向的剪应力，这种力称为钢筋和混凝土的黏结力。

根据受力性质的不同，钢筋和混凝土之间的黏结力可分为钢筋端部的锚固黏结力和裂缝间的局部黏结力两种。钢筋伸进支座或在连续梁中承担负弯矩的上部钢筋在跨中截断时，需要延伸一段长度，即锚固长度。还有钢筋有足够的锚固长度，才能积累足够的黏结力，使钢筋承受拉力。分布在锚固长度上的黏结力，称为锚固黏结力，如图 2.21(a)所示。裂缝间的局部黏结力是在相邻两个开裂截面之间产生的，钢筋应力的变化受到黏结力的影响，黏结力使相邻两个裂缝之间混凝土参与受拉，局部黏结力的丧失使构件的刚度降低，促进裂缝的开展，如图 2.21(b)所示。

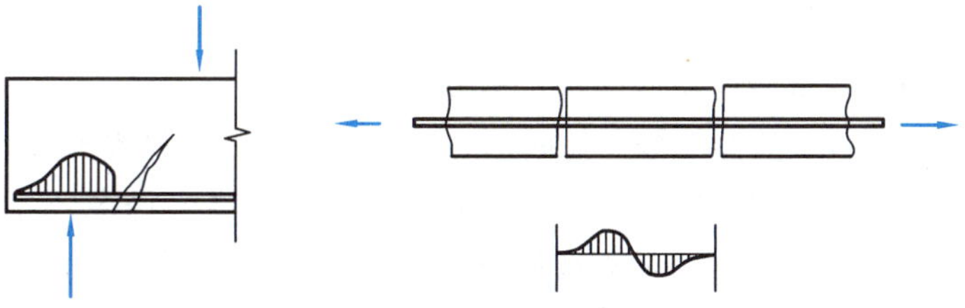

(a)　　　　(b)

图 2.21　钢筋和混凝土之间黏结力

(a)锚固黏结力；(b)裂缝间局部黏结力

黏结力一般由以下三部分组成：

(1) 化学胶结力：由混凝土中水泥胶凝体与钢筋表面发生化学作用产生的吸附作用力，这种作用力很弱，一旦钢筋与混凝土接触面上发生相对滑移即消失。

(2) 摩阻力：混凝土的收缩将钢筋紧紧握裹而产生的摩阻力。钢筋和混凝土之间的挤压力越大、接触面越粗糙，则摩阻力越大。

(3) 机械咬合力：钢筋表面凹凸不平与混凝土之间产生的机械咬合力。

其中，化学胶结力较小，光面钢筋以摩阻力为主，变形钢筋则以机械咬合力为主。

2.3.2 黏结力的测定

黏结力通常采用拔出试验方法测定：将钢筋的一端埋入混凝土内，在另一端施力将钢筋拔出。

黏结强度可由下式确定：

$$f_\tau = \frac{P}{\pi d l} \tag{2.14}$$

式中 P——拔出力；

d——钢筋直径；

l——钢筋的埋入长度。

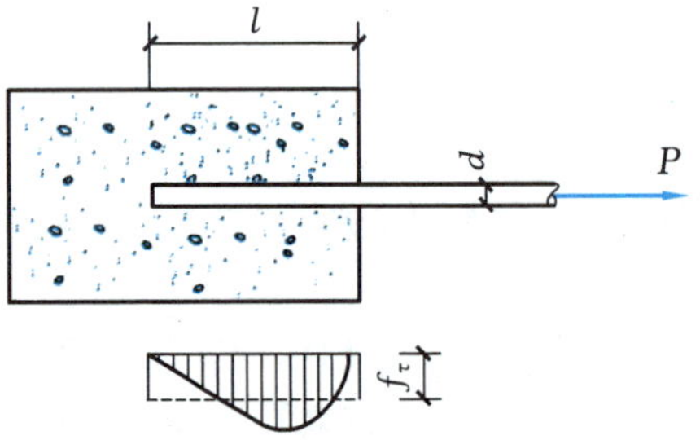

图 2.22 钢筋拔出试验中黏结应力分布图

根据拔出试验可知：①黏结应力沿钢筋长度方向是按曲线分布的(图 2.22)，最大黏结应力在离端头某一距离处，且随拔出力的大小而变化；②钢筋埋入长度越长，拔出力越大；但埋入长度过长时，尾部的黏结应力很小，甚至为零；③黏结强度(即混凝土和钢筋界面上可以达到的极限黏结应力)随混凝土强度等级的提高而增大；④变形钢筋的黏结强度比光面钢筋的大，而在光面钢筋末端做弯钩可以大大提高拔出力。

根据试验资料，光面钢筋的黏结强度为 1.5～3.5 N/mm^2，变形钢筋的黏结强度为 2.5～6.0 N/mm^2，其中较大的值是由较高的混凝土强度等级所得到的。

2.3.3 影响黏结强度的主要因素

影响钢筋与混凝土之间黏结强度的因素主要有：

(1) 混凝土的强度。钢筋与混凝土之间的黏结强度随混凝土强度等级的提高而增大。

(2) 钢筋的表面形状。变形钢筋比光面钢筋的黏结强度要大得多，凹凸不平的钢筋表面与混凝土之间产生的机械咬合力将显著增加黏结强度，光面钢筋的这一作用力则较小，所以设计时要将受拉光面钢筋的端部做成弯钩，以增加锚固作用。

(3) 混凝土保护层厚度及钢筋的净距。钢筋与混凝土的黏结力是需要在钢筋周围有一定厚度的混凝土才能实现和保证的。尤其是变形钢筋，如果周围的混凝土保护层厚度不足，就会产生劈裂裂缝，破坏黏结作用，导致钢筋被拔出，所以在构造上必须保证一定的混凝土保护层厚度及钢筋间距。

(4) 箍筋和端部焊接件的作用。箍筋能够限制内部裂缝的发展，在钢筋端部锚固区加焊的短钢筋、角钢、钢板等均能有效地增大黏结作用，阻止受力钢筋被拔出。

此外，黏结力还和钢筋周围有无侧向压力及钢筋所处的位置有关。有侧向压力（如在梁的支承区的下部），则黏结力增大；顶层钢筋下部的混凝土厚度较大，由于混凝土的泌水下沉，钢筋的底面与混凝土的黏结力将大大减弱。

2.3.4 保证钢筋与混凝土黏结的措施

为使钢筋与混凝土之间有足够的黏结作用，必须满足混凝土最小保护层厚度和钢筋的最小净距的要求。

构件裂缝间的局部黏结应力使裂缝间的混凝土受拉，为了增加局部黏结作用从而减小裂缝宽度，在同等钢筋面积条件下，宜优先选择小直径的变形钢筋；光面钢筋黏结性能较差，应在钢筋末端设置弯钩，增大其锚固黏结能力。

为了保证钢筋深入支座的黏结力，应使钢筋深入支座有足够的锚固长度，若支座长度不够时，可将钢筋弯折，弯折长度计入锚固长度内；也可采取在钢筋端部焊短钢筋、短角钢等方法加强钢筋和混凝土的黏结能力。钢筋搭接也需要满足最小搭接长度，以保证黏结强度要求。

钢筋不宜在混凝土的受拉区截断，如必须截断，应在理论上钢筋不需要点和钢筋的强度充分利用点外伸一段长度再截断。

横向钢筋的存在约束了径向裂缝的发展，使混凝土的黏结强度提高，故在大直径钢筋的搭接和锚固区域内设置横向钢筋（箍筋加密），可增大该区域的黏结能力。

【在线测试】

【本章小结】

（1）钢筋分为有明显屈服点钢筋和无明显屈服点钢筋，二者的应力-应变曲线有很大区别。

（2）热轧钢筋属于有明显屈服点的钢筋，用作钢筋混凝土结构及预应力混凝土结构中的非预应力钢筋，其屈服强度是进行钢筋混凝土构件设计时钢筋强度的取值依据；无明显屈服点的钢筋，可取极限抗拉强度的 85％作为条件屈服强度。

（3）普通钢筋具有 4 个指标：屈服强度、极限抗拉强度、伸长率和冷弯性能。

（4）用于混凝土结构中的钢筋应满足强度、塑性、可焊性等方面的要求，并应与混凝土有良好的黏结性能。

（5）混凝土立方体抗压强度是混凝土强度的基本指标，可作为评定混凝土强度等级的标准，轴心抗压强度和轴心抗拉强度依据立方体抗压强度计算取得。混凝土的变形分为荷载作用下的受力变形和体积变形。

（6）混凝土的变形模量分为三种：弹性模量、割线模量和斜切模量。

（7）钢筋与混凝土的黏结力包括化学胶结力、摩阻力、机械咬合力，其中光面钢筋的黏结力小于变形钢筋的黏结力。

思 考 题

2.1 建筑用的钢筋有哪些品种和级别？混凝土结构设计中选用钢筋的原则是什么？

2.2 结构设计计算，有明显屈服点的钢筋和无明显屈服点的钢筋在设计强度取值方面有什么不同？

2.3 什么是伸长率？什么是冷弯性能？

2.4 检验钢筋质量有哪几项指标？

2.5 混凝土的强度等级是根据什么确定的？《混凝土结构设计标准》(GB/T 50010—2010)(2024 年版)规定的混凝土等级有哪些？混凝土结构设计中选用混凝土强度等级的原则是什么？

2.6 混凝土的立方体抗压强度、轴心抗压强度、轴心抗拉强度是如何确定的？后两者与立方体抗压强度有何关系？

2.7 混凝土一次短期荷载作用下的应力-应变曲线有何特点？

2.8 什么是混凝土的弹性模量、割线模量、切线模量？

2.9 什么是混凝土的徐变？影响徐变的主要因素包括哪些？徐变对构件有哪些影响？

2.10 钢筋与混凝土之间的黏结力由哪几部分组成？光面钢筋起主要作用的是哪项？变形钢筋起主要作用的是哪项？影响黏结力的主要因素包括哪些？

能力训练项目

材料的选用及强度指标的查用：某学校办公楼为钢筋混凝土结构，结构施工图的结构设计总说明中列出了该工程所采用的材料。

(1) 混凝土：基础及一层柱为 C30，基础垫层为 C15，其余柱、梁、板等为 C25。

(2) 钢筋：纵向钢筋为 HRB400 级，箍筋为 HPB300 级。

训练项目：

(1) 根据混凝土强度表，查混凝土的抗压强度设计值和抗拉强度设计值。

(2) 根据钢筋强度表，查钢筋的抗拉强度设计值，并写出钢筋表示方法。

3 结构设计原则

本章概要

本章主要内容包括结构功能要求、结构极限状态设计法、结构极限状态设计表达式三个部分。主要介绍作用、作用效应及结构抗力;荷载及材料强度的取值;结构功能要求;结构极限状态;结构功能函数;可靠度理论;结构极限状态设计表达式等。

学习目标

通过本章的学习,熟悉结构上的作用、作用效应和结构抗力的概念及其随机特性;掌握荷载和材料强度的取值方法;掌握结构功能要求;掌握结构的三种极限状态;理解混凝土结构设计方法的理论基础——可靠度理论;掌握我国规范的设计方法——概率极限状态设计法;掌握结构构件承载能力极限状态和正常使用极限状态设计表达式;学会利用极限状态设计法解决实际工程中的问题。

3.1 结构功能要求

3.1.1 作用、作用效应、结构抗力

3.1.1.1 作用

使结构或构件产生各种内力和变形的原因,统称为结构上的作用。

作用按照作用形式不同分为直接作用和间接作用。以"力"的形式作用在结构或构件上的作用称为直接作用(通常称为荷载),例如结构自重、楼面活荷载和设备自重等,直接作用的计算一般比较简单,引起的效应比较直观;以"变形"的形式作用在结构或构件上的作用称为间接作用,例如温度的变化、混凝土的收缩或徐变、地基的变形、焊接变形和地震等,间接作用的计算和引起的效应一般比较复杂,例如地震会引起建筑物产生裂缝、倾斜下沉甚至倒塌,但这些破坏效应不仅仅与地震震级、烈度有关,还与建筑物所在场地的地基条件、建筑物的基础类型和上部结构体系有关。本门课主要讲述直接作用,即荷载。

作用按照作用时间变化分为永久作用、可变作用和偶然作用。在设计基准期内,其量值不随时间变化,或即使有变化,其变化与平均值相比可以忽略不计的作用称为永久作用(永久荷载),如结构的自重、土压力、预应力等;在设计基准期内,其量值随时间变化,且其变化与平均值相比不能忽略的作用称为可变作用(可变荷载),如楼(屋)面活荷载、屋面积灰荷载、雪荷载、风荷载、吊车荷载等;在设计基准内,可能出现也可能不出现,可一旦出现,其量值很大且持续

时间很短的作用称为偶然作用(偶然荷载),如地震、爆炸力、撞击力等。

作用按随空间位置的变化分为固定作用和自由作用。在结构空间位置上具有固定分布的作用称为固定作用(固定荷载),如结构自重、楼面上的固定设备荷载等;在结构空间位置上的一定范围内可以任意分布的作用称为自由作用(自由荷载),如民用建筑楼面上的活荷载、工业建筑中的吊车荷载等。

作用按结构的反应特点分为静态作用和动态作用。对结构或结构构件不产生加速度或产生的加速度很小可以忽略不计的作用称为静态作用(静态荷载),如结构的自重、楼面的活荷载等;对结构或构件产生的不可忽略的加速度的作用称为动态作用(动态荷载),如吊车荷载、地震荷载、作用在高层建筑上的风荷载等。

作用按有无限值分为有界作用和无界作用。具有不能被超越的且可确切或近似掌握界限值的作用称为有界作用,如水坝的最高水位压力等;没有明确界限值的作用称为无界作用,如爆炸、撞击等。

3.1.1.2 荷载的代表值

荷载是一个不确定的随机变量。《建筑结构可靠性设计统一标准》(GB 50068—2018)中规定,设计基准期为 50 年,在这段期间内,荷载不仅在量值上是变化的,并且作用在结构上的时间持续性也是变化的。设计中用来验算极限状态所采用的荷载量值,称为荷载代表值,例如标准值、组合值、频遇值和准永久值。

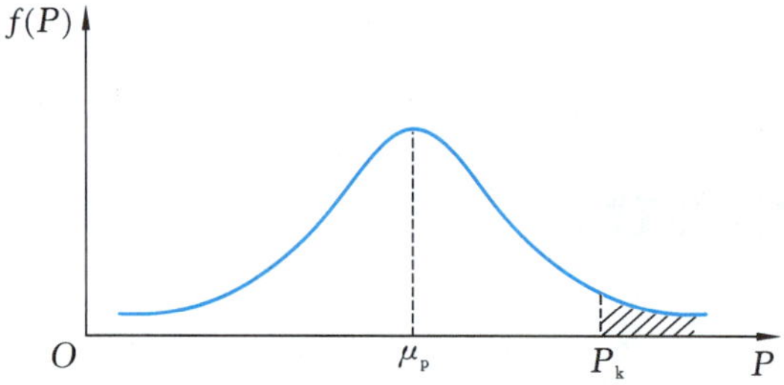

图 3.1 荷载标准值的概率含义

(1) 荷载标准值

荷载标准值是荷载最基本的代表值,是由结构的设计基准期内(统一规定为 50 年)最大荷载概率分布(为正态分布)的某一分位值确定的,如图 3.1 所示的 P_k。荷载的标准值在理论上应为在结构使用期间,正常情况下可能出现的具有一定保证率的偏大荷载值。

$$P_k = \mu_p + \alpha_p \sigma_p \tag{3.1}$$

式中 P_k——荷载标准值;

μ_p——设计基准期内最大荷载概率分布的平均值;

σ_p——最大荷载分布的标准差;

α_p——保证率系数,我国 $\alpha_p = 1.645$,则 P_k 具有 95%的保证率,即在设计基准期内超过此标准值的荷载出现的概率为 5%。

① 永久荷载标准值 G_k

永久荷载的标准值 G_k,是按结构构件的尺寸(如梁、柱的断面)与构件所用材料的容重的标准值(如梁、柱材料为钢筋混凝土,则其容重的标准值一般取 25 kN/m^3)来确定的数值。对常用材料容重,可按《建筑结构荷载规范》(GB 50009—2012)采用。

② 可变荷载标准值 Q_k

可变荷载的标准值 Q_k,则由设计基准期内最大荷载概率分布的某一分位数来确定,一般取具有 95%保证率的上分位值,《建筑结构荷载规范》(GB 50009—2012)中给出了各种可变荷载标准值的取值,可按荷载规范的规定采用,如办公楼、住宅楼面均布活荷载标准值 Q_k 为

2.0 kN/m^2。

(2) 荷载分项系数

荷载的标准值乘以荷载分项系数为荷载设计值,荷载设计值比荷载标准值具有更大的保证率。考虑到可变荷载的变异性比永久荷载更大,因此可变荷载的分项系数取值比永久荷载的分项系数大一些。

① 永久荷载分项系数

《建筑结构可靠性设计统一标准》(GB 50068—2018)规定,当永久荷载对结构不利时,永久荷载分项系数应取 $\gamma_G=1.3$;当永久荷载对结构有利时,γ_G 不应大于 1.0;对结构的倾覆、滑移或漂浮进行验算时,荷载分项系数应满足有关建筑结构设计规范的规定。

② 可变荷载分项系数

一般情况下可变荷载分项系数 $\gamma_G=1.5$;对于标准值大于或等于 4 kN/m^2 的工业厂房楼面结构的活荷载,因其变异系数相对较小,γ_G 的取值可适当减小。

(3) 荷载组合值

当结构上作用两种或两种以上的可变荷载时,考虑到其同时达到最大值的可能性较小,因此,在按承载能力极限状态设计或按正常使用极限状态的短期效应组合设计时,应采用荷载的组合值作为可变荷载的代表值。

$$\text{可变荷载组合值}=\psi_c\times\text{可变荷载标准值} \tag{3.2}$$

式中 ψ_c——可变荷载组合值系数,其值小于 1.0,可直接由《建筑结构荷载规范》(GB 50009—2012)查用。

(4) 荷载频遇值

可变荷载频遇值是正常使用极限状态按频遇组合设计所采用的一种可变荷载代表值。在设计基准期内,荷载达到和超过该值的总持续时间仅为设计基准期的一小部分。

$$\text{可变荷载频遇值}=\psi_f\times\text{可变荷载标准值} \tag{3.3}$$

式中 ψ_f——可变荷载频遇值系数,其值小于 1.0,可直接由《建筑结构荷载规范》(GB 50009—2012)查用。

达到荷载值的频率越大,频遇值系数就越大,频遇值亦越大。如:书库频遇值系数为 0.9,住宅频遇值系数为 0.57。频遇组合目前多在桥梁结构设计中应用。

(5) 荷载准永久值

作用在建筑物上的可变荷载(如住宅楼面上的均布活荷载为 2.0 kN/m^2),其中有部分是长期作用在上面的(可以理解为在设计基准期 50 年内,不少于 25 年),而另一部分则是不出现的。因此,也可以把长期作用在结构上的那部分可变荷载当作是永久活载来对待。可变荷载的准永久值为可变荷载标准值乘以荷载准永久值系数 ψ_q。也就是说,准永久值系数 ψ_q 为荷载准永久值与荷载标准值的比值,其值恒小于 1.0。

$$\text{可变荷载准永久值}=\psi_q\times\text{可变荷载标准值} \tag{3.4}$$

式中 ψ_q——荷载准永久值系数,其值小于 1.0,可直接由《建筑结构荷载规范》(GB 50009—2012)查用。

在荷载规范中,规定了各种不同建筑楼面上均布活荷载的准永久值系数 ψ_q,如对住宅楼面的均布活荷载,其准永久值系数 $\psi_q=0.4$,而对书库、档案库则 $\psi_q=0.8$,这表明对不同用途的建筑物,其准永久值系数 ψ_q 是不同的。ψ_q 的大小表示均布活荷载数值变动的大小,ψ_q 大表示变动较小，ψ_q 小则表示变动大。如住宅楼面的均布活荷载标准值为 2.0 kN/m^2，准永久值系数 $\psi_q=0.4$，因此，荷载准永久值为 $2.0\times0.4=0.8$ kN/m^2；而对一般书库、档案库楼面均布活荷载为 5.0 kN/m^2，准永久值系数 $\psi_q=0.8$，因此荷载准永久值为 $5.0\times0.8=4.0$ kN/m^2。

3.1.1.3 作用效应

作用在结构上的直接作用或间接作用，将引起结构或结构构件产生内力（如轴力、弯矩、剪力、扭矩等）和变形（如挠度、转角、侧移、裂缝等），这些内力和变形总称为作用效应，当为直接作用（即荷载）时，其效应也称为荷载效应，通常用 S 表示。

通常，荷载效应与荷载的关系可用荷载值与荷载效应系数来表达，即根据结构构件的连接方式（支承情形）、跨度、截面几何特性，以及结构上的作用位置和大小，可以用材料力学或结构力学方法算出作用效应。例如，当简支梁的计算跨度为 l_0、净跨度为 l_n、荷载为均布荷载 q 时，则可知该简支梁的跨中弯矩 $M=ql_0^2/8$，其中 q 为荷载，$l_0^2/8$ 为荷载效应系数；支座边的剪力 $V=ql_n/2$，$l_n/2$ 为荷载效应系数。

因结构上的荷载都不是确定值，而是随机变量，所以荷载效应也是随机变量。

3.1.1.4 结构抗力

结构或结构构件承受内力和变形的能力，称为结构抗力，用 R 表示，如构件的承载能力、刚度的大小、抗裂的能力等。混凝土结构构件的截面尺寸、混凝土的强度等级，以及钢筋的种类、配筋的数量及方式确定后，构件截面便有一定的抗力，结构抗力可按一定的计算模式确定。影响结构抗力的主要因素包括结构构件的截面形式、截面尺寸、材料强度等级及计算模式等。由于结构构件的制作误差和安装误差会引起结构几何参数的变异，又由于结构材料材质和生产工艺等的影响，其强度和变形性能也会有差别（即使是同一工地按同一配合比制作的某一强度等级的混凝土，或是同一钢厂生产的同一种钢材，其强度和变形性能也不会完全相同），再加上结构抗力计算所采用的基本假定和计算公式不够精确等，因此结构的抗力也具有随机性，是随机变量。

3.1.1.5 结构构件的材料强度

（1）材料的强度标准值

《建筑结构可靠性设计统一标准》（GB 50068—2018）规定，材料强度的标准值是结构设计时采用的材料性能的基本代表值。材料强度的标准值以材料强度的概率分布（为正态分布）的某一分位值来确定，如图3.2所示的 f_k，应具有不小于 95%保证率。

$$f_k=\mu_f-1.645\sigma_f=\mu_f(1-1.645\delta_f) \tag{3.5}$$

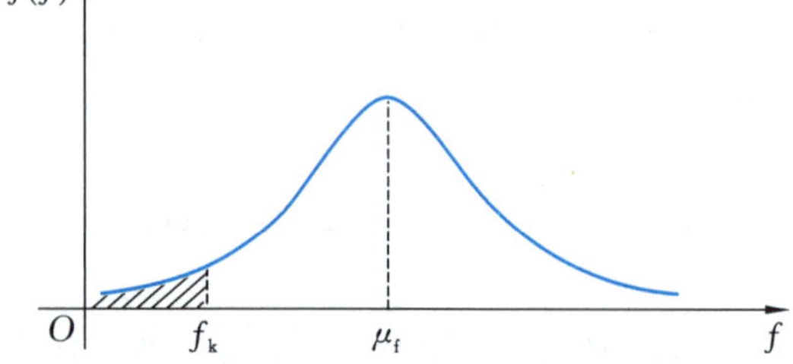

图 3.2 材料强度标准值的概率含义

式中 f_k——材料强度的标准值；

μ_f——材料强度的统计平均值；

σ_f——材料强度的统计标准差；

δ_f——材料强度的变异系数。

《混凝土结构设计标准》（GB/T 50010—2010）（2024 年版）规定了各类钢筋和各种强度等级的混凝土的强度标准值，参见附表 1.1 及附表 2.1。

(2) 材料强度的设计值

材料强度的设计值是用于承载力计算时的材料强度的代表值，它与材料强度标准值的关系如下：

$$材料强度的设计值=\frac{材料强度的标准值}{材料强度分项系数} \tag{3.6}$$

式中，材料强度分项系数，混凝土的材料强度分项系数 $\gamma_c=1.40$；对于 400 MPa 及以下的热轧钢筋，材料强度分项系数 $\gamma_s=1.10$；500 MPa 热轧钢筋取 $\gamma_s=1.15$；预应力钢筋取 $\gamma_s=1.20$。

《混凝土结构设计标准》(GB/T 50010—2010)(2024 年版)规定了各类钢筋和各种强度等级的混凝土的强度设计值，参见附表 1.2 及附表 2.2。

3.1.2 结构功能要求

建筑结构的结构构件在设计使用年限内应具有足够的、一定的功能要求，即安全性、适用性和耐久性。

(1) 结构的安全性，是指结构在正常设计、正常施工、正常使用条件下，能够承受可能出现的各种作用，如各种荷载、外加变形或约束变形等。当发生火灾时，在规定的时间内可保持足够的承载力；当发生爆炸、撞击等偶然事件时，结构能保持必要的整体稳固性，不出现与起因不对称的破坏后果，防止出现结构的连续倒塌。

(2) 结构的适用性，是指结构在正常使用条件下具有良好的工作性能，如不发生过大的变形或过宽的裂缝等。

(3) 结构的耐久性，是指结构在正常使用和正常维护的条件下，应具有足够的耐久性，即在规定的工作环境和预定的设计使用年限内，结构材料性能的恶化不应导致结构出现不可接受的失效概率；钢筋混凝土构件不能因为保护层过薄或裂缝过宽而导致钢筋锈蚀，混凝土也不能因为严重碳化、风化、腐蚀而影响耐久性。

结构的设计使用年限是指设计规定的结构或构件不需要进行大修即可按预定目的使用的年限。房屋建筑结构的设计使用年限详见表 3.1。

表 3.1 房屋建筑结构的设计使用年限

类别	设计使用年限/年	示例
1	5	临时性建筑结构
2	50	普通房屋和构筑物
3	100	标志性建筑和特别重要的建筑结构

结构可靠性是安全性、适用性和耐久性的总称，就是指结构在规定的使用期限内，在规定的条件下(正常设计、正常施工、正常使用和维护)，完成预定结构功能的能力。结构可靠性越高，建设造价投资越大。如何在结构可靠与经济之间取得均衡，就是设计要解决的问题。

3.1.3 结构的安全等级

建筑结构设计时，应根据结构破坏可能产生的后果，即危及人的生命、造成经济损失、对社会或环境产生影响等的严重性，采用不同的安全等级。《建筑结构可靠性设计统一标准》(GB 50068—2018)根据建筑结构破坏后果的严重程度，将建筑结构划为以下三个安全等级，见表 3.2。

表 3.2 结构的安全等级

结构安全等级	破坏后果	建筑物类型
一级	很严重：对人的生命、经济、社会或环境产生影响很大	大型的公共建筑等重要结构
二级	严重：对人的生命、经济、社会或环境产生影响较大	普通的住宅和办公楼等一般结构
三级	不严重：对人的生命、经济、社会或环境产生影响较小	小型的或临时性储存建筑等次要结构

3.2 结构极限状态设计法

3.2.1 结构极限状态

结构能够满足功能要求，称结构“可靠”或“有效”；结构不能够满足功能要求，称结构“不可靠”或“失效”。区分“可靠”与“失效”的界限就是“极限状态”。

极限状态可理解为结构或结构构件达到使用功能上允许的某个限值的状态，整个结构或结构的一部分构件超过某一特定状态就不能满足设计规定的某一功能要求，此特定状态称为该功能的极限状态。

混凝土结构的极限状态应包括：承载能力极限状态、正常使用极限状态和耐久性极限状态。

3.2.1.1 承载能力极限状态

承载能力极限状态：结构或结构构件达到最大承载力或不适于继续承载的变形的状态。

当结构或构件出现下列状态之一时，就认为超过了承载能力极限状态：

(1) 结构构件或连接因超过材料强度而破坏，或因过度变形而不适于继续承载；

(2) 整个结构或其一部分作为刚体失去平衡(如倾覆等)；

(3) 结构转变为机动体系；

(4) 结构或结构构件丧失稳定(如压屈等)；

(5) 结构因局部破坏而发生连续倒塌；

(6) 地基丧失承载力而破坏；

(7) 结构或结构构件的疲劳破坏。

承载能力极限状态主要考虑有关结构安全性的功能,出现的概率应该很低,对于任何结构或构件都需按照承载能力极限状态进行设计。

混凝土结构的承载能力极限状态计算应包括下列内容:

(1) 结构构件应进行承载力(包括失稳)计算;

(2) 直接承受重复荷载的构件应进行疲劳验算;

(3) 有抗震设防要求时,应进行抗震承载力计算;

(4) 必要时还应进行结构的倾覆、滑移、漂浮验算;

(5) 对于可能遭受偶然作用,且倒塌可能引起严重后果的重要结构,宜进行防连续倒塌设计。

3.2.1.2 正常使用极限状态

正常使用极限状态:结构或结构构件达到正常使用的某项规定限值状态。

当结构或结构构件出现下列状态之一时,应认为超过了正常使用极限状态:

(1) 影响正常使用或外观的变形;

(2) 影响正常使用或耐久性能的局部损坏(包括裂缝);

(3) 影响正常使用的振动;

(4) 影响正常使用的其他特定状态。

正常使用极限状态主要考虑有关结构适用性的功能,对财产和生命的危害较小,故出现概率允许高一些,但仍应予以足够的重视。因为过大的变形和过宽的裂缝不仅影响结构的正常使用性能,也会造成人们心理的不安全感。通常对结构构件先按承载能力极限状态进行承载能力计算,然后根据使用要求按正常使用极限状态进行变形、裂缝宽度或抗裂等验算。

混凝土结构构件应根据其使用功能及外观要求,按下列规定进行正常使用极限状态验算:

(1) 对需要控制变形的构件,应进行变形验算;

(2) 对不允许出现裂缝的构件,应进行混凝土拉应力验算;

(3) 对允许出现裂缝的构件,应进行受力裂缝宽度验算;

(4) 对舒适度有要求的楼盖结构,应进行竖向自振频率验算。

3.2.1.3 耐久性极限状态

耐久性极限状态:对应于结构或结构构件在环境影响下出现的劣化达到耐久性能的某项规定限值或标志的状态。

当结构或结构构件出现下列状态之一时,就认为超过了耐久性极限状态:

(1) 影响承载能力和正常使用的材料性能劣化(如钢筋、混凝土的强度降低等);

(2) 影响耐久性能的裂缝、变形、缺口、外观、材料削弱等(如混凝土构件的裂缝宽度超过某一限值会引起构件内钢筋锈蚀,预应力筋和直径较小的受力主筋具备锈蚀条件,混凝土构件表面出现锈蚀裂缝等);

(3) 影响耐久性能的其他特定状态(如构件的金属连接件出现锈蚀,阴极或阳极保护措施失去作用等)。

结构的耐久性极限状态设计,应使结构构件出现耐久性极限状态标志或限值的年限不小于其设计使用年限。结构构件的耐久性极限状态设计,应包括保证构件质量的预防性处理措施，减小侵蚀作用的局部环境改善措施，延缓构件出现损伤的表面防护措施和延缓材料性能劣化速度的保护措施。

3.2.2 结构功能函数

结构设计的目的是保证所设计的结构构件满足一定的功能要求，即荷载效应不应超过结构抗力。结构所处状态示意图见图 3.3。用来描述结构构件完成预定功能状态的函数 Z 称为功能函数。结构的作用效应用 S 表示，结构抗力用 R 表示，根据两者关系引入结构功能函数：

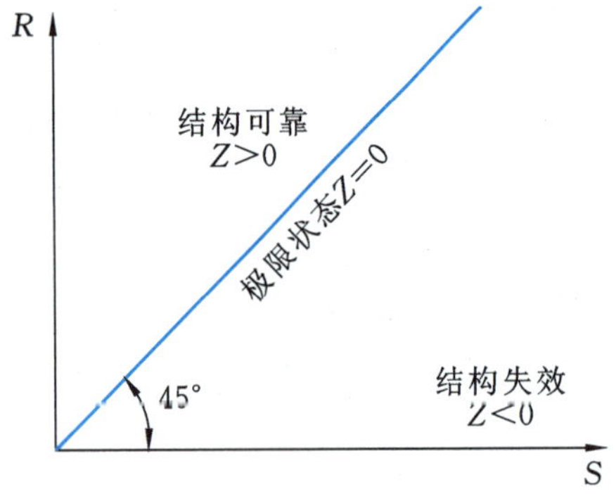

图 3.3　结构所处状态示意图

$$Z=R-S \tag{3.7}$$

实际工程中可能出现的三种情况：

(1) $Z=R-S>0$ 时，结构处于可靠状态；

(2) $Z=R-S=0$ 时，结构达到极限状态；

(3) $Z=R-S<0$ 时，结构处于失效状态。

由此可见，结构可靠的条件为 $R \geqslant S$，$Z=R-S=0$ 称为极限状态方程。

3.2.3 结构可靠度理论

结构可靠度指结构在规定时间内和条件下完成预定功能的概率。可靠度是用来衡量结构可靠性的。

结构能完成预定功能的概率($R>S$)称为可靠概率 P_s；相对地，结构不能完成预定功能的概率($R<S$)称为失效概率 P_f。显然，$P_s+P_f=1$，即失效概率与可靠概率互补，故结构的可靠性也可以用失效概率来度量。

荷载效应 S 和结构抗力 R 都是随机变量，所以 $Z=R-S$ 也应是随机变量，它是材料、荷载、几何尺寸参数、荷载效应计算公式及抗力计算模型等的不定性函数。如 R 和 S 服从正态分布，则 Z 也应服从正态分布，即 Z 的概率分布曲线也是一条正态分布曲线，如图 3.4 所示。$Z=R-S<0$ 所出现的概率为图 3.4 中阴影部分的面积值。

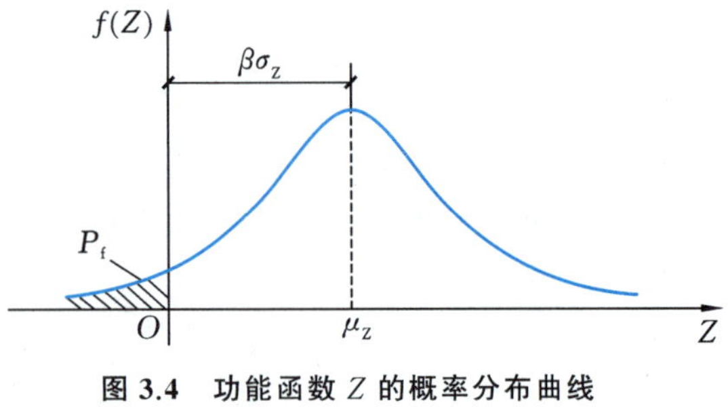

图 3.4　功能函数 Z 的概率分布曲线

因为 Z 服从正态分布，由概率理论得知，Z 的平均值 μ_Z 和标准差 σ_Z 分别为：

$$\mu_Z=\mu_R-\mu_S \tag{3.8}$$

$$\sigma_Z=\sqrt{\sigma_R^2+\sigma_S^2} \tag{3.9}$$

由图 3.4 可知，结构的失效概率 P_f 与 Z 的平均值 μ_Z 的大小及标准差 σ_Z 的大小有关：若取 $\beta=\mu_Z/\sigma_Z$，则 β 与 P_f 之间就存在对应关系，β 越大则 P_f 就越小，结构就越可靠；反之，β 越小则 P_f 就越大，结构就越容易失效，β 与 P_f 有一一对应的关系，所以 β 也可以像 P_f 一样用来表述结构的可靠性，在工程上将 β 称为结构的“可靠指标”。当 R 与 S 均服从正态分布时，可靠指标 β 可由下式求得：

$$\beta=\frac{\mu_Z}{\sigma_Z}=\frac{\mu_R-\mu_S}{\sqrt{\sigma_R^2+\sigma_S^2}} \tag{3.10}$$

可靠指标 β 与失效概率 P_f 的对应关系见表 3.3。

表 3.3 可靠指标 β 与失效概率 P_f 的对应关系

β	2.7	3.2	3.7	4.2
P_f	3.5×10^{-3}	6.4×10^{-4}	1.1×10^{-4}	1.3×10^{-5}

对于不同安全等级的结构，所要求的可靠指标 β 应不同，安全等级越高，β 值也应取得越大。《建筑结构可靠性设计统一标准》(GB 50068—2018)根据不同的安全等级和破坏类型(延性破坏和脆性破坏)，确定了结构承载能力极限状态设计时的目标可靠指标[β]，见表 3.4。在结构设计时，要求结构所具有的可靠指标 β 不小于目标可靠指标[β]。

表 3.4 进行结构承载能力极限状态设计时的目标可靠指标[β]

破坏类型	安全等级		
	一级	二级	三级
延性破坏	3.7	3.2	2.7
脆性破坏	4.2	3.7	3.2

3.3 结构极限状态设计表达式

用可靠指标设计计算结构的可靠度，即科学又合理，设计概念明确。但在一般的设计中，要正确统计 R、S 的变化规律十分困难，计算也相当复杂。因此，《建筑结构可靠性设计统一标准》(GB 50068—2018)给出了以概率极限状态设计方法为基础的实用设计表达式，分为承载能力极限状态设计表达式和正常使用极限状态设计表达式两种表达式。

3.3.1 承载能力极限状态设计表达式

3.3.1.1 基本表达式

对持久、短暂和地震的设计状况，结构或结构构件按承载能力极限状态设计时，应符合下式规定：

$$\gamma_0 S_d \leqslant R_d \tag{3.11}$$

$$R_d=\frac{R(f_c, f_s, a_k, \cdots)}{\gamma_{Rd}} \tag{3.12}$$

式中 γ_0——结构重要性系数，在持久设计状况和短暂设计状况下，对安全等级为一级的结构构件不应小于 1.1，对安全等级为二级的结构构件不应小于 1.0，对安全等级为三级的结构构件不应小于0.9；对偶然设计状况和地震设计状况下应取1.0；

S_d——承载能力状态下作用组合的效应设计值，对持久设计状况和短暂设计状况应按作用的基本组合计算，对地震设计状况应按作用的地震组合计算；

R_d——结构或结构构件的抗力设计值；

$R(\cdot)$——结构构件的承载力函数；

γ_{Rd}——结构构件抗力模式不定性系数，静力设计取1.0，对不确定性较大的结构构件根据具体情况取大于1.0的数值，抗震设计应用承载力抗震调整系数 γ_{RE} 代替 γ_{Rd}；

f_c，f_s——混凝土、普通钢筋或预应力筋的强度设计值；

a_k——结构构件几何参数的标准值，当几何参数的变异性对结构性能有明显的不利影响时，还应增减一个附加值。

3.3.1.2 荷载组合的效应设计值

结构设计时，应根据考虑的设计状况选用不同的组合：对持久和短暂设计状况，应采用基本组合；对偶然设计状况，应采用偶然组合；对于地震设计状况，应采用作用效应的地震组合。

（1）基本组合

$$S_d = \sum_{i\geqslant 1}\gamma_{G_i}S_{G_{ik}} + \gamma_P S_P + \gamma_{Q_1}\gamma_{L1}S_{Q_{1k}} + \sum_{j>1}\gamma_{Q_j}\psi_{cj}\gamma_{Lj}S_{Q_{jk}} \tag{3.13}$$

式中 γ_{G_i}——第 i 个永久荷载分项系数，当对结构不利时，不应小于1.3，对结构有利时，不应大于1.0；

γ_{Q1}，γ_{Qj}——第1个和第 j 个可变荷载的分项系数，当对结构不利时，不应小于1.5，对结构有利时，应取0，对于标准值大于4 kN/m^2 的工业房屋楼面活荷载，当对结构不利时不应小于1.4，当对结构有利时，应取0；

γ_P——预应力作用的分项系数，当对结构构件的承载力不利时，取1.3，对结构构件的承载力有利时，不应大于1.0；

$S_{G_{ik}}$——第 i 个按永久荷载标准值 G_{ik} 计算的荷载效应值；

$S_{Q_{jk}}$——按可变荷载标准值 Q_{jk} 计算的荷载效应值，其中 $S_{Q_{1k}}$ 为诸可变荷载效应中起控制作用的；

S_P——预应力作用有关代表值效应；

γ_{L1}，γ_{Lj}——第1个和第 j 个考虑结构设计使用年限调整系数，其中 γ_{L1} 为主导可变荷载 Q_1 考虑结构设计使用年限调整系数，结构设计使用年限为5年时，取 γ_{Lj} 为0.9，结构设计使用年限为50年时，取 γ_{Lj} 为1.0，结构设计使用年限为100年时，取 γ_{Lj} 为1.1；

ψ_{cj}——对可变荷载 Q_j 的组合值系数，一般情况下取 $\psi_{cj}=0.7$，对书库、档案库、密集书柜库、通风机房、电梯机房等取 $\psi_{cj}=0.9$，对工业建筑活荷载的组合值系数应按《建筑结构荷载规范》(GB 50009—2012)取用。

（2）偶然组合

$$S_d = \sum_{i\geqslant 1}S_{G_{ik}} + S_P + S_{A_d} + (\psi_{f1} \text{ 或 } \psi_{q1})S_{Q_{1k}} + \sum_{j>1}\psi_{qj}S_{Q_{jk}} \tag{3.14}$$

式中 S_{A_d}——偶然作用设计值的效应；

ψ_{f1}——第 1 个可变作用的频遇值系数；

ψ_{q1}，ψ_{qj}——第 1 个和第 j 个可变作用的准永久值系数。

3.3.2 正常使用极限状态设计表达式

结构或结构构件按正常使用极限状态设计时，应符合下式规定：

$$S_d \leqslant C \tag{3.15}$$

式中 S_d——正常使用极限状态的荷载效应（变形、裂缝宽度等）组合设计值；

C——结构构件达到正常使用要求的规定限值，如变形（挠度）、裂缝宽度等限值。

由于荷载的短期作用与长期作用对结构构件正常使用性能的影响不同，所以按正常使用极限状态设计时，宜根据不同情况，采用荷载的标准组合、频遇组合或准永久组合计算荷载效应的组合设计值。

(1) 标准组合：主要用于当一个极限状态被超越时将产生严重的永久性损坏的情况。

$$S_d = \sum_{i\geqslant 1} S_{G_{ik}} + S_P + S_{Q_{1k}} + \sum_{j>1} \psi_{cj} S_{Q_{jk}} \tag{3.16}$$

(2) 频遇组合：主要用于当一个极限状态被超越时将产生局部损坏、较大变形或短暂震动等的情况。

$$S_d = \sum_{i\geqslant 1} S_{G_{ik}} + S_P + \psi_{f1} S_{Q_{1k}} + \sum_{j>1} \psi_{qj} S_{Q_{jk}} \tag{3.17}$$

式中 ψ_{f1}——第 1 个可变作用 Q_{1k} 的频遇值系数，按《建筑结构荷载规范》(GB 50009—2012)采用。

(3) 准永久组合：主要用于当长期效应是决定性因素的一些情况。

$$S_d = \sum_{i\geqslant 1} S_{G_{ik}} + S_P + \sum_{j>1} \psi_{qj} S_{Q_{jk}} \tag{3.18}$$

式中 ψ_{qj}——第 j 个可变作用的准永久值系数，按《建筑结构荷载规范》(GB 50009—2012)采用。

【在线测试】

【例 3.1】 一简支空心板，安全等级为二级，板长 2200 mm，计算跨度 2020 mm，板宽 1000 mm，板自重 2.04 kN/m^2，后浇混凝土层厚 60 mm，板底抹灰层厚 20 mm，可变荷载标准值 2.5 kN/m^2，准永久值系数 0.5。试计算按承载能力极限状态和正常使用极限状态设计时的跨中截面弯矩值。

【解】 永久荷载标准值

板自重： 2.04 kN/m^2

60 mm 厚现浇混凝土： (25×0.06) kN/m^2=1.50 kN/m^2

20 mm 板底抹灰： (20×0.02) kN/m^2=0.40 kN/m^2

板长度方向均布恒荷载标准值： [(2.04+1.50+0.40)×1.0] kN/m=3.94 kN/m

可变荷载标准值： (2.5×1.0) kN/m=2.50 kN/m

均布荷载下的跨中截面弯矩：

$$M=\frac{1}{8}ql^2$$

(1) 承载能力极限状态设计时的跨中截面弯矩值

取 $\gamma_0=1.0$，$\gamma_G=1.3$，$\gamma_Q=1.5$，$\gamma_L=1.0$，则：

$$M=\gamma_0 S_d=\gamma_0(\gamma_G S_{Gk}+\gamma_{Q1}\gamma_L S_{Q1k})$$

$$=1.0\times\left(1.3\times\frac{1}{8}\times 3.94\times 2.02^2+1.5\times 1.0\times\frac{1}{8}\times 2.50\times 2.02^2\right)$$

$$=4.53\ \text{kN}\cdot\text{m}$$

(2) 正常使用极限状态设计时的跨中截面弯矩值

按荷载标准组合，则：

$$M=S_{Qk}+S_{Q1k}=\frac{1}{8}\times 3.94\times 2.02^2+\frac{1}{8}\times 2.50\times 2.02^2=3.28\ \text{kN}\cdot\text{m}$$

按荷载准永久组合，由题干可知 $\psi_q=0.5$，则：

$$M=S_{Gk}+\psi_q S_{Qk}=\frac{1}{8}\times 3.94\times 2.02^2+0.5\times\frac{1}{8}\times 2.50\times 2.02^2=2.65\ \text{kN}\cdot\text{m}$$

【本章小结】

(1) 结构设计的本质就是科学地解决结构的可靠与经济这对矛盾。结构的可靠度是结构可靠性（安全性、适用性、耐久性）的概率度量。

(2) 作用在建筑物上的荷载可分为永久荷载、可变荷载和偶然荷载。永久荷载采用标准值作为代表值；可变荷载采用标准值、组合值、频遇值和准永久值作为代表值，其中标准值是基本代表值，其他代表值均可在标准值基础上乘以相应的系数后得到。

(3) 钢筋和混凝土强度的概率分布为正态分布。钢筋强度标准值是具有不小于 95%保证率的偏低强度值，混凝土强度标准值是具有 95%保证率的偏低强度值。钢筋和混凝土强度设计值是用各自的强度标准值除以相应的材料分项系数得到的。

(4) 当结构或结构的一部分超过某一特定状态而不能满足结构某功能要求（安全性、适用性、耐久性）时，该特定状态称为该功能的极限状态。结构极限状态可分为承载力能力极限状态、正常使用极限状态、耐久性极限状态。承载能力极限状态设计安全性问题，超过该极限状态造成的后果要比超过正常使用极限状态（涉及适用性、耐久性）的后果严重，因此任何结构构件都必须进行承载力计算。对于正常使用极限状态，可通过适当的构造规定去满足，或在必要时进行变形和裂缝控制的验算。

(5) 进行承载能力极限状态计算时，采用荷载设计值、材料强度设计值、结构重要性系数、可变荷载的组合系数等进行；进行正常使用极限状态验算时，采用荷载标准值、材料强度标准值、荷载组合系数及准永久系数等进行。各项数值和系数的取值都是以概率理论为基础，根据结构的不同可靠指标确定的，设计时可直接引用。

思 考 题

3.1 什么是结构上的作用？荷载属于哪种作用？

3.2 什么是作用效应、结构抗力？它们之间有什么联系？

3.3 什么是荷载标准值、荷载设计值？

3.4 什么是材料强度标准值、材料强度设计值？

3.5 结构功能要求有哪些？

3.6 什么是结构可靠性？什么是结构可靠度？

3.7 何谓极限状态？结构有哪些极限状态？

3.8 试写出承载能力极限状态设计表达式，并解释符号意义。

3.9 试写出正常使用极限状态设计表达式，并列举根据不同设计要求，应采用哪些荷载组合？

能力训练项目

荷载组合的效应计算：某一简支梁如图3.5所示，计算跨度 $l=4.0$ m，承受永久线均布荷载标准值 $q_{Gk}=9.0$ kN/m，承受可变线均布荷载标准值 $q_{Qk}=6.0$ kN/m，无风荷载参加组合。该梁是重要的建筑构件，安全等级为一级。试计算按承载能力极限状态和正常使用极限状态设计时的跨中截面弯矩值。

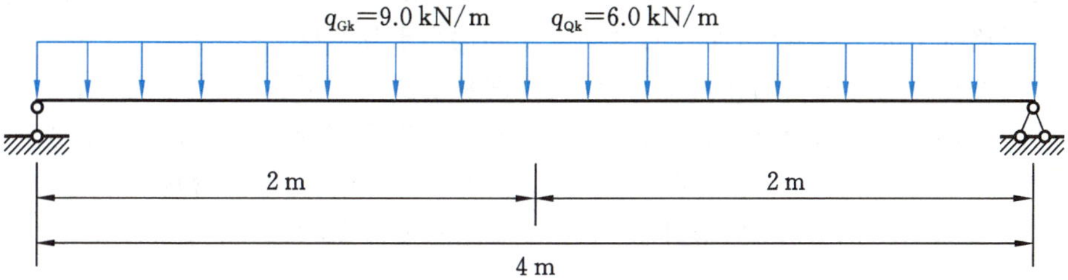

图3.5 能力训练项目图

4 受弯构件正截面承载力

本章概要

本章主要内容包括：受弯构件的一般构造、受弯构件正截面受力性能、受弯构件正截面计算原则、单筋矩形截面承载力计算、双筋矩形截面承载力计算、单筋 T 形截面承载力计算六个部分。本章是本课程最重要的一章，揭示了混凝土结构的基本属性。

学习目标

通过本章学习，要求熟悉受弯构件的一般构造要求；掌握钢筋混凝土受弯构件正截面受力性能及分析方法；理解正截面承载力计算的基本假定；理解受压区混凝土等效应力图的概念、界限相对受压区高度、最小配筋率；掌握单筋矩形截面、双筋矩形截面、单筋 T 形截面承载力计算公式、适用条件及计算方法等。学会利用受弯构件正截面承载力计算方法设计梁与板纵向受力钢筋，绘制与识读施工图，熟悉建筑结构设计规范。

4.1 受弯构件的一般构造

受弯构件是指截面上通常有弯矩和剪力共同作用而轴力可以忽略不计的构件。梁和板是典型的受弯构件，是土木工程中数量最多、使用面最广的一类构件。梁和板区别在于：梁的截面高度一般情况下大于其宽度，而板的截面高度则远小于其宽度。

受弯构件在荷载等因素的作用下，可能发生两种主要的破坏：一种是沿弯矩最大的截面破坏，另一种是沿剪力或弯矩和剪力都较大的截面破坏。当受弯构件沿弯矩最大的截面破坏时，破坏截面与构件的轴线垂直，称为正截面破坏，如图 4.1(a)所示；当受弯构件沿剪力最大或弯矩和剪力都较大的截面破坏时，破坏截面与构件的轴线斜交，称为斜截面破坏，如图 4.1(b)所示。

图 4.1 受弯构件的破坏形式

(a)正截面破坏；(b)斜截面破坏

进行受弯构件设计时，既要保证构件不沿正截面发生破坏，又要保证构件不沿斜截面发生破坏，因此要进行正截面承载能力和斜截面承载能力计算。本章只讨论受弯构件的正截面承载能力计算方法，斜截面承载能力的计算问题将在第 5 章中介绍。

4.1.1 梁的构造要求

4.1.1.1 梁的截面形式和截面尺寸

梁的常用截面形式有矩形、T 形、I 形等，如图 4.2 所示。

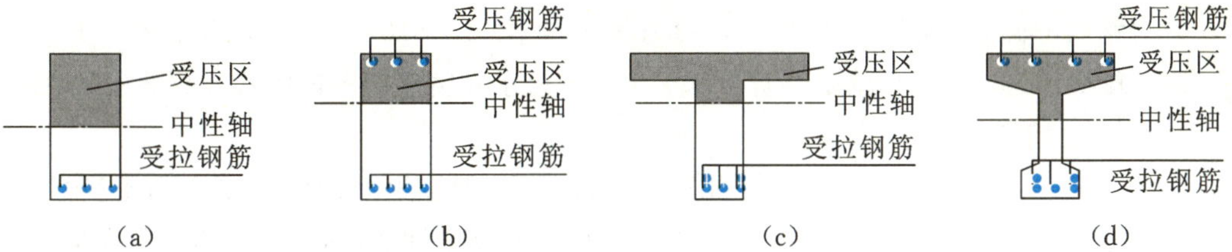

图 4.2 梁的截面形式

(a)单筋矩形截面；(b)双筋矩形截面；(c)T 形截面；(d)I 形截面

梁的截面尺寸取决于构件的支承条件、跨度及荷载大小等因素。为满足正常使用极限状态的要求，简支梁的截面高度一般取 $h=(1/12\sim1/8)l$（l 为梁的计算跨度）；截面宽度一般取 $b=(1/3\sim1/2)h$（矩形截面）或 $b=(1/4\sim1/2.5)h$（T 形截面，b 为梁肋宽）。

为了便于施工，统一模板尺寸，通常梁的截面尺寸宜按下述规定采用：

(1) 梁宽：矩形和 T 形截面的宽度 b 取 120 mm、150 mm、180 mm、200 mm、220 mm、250 mm、300 mm、350 mm 等尺寸，300 mm 以上的级差为 50 mm。

(2) 梁高：矩形和 T 形截面的高度 h 取 250 mm、300 mm、350 mm、…、750 mm、800 mm、900 mm、1000 mm 等尺寸，800 mm 以下的级差为 50 mm，以上的为 100 mm。

4.1.1.2 材料强度

梁中纵向受力钢筋应采用 HRB400、HRB500、HRBF400、HRBF500 钢筋。

采用强度等级不低于 500 MPa 的钢筋时，梁的混凝土强度等级不应低于 C30，常用 C30、C35、C40 等。

4.1.1.3 梁的钢筋布置

梁中一般配置有纵向受力钢筋、弯起钢筋、箍筋、架立钢筋和梁侧纵向构造钢筋等。梁中钢筋组成钢筋骨架，如图 4.3 所示。

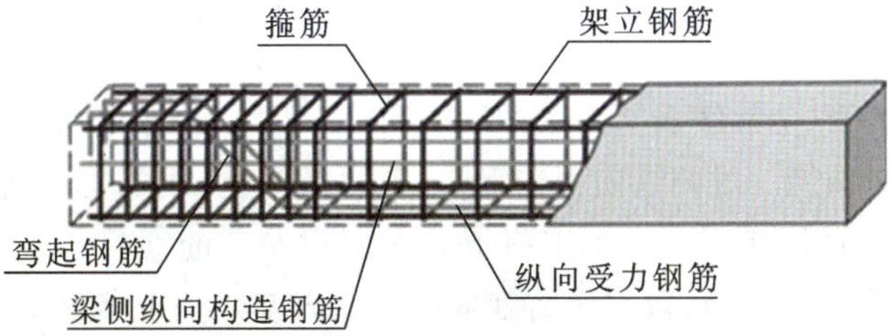

图 4.3 梁的配筋

(1) 纵向受力钢筋

为了充分发挥混凝土的抗压和钢筋的抗拉作用,纵向受力钢筋一般布置在梁的受拉区,其主要作用是受拉区混凝土开裂退出工作后代替受拉区混凝土受拉,并与受压混凝土压应力的合力一起形成截面抵抗力矩,用于抵抗荷载产生的弯矩,有时也在梁的受压区布置纵向受力钢筋,协助混凝土受压。

纵向受力钢筋的直径:常用钢筋直径为 12~25 mm。当梁高不小于 300 mm 时,不应小于 10 mm;当梁高小于 300 mm 时,不应小于 8 mm。当采用两种不同直径时,相差至少 2 mm。梁中受力钢筋的根数不宜太多,否则会增加浇筑混凝土的困难;但也不宜太少,最少为两根。梁内受力钢筋的配置,如计算得出纵向受力钢筋面积 $A_s=751\ mm^2$,则由附表 3.1 可选用 3⌀18(实配 $A_s=763\ mm^2$,满足计算要求),3⌀18 表示在宽度范围内配置 3 根直径为 18 mm 的 HRB400 钢筋。

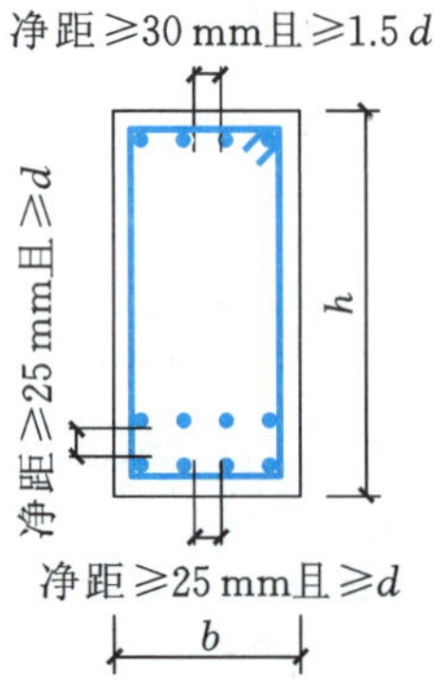

图 4.4 纵向钢筋的净间距

为了便于浇筑混凝土,保证钢筋周围混凝土的密实性,以及钢筋与混凝土具有良好的黏结性能,纵向受力钢筋的净间距应满足图 4.4 中的要求。

伸入梁支座范围内的钢筋不应少于 2 根。

(2) 弯起钢筋

弯起钢筋通常由富余的纵向受力钢筋弯起而成,以抵抗斜截面上的剪力。这部分内容将在第 5 章详细介绍。

(3) 箍筋

箍筋垂直于梁轴线布置,其作用除了抵抗斜截面上的部分剪力,还有固定纵向钢筋位置以形成钢筋骨架,保证受拉区和受压区的良好联系及保证受压区钢筋稳定的作用,同时约束斜裂缝宽度过大的开展和延伸。

梁的箍筋的数量是由斜截面的抗剪承载力经计算及构造确定的,宜采用 HRB400、HRBF400、HPB300、HRB500、HRBF500 钢筋,常用直径是 6 mm、8 mm 和 10 mm。这部分内容将在第 5 章详细介绍。

(4) 架立钢筋

为了固定箍筋并与纵向受力钢筋形成骨架,通常在梁截面的受压区布置架立钢筋(一般不计入受力计算)。

架立钢筋的直径:当梁的跨度小于 4 m 时,不宜小于 8 mm;当梁的跨度为 4~6 m 时,不应小于 10 mm;当梁的跨度大于 6 m 时,不宜小于 12 mm。

(5) 梁侧纵向构造钢筋

梁侧纵向构造钢筋(也称腰筋),当梁的腹板高度 h_w≥450 mm 时,在梁的两个侧面应沿高度方向配置纵向构造钢筋。每侧纵向构造钢筋(不包括梁上、下部受力钢筋及架立钢筋)的间距不宜大于 200 mm,截面面积不应小于腹板截面面积 bh_w 的 0.1%,h_w 为腹板高度,对矩形截面,取有效高度;对 T 形截面,取有效高度减去翼缘高度;对 I 形截面,取腹板净高。

4.1.2 板的构造要求

4.1.2.1 板的截面形式

板的常用截面形式有实心板、槽形板、空心板等，如图 4.5 所示。

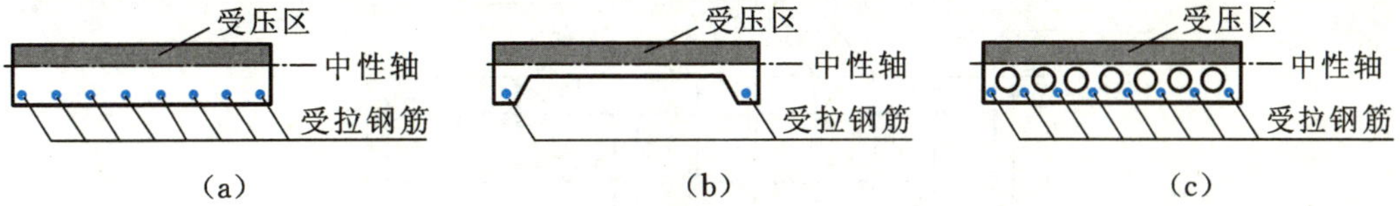

图 4.5 板的截面形式

(a)实心板；(b)槽形板；(c)空心板

4.1.2.2 板的截面尺寸及混凝土强度

为了满足结构安全及舒适度(刚度)的要求，根据工程经验，现浇板厚度与计算跨度的最小比值 h/l_0，见表 4.1；当板的荷载、跨度较大时宜适当减小跨厚比。现浇钢筋混凝土板的厚度不应小于表 4.2 所规定的数值。

表 4.1 现浇板厚度与计算跨度的最小比值 h/l_0

板的类型	单向板	双向板	悬臂板	无梁楼板	
				有柱帽	无柱帽
h/l_0 最小值	1/30	1/40	1/12	1/35	1/30

表 4.2 现浇钢筋混凝土板的最小厚度

板的类别		最小厚度/mm
实心板、屋面板		80
密肋板	上、下面板	50
	肋高	250
悬臂板(固定端)	悬臂长度不大于 500 mm	80
	悬臂长度 1200	100
无梁楼板		150
现浇空心楼板		200

现浇板的宽度取 1 m，即 $b=1000$ mm。

板的混凝土强度等级常用 C25、C30、C35、C40 等。

4.1.2.3 板的配筋方式

钢筋混凝土板中一般布置有两种钢筋：受力钢筋和分布钢筋，受力钢筋沿板的跨度方向在截面受拉一侧布置；分布钢筋垂直于板的受拉钢筋方向布置，如图 4.6 所示。

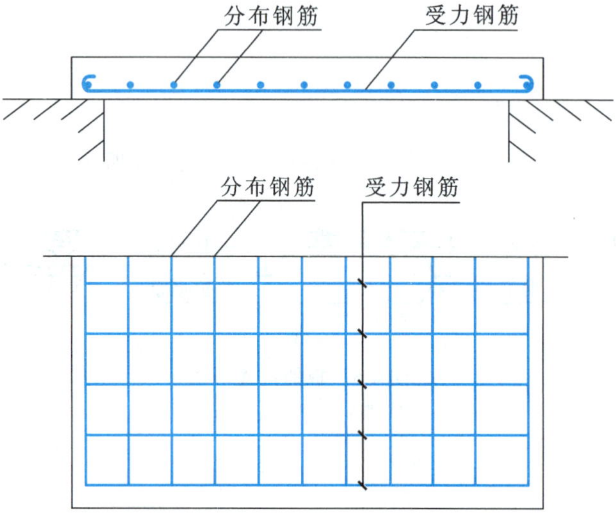

图 4.6　板的配筋示意

(1) 受力钢筋

板的受力钢筋常用 HPB300、HRB400、HRBF400 和 RRB400 钢筋，直径通常采用 6～14 mm；当板厚较大时，钢筋直径可用 14～18 mm。

为了便于浇筑混凝土，保证钢筋周围混凝土的密实性，使板内钢筋正常地分担荷载，板内受力钢筋的间距一般为 70～200 mm。当板厚 $h \leqslant 150$ mm 时，板内受力钢筋间距不宜大于 200 mm；当板厚 $h > 150$ mm 时，板内受力钢筋间距不宜大于 $1.5h$（h 为板厚），且不宜大于 250 mm。

现浇板内受力钢筋的配置，通常按每米板宽所需钢筋面积 A_s 值选用钢筋的直径和间距。如计算得出纵向受力钢筋面积 $A_s = 243\ \text{mm}^2/\text{m}$，则根据附表 3.2 可选用⌽8@200 的受力钢筋（实配 $A_s = 251\ \text{mm}^2/\text{m}$，满足计算要求），⌽8@200 表示在 1 m 范围内按直径 8 mm，钢筋间距为 200 mm 的 HRB400 级钢筋进行布置。

(2) 分布钢筋

分布钢筋的作用是与受力钢筋绑扎或焊接在一起形成钢筋骨架，固定受力钢筋的位置，形成钢筋网片；将板面上的荷载均匀传给受力钢筋；同时还能抵抗温度变化、混凝土收缩等在板内引起的拉应力。

分布钢筋宜采用 HPB300、HRB400 级等钢筋，常用直径是 6 mm 和 8 mm。单位宽度上分布钢筋的配筋不宜小于单位宽度上受力钢筋的 15%；钢筋间距不宜大于 250 mm，钢筋直径不宜小于 6 mm。

4.1.3 混凝土保护层厚度、截面有效高度

4.1.3.1 混凝土保护层厚度

结构构件中最外层钢筋的外边缘至混凝土表面的垂直距离，称为混凝土保护层厚度，用 c 表示，见图 4.7。其作用是保证钢筋与混凝土之间的黏结力，防止火灾时钢筋过早软化，防止钢

筋锈蚀提高结构的耐久性。《混凝土结构设计标准》(GB/T 50010—2010)(2024年版)规定,构件中受力钢筋的混凝土保护层厚度不应小于钢筋的直径 d;设计使用年限为50年的混凝土结构,最外层钢筋的保护层厚度应符合附表4.1中有关混凝土保护层最小厚度的规定;设计使用年限为100年的混凝土结构,最外层钢筋混凝土保护层厚度不应小于附表中数值的1.4倍。

当有充分依据并采取下列措施时,可适当减小混凝土保护层的厚度:

① 构件表面有可靠的防护层;

② 采用工厂化方式生产的预制构件;

③ 在混凝土中掺加阻锈剂或采用阴极保护处理等防锈措施;

④ 当对地下室墙体采取可靠的建筑防水做法或防护措施时,与土层接触一侧钢筋的保护层厚度可适当减小,但不应小于25 mm。

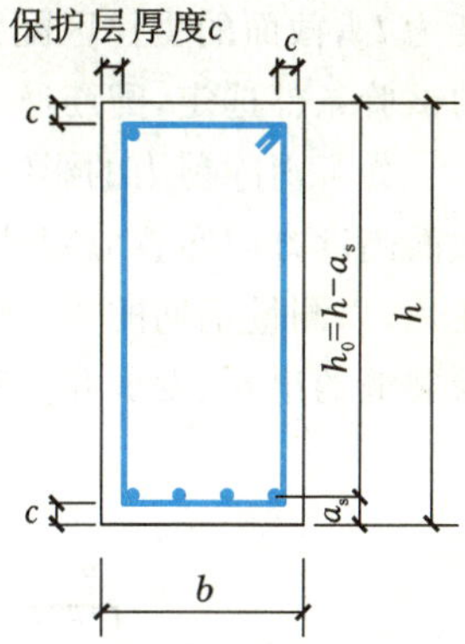

图 4.7 混凝土保护层厚度及截面有效高度

当梁、柱、墙中纵向受力钢筋的保护层厚度大于50 mm时,宜对保护层采取有效的构造措施。当在保护层内配置防裂、防剥落的钢筋网片时,网片钢筋的保护层厚度不应小于25 mm。

4.1.3.2 截面有效高度

截面有效高度为受拉钢筋截面的重心(合力作用点中心)至受压边缘的距离,见图4.7,即:

$$h_0=h-a_s$$

式中 a_s——纵向受拉钢筋合力作用点至受拉边缘的距离,可按实际尺寸计算,梁一般可近似按表4.3取用;板可取 $a_s=20$ mm,当混凝土强度等级不大于C25时,应再增加5 mm。

表 4.3 梁纵向受拉钢筋合力点至受拉边缘的距离 单位:mm

环境等级	混凝土保护层最小厚度	箍筋直径 6 mm		箍筋直径 8 mm	
		一排受拉钢筋	两排受拉钢筋	一排受拉钢筋	两排受拉钢筋
一	20	35	60	40	65
二 a	25	40	65	45	70
二 b	35	50	75	55	80
三 a	40	55	89	60	85
三 b	50	65	90	70	95

4.2 受弯构件正截面受力性能

4.2.1 适筋梁的试验研究

4.2.1.1 试件与试验装置

某一配筋适中的钢筋混凝土矩形截面试验梁如图4.8所示,梁截面宽度为 b,高度为 h,跨

度为 l_0，截面的受拉区配置了 3Φ14 受拉钢筋。试验梁的具体尺寸、混凝土强度可结合试验室的试验条件选定，配筋通过计算确定。

为了消除剪力的影响，进行梁的受弯性能试验时通常采用两点对称加载，在跨中纯弯段沿截面高度方向布置应变计或粘贴电阻应变片，以测量混凝土的纵向应变；在受拉钢筋上布置应变片，以测量钢筋的受拉应变；在梁的跨中和支座处布置位移计，以测量梁的挠度。试验中记录裂缝的出现、发展和分布情况。

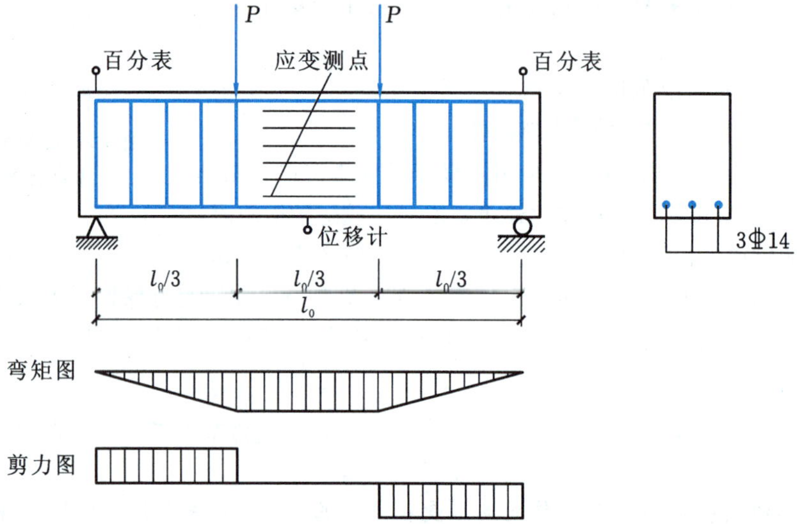

图 4.8　适筋梁的试验方案

荷载采用逐渐加载的方式，从零开始逐渐增加到梁正截面受弯破坏。在每级荷载作用下，记录各应变测点的读数和位移计的读数，整理这些数据，绘制出试验梁的 M-φ 曲线，如图 4.9 所示。

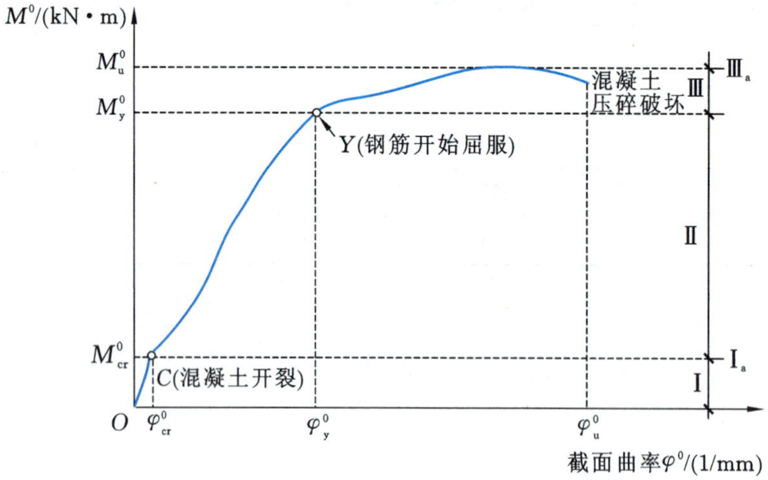

图 4.9　适筋梁的弯矩-挠度关系试验曲线

4.2.1.2 适筋梁正截面工作三个阶段

通过上述试验过程和试验曲线可以看出，适筋梁从开始加载到破坏的受力全过程可分为以下三个阶段：

(1) 第Ⅰ阶段：未裂阶段，即混凝土截面开裂前阶段

混凝土受拉区：在加载初期，混凝土处于弹性工作阶段，应力与应变成正比，受拉区混凝土应力分布图形为三角形，见图 4.10(a)。随弯矩 M 的增大，受拉区混凝土出现塑性变形，其应力从直线分布转变为曲线分布。当截面受拉边缘的应变到达混凝土的极限拉应变 ε_{tu} 时，试验梁达到开裂的临界状态，即第Ⅰ阶段末，用 $Ⅰ_a$ 表示，见图 4.10(b)，此时梁所承载的弯矩称为开裂弯矩，用符号 M_{cr} 表示。$Ⅰ_a$ 阶段可作为受弯构件抗裂度的验算依据。由于混凝土未开裂，黏结力仍存在，纵向受拉钢筋的应变与混凝土应变一致，钢筋的应力为 20～30 N/mm²，中和轴相较初期略有上移。

混凝土受压区：受压区混凝土处于弹性工作阶段，应力与应变成正比，应力分布图形仍为三角形。

弯矩与截面曲率基本上是直线关系，如图 4.9 所示。

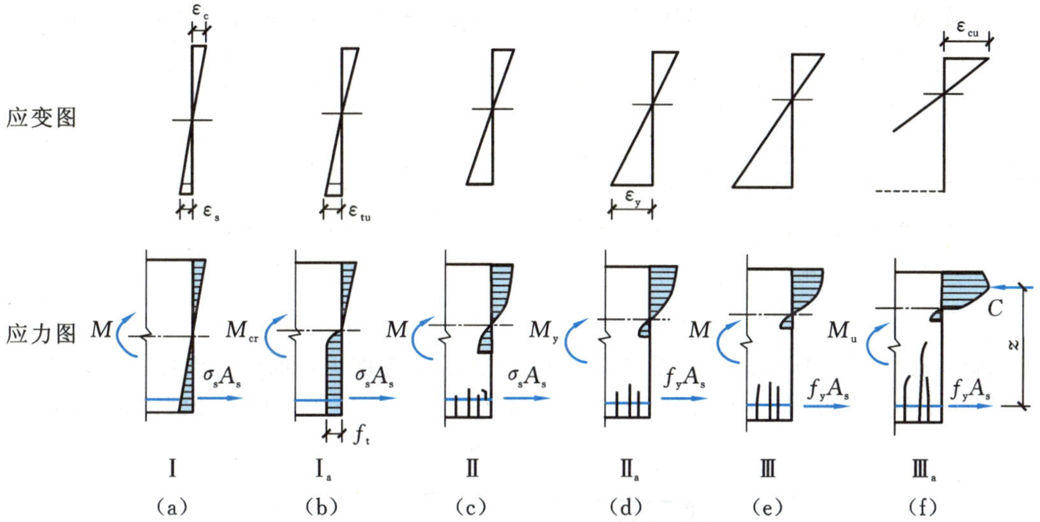

图 4.10 适筋梁三个受力阶段梁截面的应力、应变分布

(2) 第Ⅱ阶段：带裂缝工作阶段，即从混凝土截面开裂至纵向受拉钢筋屈服前的裂缝阶段

混凝土受拉区：弯矩到达 M_{cr} 后，纯弯段内最薄弱截面处将出现第一条(批)裂缝。混凝土一旦开裂，开裂截面的混凝土退出抵抗拉力的工作，拉力由受拉钢筋承担，见图 4.10(c)。当钢筋应力 σ_s 即将达到屈服强度 f_y 时，即第Ⅱ阶段末，用 $Ⅱ_a$ 表示，见图 4.10(d)，这时截面承受的弯矩称为屈服弯矩，用符号 M_y 表示。第Ⅱ阶段受拉区虽然有裂缝，但裂缝不宽，虽然有变形，但变形不大，不影响正常使用，可作为受弯构件使用阶段变形和裂缝开展计算依据。中和轴位置继续上移。

混凝土受压区：随着弯矩的增加，梁的变形逐渐加大，裂缝越来越宽，受压区混凝土的塑性变形愈加明显，应力图形呈曲线形。

弯矩与截面曲率是曲线关系，截面曲率与挠度的增长加快，如图 4.9 所示。

(3) 第Ⅲ阶段：破坏阶段，即钢筋开始屈服至截面破坏阶段

钢筋屈服后其应力不再增加，而应变急剧发展，钢筋对裂缝的约束降低，裂缝宽度发展迅速并沿梁高向上延伸，中和轴继续上移，混凝土受压区高度进一步减小，内力臂增大，截面弯矩仍有所增长，见图 4.10(e)。随着受压区高度的减小，受压区边缘混凝土的压应变显著增大，受压区边缘混凝土的压应力将进入下降段，受压区压应力的峰值将下移。当受压区边缘混凝土的压应变达到混凝土的极限压应变 ε_{cu} 时，受压区混凝土被压坏，截面破坏，梁达到承载能力极限状态，即第Ⅲ阶段末，用 $Ⅲ_a$ 表示，见图 4.10(f)。这时截面承受的弯矩称为极限弯矩，用符号 M_u 表示。$Ⅲ_a$ 可作为受弯构件正截面承载力计算依据。

弯矩与截面曲率为接近水平的曲线，如图 4.9 所示。

4.2.2 受弯构件正截面破坏形态

4.2.2.1 配筋率

试验表明，纵向受拉钢筋的相对数量对钢筋混凝土梁的受力性能有着重要的影响，一般用配筋率 ρ 来表示纵向受拉钢筋的相对数量。

纵向受拉钢筋的面积 A_s 与截面有效面积 bh_0 的比值，称为受拉钢筋的配筋率，简称配筋率，用 ρ 表示，按下式计算：

$$\rho=\frac{A_s}{bh_0} \tag{4.1}$$

式中 A_s——纵向受拉钢筋截面面积；

b——梁截面宽度；

h_0——梁截面有效高度。

4.2.2.2 受弯构件正截面破坏形态

试验表明，由于纵向受拉钢筋配筋率 ρ 的不同，受弯构件正截面受弯破坏形态有适筋破坏、超筋破坏和少筋破坏三种，如图 4.11 所示；与之对应的弯矩-截面曲率曲线（M-φ 曲线）如图 4.12 所示。

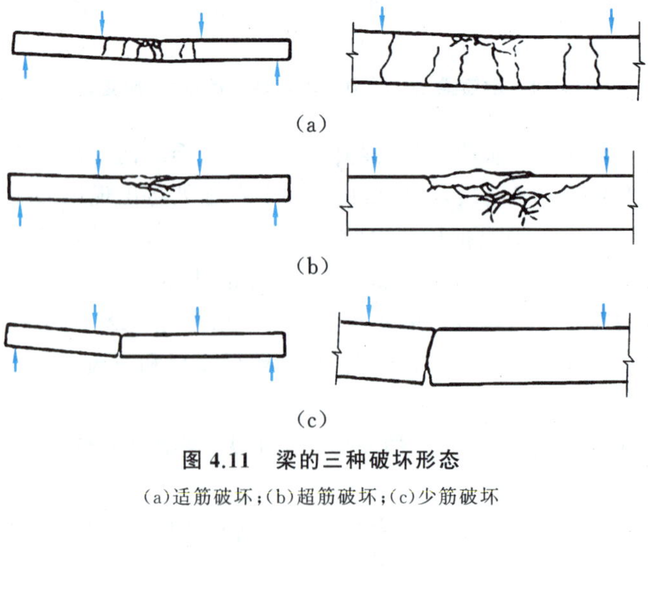

图 4.11 梁的三种破坏形态

(a)适筋破坏；(b)超筋破坏；(c)少筋破坏

(1) 适筋破坏

当梁配筋适中，即 $\rho_{\min}\dfrac{h}{h_0}\leqslant\rho\leqslant\rho_{\max}$ 时（$\rho_{\min}$、$\rho_{\max}$ 分别为纵向受拉钢筋的最小配筋率和最大配筋率）发生适筋破坏，其特点是纵向受拉钢筋先屈服，受压区边缘混凝土随后压碎，截面才破坏，钢筋和混凝土都得到充分利用，构件破坏前有明显的塑性变形和裂缝预兆，破坏不是突然的，属延性破坏，见图 4.11(a)。设计中允许采用适筋梁。

(2) 超筋破坏

当梁配筋过多，即 $\rho>\rho_{\max}$ 时，发生超筋破坏，其特点是混凝土受压区边缘先压碎，纵向受拉钢筋不屈服，没有明显预兆的情况下，由于受压区混凝土被压碎而突然破坏，属于脆性破坏，见图 4.11(b)。试验表明，钢筋在破坏时没有屈服，裂缝开展不宽、延伸不高，截面曲率和梁的挠度都不大。超筋梁因配置过多的受拉钢筋，在梁破坏时钢筋应力低于屈服强度，属于受压脆性破坏类型，构件破坏时受拉钢筋没有充分利用，设计中一般不允许采用超筋梁。

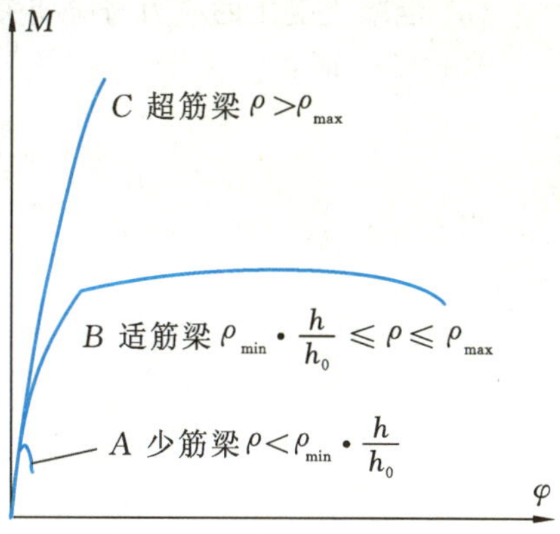

图 4.12 三种破坏形态的弯矩-截面曲率曲线

(3) 少筋破坏

当梁配筋过少，即 $\rho<\rho_{\min}\dfrac{h}{h_0}$ 时，发生少筋破坏，其特点是一旦梁受拉区混凝土开裂，受拉钢筋立即屈服或强化或被拉断，梁迅速破坏，破坏时混凝土的抗压强度没有得到利用，破坏后的梁通常只有一条长而宽的裂缝，见图 4.11(c)。由于少筋破坏前梁无裂缝，挠度很小，无破坏预兆。因此，少筋梁属于脆性破坏，设计中不得使用少筋梁。

综上，受弯构件的截面尺寸、材料强度等级相同时，正截面的破坏特征随着配筋率的多少而变化，其规律是：配筋太少，破坏弯矩接近开裂弯矩，其承载力最低，破坏表现为脆性破坏，大小取决于混凝土的抗拉强度及截面尺寸大小；配筋太多，配筋不能充分发挥作用，但破坏表现为脆性破坏，大小取决于混凝土的抗压强度及截面尺寸大小；配筋适量，钢筋与混凝土均充分发挥作用，破坏表现为延性破坏，承载力大小取决于配筋量、钢筋的强度等级及截面尺寸。合理的配筋应配筋适中，避免发生超筋或少筋破坏。

4.3 受弯构件正截面计算原则

4.3.1 基本假定

基于受弯构件正截面的破坏特征，正截面受弯承载力计算以适筋梁破坏阶段Ⅲ$_a$的受力状态为依据。为便于工程应用，简化起见，进行正截面承载力计算时，引入如下几个基本假定：

(1) 截面应变保持平面。受弯构件正截面弯曲变形后，截面平均应变保持为平面。

(2) 不考虑混凝土的抗拉强度。忽略中和轴以下混凝土的抗拉作用，主要是因为混凝土的抗拉强度很小，其合力作用点离中和轴较近，内力矩的力臂很小。

(3) 混凝土受压的应力与应变关系曲线按下列规定取用(图 4.13)：

当 $\varepsilon_c \leqslant \varepsilon_0$ 时：

$$\sigma_c = f_c\left[1-\left(1-\frac{\varepsilon_c}{\varepsilon_0}\right)^n\right] \tag{4.2}$$

当 $\varepsilon_0 < \varepsilon_c \leqslant \varepsilon_{cu}$ 时：

$$\sigma_c = f_c \tag{4.3}$$

$$n = 2-\frac{1}{60}(f_{cu,k}-50) \tag{4.4}$$

$$\varepsilon_0 = 0.002+0.5(f_{cu,k}-50)\times 10^{-5} \tag{4.5}$$

$$\varepsilon_{cu} = 0.0033-(f_{cu,k}-50)\times 10^{-5} \tag{4.6}$$

式中 σ_c——混凝土压应变为 ε_c 时的压应力；

f_c——混凝土轴心抗压强度设计值；

ε_0——混凝土压应力刚达到 f_c 时的混凝土压应变，当计算的 ε_0 小于 0.002 时，取为 0.002；

ε_{cu}——正截面的混凝土极限压应变，当处于非均匀受压状态时，按式(4.6)计算，如果计算的 ε_{cu} 值大于 0.0033，取 0.0033，当处于轴心受压状态时，取为 ε_0；

$f_{cu,k}$——混凝土立方体抗压强度标准值；

n——系数，当计算的 n 大于 2.0 时，取为 2.0。

(4) 纵向钢筋的应力等于钢筋应变与其弹性模量的乘积，但其值不应大于相应的强度设计值，如图 4.14 所示。纵向受拉钢筋的极限拉应变取为 0.01。上述假定实际上是给定了钢筋混凝土构件中钢筋的破坏准则，即 $\varepsilon_s=0.01$。

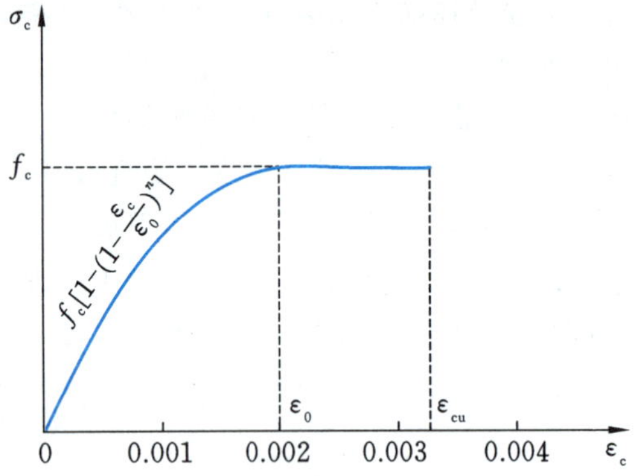

图 4.13 混凝土应力-应变计算曲线

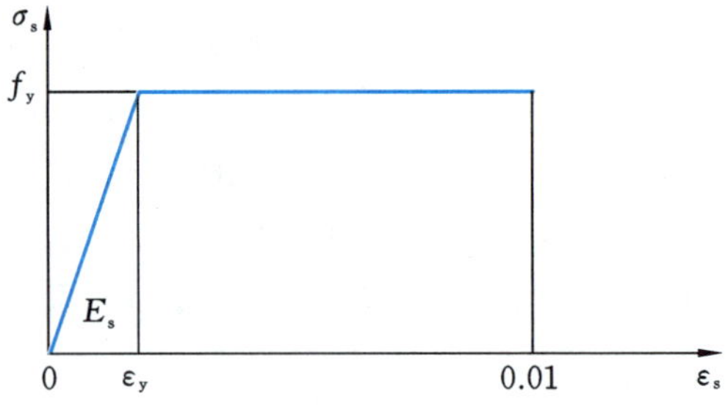

图 4.14 钢筋应力-应变计算曲线

4.3.2 等效矩形应力图

根据基本假定，适筋梁Ⅲ$_a$阶段的应力图形可以简化成图 4.15(a)所示曲线应力图，为简化计算，采用将受压区混凝土应力图形简化为等效矩形应力图形的实用计算方法。具体做法采用图 4.15(b)所示的等效矩形应力图形来代替二次抛物线加矩形的应力图形，其等效条件是：

(1) 保证受压区混凝土压应力合力 C 的大小不变；

(2) 保证受压区混凝土压应力合力 C 的作用点不变。

当符合上述两个条件时，应力图形的替换就不会影响抗弯承载能力的计算结果。换算受压区高度为 $x=\beta_1 x_c$，受压区混凝土的压应力为 $\sigma_c=\alpha_1 f_c$，其中，x_c 为混凝土实际受压区高度，α_1 为受压区混凝土等效矩形应力图的应力值与混凝土轴心抗压强度的比值，β_1 为等效矩形应力图的换算受压区高度与截面实际受压区高度的比值，α_1、β_1 的值见表 4.4。

表 4.4 混凝土受压区等效矩形应力图系数 α_1、β_1 值

混凝土强度等级	≤C50	C55	C60	C65	C70	C75	C80
α_1	1.0	0.99	0.98	0.97	0.96	0.95	0.94
β_1	0.8	0.79	0.78	0.77	0.76	0.75	0.74

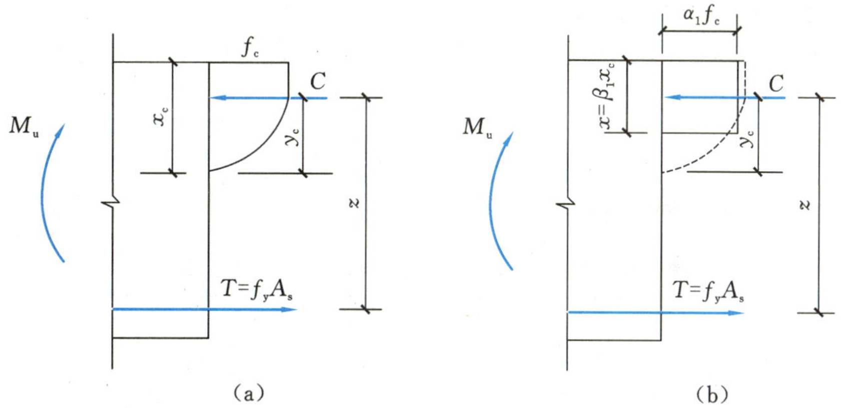

图 4.15 混凝土截面应力-应变分布及等效应力分布

(a)曲线应力分布图；(b)等效矩形应力分布图

4.3.3 相对界限受压区高度与最小配筋率

4.3.3.1 相对界限受压区高度

对比适筋梁和超筋梁的破坏，可以发现两者的区别是：适筋梁破坏是受拉钢筋先屈服，超筋梁破坏是纵向受拉钢筋不屈服。而共同点是破坏时适筋梁和超筋梁受压区混凝土边缘达到极限压应变，受压区混凝被压碎。显然，适筋梁和超筋梁存在一个分界点，称为界限破坏，即受拉钢筋达到屈服强度的同时受压区混凝土边缘达到极限压应变 ε_{cu}。根据适筋、超筋与界限破坏特点，适筋截面、超筋截面及界限配筋截面受压区高度应变分布如图 4.16 所示。

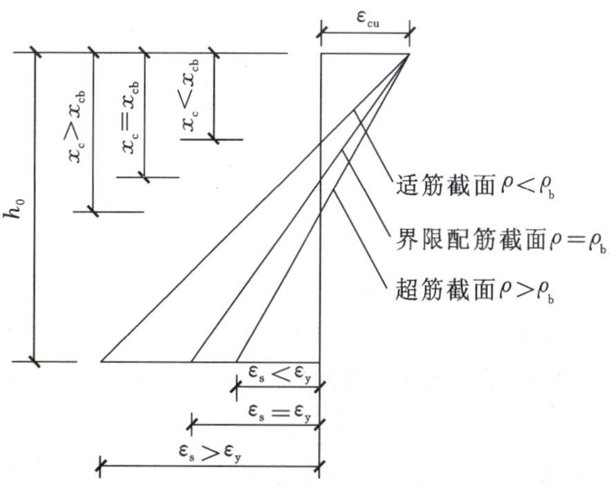

图 4.16 不同配筋的正截面平均应变分布图

将等效矩形的受压区高度 x 与截面有效高度 h_0 之比定义为相对受压区高度 ξ，即：

$$\xi=\frac{x}{h_0}=\frac{\beta_1 x_c}{h_0} \tag{4.7}$$

界限破坏时，将等效矩形的受压区高度 x_b 与截面有效高度 h_0 之比定义为相对界限受压区高度 ξ_b，即：

$$\xi_b=\frac{x_b}{h_0}=\frac{\beta_1 x_{cb}}{h_0}=\beta_1\frac{\varepsilon_{cu}}{\varepsilon_{cu}+\varepsilon_y}=\frac{\beta_1}{1+\frac{\varepsilon_y}{\varepsilon_{cu}}} \tag{4.8}$$

由图 4.16 可知，受弯构件正截面破坏类别可根据相对受压区高度 ξ 进行判别。当相对受压区高度 $\xi<\xi_b$（或 $x<\xi_b h_0$）时，破坏时钢筋的拉应变 $\varepsilon_s>\varepsilon_y$，属于适筋梁破坏；当相对受压区高度 $\xi>\xi_b$（或 $x>\xi_b h_0$）时，破坏时钢筋的拉应变 $\varepsilon_s<\varepsilon_y$，属于超筋梁破坏；当相对受压区高度 $\xi=\xi_b$（或 $x=\xi_b h_0$）时，破坏时钢筋的拉应变 $\varepsilon_s=\varepsilon_y$，属于界限破坏。

对于有明显屈服点的钢筋，钢筋的屈服应变为 $\varepsilon_y=f_y/E_s$，则式(4.8)可写为：

$$\xi_b=\frac{\beta_1}{1+\frac{f_y}{\varepsilon_{cu}E_s}} \tag{4.9}$$

由式(4.9)可知，对不同的钢筋级别和不同混凝土强度等级有着不同的值 ξ_b，见表 4.5。

表 4.5 受弯构件有明显屈服点钢筋配筋时的 ξ_b 值

钢筋级别	混凝土强度等级						
	≤C50	C55	C60	C65	C70	C75	C80
HPB300	0.576	0.566	0.556	0.547	0.537	0.528	0.518
HRB400 HRBF400 RRB400	0.518	0.508	0.499	0.490	0.481	0.472	0.463
HRB500 HRBF500	0.482	0.473	0.464	0.455	0.447	0.438	0.429

对于无明显屈服点钢筋，按下式计算 ξ_b：

$$\xi_b=\frac{\beta_1}{1+\frac{0.002}{\varepsilon_{cu}}+\frac{f_y}{E_s\varepsilon_{cu}}} \tag{4.10}$$

4.3.3.2 最小配筋率

为了避免少筋破坏状态，必须确定构件的最小配筋率 ρ_{min}。最小配筋率是少筋梁和适筋梁的界线，单从承载力方面考虑，最小配筋率 ρ_{min} 可按 Ⅲ$_a$阶段钢筋混凝土正截面承载力 M_u 与同样条件下素混凝土梁按Ⅰ$_a$阶段计算的开裂弯矩 M_{cr} 相等原则来确定。

《混凝土结构设计标准》(GB/T 50010—2010)(2024 年版)规定，受弯构件最小配筋率 ρ_{min} 按照构件全截面面积扣除位于受压边的翼缘面积 $(b_f'-b)h_f'$ 后的面积计算，即：

$$\rho_{min}=\frac{A_{s,min}}{A-(b_f'-b)h_f'} \tag{4.11}$$

式中 A——构件全截面面积；

$A_{s,min}$——按最小配筋率计算的受拉钢筋截面面积；

ρ_{min}——《混凝土结构设计标准》(GB/T 50010—2010)(2024 年版)规定的受弯构件纵向受拉钢筋最小配筋率，取 0.2%和 $0.45f_t/f_y$ 的较大值。

为防止少筋梁脆性破坏情况的发生，配筋率 ρ 或截面配筋面积 A_s 应满足以下要求：

$$\rho \geqslant \rho_{min}\frac{h}{h_0} \tag{4.12}$$

$$A_s \geqslant A_{s,min} = \rho_{min}[A-(b_f'-b)h_f'] \tag{4.13a}$$

对于矩形或者 T 形截面：

$$A_s \geqslant A_{s,min} = \rho_{min}bh \tag{4.13b}$$

4.4 单筋矩形截面受弯承载力计算

只在截面的受拉区配有纵向受力钢筋的矩形截面，称为单筋矩形截面。

4.4.1 基本公式及适用条件

4.4.1.1 基本公式

对于单筋矩形截面受弯构件，其正截面承载力计算公式的等效应力图如图 4.17 所示。

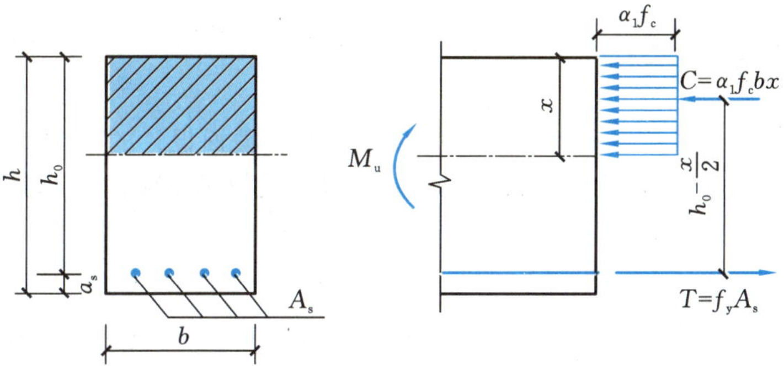

图 4.17 单筋矩形截面受弯构件的正截面承载力计算简图

根据承载能力极限状态表达式 $M \leqslant M_u$ 及静力平衡条件，可得基本公式如下：

$$\sum X=0 \qquad \alpha_1 f_c bx = f_y A_s \tag{4.14}$$

$$\sum M=0 \qquad M \leqslant M_u = \alpha_1 f_c bx\left(h_0-\frac{x}{2}\right) \tag{4.15a}$$

或：

$$\sum M=0 \qquad M \leqslant M_u = f_y A_s\left(h_0-\frac{x}{2}\right) \tag{4.15b}$$

式中 M——弯矩设计值；

M_u——正截面受弯承载力设计值；

f_c——混凝土轴心抗压强度设计值；

f_y——钢筋的抗拉强度设计值；

b——截面宽度，对现浇板，通常取 1 m 宽板带进行计算，即 $b=1000$ mm；

α_1——混凝土受压区等效矩形应力图形系数，可按表 4.4 查用；

A_s——受拉区纵向钢筋的截面面积；

x——按等效矩形图计算的混凝土受压区高度；

h_0——截面有效高度，即受拉钢筋合力点至截面受压区边缘之间的距离；

h——截面高度。

4.4.1.2 适用条件

(1) 为防止超筋破坏，计算公式必须满足下列条件：

$$\xi \leqslant \xi_b \text{ 或 } x \leqslant \xi_b h_0 \text{ 或 } \rho \leqslant \rho_{max}=\xi_b \frac{\alpha_1 f_c}{f_y} \tag{4.16}$$

若取 $\xi=\xi_b$ 或 $x=\xi_b h_0$，则得到单筋矩形截面适筋梁最大受弯承载力：

$$M_{u,max}=\alpha_1 f_c b\xi_b h_0\left(h_0-\frac{\xi_b h_0}{2}\right)=\alpha_1 f_c bh_0^2\xi_b(1-0.5\xi_b) \tag{4.17a}$$

故上述适用条件还可以用下式表达：

$$M \leqslant M_{u,max} \tag{4.17b}$$

(2) 为防止少筋破坏，应满足下列条件：

$$\rho \geqslant \rho_{min}\frac{h}{h_0} \tag{4.18a}$$

$$A_s \geqslant A_{s,min}=\rho_{min}bh \tag{4.18b}$$

4.4.2 计算方法与应用

计算公式的应用有两类情况：截面设计和截面复核。截面设计的核心是已知截面弯矩设计值 M，求受拉钢筋面积 A_s；截面复核的核心是已知受拉钢筋面积 A_s，求截面所能承担的极限弯矩设计值 M_u。

4.4.2.1 截面设计

已知截面弯矩设计值 M、截面尺寸 $b\times h$、混凝土强度等级及钢筋级别，求受拉钢筋截面面积 A_s。

(1) 公式法

设计步骤如下：

① 计算有效高度 $h_0=h-a_s$。

② 令 $M_u=M$，根据式(4.15a)计算 x：

$$x=h_0-\sqrt{h_0^2-\frac{2M}{\alpha_1 f_c b}} \tag{4.19}$$

③ 验算是否超筋，若 $x\leqslant\xi_b h_0$，则不超筋；若不满足，则需要加大截面尺寸或提高混凝土强度等级，或改用双筋矩形截面重新计算。

④ 根据式(4.14)确定 A_s：

$$A_s=\frac{\alpha_1 f_c bx}{f_y} \tag{4.20}$$

⑤ 判断是否少筋，若 $A_s\geqslant\rho_{min}bh$，则不少筋；若不满足，令 $A_s=\rho_{min}bh$。

⑥ 选配钢筋，根据 A_s 选择钢筋直径及根数，确定钢筋间距，并在截面内进行布筋。选配钢筋面积一般在 5%的范围内上下浮动，即 $A_{s(实际)}=(1\pm5\%)A_s$。

(2) 查表法

截面设计时，按照基本公式求解一般需要解一元二次方程，计算过程比较麻烦，为简化计算，可根据基本公式给出一些计算系数，将其加以适当演变，从而使计算过程简化。

$$\xi=\frac{x}{h_0}=\frac{f_yA_s}{\alpha_1 f_c bh_0} \tag{4.21}$$

$$M=\alpha_1 f_c bx\left(h_0-\frac{x}{2}\right)=\alpha_1 f_c b\xi h_0\left(h_0-\frac{\xi h_0}{2}\right)=\alpha_1 f_c bh_0^2\xi(1-0.5\xi) \tag{4.22}$$

令 $\alpha_s=\xi(1-0.5\xi)$，则式(4.22)变为：

$$M=\alpha_s\alpha_1 f_c bh_0^2 \tag{4.23}$$

$$M=f_yA_s\left(h_0-\frac{x}{2}\right)=f_yA_s\left(h_0-\frac{\xi h_0}{2}\right)=f_yA_sh_0(1-0.5\xi) \tag{4.24}$$

令 $\gamma_s=1-0.5\xi$，则式(4.22)变为：

$$M=f_yA_s\gamma_sh_0 \tag{4.25}$$

根据公式可以看出 ξ、α_s、γ_s 之间的逻辑关系，具体关系可在适筋范围内预先计算出三者的关系表待查，参见附表 5.1。其中 α_s 为截面抵抗矩系数，γ_s 为内力臂系数。也可直接用计算器求解：

$$\xi=1-\sqrt{1-2\alpha_s} \tag{4.26}$$

$$\gamma_s=\frac{1+\sqrt{1-2\alpha_s}}{2} \tag{4.27}$$

截面设计步骤：

① 计算有效高度 $h_0=h-a_s$。

② 令 $M_u=M$，根据式(4.23)计算 α_s：

$$\alpha_s=\frac{M}{\alpha_1 f_c bh_0^2} \tag{4.28}$$

③ 求 ξ。可通过查附表 5.1 或根据式(4.26)求 ξ。

④ 验算是否超筋，若 $\xi\leqslant\xi_b$，则不超筋；若不满足，则需要加大截面尺寸或提高混凝土强度等级，或改用双筋矩形截面重新计算。

⑤ 根据式(4.21)确定 A_s：

$$A_s=\frac{\alpha_1 f_c b\xi h_0}{f_y} \tag{4.29}$$

⑥ 判断是否少筋，若 $A_s\geqslant\rho_{min}bh$，则不少筋；若不满足，令 $A_s=\rho_{min}bh$。

⑦ 选配钢筋，根据 A_s 选择钢筋直径及根数，确定钢筋间距，并在截面内进行布筋。选配钢筋面积一般在 5%的范围内上下浮动，即 $A_{s(实际)}=(1\pm5\%)A_s$。

4.4.2.2 截面复核

已知截面尺寸 $b\times h$、混凝土强度等级及钢筋级别、受拉钢筋截面面积 A_s、截面弯矩设计值 M，验算截面安全性，或截面设计弯矩 M 未知，计算截面承载力 M_u。

(1) 公式法

① 验算是否满足最小配筋率，若 $A_s\geqslant\rho_{min}bh$，则不少筋；若 $A_s<\rho_{min}bh$，说明纵向受拉钢

筋配置太少，可令 $A_s=\rho_{min}bh$。

② 计算有效高度 $h_0=h-a_s$。

③ 根据式(4.14)计算 x：

$$x=\frac{f_yA_s}{\alpha_1 f_c b} \tag{4.30}$$

④ 验算是否超筋，若 $x\leqslant\xi_b h_0$，则不超筋；若不满足，令 $x=\xi_b h_0$。

⑤ 根据式(4.15a)求 M_u。

⑥ 比较弯矩设计值 M 和截面承载力 M_u，判别其安全性，若 $M\leqslant M_u$，截面安全；若 $M>M_u$，截面不安全。

(2) 查表法

① 验算是否满足最小配筋率，若 $A_s\geqslant\rho_{min}bh$，则不少筋；若 $A_s<\rho_{min}bh$，说明纵向受拉钢筋配置太少，可令 $A_s=\rho_{min}bh$。

② 计算有效高度 $h_0=h-a_s$。

③ 根据式(4.21)求 ξ。

④ 验算是否超筋，若 $\xi\leqslant\xi_b$，则不超筋；若不满足，令 $\xi=\xi_b$。

⑤ 通过查附表 5.1 或根据公式求 α_s。

⑥ 根据式(4.23)求 M_u。

⑦ 比较弯矩设计值 M 和截面承载力 M_u，判别其安全性，若 $M\leqslant M_u$，截面安全；若 $M>M_u$，截面不安全。

综合比较公式法与查表法，截面设计时建议采用查表法，截面复核时建议采用公式法。

【例 4.1】 已知某钢筋混凝土矩形截面简支梁，安全等级为二级，环境类别为一类，截面尺寸 $b\times h=300\ \text{mm}\times600\ \text{mm}$，弯矩设计值 $M=230\ \text{kN·m}$，混凝土强度等级为 C30，钢筋采用 HRB400 级钢筋，试求该梁所需纵向受拉钢筋面积并选配钢筋。

【解】(1) 确定基本参数

混凝土选用 C30，根据附表 2.2 可知 $f_c=14.3\ \text{N/mm}^2$，$f_t=1.43\ \text{N/mm}^2$；钢筋采用 HRB400 级，根据附表 1.2 可知 $f_y=360\ \text{N/mm}^2$；根据表 4.4 和表 4.5 可知 $\alpha_1=1.0$，$\xi_b=0.518$。

(2) 计算截面有效高度

一类环境，C30 混凝土，假定受拉钢筋单排布置，若箍筋直径为 8 mm，则 $a_s=40\ \text{mm}$，$h_0=h-a_s=600-40=560\ \text{mm}$。

(3) 计算钢筋截面面积

$$\alpha_s=\frac{M}{\alpha_1 f_c b h_0^2}=\frac{230\times10^6}{1.0\times14.3\times300\times560^2}=0.171$$

$$\xi=1-\sqrt{1-2\alpha_s}=1-\sqrt{1-2\times0.171}=0.189<\xi_b=0.518\text{(不超筋)}$$

$$A_s=\frac{\alpha_1 f_c b\xi h_0}{f_y}=\frac{1.0\times14.3\times300\times0.189\times560}{360}$$

$$=1261.3\ \text{mm}^2>0.2\%bh=0.2\%\times300\times600=360\ \text{mm}^2$$

$$>0.45\frac{f_t}{f_y}bh=0.45\times\frac{1.43}{360}\times300\times600=321.75\ \text{mm}^2\text{(不少筋)}$$

(4) 选配钢筋

根据附表 3.1，选配 4Φ20($A_s=1256\ \text{mm}^2$)，如图 4.18 所示。

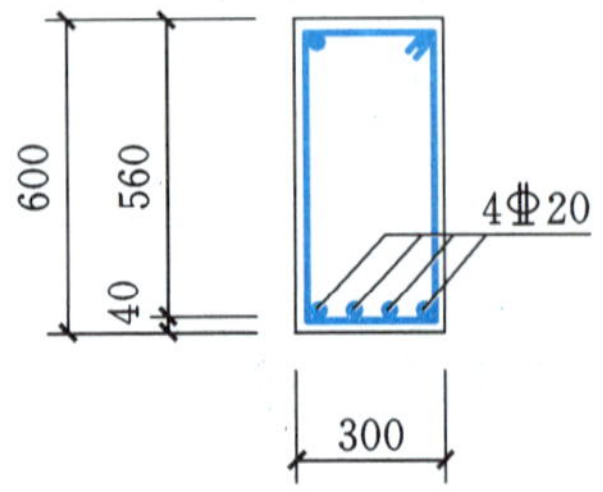

图 4.18 例 4.1 图

【例 4.2】某单跨现浇简支板，板厚为 80 mm，计算跨度 $l_0=2.4$ m，承受恒载标准值为 $G_k=2.5$ kN/m²（包括板自重），活载标准值 $Q_k=2.5$ kN/m²，采用 C30 混凝土，HRB400 级钢筋，安全等级为二级，环境类别为一类，求板的受拉钢筋的截面面积 A_s 并选配钢筋。

【解】(1) 确定基本参数

混凝土选用 C30，根据附表 2.2 可知 $f_c=14.3$ N/mm²，$f_t=1.43$ N/mm²；钢筋采用 HRB400 级，根据附表 1.2 可知 $f_y=360$ N/mm²；根据表 4.4 和表 4.5 可知 $\alpha_1=1.0$，$\xi_b=0.518$。

(2) 计算截面有效高度

一类环境，C30 混凝土，则 $a_s=20$ mm，$h_0=h-a_s=80-20=60$ mm。

(3) 计算弯矩设计值

$$M=\frac{1}{8}(\gamma_G G_k+\gamma_Q Q_k)l_0^2=\frac{1}{8}\times(1.3\times2.5+1.5\times2.5)\times2.4^2=5.04\ \text{kN}\cdot\text{m}$$

(4) 计算钢筋截面面积

$$\alpha_s=\frac{M}{\alpha_1 f_c b h_0^2}=\frac{5.04\times10^6}{1.0\times14.3\times1000\times60^2}=0.098$$

$$\xi=1-\sqrt{1-2\alpha_s}=1-\sqrt{1-2\times0.098}=0.103<\xi_b=0.518\text{（不超筋）}$$

$$A_s=\frac{\alpha_1 f_c b\xi h_0}{f_y}=\frac{1.0\times14.3\times1000\times0.103\times60}{360}$$

$$=245.5\ \text{mm}^2>0.2\%bh=0.2\%\times1000\times80=160\ \text{mm}^2$$

$$>0.45\frac{f_t}{f_y}bh=0.45\times\frac{1.43}{360}\times1000\times80=143\ \text{mm}^2\text{（不少筋）}$$

(5) 选配钢筋

根据附表 3.2，选配Φ8@200（$A_s=251$ mm²），如图 4.19 所示。

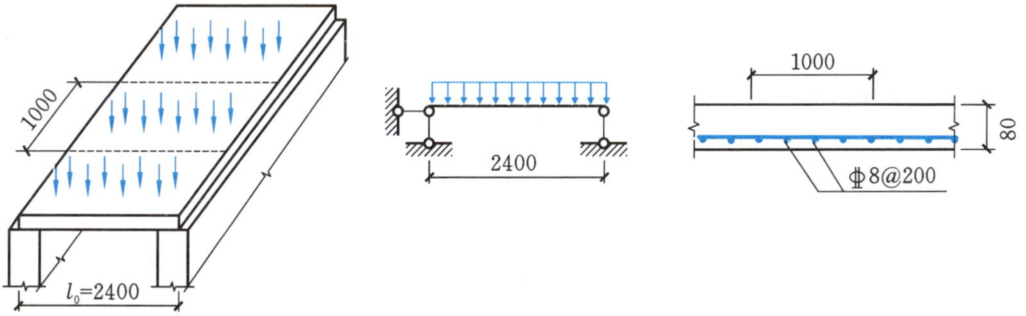

图 4.19 例 4.2 图

【例 4.3】已经矩形截面梁，截面尺寸 $b\times h=250$ mm×650 mm，采用 C30 混凝土，HRB400 级钢筋，安全等级为二级，环境类别为一类，若纵向受拉钢筋 3Φ16，该梁承受弯矩设计值 $M=100$ kN·m，验算截面是否够安全。

【解】混凝土选用 C30，根据附表 2.2 可知 $f_c=14.3$ N/mm²，$f_t=1.43$ N/mm²；钢筋采用 HRB400 级，根据附表 1.2 可知 $f_y=360$ N/mm²；根据表 4.4 和表 4.5 可知 $\alpha_1=1.0$，$\xi_b=0.518$。

纵向受拉钢筋 3Φ16，$A_s=603$ mm²，则：

$$\rho_{\min}bh=0.2\%\times250\times650=325\ \text{mm}^2<A_s=603\ \text{mm}^2\text{（满足要求）}$$

$$h_0=h-a_s=650-40=610\ \text{mm}$$

$$x=\frac{f_yA_s}{\alpha_1 f_c b}=\frac{360\times 603}{1.0\times 14.3\times 250}$$

$$=60.7\ \text{mm}<\xi_b h_0=0.518\times 610=315.98\ \text{mm}（不超筋，满足要求）$$

$$M_u=\alpha_1 f_c bx\left(h_0-\frac{x}{2}\right)=1.0\times 14.3\times 250\times 60.7\times\left(610-\frac{60.7}{2}\right)$$

$$=125.8\ \text{kN}\cdot\text{m}>M=100\ \text{kN}\cdot\text{m}$$

截面安全。

4.5 双筋矩形截面受弯承载力计算

4.5.1 概述

截面的受拉区和受压区均配置受力钢筋的截面称为双筋截面。由于双筋截面采用纵向受压钢筋来协助混凝土承担压力是不经济的，所以双筋截面只适用于下列情况：

(1) 按单筋截面计算出现 $x>\xi_b h_0$（或 $\xi>\xi_b$），而截面尺寸又不能增大且混凝土强度等级又不能提高时；

(2) 在不同荷载组合作用下（如风荷载、地震作用），梁截面承受异号弯矩时；

(3) 由于构造、延性、抗震等原因，在截面的受压区必须配置一定数量的受压钢筋。

4.5.2 基本公式及适用条件

4.5.2.1 基本公式

采用与单筋矩形截面相同的方法，也用等效的计算应力图形替代实际的应力图形，如图 4.20(a)所示，并可将其拆分为图 4.20(b)和图 4.20(c)之和。

根据计算应力图形列平衡方程即可得双筋矩形截面的基本计算公式，即：

$$\sum X=0 \qquad \alpha_1 f_c bx+f'_yA'_s=f_yA_s \tag{4.31}$$

$$\sum M=0 \qquad M\leqslant M_u=\alpha_1 f_c bx\left(h_0-\frac{x}{2}\right)+f'_yA'_s(h_0-a'_s) \tag{4.32}$$

将 $x=\xi h_0$ 代入式(4.31)和式(4.32)，令 $\alpha_s=\xi(1-0.5\xi)$，则式(4.31)及式(4.32)写成下列形式：

$$\sum X=0 \qquad \alpha_1 f_c b\xi h_0+f'_yA'_s=f_yA_s \tag{4.33}$$

$$\sum M=0 \qquad M\leqslant M_u=\alpha_s\alpha_1 f_c bh_0^2+f'_yA'_s(h_0-a'_s) \tag{4.34}$$

式中 f'_y——钢筋的抗压强度设计值；

A'_s——受压钢筋的截面面积；

a'_s——受压钢筋的合力作用点至受压区边缘的距离，取值方法同单排钢筋 a_s。

其他符号与单筋矩形截面计算公式相同。

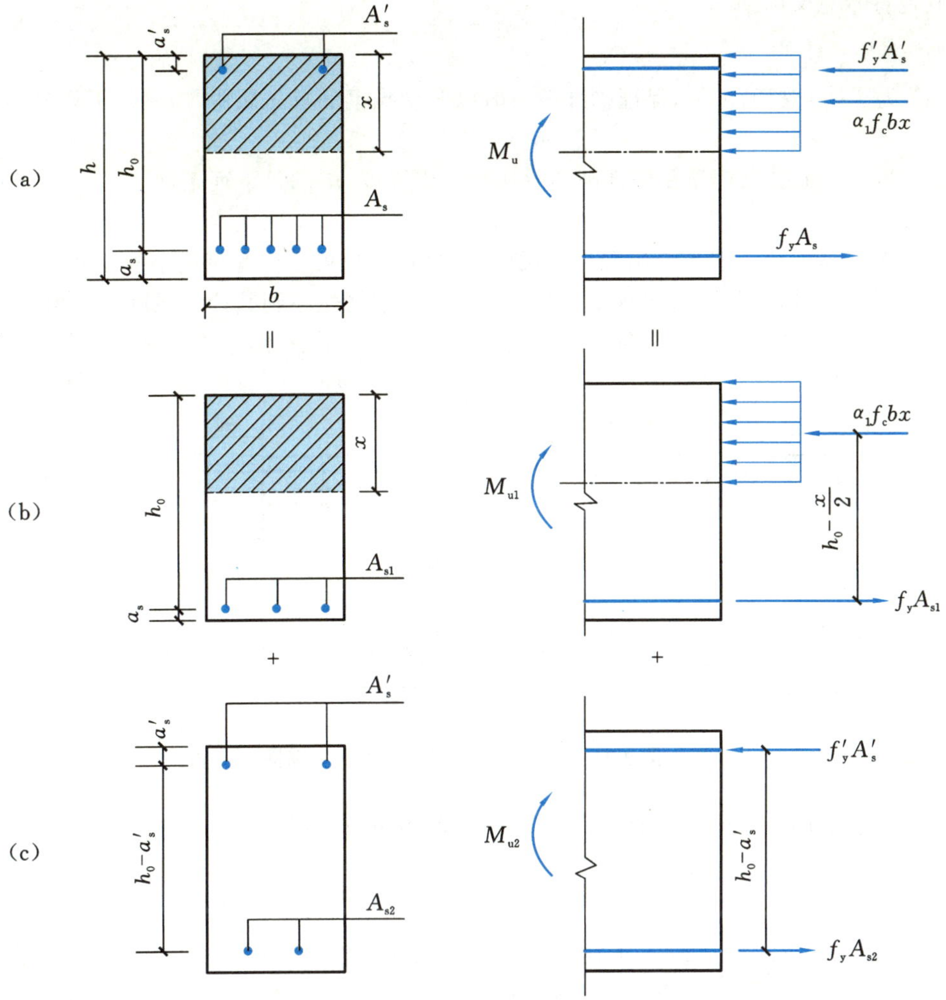

图 4.20 双筋矩形截面受弯承载力计算应力图形

由式(4.31)和式(4.32)及图 4.20 可知，双筋矩形截面受弯承载力设计值 M_u 及纵向受拉钢筋 A_s 可视为由两部分组成：一部分是由受压混凝土和相应的受拉钢筋 A_{s1} 所承担的弯矩 M_{u1}[图 4.20(b)]；另一部分则是由受压钢筋 A_s'和相应的受拉钢筋 A_{s2} 所承担的弯矩 M_{u2}[图 4.20(c)]，即：

$$M_u = M_{u1} + M_{u2} \tag{4.35}$$

$$A_s = A_{s1} + A_{s2} \tag{4.36}$$

根据图 4.20(b)列平衡方程可得：

$$f_y A_{s1} = \alpha_1 f_c bx \tag{4.37}$$

$$M_{u1} = \alpha_1 f_c bx\left(h_0 - \frac{x}{2}\right) \tag{4.38}$$

根据图 4.20(c)列平衡方程可得：

$$f_y A_{s2} = f_y' A_s' \tag{4.39}$$

$$M_{u2} = f_y' A_s' (h_0 - a_s') \tag{4.40}$$

其他符号意义同前。

4.5.2.2 适用条件

(1) 为了防止超筋破坏,保证构件破坏时纵向受拉钢筋首先屈服,应满足下列条件:

$$\xi \leqslant \xi_b \text{ 或 } x \leqslant \xi_b h_0 \text{ 或 } \rho \leqslant \rho_{max} \tag{4.41}$$

(2) 为了保证受压钢筋在构件破坏时达到屈服强度,应满足下列条件:

$$x \geqslant 2a_s' \tag{4.42}$$

双筋矩形截面梁一般不会出现少筋梁破坏的情况,故可不必验算最小配筋率。

在实际的设计计算中,若出现 $x<2a_s'$,表明受压钢筋达不到其抗压强度设计值,偏于安全起见,通常可近似地取 $x=2a_s'$,即假设混凝土的压力合力作用点与受压钢筋的合力作用点重合,如图 4.21 所示。

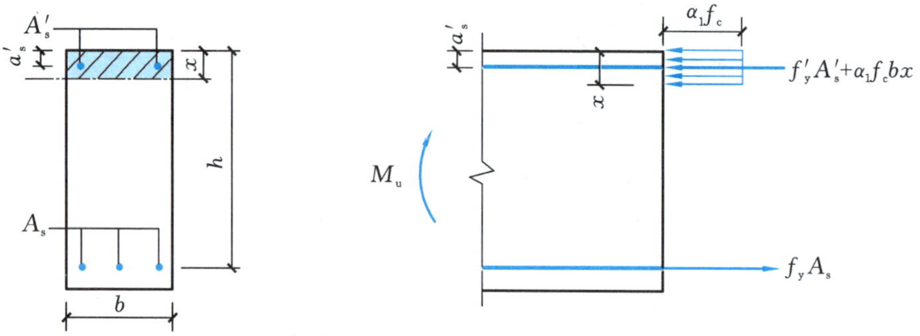

图 4.21 $x<2a_s'$ 时双筋截面的计算简图

对受压钢筋的合力作用点取矩,则正截面承载力可直接根据下式确定:

$$M \leqslant M_u = f_y A_s (h_0 - a_s') \tag{4.43}$$

此外,为保证受压钢筋抗压作用的发挥,防止受压钢筋过早压屈外凸,《混凝土结构设计标准》(GB/T 50010—2010)(2024 年版)规定,双筋截面应配置封闭式箍筋,且弯钩的直线段长度不小于 5 倍的箍筋直径;箍筋的间距不应大于 15 倍受压纵向钢筋的最小直径且不大于 400 mm,当一层内纵向受压钢筋多于 5 根且直径大于 18 mm 时,箍筋间距不应大于 10 倍纵向钢筋的最小直径。同时,箍筋的直径不应小于受压钢筋最大直径的 1/4。当梁宽大于 400 mm且一层内的受压纵筋多于 3 根时,或梁宽不大于 400 mm 但一层内的受压纵筋多于 4 根时,还应设复合箍筋。

4.5.3 计算方法与应用

双筋矩形截面受弯构件计算也分为截面设计和截面复核两类情况。

4.5.3.1 截面设计

双筋矩形截面受弯构件正截面设计有以下两种情况:

情形 1:已知弯矩设计值 M、截面尺寸 $b \times h$、混凝土强度等级和钢筋级别,求受拉钢筋截面面积 A_s 和受压钢筋截面面积 A_s'。

求解 A_s、A_s'时,有式(4.31)和式(4.32)两个基本计算公式,但未知数有三个,即 A_s、A_s'和 x,需要补充一个条件才能求解。为经济起见,在截面尺寸和材料强度确定的情况下,引入总用钢量$(A_s+A'_s)$最小为优化解。经推导，可假定$\xi=\xi_b$时，则由式(4.32)得：

$$A'_s=\frac{M-\alpha_1 f_c bh_0\xi_b\left(1-\frac{\xi_b}{2}\right)}{f'_y(h_0-a'_s)}=\frac{M-\alpha_1 f_c bh_0^2\xi_b(1-0.5\xi_b)}{f'_y(h_0-a'_s)} \tag{4.44}$$

由式(4.33)得：

$$A_s=\frac{f'_yA'_s+\alpha_1 f_c b\xi_b h_0}{f_y} \tag{4.45}$$

情形2：已知弯矩设计值M、截面尺寸$b\times h$、混凝土强度等级和钢筋级别、受压钢筋截面面积A'_s，求受拉钢筋截面面积A_s。

(1) 公式法

求解A_s时，由式(4.31)和式(4.32)可知，有x和A_s两个未知数，故可唯一求解。在求解过程中，应先求x，并判别公式的适用条件$2a'_s\leqslant x\leqslant\xi_b h_0$，再求$A_s$。

(2) 查表法

① 计算有效高度$h_0=h-a_s$。

② 计算α_s，根据式(4.34)，可得：

$$\alpha_s=\frac{M-f'_yA'_s(h_0-a'_s)}{\alpha_1 f_c bh_0^2} \tag{4.46}$$

③ 求ξ。可通过查附表5.1或根据式(4.26)求ξ。

④ 验算ξ是否满足条件，$\frac{2a'_s}{h_0}\leqslant\xi\leqslant\xi_b$。

⑤ 确定A_s，根据式(4.33)，可得：

$$A_s=\frac{\alpha_1 f_c b\xi h_0+f'_yA'_s}{f_y} \tag{4.47}$$

⑥ 选配钢筋，根据A_s选择钢筋直径及根数，确定钢筋间距，并在截面内进行布筋。选配钢筋面积一般在5%的范围内上下浮动，即$A_{s(实际)}=(1\pm5\%)A_s$。

(3) 拆分法

① 计算有效高度$h_0=h-a_s$。

② 根据式(4.40)求M_2。

③ 根据式(4.35)求M_1，$M_1=M-M_2$。

④ 根据式(4.28)计算α_s：

$$\alpha_s=\frac{M_1}{\alpha_1 f_c bh_0^2} \tag{4.48}$$

⑤ 求ξ。可通过查附表5.1或根据式(4.26)求ξ。

⑥ 验算ξ是否满足条件，$\frac{2a'_s}{h_0}\leqslant\xi\leqslant\xi_b$。

⑦ 根据式(4.29)确定A_{s1}：

$$A_{s1}=\frac{\alpha_1 f_c b\xi h_0}{f_y} \tag{4.49}$$

⑧根据式(4.39)求A_{s2}：

$$A_{s2}=\frac{f'_y A'_s}{f_y} \tag{4.50}$$

⑨ 根据式(4.36)求 A_s

⑩ 选配钢筋，根据 A_s 选择钢筋直径及根数，确定钢筋间距，并在截面内进行布筋。选配钢筋面积一般在5%的范围内上下浮动，即 $A_{s(实际)}=(1\pm5\%)A_s$。

无论用哪种方法，验算适用条件时，需要注意以下特殊情况：

① 若 $x>\xi_b h_0$ 或 $\xi>\xi_b$，说明 A'_s 太小，仍会出现超筋，可令 $x=\xi_b h_0$，按照情况1，A'_s 未知，分别求出 A'_s 和 A_s；

② 若 $x<2a'_s$ 或 $\xi<\frac{2a'_s}{h_0}$，说明 A'_s 过大，受压钢筋不能达到受压屈服强度，可近似地取 $x=2a'_s$，按照式(4.43)计算 A_s：

$$A_s=\frac{M}{f_y(h_0-a'_s)} \tag{4.51}$$

4.5.3.2 截面复核

已知截面尺寸 $b\times h$、混凝土强度等级及钢筋级别、受拉和受压钢筋截面面积 A_s 和 A'_s、弯矩设计值 M，验算截面安全性，或截面设计弯矩 M 未知，计算截面承载力 M_u。

(1) 公式法

① 计算有效高度 $h_0=h-a_s$。

② 根据式(4.31)计算 x：

$$x=\frac{f_y A_s-f'_y A'_s}{\alpha_1 f_c b} \tag{4.52}$$

③ 验算 x 是否满足条件，$2a'_s\leqslant x\leqslant\xi_b h_0$。

④ 根据式(4.32)求 M_u。

⑤ 比较弯矩设计值 M 和截面承载力 M_u，判别其安全性，若 $M\leqslant M_u$，截面安全；若 $M>M_u$，截面不安全。

查表法及拆分法可自行推导。

无论用哪种方法，验算适用条件时，需要注意以下特殊情况：

① 若 $x>\xi_b h_0$ 或 $\xi>\xi_b$，说明会出现超筋，令 $x=\xi_b h_0$，根据式(4.32)求 M_u：

$$M_u=\alpha_1 f_c b h_0^2\xi_b(1-0.5\xi_b)+f'_y A'_s(h_0-a'_s) \tag{4.53}$$

② 若 $x<2a'_s$ 或 $\xi<\frac{2a'_s}{h_0}$，说明受压钢筋不能达到受压屈服强度，可近似地取 $x=2a'_s$，按照式(4.43)求 M_u。

【例4.4】已知某矩形截面简支梁，截面尺寸 $b\times h=250\ \text{mm}\times600\ \text{mm}$，混凝土强度等级为C30，钢筋采用HRB400级，环境类别为一类，安全等级为二级，梁跨中截面承受的最大弯矩设计值 $M=440\ \text{kN}\cdot\text{m}$，求截面所需的受拉钢筋和受压钢筋截面面积。

【解】混凝土选用C30，根据附表2.2可知 $f_c=14.3\ \text{N/mm}^2$，$f_t=1.43\ \text{N/mm}^2$；钢筋采用HRB400级，根据附表1.2可知 $f_y=f'_y=360\ \text{N/mm}^2$；根据表4.4和表4.5可知 $\alpha_1=1.0$，$\xi_b=0.518$。

因弯矩设计值较大，预计受拉钢筋需排成两排，$a_s=65\ \text{mm}$，受压钢筋布置一排，$a'_s=$

40 mm，则：

$$h_0=h-a_s=600-65=535\ \text{mm}$$

判别是否采用双筋截面：

$$\begin{aligned}M_{u,max}&=\alpha_1 f_c bh_0^2\xi_b(1-0.5\xi_b)\\&=1.0\times14.3\times250\times535^2\times0.518\times(1-0.5\times0.518)\\&=392.8\ \text{kN}\cdot\text{m}<M=440\ \text{kN}\cdot\text{m}\end{aligned}$$

需要采用双筋截面。使(A_s+A_s')用量最小，令$x=\xi_b h_0$，则：

$$\begin{aligned}A_s'&=\frac{M-\alpha_1 f_c bh_0^2\xi_b(1-0.5\xi_b)}{f_y'(h_0-a_s')}\\&=\frac{440\times10^6-1.0\times14.3\times250\times535^2\times0.518\times(1-0.5\times0.518)}{360\times(535-40)}\\&=265.1\ \text{mm}^2\end{aligned}$$

$$\begin{aligned}A_s&=\frac{f_y'A_s'+\alpha_1 f_c b\xi_b h_0}{f_y}\\&=\frac{360\times265.1+1.0\times14.3\times250\times0.518\times535}{360}\\&=3017.2\ \text{mm}^2\end{aligned}$$

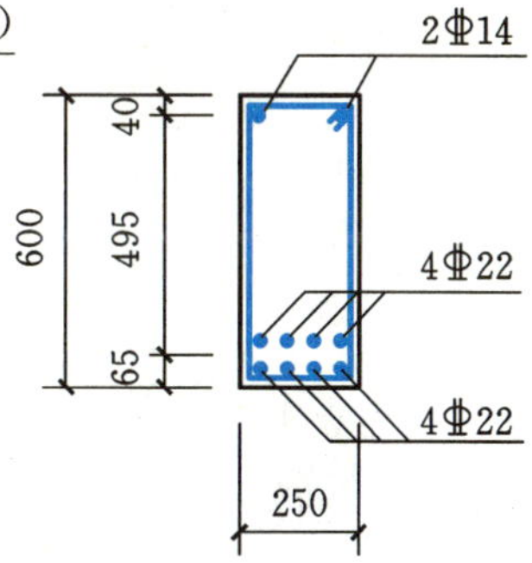

图 4.22 例 4.4 图

实际选用受压钢筋 2Φ14（$A_s'=308\ \text{mm}^2$），受拉钢筋8Φ22（$A_s=3041\ \text{mm}^2$），如图 4.22 所示。

【例 4.5】 已知条件同例 4.4，但受压区配置受压钢筋3Φ16（$A_s'=603\ \text{mm}^2$），求截面所需的受拉钢筋。

【解】

$$\alpha_s=\frac{M-f_y'A_s'(h_0-a_s')}{\alpha_1 f_c bh_0^2}=\frac{440\times10^6-360\times603\times(535-40)}{1.0\times14.3\times250\times535^2}=0.325$$

$$\xi=1-\sqrt{1-2\alpha_s}=1-\sqrt{1-2\times0.325}=0.408<\xi_b=0.518$$

$$>\frac{2a_s'}{h_0}=\frac{2\times40}{535}=0.15$$

$$\begin{aligned}A_s&=\frac{\alpha_1 f_c b\xi h_0+f_y'A_s'}{f_y}\\&=\frac{1.0\times14.3\times250\times0.408\times535+603\times360}{360}\\&=2770.6\ \text{mm}^2\end{aligned}$$

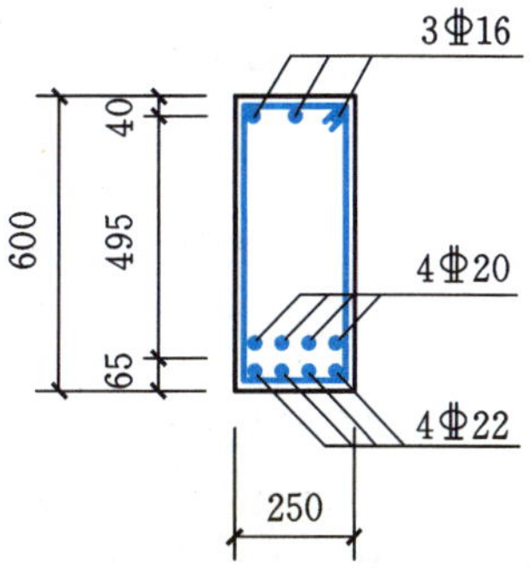

图 4.23 例 4.5 图

实际选用受拉钢筋 4Φ20+4Φ22（$A_s=2776\ \text{mm}^2$），如图 4.23 所示。

比较：例 4.4 是 A_s'未知，取 $\xi=\xi_b$，$A_s+A_s'=3017.2+265.1=3282.3\ \text{mm}^2$；例 4.5 是 A_s'已知，$A_s+A_s'=2770.6+603=3373.6\ \text{mm}^2$，可见充分利用受压钢筋对正截面受弯承载力的贡献，能节约钢筋。

【例 4.6】 已知某矩形截面简支梁，截面尺寸 $b \times h = 250\ \text{mm} \times 600\ \text{mm}$，混凝土强度等级为 C35，钢筋采用 HRB400 级，环境类别为一类，安全等级为二级，受压区已配置受压钢筋 2 ⏀16（$A_s' = 402\ \text{mm}^2$），受拉钢筋 4 ⏀25（$A_s = 1964\ \text{mm}^2$），$a_s = 40\ \text{mm}$，$a_s' = 35\ \text{mm}$，梁承受弯矩设计值 $M = 100\ \text{kN} \cdot \text{m}$，验算截面是否够安全。

【解】 混凝土选用 C35，根据附表 2.2 可知 $f_c = 16.7\ \text{N/mm}^2$；钢筋采用 HRB400 级，根据附表 1.2 可知 $f_y = f_y' = 360\ \text{N/mm}^2$；根据表 4.4 和表 4.5 可知 $\alpha_1 = 1.0$，$\xi_b = 0.518$。

$$h_0 = h - a_s = 600 - 40 = 560\ \text{mm}$$

$$x = \frac{f_y A_s - f_y' A_s'}{\alpha_1 f_c b} = \frac{360 \times 1964 - 360 \times 402}{1.0 \times 16.7 \times 250} = 134.7\ \text{mm} < \xi_b h_0 = 0.518 \times 560 = 290\ \text{mm}$$

$$2a_s' = 2 \times 35 = 70\ \text{mm}$$

$$M_u = \alpha_1 f_c b x \left(h_0 - \frac{x}{2}\right) + f_y' A_s' (h_0 - a_s')$$

$$= 1.0 \times 16.7 \times 250 \times 134.7 \times \left(560 - \frac{134.7}{2}\right) + 360 \times 402 \times (560 - 35)$$

$$= 353.03\ \text{kN} \cdot \text{m} > M = 200\ \text{kN} \cdot \text{m}$$

截面安全。

4.6 单筋 T 形截面受弯承载力计算

4.6.1 T 形截面受弯构件概述

矩形截面梁正截面破坏时，受拉区大部分混凝土因开裂而退出工作，其正截面承载力计算时不考虑受拉区混凝土的抗拉作用。为减轻自重和节约混凝土，可以去掉受拉区部分混凝土，并将受拉钢筋集中布置，形成图 4.24 所示的 T 形截面梁。T 形截面梁主要依靠翼缘承压，利用梁肋联系受压区混凝土和受拉钢筋，并用以承受剪力。图中 b_f'、h_f' 为受压翼缘的宽度和高度；b、h 为肋部（也称腹板）的宽度和高度。

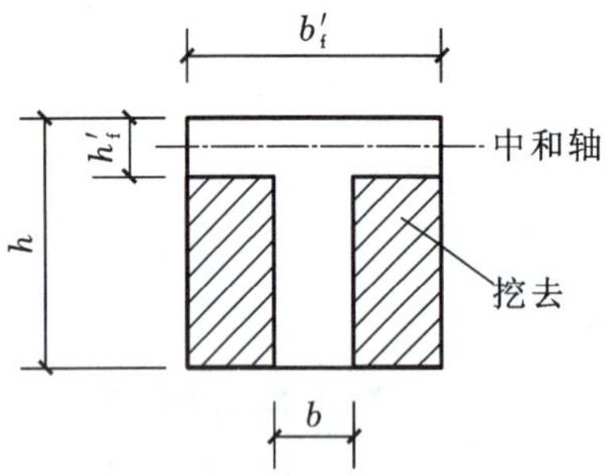

图 4.24　T 形截面

T 形截面梁在工程中的应用广泛，如图 4.25 所示的 T 形吊车梁、I 形屋面梁、预制空心板、预制槽形板等独立梁或板，以及现浇肋梁楼盖中与楼板整浇在一起的主、次梁等构件，均按照 T 形截面计算其正截面承载力。但应该注意，T 形截面是指具有受压翼缘的截面，而有些截面看似为 T 形，如图 4.26 中的 2—2 截面，因翼缘部分不在受压区，故计算时不按 T 形截面考虑，仍应按矩形截面计算。

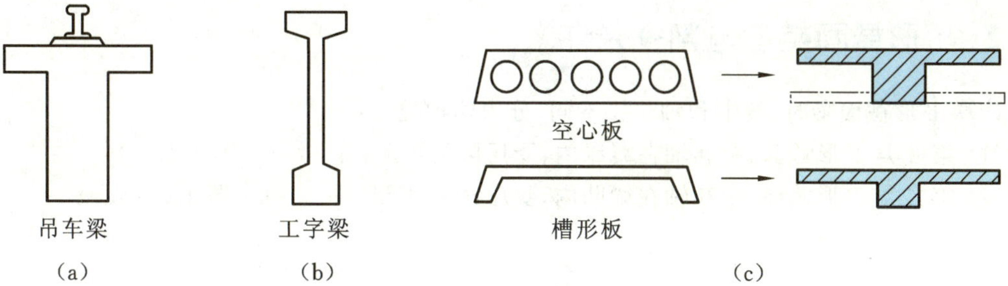

图 4.25 常见的 T 形截面构件

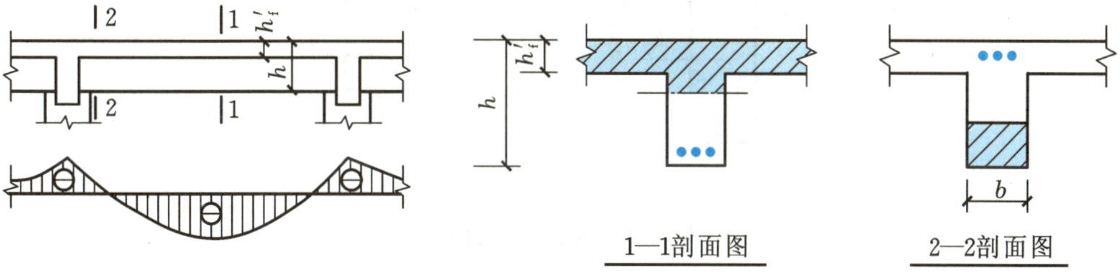

图 4.26 梁示意图

T 形截面与矩形截面的主要区别在于翼缘参与受压，随着翼缘宽度的增大，受压区高度将减小，内力臂增大，对截面受弯有利，使所需的受拉钢筋面积减小。试验研究与理论分析证明，翼缘参与受压的有效宽度是有限的。为简化计算，并考虑受压翼缘压应力不均匀分布的影响，可采用有效翼缘宽度 b_f'，即认为 b_f'范围内压应力为均匀分布。

《混凝土结构设计标准》(GB/T 50010—2010)(2024 年版)规定了不同情况的 T 形截面梁受压区有效翼缘宽度 b_f'的取值，可按表中所列情况的最小值取用。

表 4.6 受弯构件受压区有效翼缘计算宽度 b_f'

情况			T 形、I 形截面		倒 L 形截面
			肋形梁、肋形板	独立梁	肋形梁、肋形板
1	按计算跨度 l_0 考虑		$l_0/3$	$l_0/3$	$l_0/6$
2	按梁(纵肋)净距 s_n 考虑		$b+s_n$	—	$b+s_n/2$
3	按翼缘高度 h_f'考虑	$h_f'/h_0\geqslant0.1$	—	$b+12h_f'$	—
		$0.1>h_f'/h_0\geqslant0.05$	$b+12h_f'$	$b+6h_f'$	$b+5h_f'$
		$h_f'/h_0<0.05$	$b+12h_f'$	b	$b+5h_f'$

注：(1)表中 b 为腹板宽度。

(2)肋形梁在梁跨内设有间距小于纵肋间距的横肋时，则可不遵守表中所列情况 3 的规定。

(3)加腋的 T 形和倒 L 形截面，当受压区加腋的高度 $h_h>h_f'$且加腋的长度 $b_h\leqslant3h_h$时，其翼缘计算宽度可按表 4.6 所列情况 3 分别增加 $2b_h$(T 形、I 形截面)和 b_h(倒 L 形截面)。

(4)独立梁受压区的翼缘板在荷载作用下，经验算沿纵肋方向可能产生裂缝时，则计算宽度取用腹板宽度 b。

4.6.2 T形截面类型与判别条件

计算T形截面梁时，按中和轴位置不同，分为两种类型：

(1) 第一类T形截面，中和轴在翼缘内，受压区为矩形，即 $x \leqslant h_f'$[图4.27(a)]；

(2) 第二类T形截面，中和轴在梁肋内，受压区为T形，即 $x > h_f'$[图4.27(b)]。

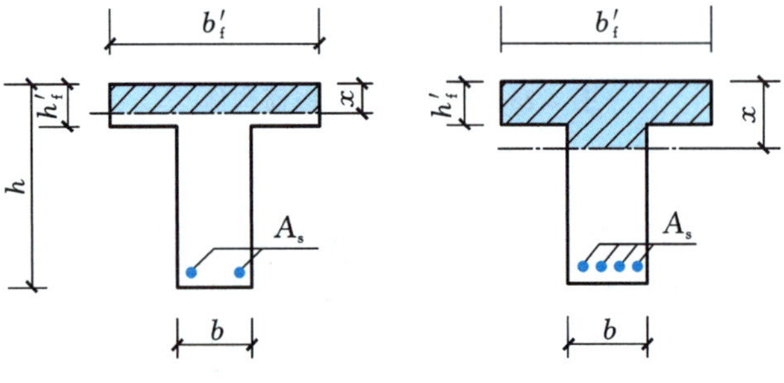

图4.27 两类T形截面

判断中和轴是否在翼缘中，首先应对界限位置进行分析，界限位置为中和轴与梁肋交界处，即 $x = h_f'$处，如图4.28所示。

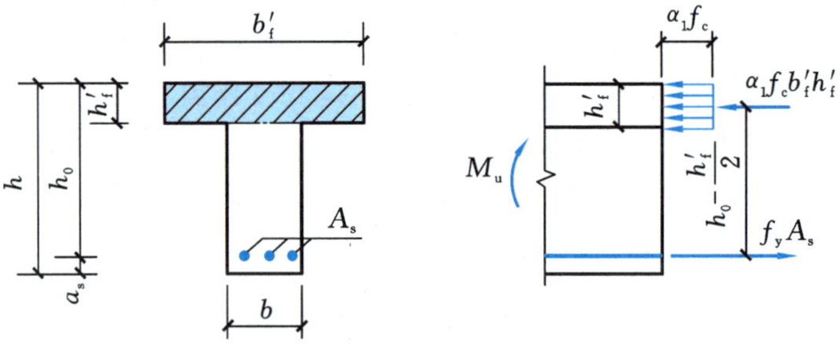

图4.28 两类T形截面的分界

根据平衡条件可得：

$$\sum X = 0 \qquad \alpha_1 f_c b_f' h_f' = f_y A_s \tag{4.54}$$

$$\sum M = 0 \qquad M_u = \alpha_1 f_c b_f' h_f' \left(h_0 - \frac{h_f'}{2}\right) \tag{4.55}$$

式中 b_f'——T形截面受压翼缘计算宽度；

h_f'——T形截面受压翼缘高度。

其他符号与单筋矩形截面相同。

上式为两类 T 形截面界限情况所承受的最大内力，因此，若：

$$f_y A_s \leqslant \alpha_1 f_c b_f' h_f' \tag{4.56a}$$

或：

$$M \leqslant \alpha_1 f_c b_f' h_f' \left(h_0 - \frac{h_f'}{2}\right) \tag{4.56b}$$

此时，中和轴在翼缘内，即 $x \leqslant h_f'$，故属于第一类T形截面。反之，若：

$$f_yA_s>\alpha_1f_cb'_fh'_f \tag{4.57a}$$

或：

$$M>\alpha_1f_cb'_fh'_f\left(h_0-\frac{h'_f}{2}\right) \tag{4.57b}$$

此时，中和轴在梁肋内，即 $x>h'_f$，故属于第二类 T 形截面。

式(4.56a)和式(4.57a)用于纵向受拉钢筋截面面积 A_s 已知时的截面复核情况；式(4.56b)和式(4.57b)用于截面弯矩设计值 M 已知时的截面设计情况。

4.6.3 基本公式与适用条件

4.6.3.1 第一类 T 形截面

(1) 基本公式

根据第一类 T 形截面计算简图(图 4.29)，由截面平衡条件可得到第一类 T 形截面的基本公式，即：

$$\sum X=0 \qquad \alpha_1f_cb'_fx=f_yA_s \tag{4.58}$$

$$\sum M=0 \qquad M\leqslant M_u=\alpha_1f_cb'_fx\left(h_0-\frac{x}{2}\right) \tag{4.59}$$

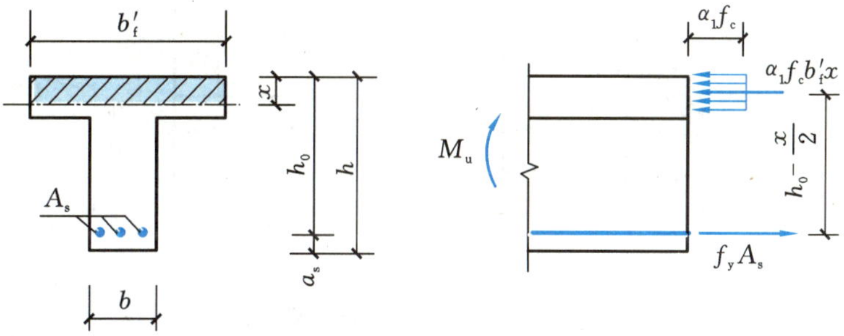

图 4.29 第一类 T 形截面计算简图

(2) 适用条件

① 防止超筋破坏条件：$x\leqslant\xi_bh_0$ 或 $\xi\leqslant\xi_b$。因为是第一类 T 形截面 $x\leqslant h'_f$，一般截面的 h'_f/h_0 较小，故通常均能满足这一条件，不需验算是否超筋。

② 防止少筋破坏条件：$\rho\geqslant\rho_{min}\dfrac{h}{h_0}$ 或 $A_s\geqslant\rho_{min}bh$。第一类 T 形截面在验算最小配筋率时仍按 $b\times h$ 的矩形截面计算。

4.6.3.2 第二类 T 形截面

(1) 基本公式

根据第二类 T 形截面计算简图(图 4.30)，由截面平衡条件可得到第二类 T 形截面的基本公式，即：

$$\sum X=0 \qquad \alpha_1f_cbx+\alpha_1f_c(b'_f-b)h'_f=f_yA_s \tag{4.60}$$

$$\sum M=0 \qquad M\leqslant M_u=\alpha_1f_c(b'_f-b)h'_f\left(h_0-\frac{h'_f}{2}\right)+\alpha_1f_cbx\left(h_0-\frac{x}{2}\right) \tag{4.61}$$

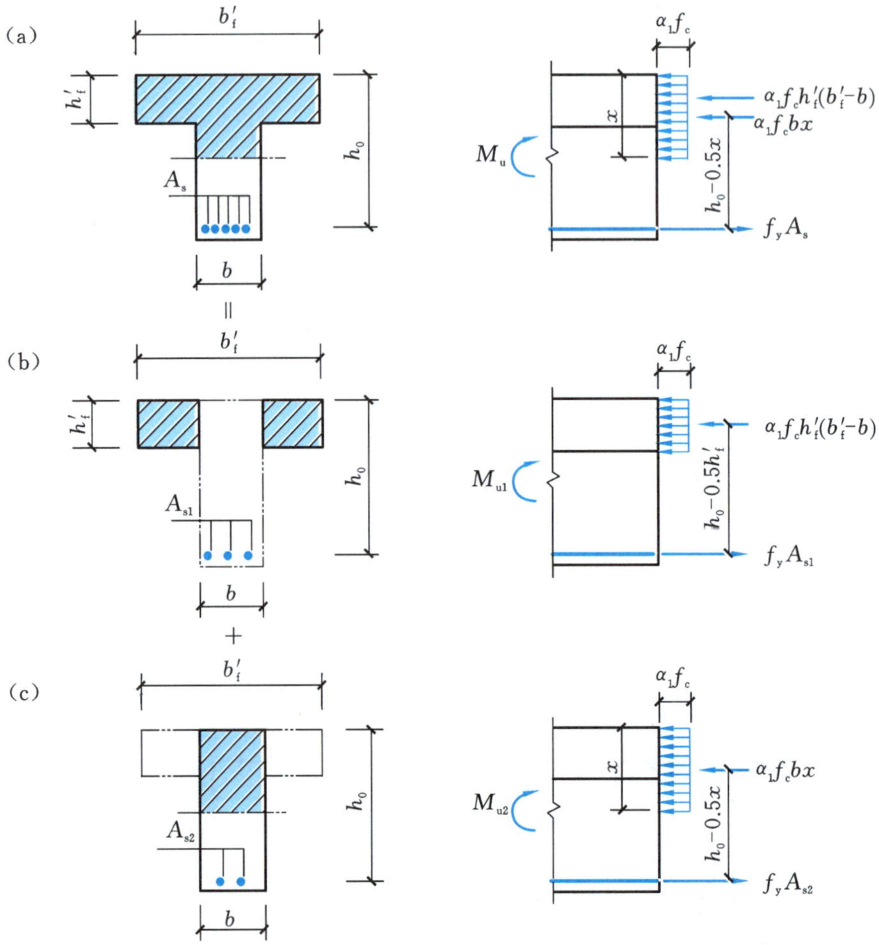

图 4.30　第二类 T 形截面计算简图

将 $x=\xi h_0$ 代入式(4.60)和式(4.61)，令 $\alpha_s=\xi(1-0.5\xi)$，则式(4.60)及式(4.61)写成下列形式：

$$\sum X=0 \qquad \alpha_1 f_c b\xi h_0+\alpha_1 f_c(b'_f-b)h'_f=f_y A_s \tag{4.62}$$

$$\sum M=0 \qquad M\leqslant M_u=\alpha_1 f_c(b'_f-b)h'_f\left(h_0-\frac{h'_f}{2}\right)+\alpha_s\alpha_1 f_c bh_0^2 \tag{4.63}$$

由式(4.60)可知，第二类 T 形截面的受弯承载力设计值 M_u 可视为由两部分组成：一部分是由受压翼缘挑出部分的混凝土和相应的受拉钢筋 A_{s1} 所承担的弯矩 M_{u1}，如图 4.30(b)所示；另一部分是由腹板受压混凝土和相应的受拉钢筋 A_{s2} 所承担的弯矩 M_{u2}，如图 4.30(c)所示，即：

$$M_u=M_{u1}+M_{u2} \tag{4.64}$$

$$A_s=A_{s1}+A_{s2} \tag{4.65}$$

根据图 4.30(b)列平衡方程可得：

$$f_y A_{s1}=\alpha_1 f_c(b'_f-b)h'_f \tag{4.66}$$

$$M_{u1}=\alpha_1 f_c(b_f'-b)h_f'\left(h_0-\frac{h_f'}{2}\right) \tag{4.67}$$

根据图 4.30(c)列平衡方程可得：

$$f_yA_{s2}=\alpha_1 f_c bx \tag{4.68}$$

$$M_{u2}=\alpha_1 f_c bx\left(h_0-\frac{x}{2}\right) \tag{4.69}$$

各符号意义同前。

(2) 适用条件

① 防止超筋破坏条件：$x\leqslant\xi_b h_0$ 或 $\xi\leqslant\xi_b$。

② 防止少筋破坏条件：$\rho\geqslant\rho_{\min}\dfrac{h}{h_0}$或 $A_s\geqslant\rho_{\min}bh$。一般第二类 T 形截面的配筋数量较多，该条件必然满足，可不必验算。

4.6.3.3 计算方法与应用

(1) 截面设计

已知弯矩设计值 M、截面尺寸、混凝土强度等级和钢筋级别，求受拉钢筋截面面积 A_s。

求解步骤：

判别 T 形截面类型：

若 $M\leqslant\alpha_1 f_c b_f'h_f'\left(h_0-\dfrac{h_f'}{2}\right)$，按照第一类 T 形截面计算，计算方法参考单筋矩形截面，仅需要把单筋矩形截面中的 b 改为 b_f'。

若 $M>\alpha_1 f_c b_f'h_f'\left(h_0-\dfrac{h_f'}{2}\right)$，按照第二类 T 形截面计算，计算公式中有 A_s 和 x 两个未知数，可利用公式法、查表法及拆分法求解，其中查表法的步骤如下：

① 求 α_s，根据式(4.63)可得：

$$\alpha_s=\frac{M-\alpha_1 f_c(b_f'-b)h_f'\left(h_0-\dfrac{h_f'}{2}\right)}{\alpha_1 f_c bh_0^2} \tag{4.70}$$

② 计算或者查附表 5.1 求出 ξ。

③ 判别是否超筋，若 $\xi\leqslant\xi_b$，则不超筋；否则应采取加大截面尺寸、提高混凝土强度等级等措施来满足要求；

④ 求 A_s，根据式(4.62)可得：

$$A_s=\frac{\alpha_1 f_c b\xi h_0+\alpha_1 f_c(b_f'-b)h_f'}{f_y} \tag{4.71}$$

⑤ 根据 A_s，选择钢筋：根据附录 3 选择钢筋的直径和根数，尽量将偏差控制在 5%以内。

(2) 截面复核

已知矩设计值 M、截面尺寸、混凝土和钢筋的强度等级、受拉钢筋面积 A_s，求受弯承载力 M_u。

求解步骤：

判别 T 形截面类型：

当 $f_yA_s\leqslant\alpha_1 f_c b_f'h_f'$，按照第一类 T 形截面计算，计算方法参考单筋矩形截面，仅需要把单

筋矩形截面中的 b 改为 b'_f。

当 $f_y A_s > \alpha_1 f_c b'_f h'_f$，按照第二类 T 形截面计算，可利用公式法、查表法及拆分法求解，其中公式法的步骤如下：

① 根据式(4.60)求 x：

$$x=\frac{f_y A_s-\alpha_1 f_c (b'_f-b)h'_f}{\alpha_1 f_c b} \tag{4.72}$$

【在线测试】

② 判别是否超筋，若 $x \leqslant \xi_b h_0$，则不超筋；否则取 $x=\xi_b h_0$。

③ 根据式(4.61)求 M_u。

④ 比较弯矩设计值 M 和截面承载力 M_u，判别其安全性，若 $M \leqslant M_u$，截面安全；若 $M > M_u$，截面不安全。

其他方法解决截面设计及截面复核问题可自行推导。

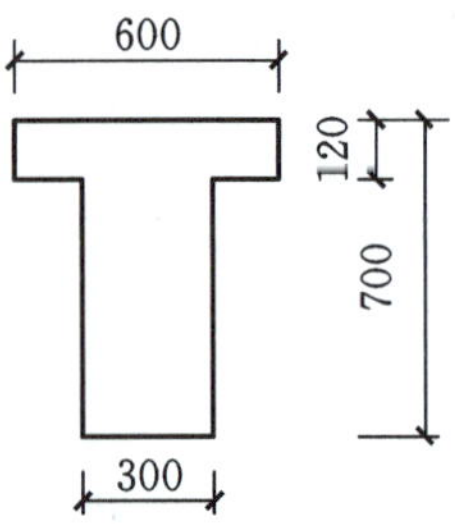

图 4.31 例 4.7 图

【例 4.7】 已知 T 形截面梁，尺寸如图 4.31 所示。混凝土采用 C30，HRB400 钢筋，环境类别为一类。若承受弯矩的设计值 $M=700$ kN·m，计算该梁所需受拉钢筋截面面积 A_s(预计两排 $a_s=60$ mm)。

【解】 混凝土选用 C30，根据附表 2.2 可知 $f_c=14.3$ N/mm²，$f_t=1.43$ N/mm²；钢筋采用 HRB400 级，根据附表 1.2 可知 $f_y=360$ N/mm²；根据表 4.4 和表 4.5 可知 $\alpha_1=1.0$，$\xi_b=0.518$。

$$h_0=h-a_s=700-60=640 \text{ mm}$$

(1) 判断 T 形截面的类型

$$\alpha_1 f_c b'_f h'_f\left(h_0-\frac{h'_f}{2}\right)=1.0\times14.3\times600\times120\times\left(640-\frac{120}{2}\right)$$
$$=597.17 \text{ kN}\cdot\text{m}<M=700 \text{ kN}\cdot\text{m}$$

属于第二类 T 形截面。

(2) 配筋计算

$$\alpha_s=\frac{M-\alpha_1 f_c(b'_f-b)h'_f(h_0-\frac{h'_f}{2})}{\alpha_1 f_c b h_0^2}$$

$$=\frac{700\times10^6-1.0\times14.3\times(600-300)\times120\times\left(640-\frac{120}{2}\right)}{1.0\times14.3\times300\times640^2}$$

$$=0.228$$

$$\xi=1-\sqrt{1-2\alpha_s}=1-\sqrt{1-2\times0.228}=0.262<\xi_b$$

$$A_s=\frac{\alpha_1 f_c b\xi h_0+\alpha_1 f_c(b'_f-b)h'_f}{f_y}$$

$$=\frac{1.0\times14.3\times300\times0.262\times640+1.0\times14.3\times(600-300)\times120}{360}$$

$$=3428 \text{ mm}^2$$

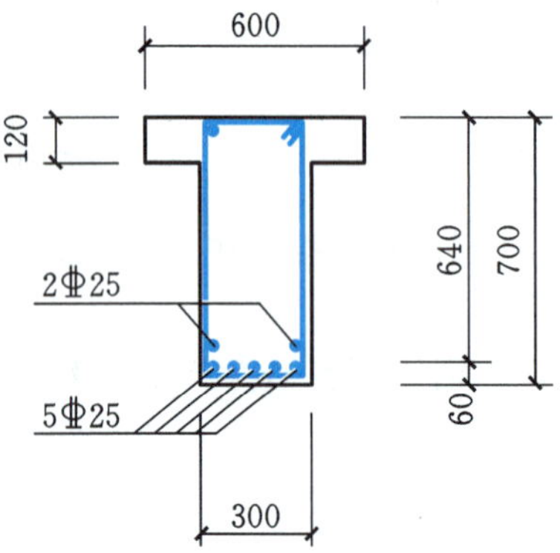

图 4.32 例 4.7 图

(3) 纵向受拉钢筋选择 7⏀25($A_s=3436$ mm²)，如图 4.32 所示。

【例 4.8】 已知 T 形截面梁，截面尺寸 $b=250$ mm，$h=750$ mm，$b_f'=1200$ mm，$h_f'=80$ mm。混凝土采用 C30，钢筋采用 HRB400 级，受拉钢筋为 6⌀18（$A_s=1527\ \mathrm{mm}^2$，两排配置 $a_s=60$ mm）环境类别为一类，安全等级为二级，若承受弯矩的设计值 $M=290$ kN·m，试复核该截面是否安全？

【解】 混凝土选用 C30，根据附表 2.2 可知 $f_c=14.3\ \mathrm{N/mm^2}$，$f_t=1.43\ \mathrm{N/mm^2}$；钢筋采用 HRB400 级，根据附表 1.2 可知 $f_y=360\ \mathrm{N/mm^2}$；根据表 4.4 和表 4.5 可知 $\alpha_1=1.0$，$\xi_b=0.518$。

$$h_0=h-a_s=750-60=690\ \mathrm{mm}$$

（1）判断 T 形截面的类型

$$\alpha_1 f_c b_f' h_f'=1.0\times14.3\times1200\times80=1372.8\ \mathrm{kN}>f_yA_s=360\times1527=549.72\ \mathrm{kN}$$

属于第一类 T 形截面。

（2）承载力复核计算

纵向受拉钢筋 6⌀18，$A_s=1527\ \mathrm{mm}^2$，则：

$$\rho_{\min}bh=0.2\%\times250\times750=375\ \mathrm{mm}^2<A_s=1527\ \mathrm{mm}^2$$

满足要求。

$$x=\frac{f_yA_s}{\alpha_1 f_c b_f'}=\frac{360\times1527}{1.0\times14.3\times1200}=32.03\ \mathrm{mm}<\xi_b h_0=0.518\times690=357.42\ \mathrm{mm}$$

$$M_u=\alpha_1 f_c b_f' x\left(h_0-\frac{x}{2}\right)=1.0\times14.3\times1200\times32.03\times\left(690-\frac{32.03}{2}\right)$$

$$=370.4\ \mathrm{kN\cdot m}>M=290\ \mathrm{kN\cdot m}$$

截面安全。

【本章小结】

（1）钢筋混凝土受弯构件的正截面破坏为沿竖向开裂的弯曲破坏，本章内容主要是受弯构件正截面承载力的分析和计算；同时，对梁、板的截面尺寸，混凝土强度等级，混凝土最小保护层厚度，梁中钢筋的布置和板的配筋方式等构造问题进行了叙述。

（2）纵向受拉钢筋配筋率对混凝土受弯构件正截面弯曲破坏的特征影响很大，根据配筋率不同，受弯构件正截面破坏形态有三种：适筋破坏、超筋破坏、少筋破坏。掌握三种破坏的特征，并从其破坏过程、破坏性质和充分利用材料等方面理解将受弯构件设计成适筋构件的必要性。

（3）适筋构件从开始加载到构件破坏经历了三个阶段：阶段Ⅰ为未裂阶段，最后状态 I_a 作为构件抗裂度验算依据；阶段Ⅱ为带裂缝工作阶段，一般混凝土受弯构件的正常使用就处于这个阶段的范围内，是裂缝宽度及挠度计算的依据；阶段Ⅲ为破坏阶段，其最后状态 III_a 为受弯承载力极限状态，是受弯构件正截面受弯承载力计算的依据。应在掌握适筋梁正截面工作的三个阶段基础上，正确理解适筋梁的截面应力分布和受力特点。

（4）受弯构件正截面受弯承载力计算分为截面设计和截面复核两类，两类问题的关键都是先求出混凝土受压区高度 x，因此要掌握 x 的求解方法和公式的适用条件。

（5）单筋矩形截面的计算方法是基础，在此基础上在受压区配置受压钢筋的矩形截面即为双筋矩形截面，当 $x\geqslant 2a_s'$ 时才能保证受压钢筋达到屈服强度。

(6) 对T形截面，主要根据受压区混凝土受压形状为矩形或者T形，判断其为第一类T形还是第二类T形，因此，T形截面正截面承载力计算的截面设计和截面复核均需首先判别T形截面的类型，再采取相应的计算方法计算。

(7) 梁的配筋结果采用钢筋直径和根数表示，如4Φ18；板配筋结果采用钢筋直径和间距表示，如Φ8@200。

思 考 题

4.1 什么是受弯构件？

4.2 对受弯构件的梁，必须进行哪两方面的承载能力计算？

4.3 板中的分布钢筋起什么作用？

4.4 绘图表示简支梁中可能有哪几种钢筋，并说明其作用。

4.5 什么叫截面有效高度？与哪些因素有关？绘图表示。

4.6 受弯构件正截面破坏形态有哪几种？有何特性？设计中应把梁设计成什么形式？

4.7 适筋梁从开始加载直至正截面受弯破坏经历了几个阶段？各阶段正截面上应力与应变分布、中和轴位置、跨中最大挠度的变化规律是怎么样的？各阶段主要特征是什么？每个阶段是哪种计算依据？

4.8 什么叫配筋率？配筋率对梁的正截面承载力有何影响？

4.9 什么叫等效应力图形？等效后的应力图形应满足哪两点要求？绘图表示。

4.10 什么是相对受压区高度？什么叫相对界限受压区高度ξ_b？ξ_b与哪些因素有关？当混凝土强度等级不高于C50时，HPB300，HRB400钢筋的ξ_b值各为多少？

4.11 受弯构件正截面受弯承载力计算引入哪些基本假定？

4.12 什么叫单筋截面梁？什么叫双筋截面梁？

4.13 设计中应如何避免发生少筋破坏和超筋破坏？

4.14 在工程实践中，什么情况下需设计成双筋梁？其特点如何？

4.15 双筋矩形截面梁承载力基本公式的建立必须满足哪两个条件？为什么？

4.16 图4.33所示为截面尺寸相同、材料强度相同，但配筋不同的四种梁截面，请回答：

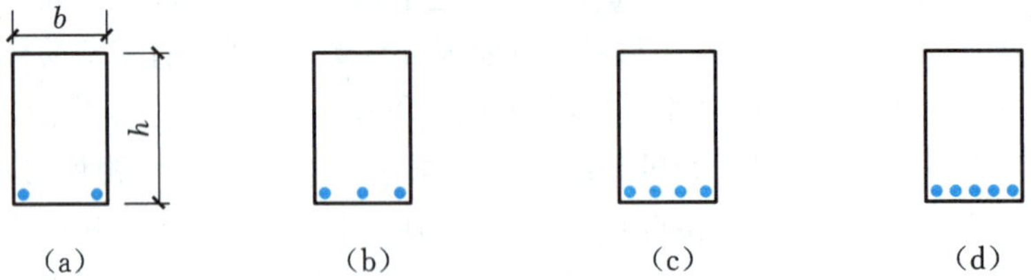

图4.33 思考题图

(a)$\rho<\rho_{min}$；(b)$\rho_{min}<\rho<\rho_{max}$；(c)$\rho=\rho_{max}$；(d)$\rho>\rho_{max}$

(1) 它们是怎样破坏？破坏情况有什么不同？

(2) 破坏时混凝土受压高度的大小顺序如何排序？

(3) 破坏时钢筋的应力各是多少？

(4) 破坏时极限弯矩各是多少？大小顺序如何排列？

4.17 当构件承受的弯矩和截面高度都相同时，图 4.34 中四种截面的正截面承载力需要的钢筋截面面积是否一样？为什么？

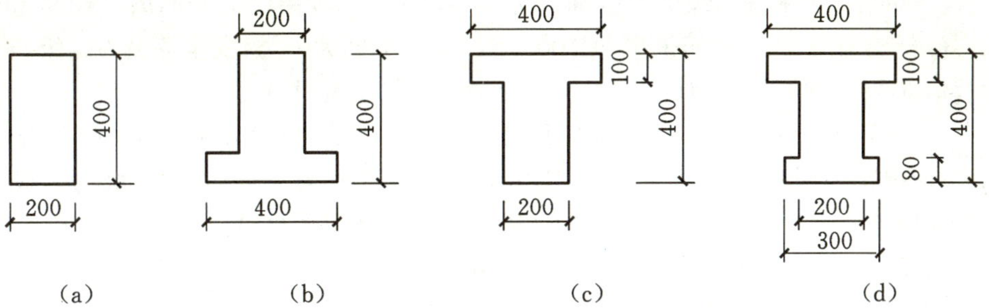

图 4.34 简答题图

4.18 在双筋梁正截面受弯承载力计算中，试回答下列问题：

(1) 当 A_s'未知时，根据什么条件计算 A_s'和 A_s？

(2) 当 A_s'已知时，为何计算中可能出现 $\xi > \xi_b$ 的情况？设计时如何处理？

(3) 当 A_s'已知时，为何计算中可能出现 $x < 2a_s'$的情况？设计时如何处理？

4.19 T 形截面的类型分哪两种？

4.20 两种 T 形截面类型的判别方法是什么？

习 题

4.1 矩形截面梁，截面尺寸 $b \times h = 200\ \text{mm} \times 400\ \text{mm}$，承受弯矩设计值 $M = 75\ \text{kN} \cdot \text{m}$，采用 C30 混凝土，HRB400 级钢筋，环境类别为一类，安全等级为二级，试计算纵向受拉钢筋的面积 A_s 并选配钢筋。

4.2 矩形截面梁，截面尺寸 $b \times h = 250\ \text{mm} \times 700\ \text{mm}$，采用 C30 混凝土，HRB400 级钢筋，环境类别为一类，安全等级为二级，按以下三种情况分别计算该梁所能承受最大弯矩值：

(1) 纵向受拉钢筋内配 2⌀14($A_s = 308\ \text{mm}^2$)

(2) 纵向受拉钢筋内配 3⌀18($A_s = 763\ \text{mm}^2$)

(3) 纵向受拉钢筋内配 4⌀25($A_s = 1964\ \text{mm}^2$)；

4.3 已知一个单跨简支板，计算跨度 $l = 2.34$ m，板厚为 80 mm，承受均布荷载标准值 $q_k = 3\ \text{kN/m}^2$(不包括板的自重)，混凝土等级 C30，钢筋采用 HPB300 级，环境类别为一类，安全等级为二级，钢筋混凝土重度为 25 kN/m^3，求纵向受拉钢筋截面面积。

4.4 矩形截面梁，截面尺寸 $b \times h = 250\ \text{mm} \times 550\ \text{mm}$，弯矩设计值 $M = 400\ \text{kN} \cdot \text{m}$，采用 C30 混凝土，HRB400 级钢筋，环境类别为一类，安全等级为二级，求所需的纵向钢筋。

4.5 矩形截面梁，截面尺寸 $b \times h = 250\ \text{mm} \times 550\ \text{mm}$，弯矩设计值 $M = 400\ \text{kN} \cdot \text{m}$，采用 C30 混凝土，HRB400 级钢筋，环境类别为一类，安全等级为二级，在受压区已配置受压钢筋 3⌀22($A_s' = 1140\ \text{mm}^2$)，计算所需的纵向钢筋 A_s，并将总用钢量与习题 4.4 进行分析比较，得出结论。

4.6　已知梁的截面尺寸 $b\times h=200\ \text{mm}\times 400\ \text{mm}$，选用 C25 混凝土，HRB400 级钢筋，环境类别为一类，安全等级为二级，受压区已配置受压钢筋 2ϕ16（$A_s'=402\ \text{mm}^2$）、受拉钢筋 3ϕ25（$A_s=1473\ \text{mm}^2$），梁承受弯矩设计值 $M=100\ \text{kN}\cdot\text{m}$，验算截面是否安全。

4.7　已知某 T 形截面梁，梁的截面尺寸 $b=300\ \text{mm}$，$h=600\ \text{mm}$，$b_f'=1000\ \text{mm}$，$h_f'=90\ \text{mm}$。混凝土采用 C25，钢筋采用 HRB400 级，环境类别为一类，安全等级为二级，若承受弯矩的设计值 $M=410\ \text{kN}\cdot\text{m}$，计算该梁所需受拉钢筋截面面积 A_s。

4.8　已知某 T 形截面梁，梁的截面尺寸 $b=300\ \text{mm}$，$h=700\ \text{mm}$，$b_f'=600\ \text{mm}$，$h_f'=100\ \text{mm}$。混凝土采用 C30，钢筋采用 HRB400 级，环境类别为一类，安全等级为二级，若承受弯矩的设计值 $M=550\ \text{kN}\cdot\text{m}$，计算该梁所需受拉钢筋截面面积 A_s。

4.9　已知 T 形截面梁，截面尺寸 $b=250\ \text{mm}$，$h=700\ \text{mm}$，$b_f'=600\ \text{mm}$，$h_f'=100\ \text{mm}$。混凝土采用 C30，钢筋采用 HRB400 级，梁底受拉钢筋为 8ϕ22（$A_s=3041\ \text{mm}^2$），环境类别为一类，安全等级为二级，若承受弯矩的设计值 $M=500\ \text{kN}\cdot\text{m}$，试复核该截面是否安全？

4.10　T 形截面伸臂梁如图 4.35 所示，$q=60\ \text{kN/m}$，$F=60\ \text{kN}$，截面尺寸 $b=200\ \text{mm}$，$h=500\ \text{mm}$，$b_f'=400\ \text{mm}$，$h_f'=100\ \text{mm}$。混凝土采用 C30，钢筋采用 HRB400 级，环境类别为一类，安全等级为二级，求 AB 跨跨中和 B 支座纵筋。

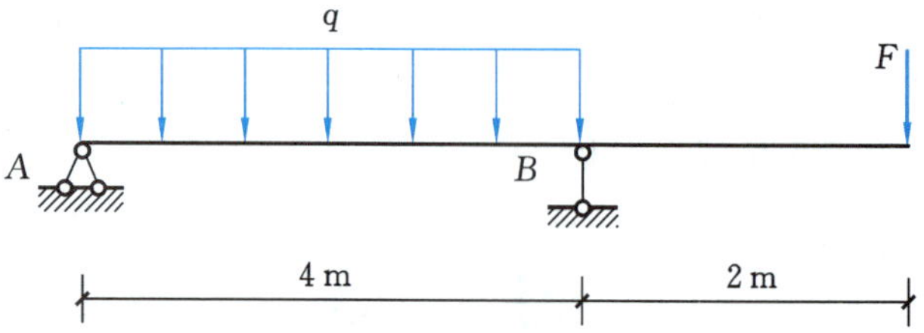

图 4.35　习题图

能力训练项目

训练项目一：受弯构件计算能力

某办公楼楼面大梁计算跨度为 6.2 m，设计使用年限为 50 年，环境类别为一类，安全等级为二级，承受均布荷载设计值 28.6 kN/m（包括梁的自重），采用 C30 混凝土，HRB400 级钢筋，通过改变参数计算纵向受拉钢筋截面面积，对比并讨论。

（1）提高混凝土强度等级对配筋量的影响；

（2）提高钢筋级别对配筋量的影响；

（3）加大截面高度对配筋量的影响；

（4）加大截面宽度对配筋量的影响；

（5）可以得到什么结论，该结论在工程实践上及理论上有哪些意义？

训练项目二：结构施工图的识读

如图 4.36 所示板施工图，请查阅《混凝土结构施工图平面整体表示方法制图规则和构造详图（现浇混凝土框架、剪力墙、梁、板）》（22G 101—1）了解板的平法施工制图规则及构造要求，对该图进行识读。

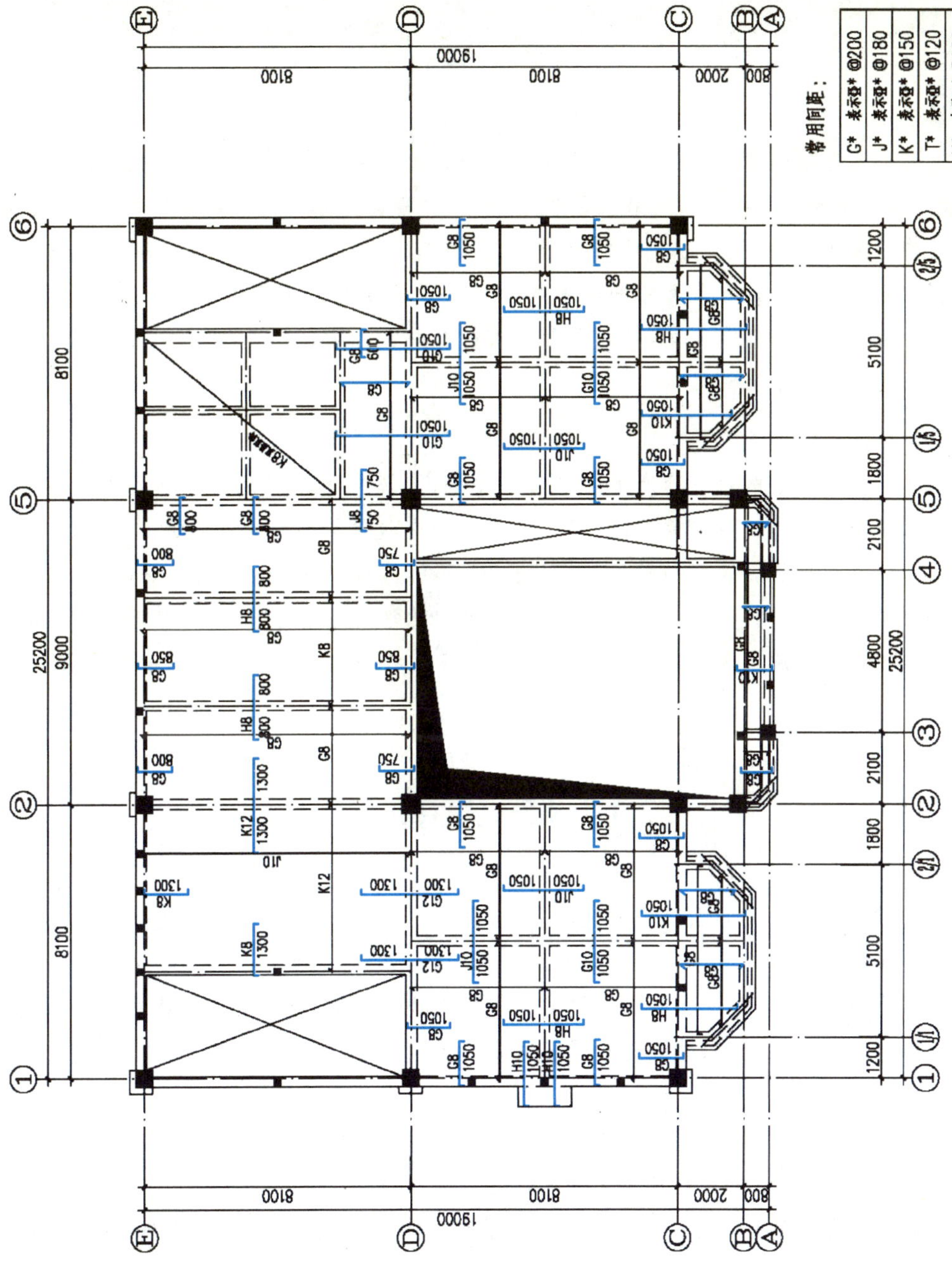

常用间距：

G*	表示Φ* @200
J*	表示Φ* @180
K*	表示Φ* @150
T*	表示Φ* @120
H*	表示Φ* @100
W*	表示Φ* @400
M*	表示Φ* @300

标高4.350m板配筋图 1:100

附注：材料：混凝土 框架梁、板为C25；

图4.36 板施工图

5 受弯构件斜截面承载力

本章概要

本章主要内容包括斜裂缝产生原因、受弯构件斜截面受力性能、受弯构件斜截面受剪承载力计算、保证受弯构件斜截面受弯承载力的构造措施、受弯构件其他构造要求五个部分。钢筋混凝土受弯构件在弯矩 M 和剪力 V 共同作用的区段内，发生沿着与梁轴线成斜交的斜截面破坏，因此，受弯构件要保证斜截面的受剪承载力和受弯承载力。在工程设计中，斜截面受剪承载力一般是由计算和构造来满足，斜截面受弯承载力主要由纵向钢筋的弯起、截断、锚固，以及箍筋的间距等构造要求来满足。

学习目标

通过本章学习要求了解斜裂缝产生的原因及类型；掌握受弯构件斜截面破坏的主要形态和影响斜截面抗剪承载力的主要因素；掌握无腹筋梁和有腹筋梁斜截面受剪承载力的计算公式、计算方法，以及防止斜压破坏和斜拉破坏的措施；理解材料图概念及绘制方法；掌握纵向钢筋的弯起、截断；理解受弯构件的构造措施；能对简单的受弯构件进行设计；具有识读和绘制钢筋混凝土受弯构件结构施工图的能力；能处理建筑施工过程中受弯构件的简单结构问题。

5.1 概　　述

受弯构件除了可能沿正截面发生破坏，在弯矩和剪力共同作用下，梁还有可能发生沿着与梁轴线成一定角度的斜截面发生受剪破坏或斜截面受弯破坏。因此，受弯构件除了要保证正截面受弯承载力以外，还应保证斜截面的受剪和受弯承载力。工程设计中，斜截面受剪承载力一般通过计算和构造来保证，斜截面受弯承载力则是通过对纵向钢筋和箍筋的构造要求来保证的。

由于混凝土抗拉强度很低，随着荷载的增加，当主拉应力超过混凝土复合受力作用下的抗拉强度时，就会出现与主拉应力轨迹线大致垂直的裂缝。除纯弯段的裂缝与梁纵轴垂直以外，M 、V 共同作用下的截面主应力轨迹线都与梁纵轴有一倾角，其裂缝与梁的纵轴是倾斜的，故称为斜裂缝。

梁的斜裂缝有腹剪斜裂缝和弯剪斜裂缝两种。腹剪斜裂缝的特点是中部宽、两头细、呈枣核状，如图 5.1(a)所示，出现在梁腹较薄的构件中，由于梁腹部的主拉应力过大致使中和轴附近出现约 45°的斜裂缝，随着荷载的增加，裂缝向上下延伸；弯剪斜裂缝的特点是上细下宽，如

图 5.1(b)所示,由梁底的垂直弯曲裂缝沿主压应力轨迹线向上发展而成。

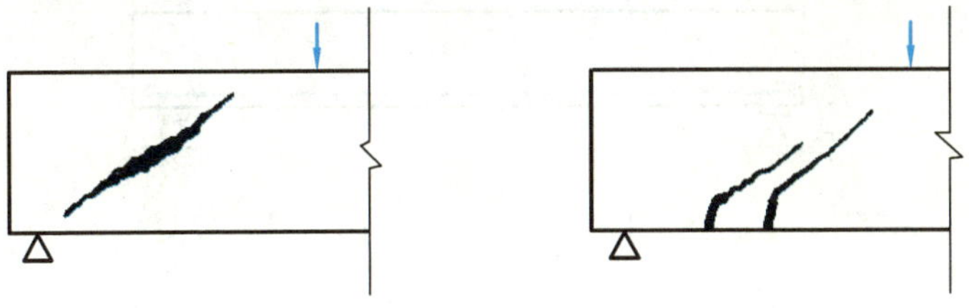

(a)　　　　　　(b)

图 5.1　梁的斜裂缝

(a)腹剪斜裂缝;(b)弯剪斜裂缝

为了防止斜裂缝发展出现斜截面破坏,应使梁具有足够的截面尺寸和适宜的混凝土强度等级,并配置必要的箍筋,梁承受的剪力较大时,也可增设弯起钢筋。弯起钢筋也称斜钢筋,一般由梁内部纵向受力钢筋弯起形成。箍筋和弯起钢筋统称为腹筋,如图 5.2 所示。一般称配置了腹筋的梁为有腹筋梁,反之为无腹筋梁。工程中除了截面很小的梁外,都设计成有腹筋梁。箍筋的主要作用包括提高斜截面受剪承载力;与纵筋绑扎,形成钢筋骨架,便于施工;防止纵筋过早压曲,约束核心混凝土。

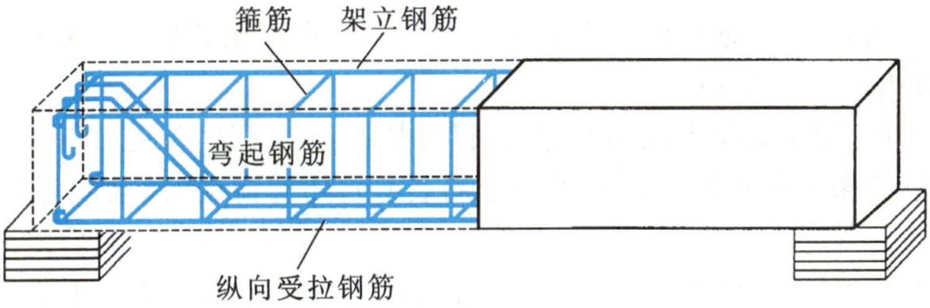

图 5.2　梁钢筋骨架

5.2　受弯构件斜截面受力性能

5.2.1　剪跨比

剪跨比是个无量纲参数,是梁内同一截面所承受的弯矩与剪力的相对比值,定义为 $\lambda = M/(Vh_0)$。它反映了截面上弯曲正应力 σ 与剪应力 τ 的相对比值。由于正应力和剪应力决定了主应力的大小和方向,因此剪跨比影响斜截面的受剪承载力和破坏形态。对于图 5.3 所示集中荷载作用下的梁,P_1 作用截面的剪跨比为:

$$\lambda = \frac{M}{Vh_0} = \frac{V_A a}{V_A h_0} = \frac{a}{h_0} \tag{5.1}$$

式中　a——集中荷载作用点至邻近支座的距离,称为剪跨。

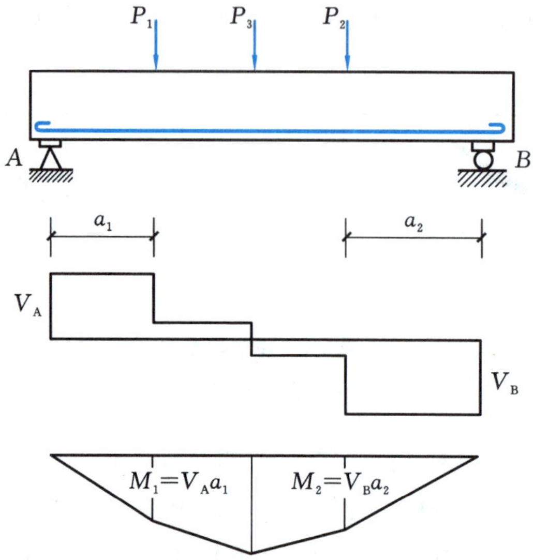

图 5.3 集中荷载作用下梁的剪跨比 λ

5.2.2 无腹筋梁斜截面破坏形态

大量试验结果表明，根据剪跨比的不同，无腹筋梁斜截面破坏形态主要有以下三种：

(1) 斜压破坏[图 5.4(a)]

剪跨比很小(一般 $\lambda<1$)时，常发生斜压破坏，其破坏过程是：首先在荷载作用点与支座间梁的腹部出现若干条平行的斜裂缝(即腹剪型斜裂缝)；随着荷载的增加，梁腹破坏，这些斜裂缝分割为若干斜向“短柱”，最后因柱体混凝土被压碎而破坏。斜压破坏的破坏荷载很高，但变形很小，属于脆性破坏。

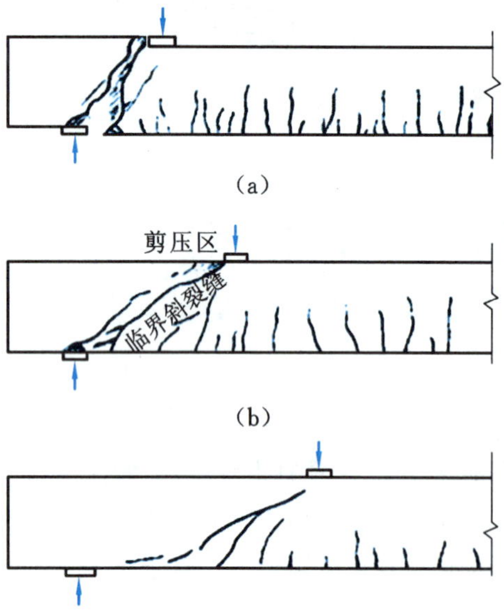

图 5.4 斜截面破坏形态

(a)斜压破坏；(b)剪压破坏；(c)斜拉破坏

(2) 剪压破坏[图 5.4(b)]

当剪跨比适中(一般 $1\leqslant\lambda\leqslant3$)时，常发生剪压破坏。其破坏过程是：当加载到一定阶段时，斜裂缝中的某一条发展成为临界斜裂缝；临界斜裂缝向荷载作用点缓慢发展，剪压区高度逐渐减小，最后剪压区混凝土被压碎，梁丧失承载能力。这种破坏有一定的预兆，破坏荷载较出现斜裂缝时的荷载要高，仍属于脆性破坏。

(3) 斜拉破坏[图 5.4(c)]

当剪跨比 λ 较大(一般 $\lambda>3$)时，常发生斜拉破坏。其破坏过程是：斜裂缝一旦出现，便迅速向集中荷载作用点延伸，并很快形成临界裂缝，梁随即破坏。整个破坏过程急速而突然，破坏荷载与出现斜裂缝时的荷载相当接近，破坏前梁的变形很小，并且往往只有一条斜裂缝，破坏具有明显的脆性。

5.2.3 配箍率

配箍量一般用配箍率 ρ_{sv} 表示(图 5.5),即:

$$\rho_{sv}=\frac{A_{sv}}{bs}=\frac{nA_{sv1}}{bs} \tag{5.2}$$

式中 A_{sv}——配置在同一截面内箍筋各肢的截面面积之和,$A_{sv}=nA_{sv1}$;

n——同一截面内箍筋的肢数,如图 5.6 所示;

A_{sv1}——单肢箍筋的截面面积;

b——梁的截面宽度(或肋宽);

s——沿梁长度方向布置的箍筋的间距。

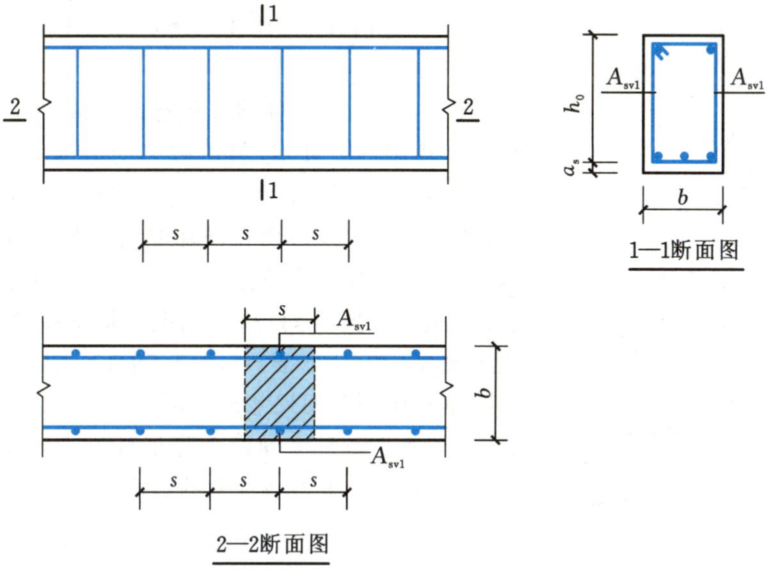

图 5.5 配箍率示意图

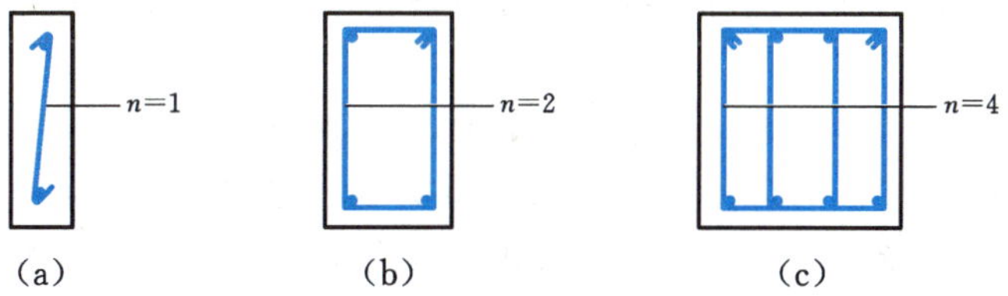

图 5.6 箍筋的肢数

(a)单肢箍;(b)双肢箍;(c)四肢箍

5.2.4 有腹筋梁斜截面破坏形态

与无腹筋梁类似,有腹筋梁斜截面破坏形态也主要分为斜压破坏、剪压破坏和斜拉破坏。此时,除了剪跨比有着重要影响之外,箍筋的配箍率对破坏形态也有很大影响。

(1) 斜压破坏

当剪跨比较小而配箍率过大，在箍筋尚未受拉屈服时，斜裂缝间的混凝土会因主压应力过大而发生斜压破坏；此时，梁的受剪承载力取决于混凝土强度及截面尺寸。由于破坏时没有充分利用箍筋，故工程设计中不允许出现这种情况。

(2) 剪压破坏

当剪跨比和配箍率适中，斜裂缝出现时，与斜裂缝相交的箍筋不会立即屈服，由于箍筋受力而延缓和限制了斜裂缝的开展，荷载可以有较大的增长。当荷载继续增加，箍筋屈服后就不能再限制斜裂缝的开展，最后剪压区的混凝土在剪压复合应力作用下达到极限强度而发生剪压破坏。由于破坏时充分利用混凝土和箍筋，故工程设计中采用剪压破坏形态建立力学模型。

(3) 斜拉破坏

当剪跨比较大且配箍率过小时，斜裂缝一旦出现，与斜裂缝相交的箍筋不足以承担由混凝土承担的拉力，箍筋很快屈服而不能限制斜裂缝的开展，其破坏性质与无腹筋梁相似，这种破坏为斜拉破坏，工程设计中不允许出现。

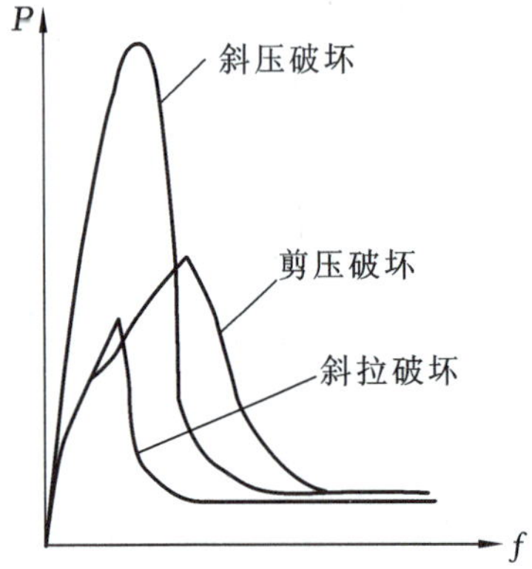

图 5.7 斜截面破坏 P-f 曲线

图 5.7 所示为三种破坏形态的荷载-挠度曲线图(P-f 曲线)。由图 5.7 可知，斜压破坏受剪承载力高而变形很小，破坏突然，曲线形状陡峭；剪压破坏受剪承载力较小，变形稍大，曲线较平缓；斜拉破坏受剪承载力最小，破坏很突然。这三种破坏均为脆性破坏，在工程设计中应尽量避免，但三者脆性程度不同，故工程上采取的措施也不尽相同。《混凝土结构设计标准》(GB/T 50010—2010)(2024 年版)规定：通过限制截面尺寸来防止斜压破坏；通过箍筋的最小配箍率和箍筋的最大间距来防止斜拉破坏；通过斜截面受剪承载力的计算并配置适量的腹筋来防止剪压破坏。

5.2.5 影响斜截面受剪承载力的主要因素

影响斜截面受剪承载力的因素很多，主要有剪跨比、混凝土强度、箍筋强度及配箍率、纵筋配筋率等。

(1) 剪跨比。对无腹筋梁，随着剪跨比的增大，破坏形态发生显著变化，梁的受剪承载力明显降低。但当剪跨比 $\lambda>3$ 时，剪跨比对梁的受剪承载力的影响不再明显。

(2) 混凝土强度。梁斜压破坏时，受剪承载力取决于混凝土的抗压强度；梁斜拉破坏时，受剪承载力取决于混凝土的抗拉强度；梁剪压破坏时，混凝土强度的影响则居于上述两者之间。梁的受剪承载力随混凝土强度的提高而提高。

(3) 箍筋强度及配箍率。有腹筋梁出现斜裂缝以后，箍筋不仅可以直接承受部分剪力，还能抑制斜裂缝的开展和延伸，提高剪压区混凝土的抗剪能力和纵筋的销栓作用，间接地提高梁的受剪承载力。试验研究表明：当配箍量适当时，梁的受剪承载力随配箍量的增大和箍筋强度的提高而有较大幅度的提高。

(4) 纵筋配筋率。纵向钢筋能抑制斜裂缝的扩展，使斜裂缝上端剪压区的面积增大，同时纵筋本身也能通过销栓作用承受一定的剪力。所以纵向钢筋的配筋率越大，梁的受剪承载力也越高。但目前《混凝土结构设计标准》(GB/T 50010—2010)(2024 年版)中的抗剪承载力计算公式并未考虑这一影响。

5.3 受弯构件斜截面受剪承载力计算

5.3.1 基本假定

由于混凝土受弯构件受剪破坏的影响因素众多，破坏形态复杂，对于混凝土构件受剪机理的研究仍在进行，至今未能像正截面承载力计算一样建立一套较为完整的理论体系，国内外各主要设计规范采用的斜截面承载力计算方法差异较大，计算模式也不尽相同，目前我国《混凝土结构设计标准》(GB/T 50010—2010)(2024 年版)仍采用半理论半经验的实用计算公式。

如前所述，钢筋混凝土梁斜截面主要破坏形态有：斜压破坏、剪压破坏、斜拉破坏。《混凝土结构设计标准》(GB/T 50010—2010)(2024 年版)中规定的计算公式就是根据剪压破坏形态而建立的，考虑平衡条件，引入一些试验参数及基本假设。

(1)剪压破坏时，与斜裂缝相交的箍筋和弯起钢筋的拉应力都达到其屈服强度，但考虑到弯起钢筋与破坏斜截面相交位置的不定性，其应力可能达不到屈服强度，因此公式中引入了弯起钢筋应力不均匀系数 0.8；

(2) 剪压破坏时，不考虑斜裂缝处的骨料咬合力和纵筋的销栓力；

(3) 为计算公式应用简便，仅在梁受集中荷载作用为主的情况下，才考虑剪跨比的影响；

(4) 截面尺寸的影响主要针对无腹筋的受弯构件，故仅在不配箍筋和弯起钢筋的厚板计算时才予以考虑；

(5) 剪压破坏时，假设梁的斜截面受剪承载力 V_u 由三部分所组成(图 5.8)，由平衡条件 $\sum Y=0$ 得：

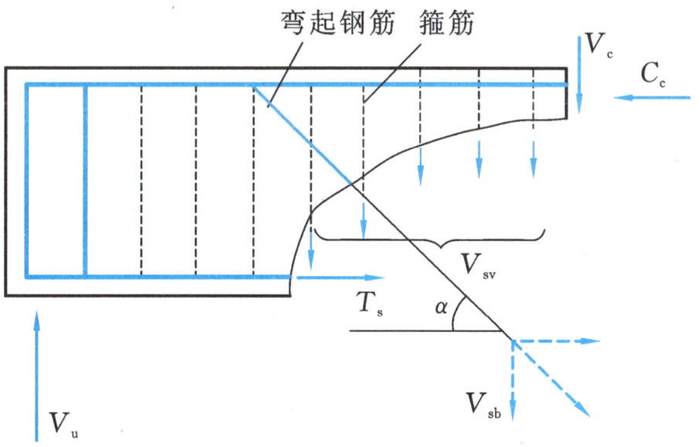

图 5.8 斜截面受剪承载力计算简图

$$V_u=V_c+V_{sv}+V_{sb}=V_{cs}+V_{sb} \tag{5.3}$$

式中 V_u——梁斜截面受剪承载力设计值；

V_c——混凝土剪压区受剪承载力设计值；

V_{sv}——与斜裂缝相交的箍筋的受剪承载力设计值；

V_{sb}——与斜裂缝相交的弯起钢筋的受剪承载力设计值；

V_{cs}——构件斜截面上混凝土和箍筋的受剪承载力设计值。

5.3.2 无腹筋梁及板类受弯构件受剪承载力计算

5.3.2.1 无腹筋梁受剪承载力计算

$$V \leqslant V_c = \alpha_{cv} f_t b h_0 \tag{5.4}$$

式中 V——构件斜截面上的最大剪力设计值；

α_{cv}——斜截面混凝土受剪承载力系数，对于一般受弯构件取0.7，对于集中荷载作用下（包括作用有多种荷载，其中集中荷载对支座截面或节点边缘所产生的剪力值占总剪力75%以上的情况）的独立梁取 $\alpha_{cv}=\dfrac{1.75}{\lambda+1}$，其中 λ 为计算截面的剪跨比，可取 $\lambda=\dfrac{a}{h_0}$，当 $\lambda<1.5$ 时取值为1.5，当 $\lambda>3$ 时取值为3。

若满足公式要求，可不进行斜截面受剪承载力计算，箍筋按照构造要求配置；若不满足，则需计算配置腹筋。

5.3.2.2 板类受弯构件受剪承载力计算

板类构件通常承受的荷载不大、剪力较小。因此，一般不必进行斜截面承载力的计算，也不配箍筋和弯起钢筋。但是，当板上承受的荷载较大或板的厚度较大时，需要对其斜截面承载力进行计算。

对无腹筋梁及没有配置腹筋的一般板类受弯构件，其斜截面受剪承载力按下式计算：

$$V \leqslant V_c = 0.7\beta_h f_t b h_0 \tag{5.5}$$

$$\beta_h = \left(\frac{800}{h_0}\right)^{1/4} \tag{5.6}$$

式中 β_h——截面高度影响系数，当 h_0 小于800 mm时，取800 mm；当 h_0 大于2000 mm时，取2000 mm。

5.3.3 有腹筋梁受剪承载力计算

5.3.3.1 仅配置箍筋时

对于矩形、T形和I形截面的受弯构件，当仅配置箍筋时，其受剪承载力应按下式计算：

$$V \leqslant V_{cs} = \alpha_{cv} f_t b h_0 + f_{yv}\frac{A_{sv}}{s}h_0 \tag{5.7}$$

式中 f_{yv}——箍筋抗拉强度设计值。

其他各符号意义同前。

5.3.3.2 配置箍筋和弯起钢筋时

对于矩形、T形和I形截面的受弯构件，当配置箍筋和弯起钢筋时，其受剪承载力应按下式计算：

$$V \leqslant V_u = V_{cs} + V_{sb} = \alpha_{cv} f_t b h_0 + f_{yv} \frac{A_{sv}}{s} h_0 + 0.8 f_y A_{sb} \sin\alpha_s \tag{5.8}$$

式中 f_y——弯起钢筋的抗拉强度设计值；

A_{sb}——同一弯起平面内弯起钢筋的截面面积；

α_s——弯起钢筋与梁轴线的夹角，一般取 $\alpha_s = 45°$，当梁截面高 $h > 800$ mm 时取$\alpha_s = 60°$；

0.8——考虑到弯起钢筋与破坏斜截面相交位置的不确定性，其应力可能达不到屈服强度时的应力不均匀系数。

其他各符号意义同前。

5.3.4 公式的适用范围

与受弯构件正截面受弯承载力计算公式只适用于适筋破坏类似，受弯构件的斜截面受剪承载力计算公也仅适用于剪压破坏的情况。为了防止斜压破坏和斜拉破坏的发生，也要规定相应的适用条件。《混凝土结构设计标准》(GB/T 50010—2010)(2024 年版)规定了剪力设计值的上限，用以防止斜压破坏发生；规定了箍筋配置的构造要求，用以防止斜拉破坏。

5.3.4.1 上限值——最小截面尺寸

当发生斜压破坏时，梁腹的混凝土被压碎、箍筋不屈服，其受剪承载力主要取决于构件的腹板宽度、梁截面高度及混凝土强度。因此，只要保证构件截面尺寸不是太小，就可防止斜压破坏的发生。《混凝土结构设计标准》(GB/T 50010—2010)(2024 年版)规定，梁的最小截面尺寸应满足下列要求：

对矩形、T 形和 I 形截面的一般受弯构件，应满足下列条件：

当$\dfrac{h_w}{b} \leqslant 4$ 时：

$$V \leqslant 0.25\beta_c f_c b h_0 \tag{5.9a}$$

当$\dfrac{h_w}{b} \geqslant 6$ 时：

$$V \leqslant 0.2\beta_c f_c b h_0 \tag{5.9b}$$

当 $4 < \dfrac{h_w}{b} < 6$ 时：

$$V \leqslant 0.025\left(14 - \frac{h_w}{b}\right)\beta_c f_c b h_0 \tag{5.9c}$$

式中 b——矩形截面的宽度，T 形截面或 I 形截面的腹板宽度；

h_w——截面腹板高度，矩形截面取有效高度 $h_w = h_0$，T 形截面取有效高度减去翼缘高度 $h_w = h_0 - h_f'$，I 形截面取腹板净高 $h_w = h - h_f' - h_f$，如图 5.9 所示；

β_c——混凝土强度影响系数，当混凝土强度等级不超过 C50 时，取为 1.0，当混凝土强度等级为 C80 时，取为 0.8，其间按线性内插。

其他各符号意义同前。

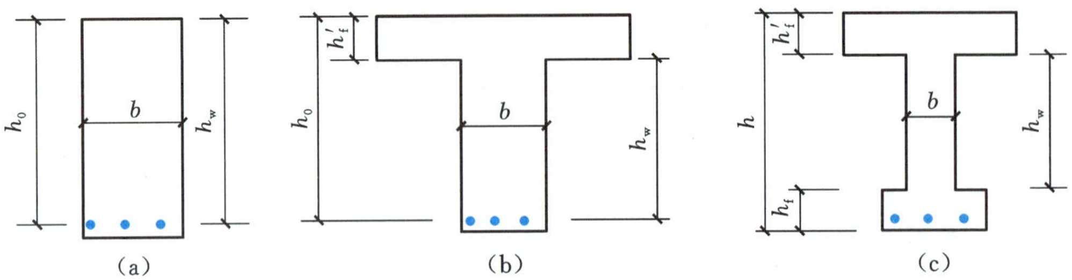

图 5.9 梁截面的腹板宽度和腹板高度

5.3.4.2 下限值——最小配箍率、箍筋最大间距和最小直径

试验表明，在混凝土出现裂缝前，斜裂缝的应力主要有混凝土承担，出现裂缝后，斜裂缝处的拉应力全部转移给箍筋，箍筋拉应力突然增大，如果箍筋配置过少，斜裂缝一出现，箍筋会立即达到屈服强度甚至被拉断，导致突然发生的斜拉破坏。为了避免斜拉破坏，梁中箍筋间距不宜大于表 5.1 的规定，直径也不宜小于表 5.2 的规定，且《混凝土结构设计标准》(GB/T 50010—2010)(2024 年版)规定了箍筋的最小配筋率，即：

$$\rho_{sv}=\frac{nA_{sv1}}{bs}\geqslant\rho_{sv,min}=0.24\frac{f_t}{f_{yv}} \tag{5.10}$$

表 5.1 梁中箍筋最大间距 s_{max} 单位：mm

梁高 h	$V>0.7f_tbh_0$	$V\leqslant0.7f_tbh_0$
$150<h\leqslant300$	150	200
$300<h\leqslant500$	200	300
$500<h\leqslant800$	250	350
$h>800$	300	400

表 5.2 梁中箍筋最小直径 单位：mm

梁高 h	箍筋直径
$h\leqslant800$	6
$h>800$	8

注：梁中配有计算需要的纵向受压钢筋时，箍筋直径尚不应小于 $d/4$（d 为纵向受压钢筋的最大直径）。

5.3.5 斜截面计算位置

构件发生斜截面破坏的位置受荷载、构件形式、支座条件、腹筋配置方法和数量等因素的影响而不尽相同，故斜截面破坏可能在同一构件的多处位置发生。

斜截面受剪承载力计算位置包括：

(1) 支座边缘处的截面[图 5.10(a)所示截面 1—1]；

(2) 受拉区弯起钢筋弯起点处的截面[图 5.10(a)所示截面 2—2]；

(3) 箍筋截面面积或间距改变处截面[图 5.10(a)所示截面 3—3];

(4) 腹板宽度改变处的截面[图 5.10(b)所示截面 4—4]。

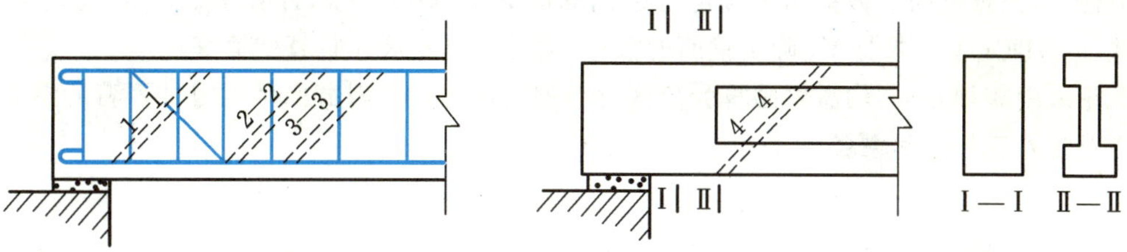

(a)　　(b)

图 5.10　斜截面受剪承载力剪力设计值的计算位置

截面处的剪力设计值按下述方法计算:计算支座边缘处的截面时,取该处的剪力设计值;计算箍筋数量改变处的截面时,取箍筋数量开始改变处的剪力设计值;计算第一排弯起钢筋(从支座算起)处的截面时,取支座边缘处的剪力设计值;计算以后每一排弯起钢筋处的截面时,取前一排弯起钢筋弯起点处的剪力设计值。

5.3.6　计算方法与应用

受弯构件斜截面受剪承载计算,包括截面设计和承载力复核两类问题。

5.3.6.1　截面设计

已知剪力设计值、材料强度、截面尺寸、纵筋数量,确定箍筋和弯起钢筋的数量。

求解步骤:

(1) 计算支座边缘处最大剪力设计值。

(2) 验算截面尺寸。根据构件斜截面上的最大剪力设计值,按式(5.9a)、式(5.9b)或式(5.9c)验算由正截面受弯承载力计算所选定的截面尺寸是否满足;如不满足要求,则应加大截面尺寸或提高混凝土强度等级。

(3) 验算是否按计算配置腹筋。当其斜截面的剪力设计值满足 $V \leqslant \alpha_{cv} f_t b h_0$ 时,则不需按计算配置腹筋,按照构造要求配置箍筋,并验算最小配筋率;否则应按计算要求配置腹筋。

(4) 当要求按计算配置腹筋时,在工程设计中,梁内腹筋通常有两种配置方法:

① 只配置箍筋,不设弯起钢筋。

根据式(5.7)可得:

$$\frac{nA_{sv1}}{s} \geqslant \frac{V - \alpha_{cv} f_t b h_0}{f_{yv} h_0} \tag{5.11}$$

计算出 $\frac{nA_{sv1}}{s}$ 值后,根据具体情况,假定箍筋直径 d 及箍筋肢数 n,求出箍筋间距 s。注意箍筋的间距和直径应符合表 5.1、表 5.2 的要求,最后验算最小配箍率。

② 既配置箍筋,也配置弯起钢筋。当计算截面的剪力设计值较大,箍筋配置数量较多但仍不满足截面的抗剪要求时,可配置弯起钢筋,与箍筋共同抵抗剪力。

方法一:根据经验及构造要求假定箍筋,并满足最小配箍率,计算 V_{cs},然后根据式(5.8)确定弯起钢筋截面面积 A_{sb}:

$$A_{sb} \geqslant \frac{V-V_{cs}}{0.8f_y \sin\alpha_s} \tag{5.12}$$

方法二：根据纵筋的数量初步假定弯起钢筋的数量，确定 A_{sb}，计算 $V_{sb}=0.8f_yA_{sb}\sin\alpha_s$，根据式(5.8)确定 V_{cs}，根据 V_{cs}确定箍筋的数量，满足构造要求并验算配箍率。

无论采用哪种方法，均需要验算受拉区弯起钢筋弯起点处斜截面承载力是否满足要求，确定是否弯起第二排弯起钢筋。

5.3.6.2 截面复核

已知剪力设计值、材料强度、截面尺寸、纵筋数量、箍筋和弯起钢筋的数量，要求校核斜截面受剪承载力 V_u。

求解步骤：

(1) 验算最小配箍率及箍筋的构造要求。

(2) 根据式(5.9a)、式(5.9b)或式(5.9c)复核截面尺寸是否满足要求，如不满足，则应将截面限制条件所确定的 V 作为 V_u。

(3) 计算受剪承载力，仅配箍筋则根据式(5.7)计算；配置箍筋及弯起钢筋，则根据式(5.8)计算。

(4) 复核受剪承载力是否满足要求，若 $V \leqslant V_u$，则截面安全；否则，截面不安全。

【例 5.1】 有一非抗震结构的简支独立钢筋混凝土次梁(图 5.11)，截面尺寸 $b \times h=200\ \text{mm} \times 500\ \text{mm}$，该梁承受均布荷载设计值 $q=50$ kN/m(包括自重)，混凝土强度等级为 C30($f_t=1.43\ \text{N/mm}^2$、$f_c=14.3\ \text{N/mm}^2$)，箍筋采用 HPB300 级钢筋 ($f_y=270\ \text{N/mm}^2$)，纵筋采用 HRB400 级钢筋 ($f_y=360\ \text{N/mm}^2$)，配置 3⌀22 纵向受拉钢筋，$a_s=35$ mm。求箍筋和弯起钢筋的数量。

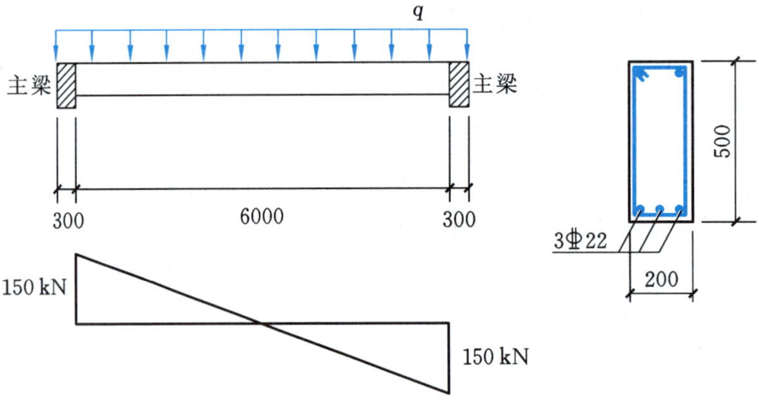

图 5.11 例 5.1 图

【解】(1) 求剪力设计值

支座边缘处截面的剪力值最大：

$$V=\frac{1}{2}ql_n=\frac{1}{2}\times 50\times 6=150\ \text{kN}$$

(2) 验算截面尺寸

$$h_w=h_0=500-35=465\ \text{mm}$$

$$\frac{h_w}{b}=\frac{465}{200}=2.33<4$$

故该次梁属厚腹梁，应按式(5.9a)验算，混凝土强度等级为C30，不超过C50，故取$\beta_c=1.0$，则：

$$0.25\beta_c f_c bh_0=0.25\times1\times14.3\times200\times465=332.5\ \text{kN}>V=150\ \text{kN}$$

截面符合要求。

(3) 验算是否需要按计算配置箍筋

$$0.7f_t bh_0=0.7\times1.43\times200\times465=93.1\ \text{kN}<V=150\ \text{kN}$$

故需按计算配置箍筋。

(4) 仅配箍筋

按式(5.11)计算：

$$\frac{nA_{sv1}}{s}\geqslant\frac{V-0.7f_t bh_0}{f_{yv}h_0}=\frac{150\times10^3-0.7\times1.43\times200\times465}{270\times465}=0.453\ \text{mm}^2/\text{mm}$$

假定采用双肢箍筋ф8($n=2$，$A_{sv1}=50.3\ \text{mm}^2$)，则$s\leqslant\frac{2\times50.3}{0.453}=222.1$ mm，根据表5.1可知，$s_{max}=200$ mm，取$s=200$ mm，选用双肢ф8@200箍筋，箍筋配筋率：

$$\rho_{sv}=\frac{nA_{sv1}}{bs}=\frac{2\times50.3}{200\times200}=0.25\%>\rho_{sv,min}=0.24\frac{f_t}{f_{yv}}=0.24\times\frac{1.43}{270}=0.127\%\text{(满足要求)}$$

(5) 若配箍筋又配弯起钢筋

根据已配的3ф22纵向钢筋，可利用1ф22以45°角弯起，则弯筋承担的剪力：

$$V_{sb}=0.8f_y A_{sb}\sin\alpha_s=0.8\times380.1\times360\times\frac{\sqrt{2}}{2}=77.41\ \text{kN}$$

要求混凝土和箍筋承担的剪力：

$$V_{cs}=V-V_{sb}=150-77.41=72.59\ \text{kN}$$

假定选用ф6@150，则：

$$\rho_{sv}=\frac{nA_{sv1}}{bs}=\frac{2\times28.3}{200\times150}=0.189\%>\rho_{sv,min}=0.127\%\text{(满足要求)}$$

$$\begin{aligned}V_{cs}&=0.7f_t bh_0+f_{yv}\frac{n\cdot A_{sv1}}{s}h_0\\&=93.1\times10^3+270\times\frac{2\times28.3}{150}\times465\\&=140.47\ \text{kN}>72.59\ \text{kN(满足要求)}\end{aligned}$$

此题也可先选定箍筋，算出V_{cs}，再利用$V=V_{cs}+V_{sb}$求得V_{sb}，然后确定弯起钢筋面积A_{sb}，此处计算从略。

(6) 验算弯起钢筋弯起点处的斜截面受剪承载力

如图5.12所示，该处的剪力设计值(弯起点离梁端净距为480 mm)：

$$V=150\times\frac{(3-0.48)}{3}=126\ \text{kN}<140.47\ \text{kN}$$

可不必再弯起钢筋或加大箍筋。

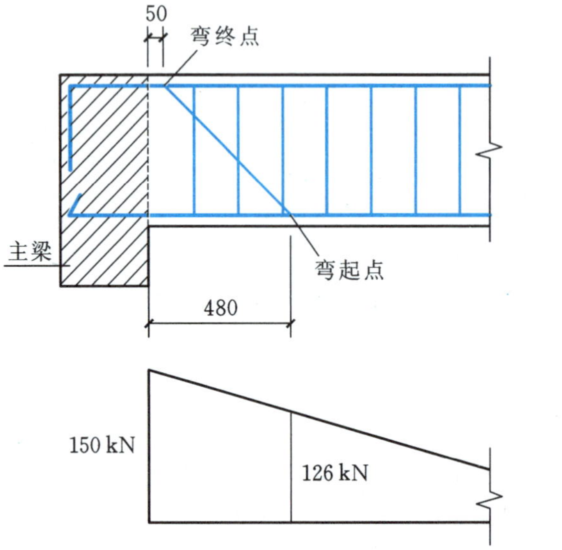

图 5.12　例 5.1 图(二)

【例 5.2】某矩形截面独立简支梁承受荷载图 5.13 所示，其中集中荷载设计值 $F=92$ kN，均布荷载设计值 $g+q=7.5$ kN/m，截面尺寸 $b\times h=200$ mm×500 mm，采用 C30 混凝土（$f_t=1.43$ N/mm^2、$f_c=14.3$ N/mm^2），箍筋采用 HPB300 级钢筋（$f_y=270$ N/mm^2），梁的净跨度 $l_n=5760$ mm，采用双肢箍ϕ8($n=2$，$A_{sv1}=50.3$ mm^2)，$s_{max}=200$ mm，$a_s=40$ mm。求受剪箍筋。

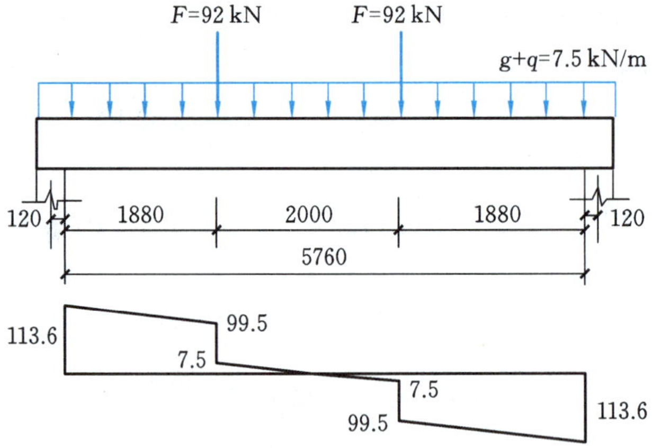

图 5.13　例 5.2 图

【解】(1) 求剪力设计值

支座边缘处剪力最大，该截面的剪力设计值为：

$$V=\frac{1}{2}(g+q)l_n+F=\frac{1}{2}\times7.5\times5.76+92=113.6\ \text{kN}$$

其中，集中荷载对支座截面产生的剪力 $V_F=92$ kN，则集中荷载引起的剪力占总剪力的 92/113.6=81%>75%，故该截面需要考虑剪跨比的影响。

$$h_0=500-40=460\ \text{mm}$$

$$\lambda=\frac{a}{h_0}=\frac{1880}{460}=4.1>3$$

故取 $\lambda=3$。

(2) 验算截面条件,按式(5.9a)验算,采用 C30 混凝土,故取 $\beta_c=1.0$,$h_w=h_0=460$ mm,则:

$0.25\beta_c f_c bh_0=0.25\times1\times14.3\times200\times460=328.9\ \text{kN}>V=113.60\ \text{kN}$(截面尺寸符合要求)

(3) 验算是否需要计算配置箍筋

$$\frac{1.75}{\lambda+1}f_t bh_0=\frac{1.75}{3+1}\times1.43\times200\times460=57.56\ \text{kN}<V=113.6\ \text{kN}$$

需要按计算配置箍筋。

(4) 计算箍筋用量,按式(5.11)计算:

$$\frac{nA_{sv1}}{s}\geqslant\frac{V-\dfrac{1.75}{\lambda+1}f_t bh_0}{f_{yv}h_0}=\frac{113.6\times10^3-\dfrac{1.75}{3+1}\times1.43\times200\times460}{270\times460}=0.451\ \text{mm}^2/\text{mm}$$

选用双肢Φ8 箍筋 $A_{sv1}=50.3\ \text{mm}^2$,$n=2$,则 $s\leqslant\dfrac{2\times50.3}{0.451}=223.1$ mm,根据表 5.1 可知,$s_{max}=200$ mm,取 $s=200$ mm(满足构造要求),即所配箍筋为Φ8@200。

(5) 验算最小配箍率

$$\rho_{sv}=\frac{nA_{sv1}}{bs}=\frac{2\times50.3}{200\times200}=0.252\%>\rho_{sv,min}=0.24\frac{f_t}{f_{yv}}=0.24\times\frac{1.43}{270}=0.127\%\text{(满足要求)}$$

【例 5.3】某矩形截面梁承受均布荷载,截面尺寸 $b\times h=250\ \text{mm}\times600\ \text{mm}$,该梁承受最大剪力设计值为 330 kN,梁全长箍筋为Φ10@150(2),采用 C30 混凝土($f_t=1.43\ \text{N/mm}^2$、$f_c=14.3\ \text{N/mm}^2$),箍筋采用 HRB400 级钢筋($f_y=360\ \text{N/mm}^2$),$a_s=40$ mm,安全等级为二级。验算梁截面受剪是否安全,不考虑弯起钢筋。

【解】(1) 验算截面尺寸

$$h_w=h_0=600-40=560\ \text{mm}$$

$$\frac{h_w}{b}=\frac{560}{250}=2.24<4$$

属厚腹梁,应按式(5.9a)验算,混凝土强度等级为 C30,故取 $\beta_c=1.0$,则:

$0.25\beta_c f_c bh_0=0.25\times1\times14.3\times250\times560=500.5\ \text{kN}>V=330\ \text{kN}$(截面尺寸符合要求)

(2) 验算箍筋配筋率

$$\rho_{sv}=\frac{nA_{sv1}}{bs}=\frac{2\times78.5}{250\times150}=0.42\%>\rho_{sv,min}=0.24\frac{f_t}{f_{yv}}=0.24\times\frac{1.43}{360}=0.095\%\text{(满足要求)}$$

(3) 验算截面受剪承载力

按式(5.7)计算:

$$V_u=0.7f_t bh_0+f_{yv}\frac{nA_{sv1}}{s}h_0$$

$$=0.7\times1.43\times250\times560+360\times\frac{2\times78.5}{150}\times560=351\ \text{kN}>V=330\ \text{kN}$$

梁截面受剪承载力符合要求。

5.4 保证受弯构件斜截面受弯承载力的构造措施

钢筋混凝土受弯构件在剪力和弯矩共同作用下产生的斜裂缝，除了会引起斜截面的受剪破坏，还会导致与其相交的纵向钢筋拉力增加，引起沿斜截面受弯承载力不足及锚固不足的破坏。因此，在设计中除了保证梁的正截面受弯承载力和斜截面受剪承载力外，还应保证梁的斜截面受弯承载力。

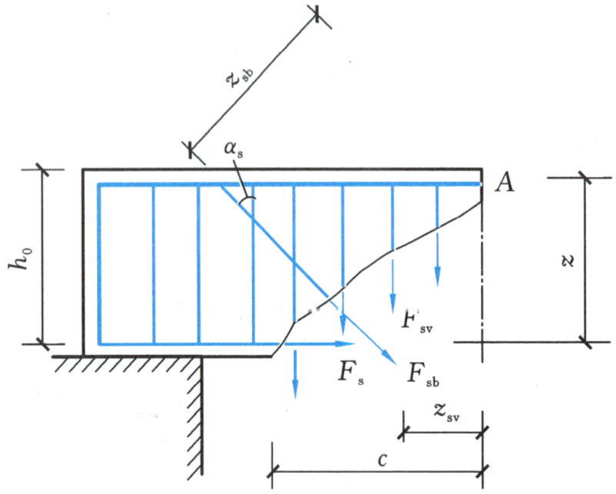

图 5.14 受弯构件斜截面受弯承载力计算

梁的斜截面受弯承载力是指斜截面上的纵向受拉钢筋、弯起钢筋、箍筋等在斜截面破坏时，它们各自所提供的拉力对剪压区 A 的内力矩之和(图 5.14)，即：

$$M_u = F_s \cdot z + F_{sv} \cdot z_{sv} + F_{sb} \cdot z_{sb} \tag{5.13}$$

通过前面的学习可知，受弯构件的正截面受弯承载力通过计算来保证，其斜截面受剪承载力要通过计算和构造要求共同来保证。而斜截面受弯承载力一般不必计算，主要通过满足纵向钢筋的弯起、截断及锚固等构造措施来保证。本节对此加以具体讨论。

5.4.1 抵抗弯矩图

抵抗弯矩图也称材料图，是指按实际纵向受力钢筋布置情况确定的各正截面所能抵抗的弯矩图形，简称为 M_u 图。由荷载对梁的各个截面产生的弯矩设计值 M 所绘制的图形，称为弯矩图，即 M 图。为满足 M_u 大于 M 的要求，M_u 图必须包在 M 图外侧，才能保证梁的各个正截面受弯承载力满足要求。

下面讨论抵抗弯矩图的做法。图 5.15 所示为一承受均布荷载简支梁的配筋图、M 图和 M_u 图。该梁通过正截面承载力计算配置纵筋为 2 ⌀ 22+1 ⌀ 20，如果纵筋实际配筋的总面积等于跨中截面计算纵筋面积，则 M_u 图的外围水平线正好与 M 图上最大弯矩点相切，若纵筋实际配筋的总面积大于计算面积，则可根据实际配筋量 A_s，利用式(4.14)和式(4.15)得到下式，计算求得 M_u 图最外围水平线的位置，即：

$$M_u = f_y A_s \left(h_0 - \frac{f_y A_s}{2\alpha_1 f_c b} \right) \tag{5.14}$$

每根纵向受拉钢筋承受的 M_{ui} 可近似按照该钢筋的截面面积 A_{si} 与实际配置钢筋总面积 A_s 的比值乘总抵抗弯矩值 M_u 求得，即：

$$M_{ui} = \frac{A_{si}}{A_s} M_u \tag{5.15}$$

如果全部纵向受拉钢筋沿着梁长直通，并在支座处有足够的锚固长度时，则沿梁全长各个正截面抵抗弯矩的能力相等，而且梁的抵抗弯矩图为矩形 $abcd$(图 5.15)。每一根钢筋所能抵抗的弯矩按照式(5.14)计算，分别用水平线示于图上(图 5.15)。

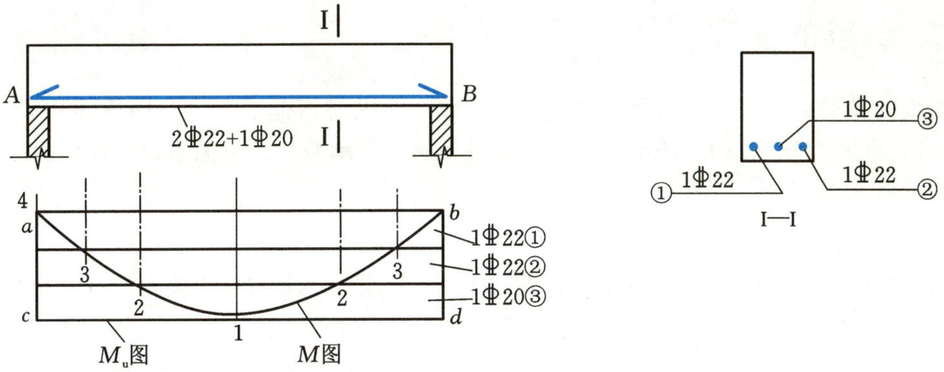

图 5.15 简支梁的抵抗弯矩图

由图 5.15 可以看出，跨中 1 点处③号钢筋被充分利用，2 点处②号钢筋被充分利用，而③号钢筋不再需要，3 点处①号钢筋被充分利用，而②号钢筋不再需要，所以通常把 1 点称为③号钢筋的"充分利用点"，2 点称为③号钢筋的"理论截断点"或"不需要点"，2 点称为②号钢筋"充分利用点"，3 点称为②号钢筋的"理论截断点"或"不需要点"，其余类推。

由图 5.15 可以看出，纵筋沿着梁跨通长布置，构造上虽简单，但有些截面钢筋未被充分利用，因此是不经济的。合理设计应该是把一部分纵向受力钢筋在不需要的地方弯起或截断，使抵抗弯矩图尽量靠近设计弯矩图，以便节约钢筋。

如果将③号钢筋在临近支座处弯起，如图 5.16 所示，具体做法如下：在③号钢筋不需要点(2 点)外任意取一点如 h 点，过 h 点往上引垂线与梁高中心线交于 H 点，过 H 点 45°取斜直线与钢筋交于 F 点，过 F 点往下引垂线与③号钢筋线交于 f 点，连接 h 点与 f 点，同理画出左侧，可近似认为，当弯起钢筋在与梁截面高度的中心线相交处时，不再提供受弯承载力，故该处的 M_u 图即为图 5.16 中的 $aigefhjb$。由于弯起钢筋的正截面受弯内力臂逐渐减小，其承担的正截面受弯承载力相应减小，所以反映在 M_u 图上 eg 和 fh 呈斜线。这里的 g、h 点都不能落在 M 图以内，即纵筋弯起后的 M_u 图应能完全包住 M 图，保证正截面受弯承载力。一般其中梁底部纵向受拉钢筋不能截断，进入支座的纵向受拉钢筋不能少于 2 根。

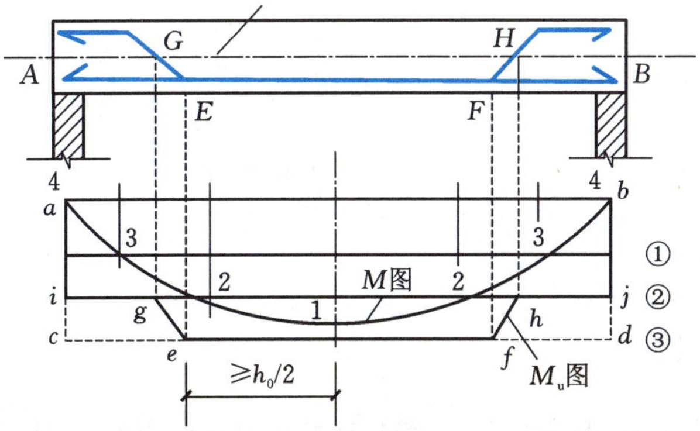

图 5.16 有纵筋弯起时简支梁的抵抗弯矩图

5.4.2 纵筋的弯起

上面的纵筋的弯起从正截面受弯承载力出发，即纵筋弯起后的 M_u 图应能完全包住 M 图，保证正截面受弯承载力，却不一定能保证斜截面受弯承载力。下面讲述纵筋弯起如何保证斜截面受弯承载力。

5.4.2.1 弯起点的位置

假设纵向钢筋未弯起时，受弯承载力 $M_{u,Ⅰ}=f_yA_sz$，设弯起钢筋截面面积为 A_{sb}，则受弯承载力 $M_{u,Ⅱ}=f_y(A_s-A_{sb})z+f_yA_{sb}z_b$。为了保证斜截面受弯承载力，要求 $M_{u,Ⅱ}\geqslant M_{u,Ⅰ}$，即 $z_b\geqslant z$。由图 5.17 可以推导出 z_b 与 z 的关系，假定弯起钢筋弯起点至充分利用截面Ⅰ—Ⅰ距离为 a，由图 5.17 可知：

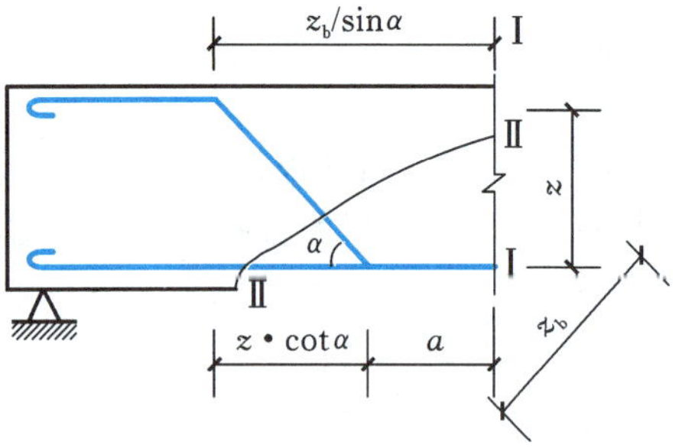

图 5.17 弯起点位置

$$\frac{z_b}{\sin\alpha}=z\cot\alpha+a \tag{5.16}$$

则：

$$z_b=z\cos\alpha+a\sin\alpha \tag{5.17}$$

又因为 $z_b\geqslant z$，所示：

$$a\geqslant\frac{z(1-\cos\alpha)}{\sin\alpha} \tag{5.18}$$

通常弯起钢筋弯起角度 $\alpha=45°$ 或 $60°$，近似取 $z=0.9h_0$，则：

$$a\geqslant(0.373\sim0.52)h_0 \tag{5.19}$$

为了方便起见，《混凝土结构设计标准》(GB/T 50010—2010)(2024 年版)规定，弯起钢筋弯起点与按计算充分利用该钢筋截面之间的距离不应小于 $0.5h_0$，所以图 5.16 中 e 点到 1 点距离大于或等于 $h_0/2$。

5.4.2.2 弯终点的位置

为了使每根弯起钢筋都能与斜裂缝相交，以保证斜截面的受剪承载力，弯起钢筋的弯终点到支座边或到前一排弯起钢筋弯起点之间的距离都不应大于箍筋的最大间距(图 5.18)，其值见表 5.1 中 $V>0.7f_tbh_0$ 一栏；同时为了避免由于钢筋尺寸误差而使弯起钢筋的弯终点进入支座，要求靠近支座的第一排弯起钢筋的弯终点到支座边缘水平距离不得小于 50 mm。

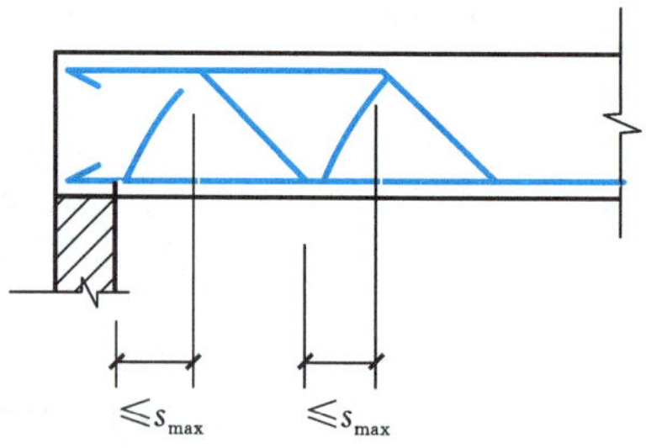

图 5.18 弯终点位置

总之，确定纵向钢筋弯起时，必须考虑三个方面要求：一是保证正截面受弯承载力；二是保证斜截面受弯承载力；三是斜截面受剪承载力。

5.4.3 纵筋的截断

因为梁的正弯矩图形的范围比较大，受拉区几乎覆盖整个跨度，故梁底纵筋不宜截断。对于在支座附近的负弯矩区段内梁顶的纵向受拉钢筋，因为负弯矩区段的范围不大，故往往采用截断的方式来减少纵筋的数量，但不宜在受拉区截断。

在连续梁和框架梁的跨度内要把承担负弯矩部分负钢筋截断(图 5.19),其截断点应满足以下两个控制条件:

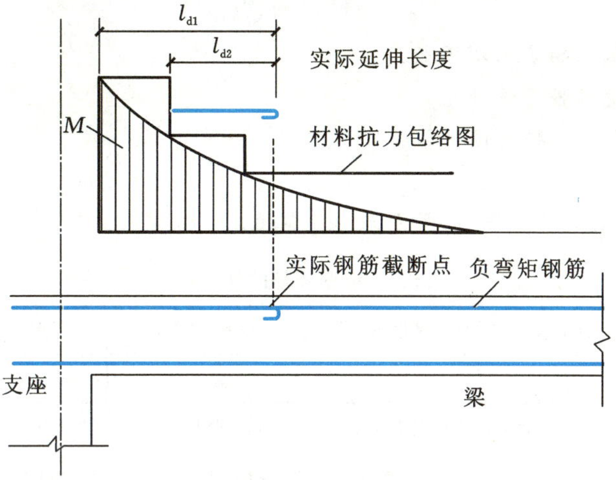

图 5.19 负弯矩区段纵向受拉钢筋的截断

(1) 从该钢筋充分利用的截面起到截断点的长度,满足"伸出长度"(l_{d1})的要求,即必须伸出足够的锚固长度,才能充分利用它。

(2) 从不需要该钢筋的截面起到截断点的长度,满足"延伸长度"(l_{d2})的要求,即必须延伸一定长度,才能使斜截面受弯承载力也不需要它。

鉴于上述原因,当梁支座截面承受负弯矩的纵向钢筋必须截断时,应符合如下规定:

(1) 当 $V \leqslant 0.7 f_t b h_0$ 时,在 $l_{d2} \geqslant 20d$ 且 $l_{d1} \geqslant 1.2 l_a$ 处截断;

(2) 当 $V > 0.7 f_t b h_0$ 时,在 $l_{d2} \geqslant h_0$ 且 $l_{d2} \geqslant 20d$,$l_{d1} \geqslant 1.2 l_a + h_0$ 处截断;

(3) 当按上述规定确定的截断点仍位于负弯矩受拉区内时,在 $l_{d2} \geqslant 1.3 h_0$ 且 $l_{d2} \geqslant 20d$,$l_{d1} \geqslant 1.2 l_a + 1.7 h_0$ 处截断。

综上所述,钢筋的弯起和截断均需绘制抵抗弯矩图。这实际上是一种图解设计过程,可以看出钢筋布置是否经济合理,因为同一根梁、同一个设计弯矩图可以画出不同的抵抗弯矩图,得到不同的钢筋布置方案和相应的纵筋弯起和截断,它们都可能满足正截面和斜截面承载力计算和有关构造要求,但经济合理程度有所不同,因而设计值应综合考虑各方面的因素,确定纵筋弯起和截断的位置,确保安全且经济,方便施工。

5.5 受弯构件其他构造要求

5.5.1 纵向受力钢筋

5.5.1.1 纵筋的锚固

(1) 钢筋的锚固长度

为了保证钢筋与混凝土之间的可靠黏结,钢筋必须有一定的锚固长度。《混凝土结构设计标准》(GB/T 50010—2010)(2024 年版)规定,纵向受拉钢筋的锚固长度作为钢筋的基本锚固

长度 l_{ab}，它与钢筋强度、混凝土强度、钢筋直径及外形有关，按下式计算：

$$l_{ab}=\alpha\frac{f_y}{f_t}d \tag{5.20}$$

式中 l_{ab}——受拉钢筋的基本锚固长度；

f_y——钢筋抗拉强度设计值；

f_t——混凝土抗拉强度设计值；

d——钢筋直径；

α——锚固钢筋的外形系数，按照表 5.3 取值。

表 5.3 锚固钢筋的外形系数

钢筋类型	光面钢筋	带肋钢筋	螺旋肋钢丝	三股钢绞线	七股钢绞线
α	0.16	0.14	0.13	0.16	0.17

注：光面钢筋末端应做 180°弯钩，弯后平直段长度不应小于 $3d$，但作为受压钢筋时不做弯钩。

一般情况下，受拉钢筋的锚固长度可取基本锚固长度。考虑各种影响钢筋与混凝土黏结锚固强度的因素，当采取不同的埋置方式和构造措施时，锚固长度应按下式计算：

$$l_a=\zeta_a l_{ab} \tag{5.21}$$

式中 ζ_a——锚固长度修正系数，按下面规定取用，当多于一项时，可以连乘计算：① 带肋钢筋的公称直径大于 25 mm 时取 1.10；② 环氧树脂涂层带肋钢筋取 1.25；③ 施工时易受扰动的钢筋取 1.1；④ 受力钢筋的实际配筋面积大于其设计计算面积时，取设计面积与实际面积的比值，但对有抗震设防要求及直接承受动荷载的结构构件，不应考虑此项修正；⑤ 锚固钢筋的保护层厚度为 $3d$ 时修正系数取 0.8，厚度为 $5d$ 时修正系数取 0.7，中间内插取值，d 为锚固钢筋的直径。

经修正的锚固长度不应小于基本锚固长度的 60%且不小于 200 mm。

（2）锚固措施

为减小钢筋的锚固长度，可在纵向受拉钢筋的末端采用图 5.20 所示的附加机械锚固措施。采用机械锚固措施后的锚固长度（包括附加锚固端头在内）可取基本锚固长度 l_{ab} 的 60%。钢筋弯钩和机械锚固的形式和技术要求应符合表 5.4 的规定。

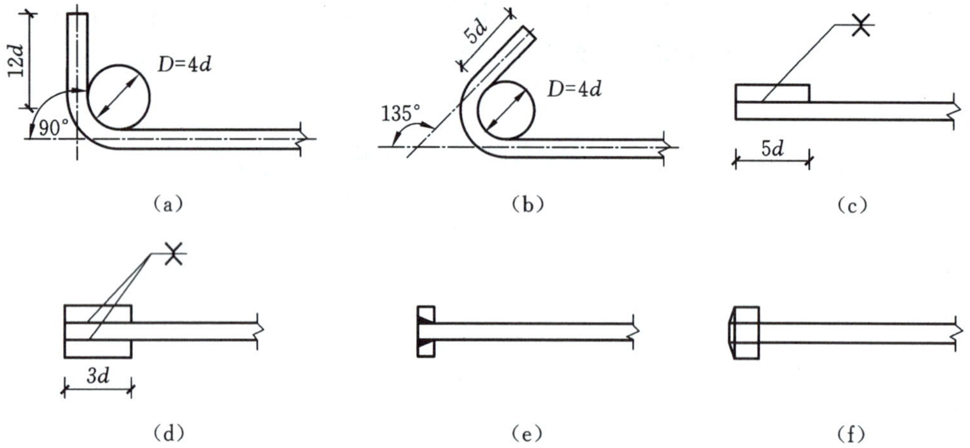

图 5.20 钢筋的附加机械锚固形式及构造要求

(a)90°弯钩；(b)135°弯钩；(c)一侧贴焊锚筋；(d)两侧贴焊锚筋；(e)穿孔塞焊锚板；(f)螺栓锚头

表 5.4 钢筋弯钩和机械锚固的形式和技术要求

锚固形式	技术要求
90°弯钩	末端 90°弯钩,弯钩内径 $4d$,弯后直段长度 $12d$
135°弯钩	末端 135°弯钩,弯钩内径 $4d$,弯后直段长度 $5d$
一侧贴焊锚筋	末端一侧贴焊长 $5d$ 的同直径钢筋
两侧贴焊锚筋	末端两侧贴焊长 $3d$ 的同直径钢筋
穿孔塞焊锚板	末端与厚度 d 的锚板穿孔塞焊
螺栓锚头	末端旋入螺栓锚头

注:①焊缝和螺纹长度应满足承载力要求;
②螺栓锚头和焊接锚板的承压净面积不应小于锚固钢筋截面面积的 4 倍;
③螺栓锚头的规格应符合相关标准的要求;
④螺栓锚头和焊接锚板的钢筋净间距不宜小于 $4d$,否则应考虑群锚效应的不利影响;
⑤截面角部的弯钩和一侧贴焊锚筋的布筋方向宜向截面内侧偏置。

当锚固钢筋的保护层厚度不大于 $5d$ 时,锚固长度范围内应配置直径不小于 $d/4$ 的横向构造钢筋。

当计算中充分利用了钢筋的抗压强度时,受压钢筋的锚固长度不应小于受拉钢筋锚固长度的 70%;受压钢筋不应采用末端弯钩和一侧贴焊锚筋的锚固措施。

(3) 纵向受力钢筋在支座的锚固

① 简支端支座钢筋的锚固

伸入支座的纵向钢筋应有足够的锚固长度(图 5.21),以防止斜裂缝形成后纵向钢筋被拔出。简支梁简支端和连续梁简支端的下部纵筋伸入梁支座范围内的锚固长度 l_{as} 应符合下列规定:

当 $V \leqslant 0.7 f_t b h_0$ 时:

$$l_{as} \geqslant 5d \tag{5.22}$$

当 $V > 0.7 f_t b h_0$ 时:

带肋钢筋: $$l_{as} \geqslant 12d \tag{5.23}$$

光面钢筋: $$l_{as} \geqslant 15d \tag{5.24}$$

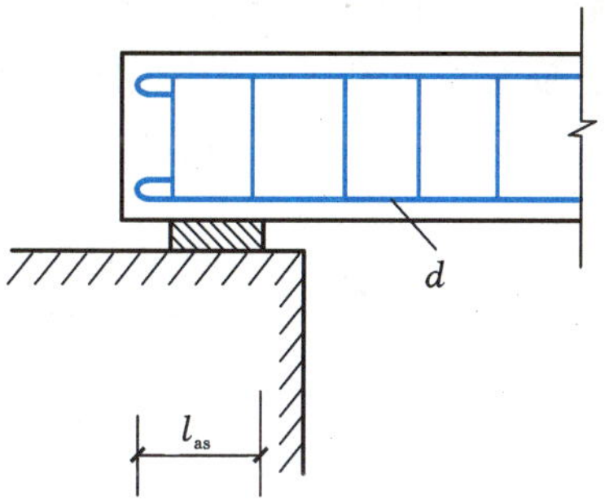

图 5.21 纵筋在简支支座的锚固

式中 d——纵筋的最大直径。

② 连续梁的中间支座

连续梁的中间支座通常上部受拉、下部受压。上部的纵向受拉钢筋应贯穿支座;下部的纵向钢筋在斜裂缝出现和黏结裂缝发生时,也有可能承受拉力,所以也应保证有一定的锚固长度,按以下的情况分别处理:

a. 设计中不利用支座下部纵向钢筋强度时,其伸入的锚固长度可按简支支座中当 $V > 0.7 f_t b h_0$ 时的规定取用;

b. 设计中充分利用支座下部纵向钢筋的受拉强度时,其伸入的锚固长度不应小于锚固长度 l_a;

c. 设计中充分利用支座下部纵向钢筋的抗压强度时,其伸入的锚固长度不应小于 $0.7 l_a$,

这是考虑在实际结构中，压力主要靠混凝土传递，钢筋作用较小，对锚固长度要求不高的缘故。

5.5.1.2 纵筋的连接

钢筋在构件中一般因长度不够需进行连接。钢筋接头的形式可分为焊接、绑扎搭接连接和机械连接(锥螺纹钢筋套筒连接、钢套筒挤压连接等)。钢筋的焊接和机械连接的接头应由相关的工艺规程和试验保证其接头质量。

纵向受拉钢筋绑扎搭接接头的搭接长度，应根据位于同一连接区段的搭接钢筋面积百分率按下式计算：

$$l_l=\zeta_l l_a \tag{5.25}$$

式中 l_l——受拉钢筋的搭接长度；

l_a——受拉钢筋的锚固长度，由式(5.21)计算；

ζ_l——纵向受拉钢筋搭接长度修正系数，按表 5.5 取用。

表 5.5 纵向受拉钢筋搭接长度修正系数 ζ_l

纵向钢筋搭接接头面积百分率/%	≤25	50	100
ζ_l	1.2	1.4	1.6

对于绑扎搭接连接接头，则应做到：

(1) 同一构件中的绑扎搭接连接接头宜相互错开；

(2) 在同一绑扎搭接接头区段(1.3 倍的搭接长度)内的受拉搭接钢筋接头面积百分率：对梁类、板类及墙类构件不宜大于 25%，对于柱类构件不宜大于 50%；当工程中确有必要增大时，梁类构件不应大于 50%，板、墙类及柱类构件可根据实际情况放宽。同一连接区段内搭接钢筋接头面积百分率为该区段内有搭接接头的钢筋截面面积与全部纵向钢筋截面面积之比，如在图 5.22 中，搭接钢筋接头面积百分率为 50%。

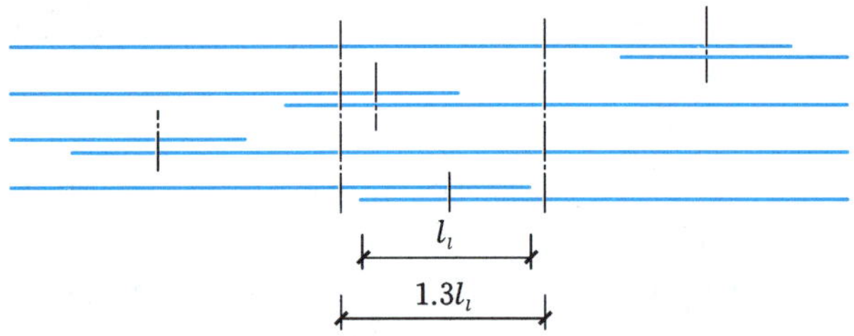

图 5.22 纵向受拉钢筋绑扎搭接接头的长度及接头面积百分率的确定

受压钢筋采用搭接连接时，搭接长度不应小于受拉钢筋锚固长度的 70%，且任何情况下不小于 200 mm。

5.5.2 弯起钢筋

5.5.2.1 弯起钢筋的锚固

弯起钢筋的弯终点以外也应留有一定的锚固长度：受拉区不应小于 $20d$，受压区不应小于 $10d$，如图 5.23 所示。

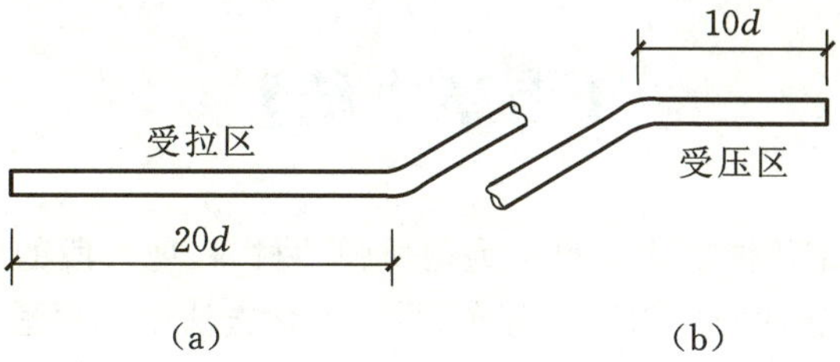

图 5.23 弯起钢筋端部构造

5.5.2.2 “吊筋”或“鸭筋”

当弯起钢筋不能同时满足正截面和斜截面的承载力要求时,可在集中荷载或支座两侧单独设置受剪的弯起钢筋,称为“吊筋”或“鸭筋”,如图 5.24(a)所示;但不能仅在受拉区设置水平段较小的“浮筋”,如图 5.24(b)所示。弯起钢筋的水平段锚固长度应满足图 5.23 所示的要求。

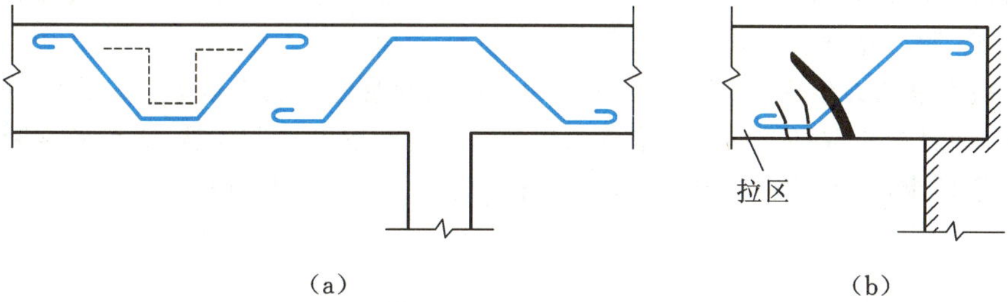

图 5.24 吊筋及浮筋

(a)吊筋;(b)浮筋

5.5.3 箍筋

5.5.3.1 箍筋的设置

对于计算不需箍筋的梁,梁高大于 300 mm 时,仍沿梁全长设置箍筋;梁高为 150～300 mm时,仅在端部各 1/4 跨度范围内设置箍筋,构件中部 1/2 跨度内有集中荷载时,全长配置箍筋;梁高小于 150 mm 时,可不设箍筋。

箍筋的最大间距及最小直径满足表 5.1 与表 5.2 的规定。

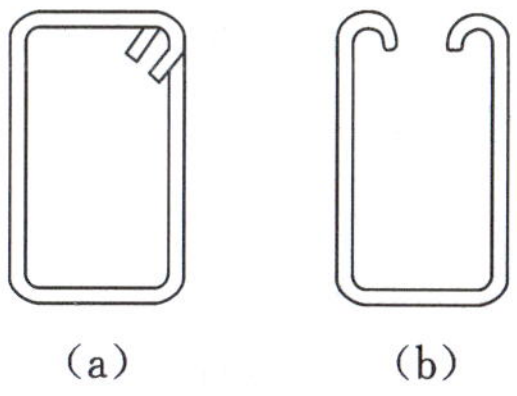

图 5.25 双肢箍的形式

(a)封闭式;(b)开口式

5.5.3.2 箍筋的形式

箍筋的形式分为封闭式和开口式(图 5.25),当梁中配有计算需要的纵向受压钢筋时,箍筋必须做成封闭式。

5.5.3.3 箍筋的锚固

箍筋必须有良好的锚固。箍筋末端常用 135°弯钩,弯钩端头直线端长度不小于 50 mm 或 5 倍箍筋直径。如果采用 90°弯钩,则箍筋受拉时弯钩会翘起,从而导致混凝土保护层崩裂。

【在线测试】

【本章小结】

(1) 斜裂缝出现前,钢筋混凝土梁可视为匀质弹性材料,剪弯段的应力可用材料力学方法分析;斜裂缝的出现将引起截面应力重新分布,材料力学方法则不再适用。

(2) 斜截面受剪破坏形态主要有三种:斜压破坏、剪压破坏、斜拉破坏,都属于脆性破坏。通过限制截面尺寸来防止斜压破坏;通过箍筋最小配箍率和箍筋的最大间距、最小直径来防止斜拉破坏;通过斜截面受剪承载力计算并配置适量的腹筋来防止剪压破坏。

(3) 影响斜截面受剪承载力的主要因素有剪跨比、混凝土强度等级、配箍率及箍筋强度、纵筋配筋率等;计算公式是以主要影响参数为变量,以试验统计为基础,以满足可靠指标的试验偏下线为根据建立起来的。

(4) 斜截面计算截面一般选在剪力最大的支座边缘处、弯起钢筋弯起点处、箍筋截面面积或间距改变处、腹板宽度改变处等关键部位。

(5) 斜截面承载力包括斜截面受剪承载力和斜截面受弯承载力两方面。设计时不仅要满足计算要求,而且应采取必要的构造措施来保证。弯起钢筋的弯起位置,纵筋的截断位置及有关纵筋的锚固要求,箍筋的构造要求等,在设计中均应予以考虑和重视。

思考题

5.1 箍筋的作用主要有哪些?

5.2 什么是剪跨比?它对梁的斜截面抗剪有什么影响?

5.3 影响钢筋混凝土梁斜截面受剪承载力的主要因素有哪些?

5.4 我国现行《混凝土结构设计标准》(GB/T 50010—2010)(2024 年版)中受剪承载力计算公式的适用范围是什么?采取什么措施来防止斜拉破坏和斜压破坏?

5.5 在进行梁斜截面受剪承载力设计时,计算截面如何选取?

5.6 规定最大箍筋和弯起钢筋间距的意义是什么?当满足最大箍筋间距和最小箍筋直径要求时,是否满足最小配箍率的要求?

5.7 什么是抵抗弯矩图?它与设计弯矩图的关系应当怎样?什么是纵筋的充分利用点和理论截断点?

5.8 如何保证梁斜截面受弯承载力?有哪些措施?

习题

5.1 某楼层钢筋混凝土矩形截面简支梁,截面尺寸 $b\times h=250\ \mathrm{mm}\times 500\ \mathrm{mm}$,计算净跨为 $l_n=5.76\ \mathrm{m}$,箍筋采用 HPB300 级钢筋,采用 C30 混凝土,承受楼面传来的均布恒荷标准值 20 kN/m(包括梁自重),均布活荷载标准值 16 kN/m,设计使用年限为 50 年,环境类别为一类,安全等级为二级,设箍筋选用直径为 8 mm,求该梁的箍筋。

5.2 钢筋混凝土矩形截面简支梁 $b\times h=250\ \text{mm}\times600\ \text{mm}$，承受集中荷载如图 5.26 所示，按正截面承载力计算，梁纵向受拉钢筋 4 ⌀22+2 ⌀20，混凝土强度等级为 C25，纵筋采用 HRB400 级，箍筋采用 HPB300 级，环境类别为一类，安全等级为二级。求①仅配箍筋时所需箍筋；②箍筋按构造要求配置时所需弯起钢筋。

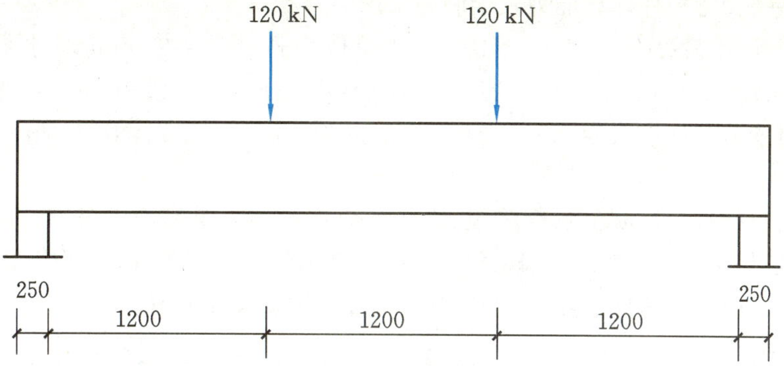

图 5.26 习题 5.2 图

5.3 矩形截面简支梁如图 5.27 所示，截面尺寸 $b\times h=250\ \text{mm}\times700\ \text{mm}$，混凝土强度为 C30，纵向受力钢筋采用 HRB400 级，箍筋采用 HPB300 级，环境类别为一类，安全等级为二级，求所需配置的纵向受拉钢筋和腹筋。

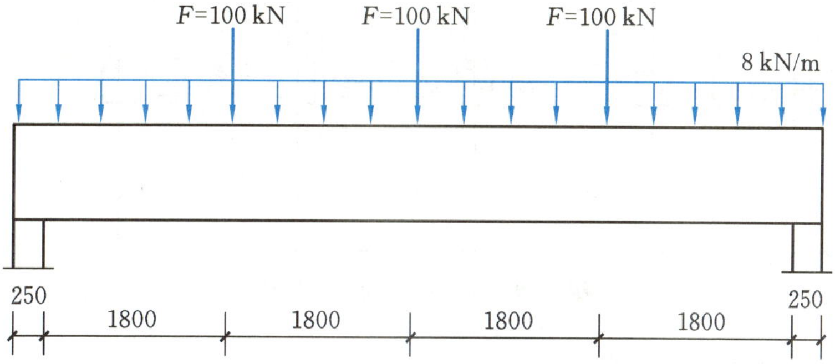

图 5.27 习题 5.3 图

5.4 矩形截面简支梁如图 5.28 所示，混凝土强度等级为 C30，纵向受力钢筋采用 HRB400 级，配置 6 ⌀22，箍筋采用 HPB300 级，配置⌀8@150，环境类别为一类，安全等级为二级，如果忽略梁自重及架立钢筋的作用，此时该梁为正截面破坏还是斜截面破坏？

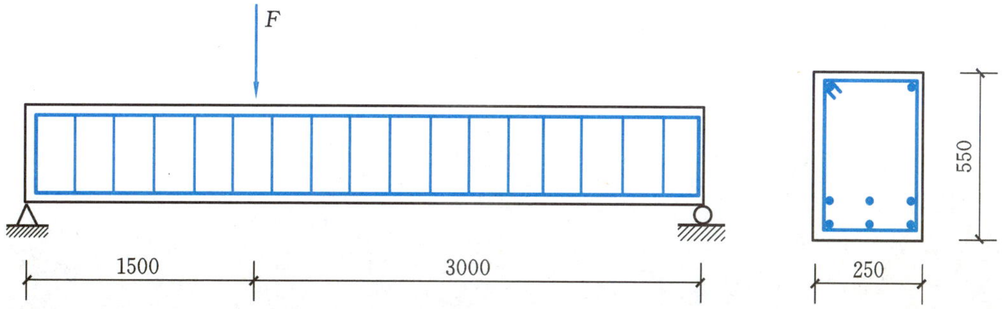

图 5.28 习题 5.4 图

能力训练项目

训练项目一：受弯构件计算能力及绘制施工图能力

图 5.29 所示为某办公室的现浇楼盖，已知楼面做法为：20 mm 厚水泥砂浆（容重 20 kN/m^3）抹面；20 mm 厚混合砂浆（容重 17 kN/m^3）板底抹灰；梁用 15 mm 厚混合砂浆抹灰，已知楼面可变荷载标准值为 2.5 kN/m^2，钢筋混凝土容重为 25 kN/m^3，请设计楼面板 B1 和楼面梁 L1。

训练要求：自行选定混凝土强度等级、纵向受力钢筋种类及箍筋种类，计算板 B1 的厚度及纵向受力钢筋用量，计算梁 L1 的截面尺寸、纵向受力钢筋及箍筋用量，并绘制施工图，其中板及梁按照简支计算，不考虑支座弯矩，计算跨度按照轴线尺寸取值。

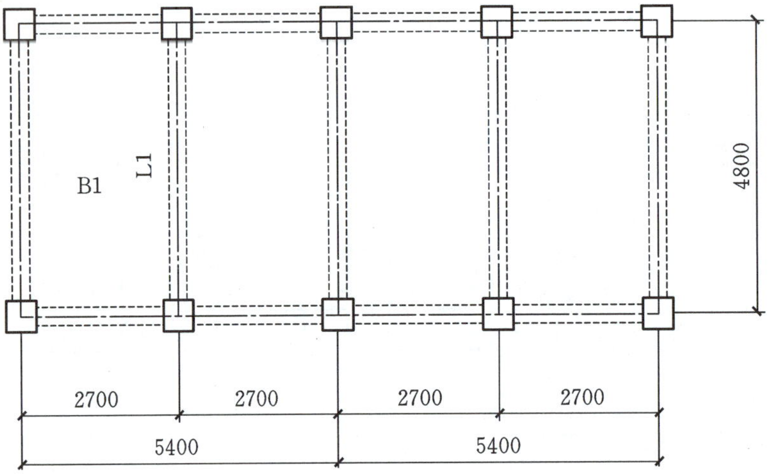

图 5.29　某办公室的现浇楼盖

训练项目二：结构施工图的识读

图 5.30 所示为某建筑梁的施工图，请查阅《混凝土结构施工图平面整体表示方法制图规则和构造详图（现浇混凝土框架、剪力墙、梁、板）》（22G 101—1）了解梁的平法施工制图规则及构造要求，对该图进行识读。

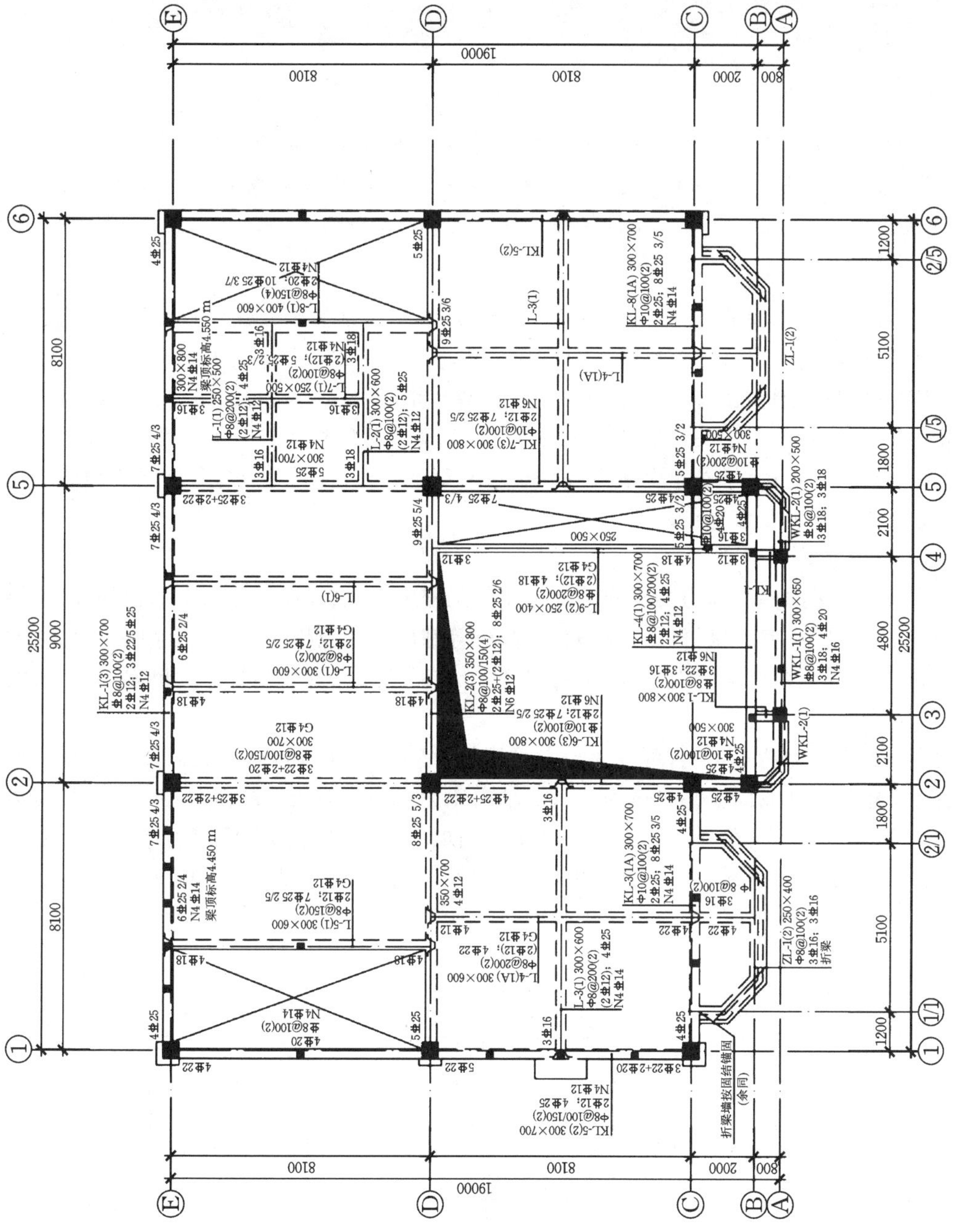

标高4.350 m梁配筋图 1：100

图 5.30 梁配筋图

6 受压构件截面承载力

本章概要

本章主要内容包括受压构件的一般构造要求、轴心受压构件正截面承载力、偏心受压构件受力性能分析、偏心受压构件正截面承载力、偏心受压构件斜截面承载力五个部分。在工程中，轴心受压构件是很少的，框架柱和排架柱是最常见的偏心受压构件。

学习目标

通过本章的学习，掌握受压构件的一般构造要求；掌握普通箍筋柱设计计算要点；了解螺旋箍筋柱的基本原理及应用；深入理解偏心受压构件正截面两种破坏形态及其判别方法；理解纵向弯曲影响；掌握矩形截面偏心受压承载力的基本计算公式、计算方法及应用；理解偏心受压构件正截面承载力 N_u-M_u 关系曲线及其应用；了解偏心受压构件斜截面承载力计算方法；学会受压构件承载力设计；能根据受压构件的破坏现象分析构件受损机理，具有识读和绘制钢筋混凝土受压构件施工图的能力。

以承受压力为主的构件称为受压构件。在实际工程中，多层和高层建筑中的框架柱、单层厂房柱、屋架的上弦杆、剪力墙、桥梁工程的桥墩、桩等都属于受压构件。受压构件在结构中的作用非常重要，一旦发生破坏，就会影响结构安全，严重时甚至会导致结构连续倒塌，危及人们的生命财产安全。

受压构件根据受力位置不同，可分为轴心受压构件和偏心受压构件。偏心受压构件又分为单向偏心受压构件和双向偏心受压构件。当轴向压力作用线与构件截面形心轴线重合时为轴心受压构件；当轴向压力的作用点只对构件正截面的一个主轴有偏心距时为单向偏心受压构件；当轴向压力的作用点对构件正截面的两个主轴都有偏心距时为双向偏心受压构件。如图 6.1 所示。

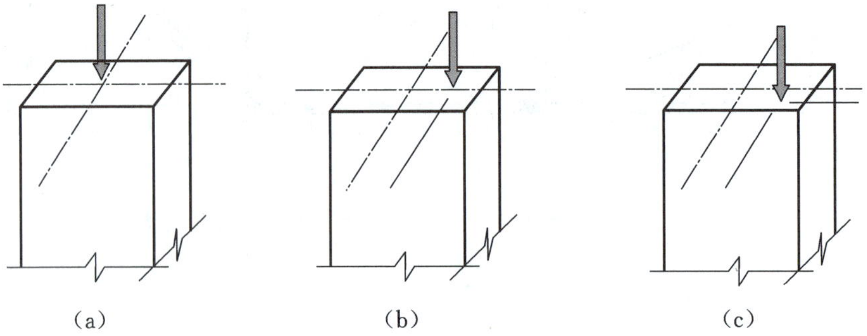

图 6.1 受压构件类型

(a)轴心受压构件；(b)单向偏心受压构件；(c)双向偏心受压构件

6.1 受压构件的一般构造要求

6.1.1 截面形式及尺寸

6.1.1.1 截面形式

轴心受压构件的截面形式一般为方形、圆形、多边形等。偏心受压构件的截面形式一般为矩形、I形等，工程中采用矩形截面较多，但为了节约混凝土和减轻柱的自重，较大尺寸的柱常常采用I形截面。

6.1.1.2 截面尺寸

受压构件的截面尺寸不宜小于250 mm×250 mm。为了避免矩形截面轴心受压构件长细比过大，承载力降低过多，常取$l_0/b\leqslant 30$，$l_0/h\leqslant 25$。此处l_0为柱的计算长度，b为矩形截面短边边长，h为矩形截面长边边长。

为了施工支模方便，柱截面尺寸宜使用整数，截面尺寸不大于800 mm时，以50 mm为模数；截面尺寸大于800 mm时，以100 mm为模数。

I形截面柱的翼缘厚度不宜小于120 mm，腹板厚度不宜小于100 mm，以免翼缘太薄使构件过早出现裂缝，或腹板太薄影响混凝土的浇筑。

6.1.2 材料强度要求

混凝土强度等级对受压构件承载能力影响较大，为了减小构件的截面尺寸，节约钢材，宜采用较高强度等级的混凝土。一般采用C30、C35、C40，对于高层建筑的底层柱，必要时可采用高强度等级的混凝土。

纵向钢筋宜采用HRB400级、HRBF400级、HRB500级、HRBF500级，不宜采用高强度钢筋，这是由于高强度钢筋与混凝土共同受压时，不能充分发挥其高强度的作用。

箍筋宜采用HRB400级、HRBF400级、HRB500级、HRBF500级钢筋，也可采用HPB300级钢筋。

6.1.3 纵向受力钢筋

6.1.3.1 直径

纵向受力钢筋直径不宜小于12 mm，一般在16～32 mm之间选用。

6.1.3.2 布置方式

轴心受压：沿截面周边均匀对称布置，要成双配置。矩形截面的钢筋根数不应少于4根；圆形截面的钢筋根数不宜少于8根，不应小于6根。

偏心受压：沿偏心力作用方向两侧布置，当截面高度$h\geqslant 600$ mm时，侧面应设置直径不小于10 mm的纵向构造钢筋，并相应地设置附加箍筋或拉筋。

6.1.3.3 配筋率

全部纵向钢筋的配筋率不宜大于5%；最小配筋率满足附表4.5的要求。

6.1.3.4 钢筋净距

柱中纵向钢筋的净距不应小于50 mm，且不宜大于300 mm。

6.1.4 箍筋

箍筋直径不应小于$d/4$（d为纵向钢筋的最大直径），且不应小于6 mm；箍筋间距不应大于400 mm及构件截面的短边尺寸，且不应大于$15d$（d为纵向钢筋的最小直径）；柱中全部纵向受力钢筋的配筋率大于3%时，箍筋直径不应小于8 mm，间距不应大于$10d$，且不应大于200 mm；箍筋末端应做成135°弯钩，且弯钩末端平直段长度不应小于$10d$（d为纵向受力钢筋的最小直径）。

当柱截面短边尺寸大于400 mm且各边纵向钢筋多于3根时，或当柱截面短边尺寸不大于400 mm但各边纵向钢筋多于4根时，应设置复合箍筋，见图6.2。

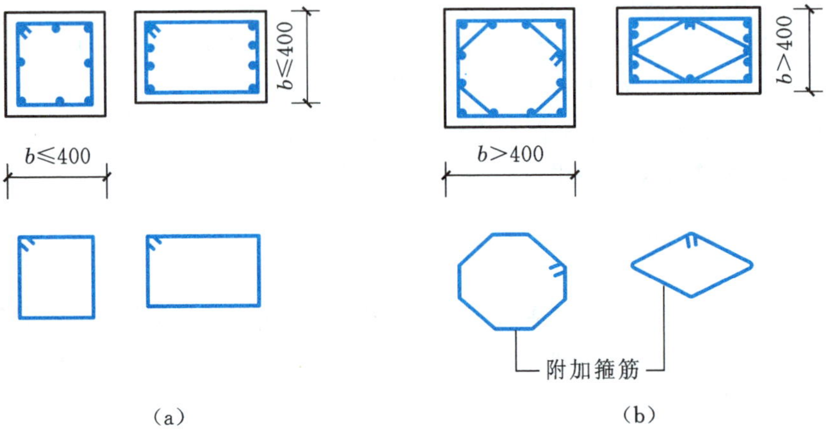

图6.2 方形、矩形箍筋形式

柱及其他受压构件中的周边箍筋应做成封闭式；圆柱中的箍筋，搭接长度不应小于规范规定的锚固长度，且末端应做成135°弯钩，弯钩末端平直段长度不应小于$5d$，d为箍筋直径；

对于截面形状复杂的构件，不可采用具有内折角的箍筋，以避免产生向外的拉力，致使折角处的混凝土破损，见图6.3。

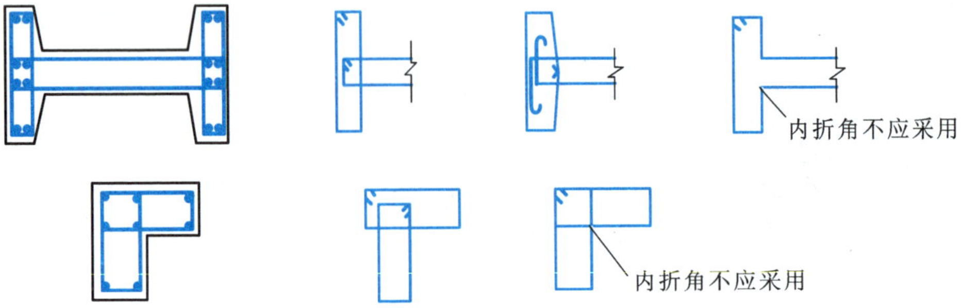

图6.3 复杂截面的箍筋形式

6.2 轴心受压构件正截面承载力计算

在实际结构中，理想的轴心受压构件几乎是不存在的。通常由于施工的误差、荷载作用位置的偏差、混凝土的不均匀性、钢筋可能不对称布置等，往往存在一定的初始偏心距。但有些构件，如以恒载为主的等跨多层房屋的内柱、桁架中的受压腹杆等，主要承受轴向压力，可近似按轴心受压构件计算。另外，轴心受压构件正截面承载力计算还用于偏心受压构件垂直弯矩平面的承载力验算。

根据配筋方式的不同，钢筋混凝土轴心受压构件有两种：配有纵筋及普通箍筋的钢筋混凝土轴心受压构件，称为普通箍筋柱；配有纵筋及螺旋式或焊接环式箍筋的钢筋混凝土轴心受压构件，称为螺旋箍筋柱，如图 6.4 所示。

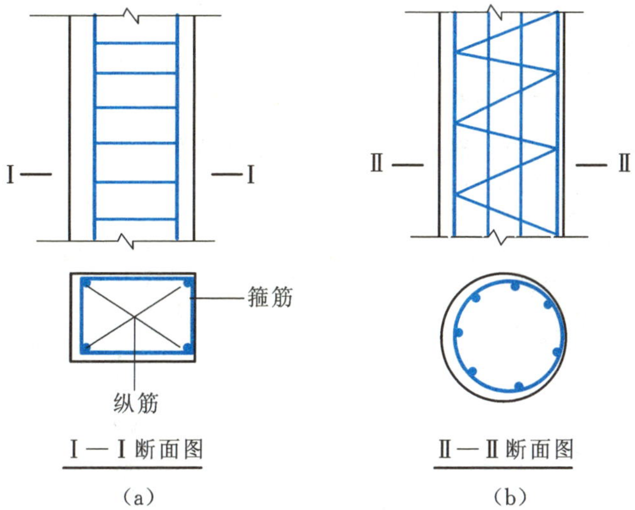

图 6.4 轴心受压构件

(a)普通箍筋轴心受压构件；(b)螺旋式箍筋轴心受压构件

6.2.1 轴心受压普通箍筋柱正截面承载力计算

根据柱的长细比不同，轴心受压构件可分为短柱和长柱，短柱指 $l_0/b\leqslant 8$ 或 $l_0/d\leqslant 7$ 或 $l_0/i\leqslant 28$，以材料破坏为主；长柱指 $l_0/b>8$ 或 $l_0/d>7$ 或 $l_0/i>28$，以失稳破坏为主，两者破坏机理不完全相同。其中 l_0 为柱的计算长度；b 为矩形截面的短边尺寸；d 为圆形截面的直径；i 为任意截面的最小回转半径。

6.2.1.1 试验分析与破坏形态

(1) 短柱

在实际结构中，带窗间墙的柱、高层建筑地下车库的柱子，以及楼梯间处的柱都属于短柱。受压短柱的破坏过程：

在开始加载时，混凝土和钢筋都处于弹性工作阶段，钢筋和混凝土的应力基本上按弹性模量的比值来分配，随着荷载的增加，混凝土应力的增加愈来愈慢，而钢筋的应力基本上与其应变成正比增加，柱子变形增加的速度就快于外荷增加的速度。随着荷载的继续增加，柱中开始出现微小的纵向裂缝。在临近破坏荷载时，柱的四周出现与荷载平行的纵向裂缝，箍筋间的纵向钢筋压屈外鼓，混凝土被压碎，构件破坏，其破坏属于材料破坏，如图 6.5 所示。

轴心受压构件的钢筋与混凝土共同承压，两者变形保持一致，并受混凝土峰值压应变控制。当混凝土达到轴心受压强度 f_c时，混凝土峰值压应变 ε_c取 0.002；400 级、500 级钢筋的弹性模量 $E_s=2.0\times10^5\ \text{N/mm}^2$，此时钢筋的应力 $\sigma_s'=E_s\varepsilon_s'=2.0\times10^5\times0.002=400\ \text{N/mm}^2$；对于 400 级钢筋，此值大于其抗压强度设计值，故设计时可取抗压强度设计值 $f_y'=360\ \text{N/mm}^2$；当采用 500 级钢筋时，取 $f_y'=400\ \text{N/mm}^2$。

（2）长柱

在实际结构中，一般的框架柱、门厅柱等都属于长柱。轴心受压长柱与短柱的主要受力区别在于：由于偏心所产生的附加弯矩和失稳破坏在长柱计算中必须予以考虑。

轴心受压长柱的破坏过程 ：

由于初始偏心距的存在，构件受荷后产生附加弯矩和相应的侧向挠度。构件破坏时，首先在靠近凹边出现大致平行于纵轴方向的纵向裂缝，同时在凸边出现水平的横向裂缝，随后受压区混凝土被压溃，纵筋向外鼓出，横向挠度迅速发展，构件失去平衡，构件破坏，见图 6.6。

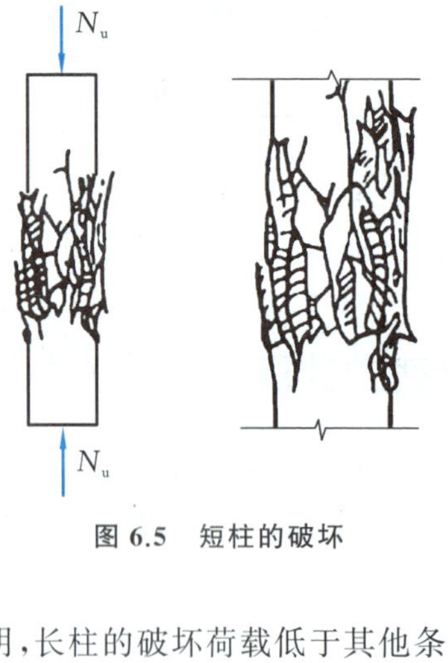

图 6.5　短柱的破坏

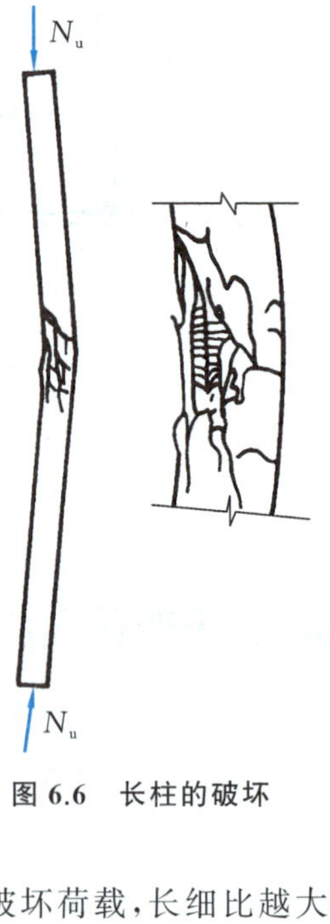

图 6.6　长柱的破坏

试验表明，长柱的破坏荷载低于其他条件相同的短柱破坏荷载，长细比越大，承载能力降低越多。

《混凝土结构设计标准》(GB/T 50010—2010)(2024 年版)采用稳定系数 φ 来表示长柱承载力的降低程度。稳定系数 φ 即为长柱受压承载力和短柱受压承载力的比值：

$$\varphi=\frac{N_u^l}{N_u^s} \tag{6.1}$$

式中 N_u^l, N_u^s——长柱、短柱的承载力。

根据国内外试验资料的研究分析可知,稳定系数 φ 主要与构件的长细比有关。随着长细比的增加 φ 值减小。对于具有相同长细比的柱,当混凝土强度等级、钢筋的种类及配筋率不同时,φ 值的大小还略有变化。《混凝土结构设计标准》(GB/T 50010—2010)(2024 年版)采用的 φ 值见表 6.1。

表 6.1 钢筋混凝土构件的稳定系数

l_0/b	≤8	10	12	14	16	18	20	22	24	26	28
l_0/d	≤7	8.5	10.5	12	14	15.5	17	19	21	22.5	24
l_0/i	≤28	35	42	48	55	62	69	76	83	90	97
φ	1.00	0.98	0.95	0.92	0.87	0.81	0.76	0.70	0.65	0.60	0.56
l_0/b	30	32	34	36	38	40	42	44	46	48	50
l_0/d	26	28	29.5	31	33	34.5	36.5	38	40	41.5	43
l_0/i	104	111	118	125	132	139	146	153	160	167	174
φ	0.52	0.48	0.44	0.40	0.36	0.32	0.29	0.26	0.23	0.21	0.19

注:l_0 为构件计算长度;b 为矩形截面短边尺寸;d 为圆形截面的直径;i 为任意截面的最小回转半径。

6.2.1.2 承载力计算公式

根据轴心受压短柱破坏时的截面应力图(图 6.7),考虑长柱承载力的降低和可靠度调整等因素后,其正截面受压承载力应符合下列规定:

$$N \leqslant N_u = 0.9\varphi(f_c A + f_y' A_s') \tag{6.2}$$

式中 N——轴向压力设计值;

φ——钢筋混凝土构件的稳定系数,按表 6.1 采用;

f_c——混凝土轴心抗压强度设计值,按附表 2.2 采用;

A——构件截面面积;

A_s'——全部纵向普通钢筋的截面面积;

f_y'——纵向钢筋的抗压强度设计值,按附表 1.2 采用。

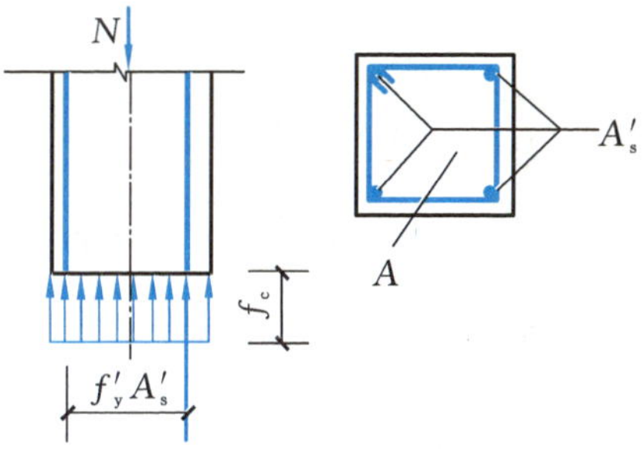

图 6.7 普通箍筋柱正截面受压承载力计算简图

当纵向钢筋配筋率大于 3%时,式(6.2)中的 A 应改用$(A - A_s')$。

构件计算长度与构件两端支承情况有关,当两端铰支时,取 $l_0 = l$(l 是构件实际长度);当两端固定时,取 $l_0 = 0.5l$;当一端固定、一端铰支时,取 $l_0 = 0.7l$;当一端固定、一端自由时,取 $l_0 = 2l$。在实际结构中,构件端部的连接不像上面几种情况那样理想、明确,这会在确定 l_0 时遇到困难。为此《混凝土结构设计标准》(GB/T 50010—2010)(2024 年版)对单层厂房排架柱、框架柱等的计算长度作了具体规定,见表 6.2 和表 6.3。

表 6.2 刚性屋盖单层房屋排架柱、露天吊车柱和栈桥柱的计算长度

柱的类别		l_0		
		排架方向	垂直排架方向	
			有柱间支撑	无柱间支撑
无吊车房屋柱	单跨	$1.5H$	$1.0H$	$1.2H$
	两跨及多跨	$1.25H$	$1.0H$	$1.2H$
有吊车房屋柱	上柱	$2.0H_u$	$1.25H_u$	$1.5H_u$
	下柱	$1.0H_l$	$0.8H_l$	$1.0H_l$
露天吊车柱和栈桥柱		$2.0H_l$	$1.0H_l$	—

注：①表中 H 为从基础顶面算起的柱子全高；H_l 为从基础顶面至装配式吊车梁底面或现浇式吊车梁顶面的柱子下部高度；H_u 为从装配式吊车梁底面或从现浇式吊车梁顶面算起的柱子上部柱高。

②表中吊车房屋排架柱的计算长度，当计算中不考虑吊车荷载时，可按无吊车房屋柱的计算长度采用，但上柱的计算长度仍可按有吊车房屋采用。

③表中有吊车房屋排架柱的上柱在排架方向的计算长度仅适用于 $H_u/H_l \geqslant 0.3$ 的情况；当 $H_u/H_l < 0.3$ 时，计算长度宜采用 $2.5H_u$。

表 6.3 框架结构各层柱的计算长度

楼盖类型	柱的类别	l_0
现浇楼盖	底层柱	$1.0H$
	其余各层柱	$1.25H$
装配式楼盖	底层柱	$1.25H$
	其余各层柱	$1.5H$

注：表中 H 为底层柱从基础顶面至一楼楼盖顶面的高度，对其余各层柱为上下两层楼盖顶面之间的高度。

轴心受压构件在加载后荷载维持不变的条件下，由于混凝土徐变，随着荷载作用时间的增加，混凝土的压应力逐渐变小，钢筋的压应力逐渐变大，一开始变化较快，经过一定时间后趋于稳定。在荷载突然卸载时，构件回弹，由于混凝土徐变变形的大部分不可恢复，故当荷载为零时，会使柱中钢筋受压而混凝土受拉；若柱的配筋率过大，还可能将混凝土拉裂，若柱中纵筋和混凝土之间有很强的黏结应力时，则能同时产生纵向裂缝，这种裂缝更为危险。为了防止出现这种情况，要控制柱中纵筋的配筋率，要求全部纵筋配筋率不宜超过 5%。

6.2.1.3 计算方法与应用

(1) 截面设计

已知构件截面尺寸、材料强度等级、轴心压力设计值 N、H 或 l_0，求纵向受压钢筋截面面积 A'_s。

求解思路：计算长细比；由长细比查表 6.1 得出稳定系数 φ；由公式(6.2)求出 A'_s；选配钢筋，应注意钢筋的配置需符合构造要求，包括钢筋的直径、间距、配筋率等。

(2) 截面复核

已知构件截面尺寸、材料强度等级、轴心压力设计值 N、H 或 l_0、纵向受压钢筋截面面积 A_s'，求构件截面承载力 N_u 或验算截面安全性。

求解思路：计算长细比；查表 6.1 确定稳定系数 φ；由式(6.2)计算 N_u；比较轴力设计值 N 和截面承载力 N_u，判别其安全性，若 $N \leqslant N_u$，截面安全；若 $N > N_u$，截面不安全。

【例 6.1】 某多层现浇框架结构的第二层中柱，承受轴心压力 $N=2430$ kN，楼层高 $H=4.8$ m，采用 C30 混凝土，HRB400 级钢筋，经设计截面尺寸为 400 mm×400 mm，请配置纵向受压钢筋。

【解】(1) 确定基本参数

混凝土选用 C30，根据附表 2.2 可知 $f_c=14.3\ \text{N/mm}^2$；钢筋采用 HRB400 级，根据附表 1.2可知 $f_y'=360\ \text{N/mm}^2$。

(2) 计算纵向受力钢筋

根据表 6.3 可知，$l_0=1.25H=1.25\times4.8=6$ m，则 $\dfrac{l_0}{b}=\dfrac{6}{0.4}=15$，查表 6.1 可得 $\varphi=0.895$，则：

$$A_s'=\frac{\dfrac{N}{0.9\varphi}-f_cA}{f_y'}=\frac{\dfrac{2430000}{0.9\times0.895}-14.3\times400\times400}{360}=2024.3\ \text{mm}^2$$

选配 8⌀18($A_s'=2036\ \text{mm}^2$)。

全部钢筋配筋率：

$$\rho'=\frac{A_s'}{A}=\frac{2036}{400\times400}=1.27\%>0.55\%(\text{满足要求})$$

每一侧钢筋配筋率：

$$\rho'=\frac{763}{400\times400}=0.48\%>0.2\%(\text{满足要求})$$

6.2.2 轴心受压螺旋箍筋柱正截面承载力计算

当柱承受很大轴向压力，并且截面尺寸由于建筑上及使用上的要求受到限制，若设计成普通箍筋柱，即使提高混凝土强度等级和增加纵筋配筋量也不足以承受该轴向压力时，可考虑采用螺旋箍筋或焊接环筋以提高承载力。这种柱的截面形状一般为圆形或多边形，如图 6.8 所示。

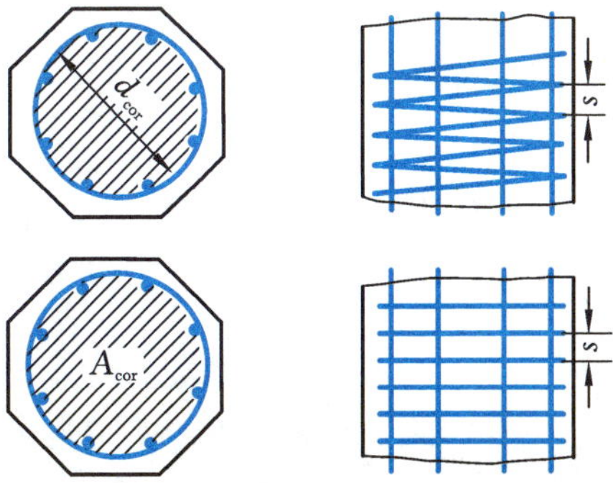

图 6.8 螺旋箍筋和焊接环筋柱

6.2.2.1 螺旋箍筋柱的受力特点

螺旋箍筋柱和焊接环筋柱的配箍率高，不会像普通箍筋那样容易“崩出”，因而能约束核心混凝土在纵向受压时产生的横向变形，从而提高混凝土抗压强度和变形能力，这种受到约束的混凝土称为“约束混凝土”。同时，螺旋箍筋或焊接环筋中会产生拉应力。当外力逐渐增大，荷载达到普通箍筋柱的极限荷载时，螺旋箍筋或焊接环筋外的混凝土保护层开始剥落，而核心混凝土可以继续受压，螺旋箍筋或焊接环筋的应力达到抗拉屈服强度，若继续加载就不再有效地约束混凝土的横向变形，核心混凝土将被压碎，柱随之破坏。可见，在柱的横向设置螺旋箍筋或焊接环筋也能像直接配置纵向钢筋那样起到提高承载力和变形能力的作用，故把这种配筋方式称为“间接配筋”。

6.2.2.2 承载力计算公式

由于螺旋箍筋或焊接环筋的套箍作用，核心混凝土处于三向受压状态，故其轴心抗压强度高于单轴轴心抗压强度。根据圆柱体在三向受压状态下的试验结果，在径向均匀压力 σ_r 的作用下，约束混凝土的轴心抗压强度可表述为：

$$f=f_c+4\sigma_r \tag{6.3}$$

式中 f——被约束后的混凝土轴心抗压强度；

σ_r——当间接钢筋的应力达到屈服强度时，柱的核心混凝土受到的径向压应力值。

在间接钢筋间距 s 范围内，利用 σ_r 的合力与钢筋的拉力平衡条件(图 6.9)可得到：

$$\sigma_r=\frac{2f_yA_{ss1}}{sd_{cor}}=\frac{2f_yA_{ss1}d_{cor}\pi}{4\dfrac{\pi d_{cor}^2}{4}s}=\frac{f_yA_{ss0}}{2A_{cor}} \tag{6.4}$$

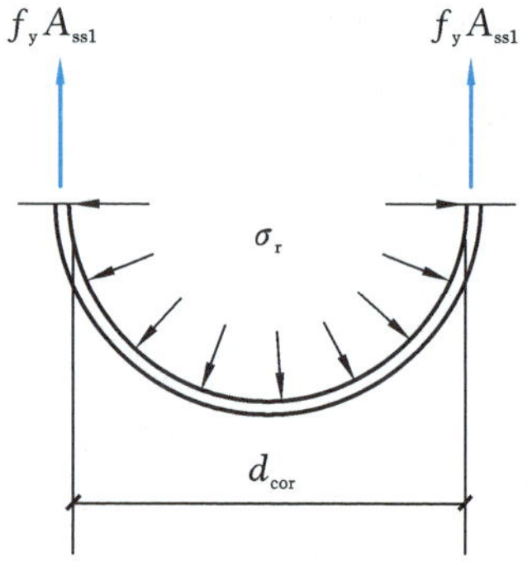

图 6.9 混凝土径向压力示意图

其中

$$A_{ss0}=\frac{\pi d_{cor}A_{ss1}}{s} \tag{6.5a}$$

$$A_{cor}=\frac{\pi d_{cor}^2}{4} \tag{6.5b}$$

式中 A_{ss1}——单根间接钢筋的截面面积；

f_y——间接钢筋的抗拉强度设计值；

s——沿构件轴线方向间接钢筋的间距；

d_{cor}——构件的核心直径，按间接钢筋内表面确定；

A_{ss0}——间接钢筋换算截面面积；

A_{cor}——构件的核心面积。

研究试验表明，当混凝土强度等级提高时，间接钢筋对核心混凝土的约束作用有所减弱，故引入间接钢筋对混凝土约束折减系数 α，则式(6.4)变为下式：

$$\sigma_r=\frac{\alpha f_yA_{ss0}}{2A_{cor}} \tag{6.6}$$

将式(6.6)代入式(6.3)得：

$$f=f_c+4\sigma_r=f_c+\frac{2\alpha f_yA_{ss0}}{A_{cor}} \tag{6.7}$$

式中 α——间接钢筋对混凝土约束折减系数，当混凝土强度等级不超过 C50 时，$\alpha=1.0$；当混凝土强度等级为 C80 时，$\alpha=0.85$；当混凝土强度等级在 C50 与 C80 之间时，按直线内插法确定。

根据轴心受压柱达到最大承载力的平衡条件，当受压纵筋达到屈服且间接钢筋所约束的核心混凝土强度达到 f 时，同时考虑可靠度的调整系数 0.9 后，得到承载力设计公式为：

$$N \leqslant N_u = 0.9(fA_{cor} + f'_y A'_s) = 0.9(f_c A_{cor} + 2\alpha f_y A_{ss0} + f'_y A'_s) \tag{6.8}$$

为了使间接钢筋外面的混凝土保护层对抵抗脱落有足够的能力，按式(6.8)算得的构件承载力不应比按式(6.2)算得的承载力大50%。

凡属于下列情况之一者，不考虑间接钢筋的影响而按式(6.2)计算构件的承载力：

(1) 当$l_0/d>12$时，此时长细比较大，有可能因纵向弯曲使螺旋箍筋不起作用；

(2) 当按式(6.8)算得的受压承载力小于按式(6.2)算得的受压承载力时；

(3) 当间接钢筋换算截面面积A_{ss0}小于纵筋全部面积的25%时，可以认为间接钢筋配置得太少，约束混凝土的效果不明显。

如在正截面受压承载力计算中考虑间接钢筋的作用时，箍筋间距不应大于80 mm及$d_{cor}/5$，也不小于40 mm。间接钢筋的直径按箍筋有关规定采用。

【例6.2】 某建筑门厅现浇的圆形钢筋混凝土柱，直径$d=450$ mm，$l_0=4.4$ m，混凝土采用C30，纵筋采用HRB400级钢筋，箍筋采用HPB300级钢筋，一类环境，安全等级为二级，承受轴心压力设计值$N=4800$ kN，求柱中配筋。

【解】 确定基本参数：混凝土选用C40，根据附表2.2可知$f_c=19.1$ N/mm²；纵向钢筋采用HRB400级，根据附表1.2可知$f'_y=360$ N/mm²；箍筋采用HPB300级，根据附表1.2可知$f_y=270$ N/mm²。

(1) 先按普通箍筋柱计算

① 求稳定系数φ

$$\frac{l_0}{d}=\frac{4.8}{0.45}=10.7$$

查表6.1可知$\varphi=0.946$。

② 计算纵筋

圆形混凝土柱面积$A=\frac{\pi d^2}{4}=\frac{3.14\times 450^2}{4}=158962.5\ \text{mm}^2$，则：

$$A'_s=\frac{\frac{N}{0.9\varphi}-f_cA}{f'_y}=\frac{\frac{4800000}{0.9\times 0.946}-14.3\times 158962.5}{360}=9346\ \text{mm}^2$$

③ 求配筋率

$$\rho'=\frac{A'_s}{A}=\frac{9346}{158962.5}=5.88\%>5\%$$

配筋率过大，采用螺旋箍筋柱。

(2) 按照螺旋柱计算

① 假定纵筋配筋率$\rho'=0.04$，则得：

$$A'_s=\rho' A=0.04\times 158962.5=6359\ \text{mm}^2$$

选用14⌀25($A'_s=6873$ mm²)。

由于混凝土保护层厚度为20 mm，假定选用⌀10间接钢筋，则取截面边缘到间接钢筋内表面的距离为30 mm。

$$d_{cor}=d-2\times30=450-60=390\ \text{mm}$$

$$A_{cor}=\frac{\pi d_{cor}^2}{4}=\frac{3.14\times390^2}{4}=119398.5\ \text{mm}^2$$

② 计算螺旋箍筋的换算面积

混凝土强度为C30，故 $\alpha=1.0$，则：

$$A_{ss0}=\frac{\frac{N}{0.9}-(f_cA_{cor}+f_y'A_s')}{2\alpha f_y}=\frac{\frac{4800\times10^3}{0.9}-(14.3\times119398.5+360\times6873)}{2\times1.0\times270}$$

$$=2123.7\ \text{mm}^2>0.25A_s'=0.25\times6873=1718.3\ \text{mm}^2$$

③ 计算螺旋箍筋间距

假定螺旋箍筋直径 $d=10$ mm，则单肢箍筋面积 $A_{ss1}=78.5\ \text{mm}^2$。螺旋箍筋的间距由 $A_{ss0}=\frac{\pi d_{cor}A_{ss1}}{s}$ 求得：

$$s=\frac{\pi d_{cor}A_{ss1}}{A_{ss0}}=\frac{3.14\times390\times78.5}{2123.7}=45.3\ \text{mm}$$

取 $s=40$ mm，满足间接钢筋间距不大于80 mm及 $d_{cor}/5$，也不小于40 mm的构造要求。

④ 验算承载力

$$A_{ss0}=\frac{\pi d_{cor}A_{ss1}}{s}=\frac{3.14\times390\times78.5}{40}=2403.3\ \text{mm}^2$$

按照螺旋箍筋柱计算承载力：

$$N_{u1}=0.9(f_cA_{cor}+2\alpha f_yA_{ss0}+f_y'A_s')$$

$$=0.9\times(14.3\times119398.5+2\times1\times270\times2403.3+360\times6873)=4931.5\ \text{kN}$$

按照普通箍筋柱计算承载力：

$$N_{u2}=0.9\varphi(f_cA+f_y'A_s')=0.9\times0.946\times[14.3\times(158962.5-6873)+360\times6873]$$

$$=3958.3\ \text{kN}<4931.5\ \text{kN}<1.5\times3958.3=5937.5\ \text{kN}(\text{满足要求})$$

圆柱实际配筋纵向钢筋14⌀25，螺旋箍筋ф10@40。

6.3 偏心受压构件正截面受力性能分析

在实际工程中，偏心受压构件应用得非常广泛，如常用的多层框架柱、单层排架柱、实体剪力墙等都属于偏心受压构件。这类构件的截面中一般作用有轴力、弯矩的同时还作用有横向剪力，因此偏心受压构件需要进行正截面承载力计算和斜截面计算。

工程中的偏心受压构件大部分都是按照单向偏心受压进行截面设计。通常在沿着偏心轴方向的两边配置纵向钢筋，离偏心压力较近一侧的纵向钢筋为受压钢筋，其截面面积用 A_s' 表示；另一侧的纵向钢筋根据轴向力偏心距的大小，可能受拉也可能受压，其截面面积用 A_s 表示。

6.3.1 偏心受压构件正截面受压破坏形态

根据试验研究，钢筋混凝土偏心受压构件按照破坏特征可分为大偏心受压破坏（受拉破坏）和小偏心受压破坏（受压破坏）两类。

6.3.1.1 大偏心受压破坏(受拉破坏)

当轴向压力相对偏心距较大,且受拉钢筋配置不多时,会发生大偏心受压破坏。大偏心受压破坏特征:由于轴向压力相对偏心距较大,靠近轴向压力一侧受压,另一侧受拉,随着荷载增加,首先受拉区混凝土开裂,裂缝处混凝土退出拉力工作,拉力由纵向受拉钢筋承担,荷载再增加,受拉钢筋的应力达到屈服强度。此后,裂缝迅速开展,中和轴上升,受压区高度减小。最后压区边缘混凝土达到极限压应变,压区混凝土压碎而达到破坏。只要受压区相对高度不至于过小,而且受压钢筋的强度不是太高,在混凝土开始压碎前,受压钢筋一般都能受压屈服。

总之,大偏心受压破坏的特点是受拉钢筋先达到屈服强度,最终导致受压区边缘混凝土压碎,截面破坏,其承载力主要取决于受拉钢筋,故称为受拉破坏。这种破坏具有明显预兆,变形能力较大,破坏特征与配有受压钢筋的适筋梁相似,构件破坏时,属于延性破坏。其正截面的应力状态如图 6.10(a)所示,构件破坏形态如图 6.10(b)所示。

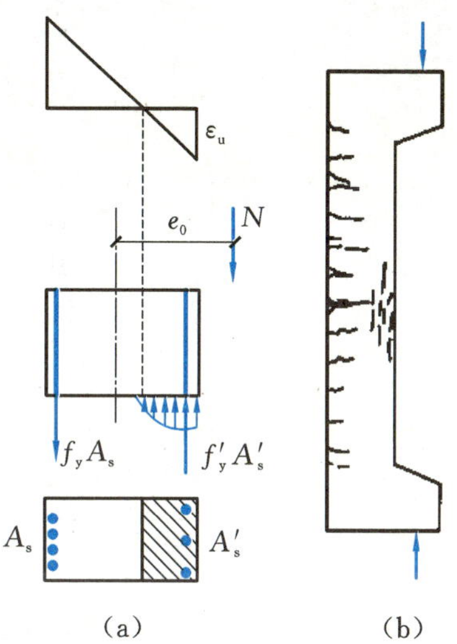

图 6.10 大偏心受压破坏时的截面应力和破坏形态

(a)截面应力;(b)破坏形态

6.3.1.2 小偏心受压破坏(受压破坏)

当相对偏心距较小,或相对偏心距较大,但受拉钢筋配置较多时,会发生小偏心受压破坏。小偏心受压破坏特征:一般这两种情况都是从靠近轴向力一侧受压区边缘混凝土达到极限压应变开始破坏,破坏时,受压应力较大一侧混凝土被压坏,同侧的受压钢筋也达到屈服强度;而距轴向力较远一侧的钢筋可能受拉也可能受压,但都不屈服。当相对偏心距很小,而轴向力又较大时,距轴向力较远一侧钢筋 A_s 才可能受压屈服。另外,当相对偏心距较小时,由于截面的实际形心和构件的几何中心不重合,若纵向受压钢筋比纵向受拉钢筋多很多,也会发生离轴向力作用点较远一侧的混凝土先压坏的现象,称为“反向破坏”。

总之,小偏心受压破坏特点是混凝土先被压碎,距轴向力较远一侧钢筋可能受拉也可能受压,受拉时不屈服,受压时可能屈服也可能不屈服。承载力主要取决于压区混凝土和受压侧钢筋,故称为受压破坏,破坏时受压区高度较大,破坏时无明显征兆,属于脆性破坏。其正截面的应力状态如图 6.11(a)、图 6.11(b)所示,构件破坏形态如图 6.11(c)所示。

从上述两种破坏形态可以看出,两类偏心受压构件都发生了材料破坏,相同之处为破坏时受压区混凝土均压碎,根本区别在于破坏时远离轴向力一侧钢筋应力是否达到受拉屈服,大偏心受压破坏远离轴向力一侧钢筋受拉屈服,小偏心受压破坏远离轴向力一侧钢筋无论受拉或受压都达不到受拉屈服状态。

因此,大偏心受压破坏和小偏心受压破坏之间存在界限破坏,即距轴向力较远一侧钢筋为受拉钢筋且达到屈服强度的同时受压区混凝土被压碎。界限破坏也属于受拉破坏,界限破坏特征与适筋梁、超筋梁的界限破坏特征完全相同,因此,其表达式与受弯构件的完全一样。故判别大小偏心受压破坏的方法可与判别适筋梁、超筋梁方法一致,即:当 $x \leqslant \xi_b h_0$ 或 $\xi \leqslant \xi_b$ 时,为大偏心受压构件;当 $x > \xi_b h_0$ 或 $\xi > \xi_b$ 时,为小偏心受压构件。

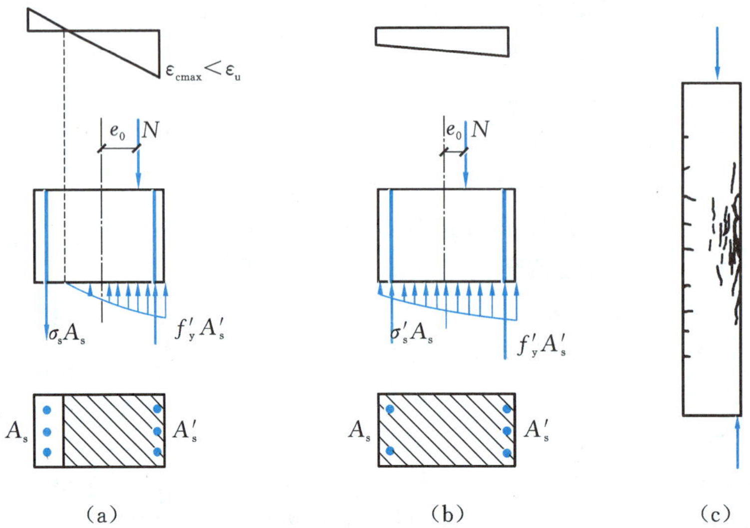

图 6.11 小偏心受压破坏时的截面应力和破坏形态

(a)、(b)截面应力;(c)破坏形态

6.3.2 附加偏心距与初始偏心距

6.3.2.1 附加偏心距 e_a

考虑到工程实际中存在各种不确定因素,如混凝土质量不均匀、配筋不对称、荷载位置不确定及施工偏差等,《混凝土结构设计标准》(GB/T 50010—2010)(2024 年版)规定,在偏心受压构件承载力计算中应计入轴向压力在偏心方向存在的附加偏心距 e_a,其值应取 20 mm 和偏心方向截面最大尺寸的 1/30 两者中的较大值。

6.3.2.2 初始偏心距 e_i

正截面受压承载力计算中,偏心距取计算偏心距 $e_0=\dfrac{M}{N}$与附加偏心距 e_a 之和,称为初始偏心距 e_i,即:

$$e_i=e_0+e_a \tag{6.9}$$

6.3.3 偏心受压构件的二阶效应

轴向压力对偏心受压构件的侧移和挠曲产生附加弯矩和附加曲率的荷载效应称为偏心受压构件的二阶荷载效应,简称二阶效应。其中,由侧移产生的二阶效应,称为 P-Δ 效应;由挠曲产生的二阶效应,称为 P-δ 效应。P-Δ 效应是在结构内力计算中考虑的,本章主要讲构件构造,主要考虑 P-δ 效应。

6.3.3.1 受压构件自身挠曲产生的 P-δ 二阶效应

用两端铰支、作用等偏心距的轴向压力的构件进行试验,根据偏心受压构件两端弯矩值不同,纵向弯曲引起的二阶弯矩可能出现以下情况:

(1) 杆端弯矩同号的 P-δ 二阶效应

构件承受的两端弯矩值不相等($M_2>M_1$),但两端弯矩均使构件的同一侧受拉(单曲率弯曲)时,其最大侧移出现在离端部的某一距离处,如图 6.12(a)所示。不考虑纵向弯曲的杆件弯矩图,称为一阶弯矩,见图 6.12(b),杆端弯矩 M_2 最大,为整个杆件的截面承载力计算控制截面;考虑纵向弯曲的杆件,轴向压力 P 对杆件中部任一截面产生附加弯矩(二阶弯矩)$P\delta$,见图 6.12(c);附加弯矩与一阶弯矩叠加后,得到考虑二阶效应后的弯矩,$M=M_0+P\delta$,见图 6.12(d),其中 δ 为任一截面挠度值。如果附加弯矩 $P\delta$ 比较大,就可能出现 $M>M_2$ 的情况,杆件的承载力计算的控制截面为考虑二阶效应后弯矩最大截面。当杆件两端弯矩相等($M_2=M_1$),控制截面就在杆件长度方向的中点。

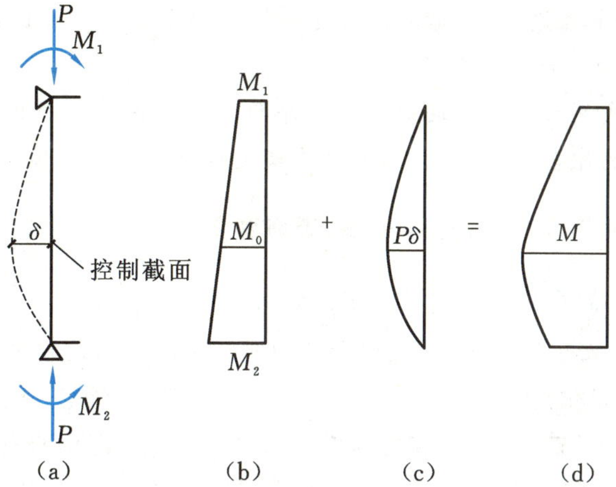

图 6.12　杆端弯矩同号的 P-δ 二阶效应

(2) 杆端弯矩异号的 P-δ 二阶效应

构件承受的两端弯矩值不相等且异号,两端弯矩均使构件的双曲率弯曲时[图 6.13(a)],由两端不相等弯矩引起的弯矩分布图见图 6.13(b),纵向弯曲引起的附加弯矩(二阶弯矩)见图 6.13(c),总弯矩分布图见图 6.13(d),附加弯矩未引起最大弯矩的增加,即构件的最大弯矩在柱端,不会发生控制截面转移的情况,故不必考虑二阶效应影响。

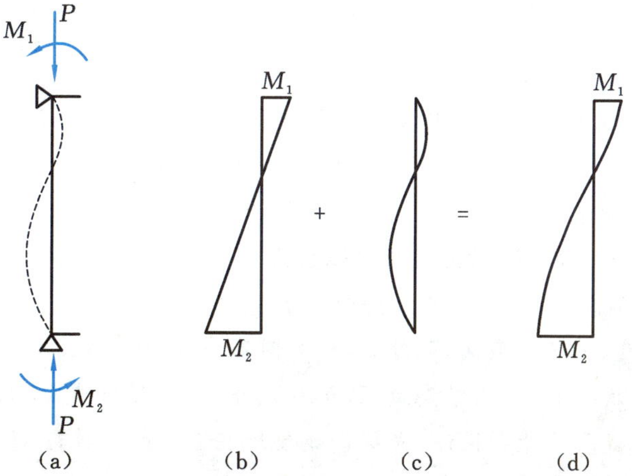

图 6.13　杆端弯矩异号的 P-δ 二阶效应

6.3.3.2 考虑 P-δ 二阶效应的条件

弯矩作用平面内截面对称的偏心受压构件，下列三个条件同时满足时，不考虑该方向构件自身挠曲产生的附加弯矩影响，当其中一个条件不满足时，应该考虑自身挠曲产生的附加弯矩的影响：

当同一主轴方向的杆端弯矩之比$\frac{M_1}{M_2}$不大于 0.9 且轴压比（即$\frac{N}{f_cA}$）不大于 0.9 时，若构件的长细比满足下式的要求，则可不考虑轴向压力在该方向挠曲杆件中产生的附加弯矩影响：

$$\frac{l_c}{i} \leqslant 34-12\frac{M_1}{M_2} \tag{6.10}$$

式中 l_c——构件的计算长度，可近似取偏心受压构件相应主轴方向上下支撑点之间的距离；

i——偏心方向的截面回转半径；

M_1，M_2——考虑侧移影响的偏心受压构件两端截面按结构弹性分析确定的对同一主轴的组合弯矩设计值，绝对值较大端为 M_2，绝对值较小端为 M_1，当构件按单曲率弯曲时，$\frac{M_1}{M_2}$取正值，否则取负值。

6.3.3.3 考虑二阶效应后控制截面的弯矩设计值

需考虑构件的附加弯矩的影响时，工程设计中通常采用增加系数法。

《混凝土结构设计标准》(GB/T 50010—2010)(2024 年版)规定，除排架结构柱外，柱端的附加弯矩计算用偏心距调节系数 C_m 和弯矩增大系数 η_{ns} 表示，即偏心受压柱的设计弯矩值为原柱端最大弯矩 M_2 乘以偏心距调节系数 C_m 和弯矩增大系数 η_{ns} 而得。

偏心受压构件考虑轴向压力在挠曲杆件中产生的二阶效应后，控制截面的弯矩设计值：

$$M=C_m\eta_{ns}M_2 \tag{6.11}$$

$$C_m=0.7+0.3\frac{M_1}{M_2} \tag{6.12}$$

$$\eta_{ns}=1+\frac{1}{1300\left(\frac{M_2}{N}+e_a\right)\Big/h_0}\left(\frac{l_c}{h_0}\right)^2\zeta_c \tag{6.13}$$

$$\zeta_c=\frac{0.5f_cA}{N} \tag{6.14}$$

当 $C_m\eta_{ns}<1.0$ 时取 1.0，对于剪力墙及核心筒墙，可取 $C_m\eta_{ns}=1.0$。

式中 C_m——构件端截面偏心距调节系数，当 $C_m<0.7$ 时取 0.7；

η_{ns}——弯矩增加系数；

N——与弯矩设计值 M_2 对应的轴向压力设计值；

ζ_c——截面曲率修正系数，当 $\zeta_c>1.0$ 时，取 $\zeta_c=1.0$；

h——截面高度，对环形截面，取外直径，对圆形截面，取直径；

h_0——截面有效高度，对环形截面，取 $h_0=r_2+r_s$，对圆形截面，取 $h_0=r+r_s$，此处，r_2 是环形截面的外半径，r_s 是纵向钢筋所在圆周的半径，r 是圆形截面的半径；

A——构件截面面积。

6.4 偏心受压构件正截面受压承载力计算

6.4.1 矩形截面偏心受压构件正截面承载力计算公式

由于偏心受压构件具有两种不同破坏形态，其破坏时截面的应力状态是不同的，因此，计算公式也不同。为了简化计算，采用与受弯构件正截面计算中相同的处理方法，即用等效矩形应力分布图代替混凝土受压区的实际应力分布图。

6.4.1.1 大偏心受压构件（$x \leqslant \xi_b h_0$）

(1) 计算公式

大偏心受压构件在极限承载力作用下，截面应力状态如图 6.14 所示。

由力的平衡条件及各力对受拉钢筋合力作用点取弯矩平衡条件，得以下基本公式：

$$\sum Y=0 \quad N \leqslant N_u=\alpha_1 f_c bx+f_y' A_s'-f_y A_s \tag{6.15}$$

$$\sum M=0 \quad Ne \leqslant N_u e=\alpha_1 f_c bx\left(h_0-\frac{x}{2}\right)+f_y' A_s'(h_0-a_s') \tag{6.16}$$

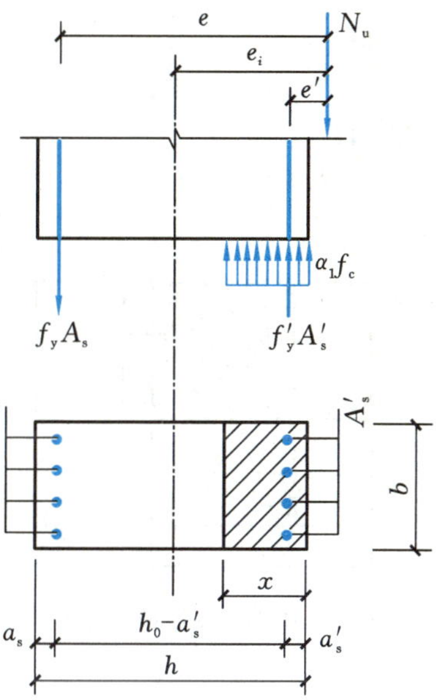

图 6.14 大偏心受压截面计算简图

将 $x=\xi h_0$ 代入式(6.15)和式(6.16)，令 $\alpha_s=\xi(1-0.5\xi)$，则式(6.15)及式(6.16)写成下列形式：

$$N \leqslant N_u=\alpha_1 f_c b\xi h_0+f_y' A_s'-f_y A_s \tag{6.17}$$

$$Ne \leqslant N_u e=\alpha_s \alpha_1 f_c bh_0^2+f_y' A_s'(h_0-a_s') \tag{6.18}$$

其中：

$$e=e_i+\frac{h}{2}-a_s \tag{6.19}$$

式中 N——轴向压力设计值；

N_u——受压承载力设计值；

e——轴向力作用点到受拉钢筋 A_s 合力作用点之间的距离。

其他各符号意义同前。

(2) 适用条件

① 为了保证构件破坏时受拉区钢筋应力先达到屈服强度，要求满足下列条件：

$$x \leqslant \xi_b h_0 \text{ 或 } \xi \leqslant \xi_b \tag{6.20}$$

② 为了保证构件破坏时，受压钢筋应力能达到屈服强度，与双筋受弯构件一样，要求满足下列条件：

$$x \geqslant 2a_s' \text{或 } \xi \geqslant \frac{2a_s'}{h_0} \tag{6.21}$$

若计算中出现 $x<2a_s'$ 的情况，则说明纵向受压钢筋的应力没有达到抗压强度设计值，此时，可近似取 $x=2a_s'$，并对受压钢筋 A_s' 合力作用点取力矩，得：

$$Ne'\leqslant N_u e'=f_y A_s(h_0-a_s') \tag{6.22}$$

$$e'=e_i-\frac{h}{2}+a_s' \tag{6.23}$$

式中 e'——轴向压力作用点至受压区纵向钢筋 A_s' 合力作用点的距离。

6.4.1.2 小偏心受压构件($x>\xi_b h_0$)

(1) 计算公式

小偏心受压破坏时，距轴向力较近一侧钢筋 A_s' 达到屈服强度设计值，而距轴向力较远一侧钢筋 A_s 无论受拉或受压均未达到受拉屈服强度设计值，所以 A_s 的应力用 σ_s 表示。当偏心距较大时，小偏心受压构件基本公式与大偏心受压构件基本公式相同，仅需用 σ_s 替代 f_y。本章主要分析偏心距较小的情况，小偏心受压构件在极限承载力作用下截面应力状态如图 6.15 所示。

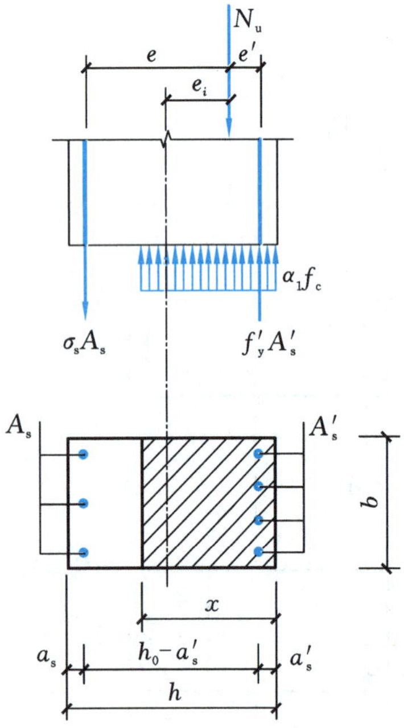

图 6.15 小偏心受压截面计算简图

由力的平衡条件及各力对受拉钢筋合力作用点，以及对受压钢筋合力作用点取弯矩平衡条件，得以下基本公式：

$$\sum Y=0 \quad N\leqslant N_u=\alpha_1 f_c bx+f_y'A_s'-\sigma_s A_s \tag{6.24}$$

$$\sum M=0 \quad Ne\leqslant N_u e=\alpha_1 f_c bx\left(h_0-\frac{x}{2}\right)+f_y'A_s'(h_0-a_s') \tag{6.25}$$

或：

$$Ne'\leqslant N_u e'=\alpha_1 f_c bx\left(\frac{x}{2}-a_s'\right)-\sigma_s A_s(h_0-a_s') \tag{6.26}$$

将 $x=\xi h_0$ 代入式(6.24)、式(6.25)及式(6.26)中，则式(6.24)、式(6.25)及式(6.26)写成下列形式：

$$N\leqslant N_u=\alpha_1 f_c b\xi h_0+f_y'A_s'-\sigma_s A_s \tag{6.27}$$

$$Ne\leqslant N_u e=\alpha_1 f_c bh_0^2\xi(1-0.5\xi)+f_y'A_s'(h_0-a_s') \tag{6.28}$$

$$Ne'\leqslant N_u e'=\alpha_1 f_c bh_0^2\xi\left(\frac{\xi}{2}-\frac{a_s'}{h_0}\right)-\sigma_s A_s(h_0-a_s') \tag{6.29}$$

式中 σ_s——距轴向力较远一侧钢筋的应力值，可根据截面应变保持平面的假定计算，近似取：

$$\sigma_s=\frac{\xi-\beta_1}{\xi_b-\beta_1}f_y \tag{6.30}$$

要求满足 $-f_y'\leqslant\sigma_s\leqslant f_y$。

式中 e,e'——轴向压力作用点至受拉区纵向钢筋 A_s、受压区纵向钢筋 A_s' 合力作用点的距离。

$$e=e_i+\frac{h}{2}-a_s \tag{6.31}$$

$$e'=\frac{h}{2}-e_i-a'_s \tag{6.32}$$

其他各符号意义同前。

(2) 适用条件

① $x>\xi_b h_0$ 或 $\xi>\xi_b$；

② $x\leqslant h$。

(3) 反向受压破坏计算

当偏心距很小，A'_s比 A_s 大得多，且轴向力很大时，截面的实际形心轴偏向 A'_s，导致偏心方向发生改变，有可能存在离轴向力较远一侧的边缘混凝土先压坏的情况，称为反向破坏。图 6.16 所示为反向破坏对应的截面应力计算图，对A'_s合力作用点取矩，可得：

$$Ne'\leqslant N_u e'=f_c bh\left(h'_0-\frac{h}{2}\right)+f'_y A_s(h'_0-a_s) \tag{6.33}$$

$$e'=\frac{h}{2}-a'_s-(e_0-e_a) \tag{6.34}$$

式中 h'_0——纵向受压钢筋合力作用点至截面远边的距离，$h'_0=h-a'_s$；

e'——轴向压力作用点至受压区纵向钢筋 A'_s合力作用点的距离。

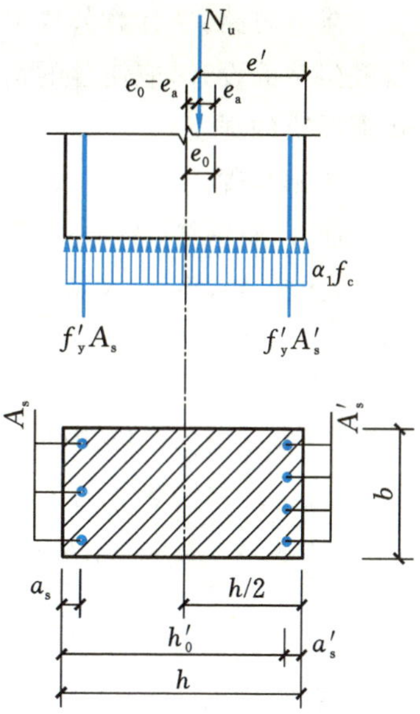

图 6.16 小偏心反向受压破坏时截面应力计算图

其他各符号意义同前。

为了避免由于远离轴向力一侧的纵向钢筋配置不足而导致发生反向破坏，当 $N>f_c bh$ 时，对于矩形截面非对称配筋的小偏心受压构件，除按式(6.24)、式(6.25)及式(6.26)计算外，还要满足式(6.33)。

6.4.2 非对称配筋矩形截面偏心受压构件正截面承载力计算

与受弯构件正截面承载力计算一样，偏心受压构件正截面承载力计算也分为截面设计与截面复核两类问题。

6.4.2.1 截面设计

(1) 大小偏心受压构件的设计判别

在进行偏心受压构件截面设计时，应首先确定构件的偏心类型。当采用非对称配筋截面设计时，已知构件截面上的内力设计值 N、M，材料强度及构件截面尺寸，求 A_s 和 A'_s。如果根据大、小偏心受压构件的界限条件 $\xi=\xi_b$ 来判别，需要计算出截面相对受压区高度 ξ，而在设计之前，由于钢筋尚未确定，无法求出 ξ，因此也就不能利用 ξ 来判别，此时可以近似按照偏心距大小来判别，当 $e_i>0.3h_0$ 时，可按照大偏心受压情况计算；当 $e_i\leqslant 0.3h_0$ 时，可按照小偏心受压情况计算。

(2) 大偏心受压构件

对于大偏心受压构件，其截面设计有下列两种情况：

情况 1：A_s 和 A'_s 均未知，求 A_s 和 A'_s。

求解思路：在计算公式中，有 A_s、A'_s 及 x 三个未知数，还需增加一个条件才能求解。为取得较经济的设计，应使总的钢筋截面面积($A_s+A'_s$)最小，以此为原则来确定配筋，则应充分利用混凝土的强度。

求解步骤：

① 以使钢筋($A_s+A'_s$)总量最小作为补充条件，取 $x=\xi_b h_0$。

② 求 A'_s，将 $x=\xi_b h_0$ 代入式(6.16)可得：

$$A'_s=\frac{Ne-\alpha_1 f_c bh_0^2\xi_b(1-0.5\xi_b)}{f'_y(h_0-a'_s)} \tag{6.35}$$

③ 验算 A'_s，若按式(6.35)求出的 $A'_s\geqslant\rho'_{\min}bh$，满足条件；若 $A'_s<\rho'_{\min}bh$ 或为负值时，则令 $A'_s=\rho'_{\min}bh$，并按照情况 2 计算即 A'_s 已知，求 A_s；

④ 求 A_s，将 $x=\xi_b h_0$ 与 A'_s 代入式(6.15)可得：

$$A_s=\frac{\alpha_1 f_c b\xi_b h_0+f'_y A'_s-N}{f_y} \tag{6.36}$$

⑤ 验算 A_s，若按式(6.36)求出的 $A_s\geqslant\rho_{\min}bh$，满足条件；若 $A_s<\rho_{\min}bh$ 或为负值时，则令 $A_s=\rho_{\min}bh$。

情况 2：A'_s 已知，求 A_s。

求解思路：在计算公式中，有 A'_s 及 x 两个未知数，该问题既可用基本公式求解，也可用拆分法及查表法求解。

求解步骤：

① 求 α_s，将已知条件代入式(6.18)可得：

$$\alpha_s=\frac{Ne-f'_y A'_s(h_0-a'_s)}{\alpha_1 f_c bh_0^2} \tag{6.37}$$

② 按 $\xi=1-\sqrt{1-2\alpha_s}$ 计算或者查附录 5 求出 ξ。

③ 验算 ξ，若 $\frac{2a'_s}{h_0}\leqslant\xi\leqslant\xi_b$，满足条件。

④ 求 A_s，将 ξ 代入式(6.17)可得：

$$A_s=\frac{\alpha_1 f_c b\xi h_0+f'_y A'_s-N}{f_y} \tag{6.38}$$

⑤ 验算 A_s，若按式(6.38)求出的 $A_s\geqslant\rho_{\min}bh$，满足条件；若 $A_s<\rho_{\min}bh$ 或为负值时，则令 $A_s=\rho_{\min}bh$。

如果 $\xi>\xi_b$，则说明受压钢筋不足，应增加 A'_s 的数量，按照情况 1，A'_s 未知，重新计算 A'_s 和 A_s。

若 $\xi<\frac{2a'_s}{h_0}$，则说明受压钢筋达不到屈服强度，可近似取 $x=2a'_s$，并对受压钢筋 A'_s 合力作用点取力矩，按式(6.22)计算 A_s，并验算最小配筋率，即：

$$A_s=\frac{Ne'}{f_y(h_0-a_s')} \tag{6.39}$$

(3) 小偏心受压构件

求解思路：在计算公式中，有 A_s、A_s' 及 x 三个未知数，故无唯一解。当构件发生小偏心受压破坏时，A_s 受拉或受压，均不能达到屈服强度，所以不需要配置太多的 A_s，实际上可按照最小配筋率配置。

求解步骤：

① 按照最小配筋率初步拟定 A_s 值，即取 $A_s=\rho_{\min}bh$。对于矩形截面非对称配筋小偏心受压构件，当 $N>f_cbh$ 时，应按照式(6.33)计算再验算 A_s 用量，即：

$$A_s=\frac{Ne'-f_cbh\left(h_0'-\frac{h}{2}\right)}{f_y'(h_0'-a_s)} \tag{6.40}$$

取两者中的较大值选配钢筋。

② 求 ξ，将 A_s 代入式(6.29)并利用 σ_s 的近似公式(6.30)，得到关于 ξ 的一元二次方程，求得 ξ：

$$\xi=A+\sqrt{A^2+B} \tag{6.41}$$

其中：

$$A=\frac{a_s'}{h_0}+\frac{f_yA_s}{(\xi_b-\beta_1)\alpha_1f_cbh_0}\left(1-\frac{a_s'}{h_0}\right) \tag{6.42}$$

$$B=\frac{2Ne'}{\alpha_1f_cbh_0^2}-\frac{2\beta_1f_yA_s}{(\xi_b-\beta_1)\alpha_1f_cbh_0}\left(1-\frac{a_s'}{h_0}\right) \tag{6.43}$$

得到 ξ 值之后，计算 σ_s，因纵向钢筋 A_s 的应力 $\sigma_s=\frac{\xi-\beta_1}{\xi_b-\beta_1}f_y$，且满足 $-f_y'\leqslant\sigma_s\leqslant f_y$，相应得到 $\xi_b\leqslant\xi\leqslant2\beta_1-\xi_b$。根据 σ_s 和 ξ 的不同情况进行分析：

情况 1：如果 $-f_y'\leqslant\sigma_s<f_y$ 且 $\xi_b<\xi<2\beta_1-\xi_b$，说明 A_s 受拉或者受压均不屈服，且混凝土受压区计算高度未超过截面高度，求得的 ξ 有效，把 ξ 代入式(6.28)求出 A_s'，并验算最小配筋率，若不满足最小配筋率要求，取 $A_s'=\rho_{\min}'bh$。

$$A_s'=\frac{Ne-\alpha_1f_cbh_0^2\xi(1-0.5\xi)}{f_y'(h_0-a_s')}\geqslant\rho_{\min}'bh \tag{6.44}$$

情况 2：如果 $\sigma_s<-f_y'$ 且 $2\beta_1-\xi_b<\xi\leqslant h/h_0$ 时，说明 A_s 受压屈服，混凝土受压区计算高度未超过截面高度，求得的 ξ 无效，应重新计算，令 $\sigma_s=-f_y'$，代入式(6.27)及式(6.29)得：

$$N\leqslant N_u=\alpha_1f_cb\xi h_0+f_y'A_s'+f_y'A_s \tag{6.45}$$

$$Ne'\leqslant N_ue'=\alpha_1f_cbh_0^2\xi\left(\frac{\xi}{2}-\frac{a_s'}{h_0}\right)+f_y'A_s(h_0-a_s') \tag{6.46}$$

两个方程、两个未知数 ξ 和 A_s'，可以先求 ξ，再求 A_s'，同样验算最小配筋率，若不满足最小配筋率要求，取 $A_s'=\rho_{\min}'bh$。

情况 3：如果 $\sigma_s<-f_y'$ 且 $\xi>h/h_0$ 时，说明 A_s 受压屈服，混凝土受压区计算高度超过截面高度，求得的 ξ 无效，应重新计算，令 $\sigma_s=-f_y'$，$\xi=h/h_0$，代入式(6.27)及式(6.28)得：

$$N\leqslant N_u=\alpha_1f_cbh+f_y'A_s'+f_y'A_s \tag{6.47}$$

$$Ne \leqslant N_u e = \alpha_1 f_c bh\left(h_0 - \frac{h}{2}\right) + f'_y A'_s (h_0 - a'_s) \tag{6.48}$$

根据式(6.48)求出求 A'_s，同样验算最小配筋率。若不满足最小配筋率要求，则取 $A'_s = \rho'_{min} bh$。

6.4.2.2 截面复核

在进行截面承载力复核时，一般已知截面尺寸 $b \times h$、混凝土强度等级、钢筋种类及钢筋截面面积 A_s 和 A'_s、构件长细比，根据构件轴向力和弯矩作用方式，截面承载力复核分为两种情况：

(1) 给定轴力设计值 N，求弯矩作用平面的弯矩设计值 M

求解思路：与截面设计同理，截面复核时也要判别大小偏心受压构件，首先假定该构件为大偏心受压构件，将已知条件代入式(6.15)，求出 x，再判别大小偏心受压构件。

求解步骤：

① 计算 x，根据式(6.15)计算 x，即：

$$x = \frac{N - f'_y A'_s + f_y A_s}{\alpha_1 f_c b} \tag{6.49}$$

② 验算 x：

若 $x \leqslant \xi_b h_0$，说明该构件为大偏心受压构件，原假定正确，按照大偏心受压构件计算，若 $x \geqslant 2a'_s$，用式(6.16)计算 e，再由 $e = e_i + \frac{h}{2} - a_s$ 求 e_i；若 $x < 2a'_s$，用式(6.22)计算 e'，然后由 $e' = e_i - \frac{h}{2} + a'_s$ 求 e_i，再由 $e_i = e_a + e_0$ 求 e_0，则弯矩设计值 $M = Ne_0$。

若 $x > \xi_b h_0$，说明该构件为小偏心受压构件，原假定不正确，按照小偏心受压构件公式重新计算 x，再由式(6.25)计算 e，由 $e = e_i + \frac{h}{2} - a_s$ 求 e_i，由 $e_i = e_a + e_0$ 求 e_0，则弯矩设计值 $M = Ne_0$。

(2) 给定轴力作用的偏心距 e_0，求轴力设计值 N

求解思路：首先假定该构件为大偏心受压构件，因截面配筋已知，可按图 6.14 对 N 作用点取矩，求出 x，再判别大小偏心受压构件。

求解步骤：

① 按图 6.14 对 N 作用点取矩，可得：

$$\alpha_1 f_c bx\left(e_i - \frac{h}{2} + \frac{x}{2}\right) + f'_y A'_s\left(e_i - \frac{h}{2} + a'_s\right) - f_y A_s\left(e_i + \frac{h}{2} - a'_s\right) = 0 \tag{6.50}$$

根据上式求出 x。

② 验算 x：

若 $x \leqslant \xi_b h_0$，说明该构件为大偏心受压构件，原假定正确，按照大偏心受压构件计算，将已知条件及 x 代入式(6.15)求出 N。

若 $x > \xi_b h_0$，说明该构件为小偏心受压构件，原假定不正确，按照小偏心受压构件计算，将已知条件代入式(6.24)、式(6.25)及式(6.30)重新计算 x 及 N。

【例 6.3】 某钢筋混凝土柱截面尺寸 $b\times h=400\ \text{mm}\times 500\ \text{mm}$，柱的计算长度 $l_c=5.0\ \text{m}$，截面承受轴向压力设计值为 $N=1200\ \text{kN}$，柱两端弯矩设计值分别为 $M_1=200\ \text{kN}\cdot\text{m}$，$M_2=220\ \text{kN}\cdot\text{m}$。该柱采用 C30 混凝土，纵筋为 HRB400 级钢筋，采用非对称配筋，$a_s=a'_s=40\ \text{mm}$，试计算该截面受力钢筋截面面积 A_s 及 A'_s。

【解】 混凝土选用 C30，根据附表 2.2 可知 $f_c=14.3\ \text{N/mm}^2$，$f_t=1.43\ \text{N/mm}^2$；钢筋采用 HRB400 级，根据附表 1.2 可知 $f_y=f'_y=360\ \text{N/mm}^2$；根据表 4.4 和表 4.5 可知 $\alpha_1=1.0$，$\xi_b=0.518$。

(1) 判断是否考虑二阶效应影响

由于 $\dfrac{M_1}{M_2}=\dfrac{200}{220}=0.91>0.9$ 故需考虑 $P\text{-}\delta$ 效应。

(2) 计算弯矩设计值

$$h_0=h-a_s=500-40=460\ \text{mm}$$

$$e_a=\max\left(20\ \text{mm},\frac{h}{30}\right)=\max\left(20\ \text{mm},\frac{500}{30}\right)=20\ \text{mm}$$

$$\zeta_c=\frac{0.5f_cA}{N}=\frac{0.5\times 14.3\times 400\times 500}{1200\times 10^3}=1.19>1.0\quad 取\ \zeta_c=1.0$$

$$C_m=0.7+0.3\frac{M_1}{M_2}=0.7+0.3\times\frac{200}{220}=0.97$$

$$\eta_{ns}=1+\frac{1}{1300\left(\dfrac{M_2}{N}+e_a\right)\Big/h_0}\left(\frac{l_c}{h}\right)^2\zeta_c=1+\frac{1}{1300\times\left(\dfrac{220\times 10^6}{1200\times 10^3}+20\right)\Big/460}\times\left(\frac{5000}{500}\right)^2=1.174$$

弯矩设计值 $M=\eta_{ns}C_mM_2=1.174\times 0.97\times 220=250.53\ \text{kN}\cdot\text{m}$

(3) 判别偏心受压构件类型

$$e_0=\frac{M}{N}=\frac{250.53\times 10^6}{1200\times 10^3}=208.8\ \text{mm}$$

$$e_i=e_0+e_a=208.8+20=228.8\ \text{mm}>0.3h_0=0.3\times 460=138\ \text{mm}$$

可按照大偏心受压构件计算。

(4) 计算 A'_s 和 A_s

$$e=e_i+\frac{h}{2}-a_s=228.8+\frac{500}{2}-40=438.8\ \text{mm}$$

为使钢筋总量最少，令 $x=\xi_bh_0$，则：

$$A'_s=\frac{Ne-\alpha_1f_cbh_0^2\xi_b(1-0.5\xi_b)}{f'_y(h_0-a'_s)}$$

$$=\frac{1200\times 10^3\times 438.8-1.0\times 14.3\times 400\times 460^2\times 0.518\times(1-0.5\times 0.518)}{360\times(460-40)}$$

$$=410\ \text{mm}^2>\rho'_{\min}bh=0.2\%\times 400\times 500=400\ \text{mm}^2（不少筋）$$

$$A_s=\frac{\alpha_1f_cb\xi_bh_0+f'_yA'_s-N}{f_y}=\frac{1.0\times 14.3\times 400\times 460\times 0.518+410\times 360-1200\times 10^3}{360}$$

$$=863\ \text{mm}^2>\rho_{\min}bh=0.2\%\times 400\times 500=400\ \text{mm}^2（不少筋）$$

(5) 钢筋选择

纵向受拉钢筋 A_s:2Φ20+1Φ18(A_s=882.5 mm^2);

纵向受压钢筋 A_s':3Φ14(A_s'=461 mm^2)。

【例 6.4】 已知条件同例 6.3,并已知配筋受压钢筋 3Φ16(A_s'=603 mm^2),求受拉钢筋截面面积 A_s。

【解】 (1)计算 A_s

$$\alpha_s=\frac{Ne-f_y'A_s'(h_0-a_s')}{\alpha_1 f_c bh_0^2}=\frac{1200\times10^3\times438.8-360\times603\times(460-40)}{1.0\times14.3\times400\times460^2}=0.36$$

$$\xi=1-\sqrt{1-2\alpha_s}=1-\sqrt{1-2\times0.36}=0.471<\xi_b=0.518(\text{是大偏心受压构件})$$

$$\xi=0.471>\frac{2a_s'}{h_0}=\frac{2\times40}{460}=0.174(\text{满足条件})$$

$$A_s=\frac{\alpha_1 f_c b\xi h_0+f_y'A_s'-N}{f_y}=\frac{1.0\times14.3\times400\times0.471\times460+360\times603-1200\times10^3}{360}$$

$$=712\ mm^2>\rho_{min}bh=0.2\%\times400\times500=400\ mm^2(\text{不少筋})$$

(2) 钢筋选择

纵向受拉钢筋 A_s:3Φ18(A_s=763 mm^2)。

【例 6.5】 已知某钢筋混凝土框架柱截面尺寸 $b\times h$=300 mm×500 mm,$a_s=a_s'$=40 mm,承受轴向压力设计值 N=600 kN,柱端弯矩设计值 M_1=277 kN·m,M_2=300 kN·m,构件计算长度 l_c=4.2 m,混凝土强度等级为 C30,纵向钢筋采用 HRB400 级钢筋,试求钢筋截面面积 A_s 和 A_s'。

【解】 混凝土选用 C30,根据附表 2.2 可知 f_c=14.3 N/mm^2,f_t=1.43 N/mm^2;钢筋采用 HRB400 级,根据附表 1.2 可知 $f_y=f_y'$=360 N/mm^2;根据表 4.4 和表 4.5 可知 α_1=1.0,ξ_b=0.518。

(1) 判断是否考虑二阶效应影响

因 $\frac{M_1}{M_2}=\frac{277}{300}=0.923>0.9$,故需考虑 P-δ 效应。

(2) 计算弯矩设计值

$$h_0=h-a_s=500-40=460\ mm$$

$$e_a=\max\left(20\ mm,\frac{h}{30}\right)=\max\left(20\ mm,\frac{500}{30}\right)=20\ mm$$

$$\zeta_c=\frac{0.5f_cA}{N}=\frac{0.5\times14.3\times400\times500}{600\times10^3}=2.38>1.0,\text{取 }\zeta_c=1.0$$

$$C_m=0.7+0.3\frac{M_1}{M_2}=0.7+0.3\times\frac{277}{300}=0.977$$

$$\eta_{ns}=1+\frac{1}{1300\left(\frac{M_2}{N}+e_a\right)\Big/h_0}\left(\frac{l_c}{h_0}\right)^2\zeta_c=1+\frac{1}{1300\left(\frac{300\times10^6}{600\times10^3}+20\right)\Big/460}\left(\frac{4200}{500}\right)^2\times1.0=1.048$$

$$M=C_m\eta_{ns}M_2=0.977\times1.048\times300=307.2\ kN\cdot m>M_2=300\ kN\cdot m$$

(3) 判别偏心受压构件类型

$$e_0=\frac{M}{N}=\frac{307.2\times10^6}{600\times10^3}=512\ \text{mm}$$

$$e_i=e_0+e_a=512+20=532\ \text{mm}>0.3h_0=0.3\times460=138\ \text{mm}$$

可按照大偏心受压构件计算。

(4) 计算 A_s' 和 A_s

$$e=e_i+\frac{h}{2}-a_s=532+\frac{500}{2}-40=742\ \text{mm}$$

为使钢筋总量最少，令 $x=\xi_b h_0$，则：

$$A_s'=\frac{Ne-\alpha_1 f_c bh_0^2\xi_b(1-0.5\xi_b)}{f_y'(h_0-a_s')}$$

$$=\frac{600\times10^3\times742-1.0\times14.3\times400\times460^2\times0.518\times(1-0.5\times0.518)}{360\times(460-40)}<0$$

令 $A_s'=\rho_{min}'bh=0.2\%\times400\times500=400\ \text{mm}^2$，则：

$$\alpha_s=\frac{Ne-f_y'A_s'(h_0-a_s')}{\alpha_1 f_c bh_0^2}=\frac{600\times10^3\times742-360\times400\times(460-40)}{1.0\times14.3\times400\times460^2}=0.318$$

$$\xi=1-\sqrt{1-2\alpha_s}=1-\sqrt{1-2\times0.318}=0.397<\xi_b=0.518(\text{是大偏心受压构件})$$

$$\xi=0.397>\frac{2a_s'}{h_0}=\frac{2\times40}{460}=0.174(\text{满足条件})$$

$$A_s=\frac{\alpha_1 f_c b\xi h_0+f_y'A_s'-N}{f_y}=\frac{1.0\times14.3\times400\times0.397\times460+360\times400-600\times10^3}{360}$$

$$=1635\ \text{mm}^2>\rho_{min}bh=0.2\%\times400\times500=400\ \text{mm}^2(\text{不少筋})$$

(5) 钢筋选择

纵向受拉钢筋 A_s：2⌀22+2⌀25（$A_s=1742\ \text{mm}^2$）；

纵向受压钢筋 A_s'：4⌀12（$A_s'=452\ \text{mm}^2$）。

【例 6.6】 已知某钢筋混凝土框架柱截面尺寸 $b\times h=500\ \text{mm}\times800\ \text{mm}$，$a_s=a_s'=45\ \text{mm}$，承受轴向压力设计值 $N=4000\ \text{kN}$，柱端弯矩设计值 $M_1=460\ \text{kN}\cdot\text{m}$，$M_2=480\ \text{kN}\cdot\text{m}$，构件计算长度 $l_c=7.5\ \text{m}$，混凝土强度等级为 C35，纵向钢筋采用 HRB400 级钢筋，试求钢筋截面面积 A_s 和 A_s'。

【解】 混凝土选用 C35，根据附表 2.2 可知 $f_c=16.7\ \text{N/mm}^2$，$f_t=1.43\ \text{N/mm}^2$；钢筋采用 HRB400 级，根据附表 1.2 可知 $f_y=f_y'=360\ \text{N/mm}^2$；根据表 4.4 和表 4.5 可知 $\alpha_1=1.0$，$\xi_b=0.518$。

(1) 判断是否考虑二阶效应影响

因 $\frac{M_1}{M_2}=\frac{460}{480}=0.958>0.9$，故需考虑 P-δ 效应。

(2) 计算弯矩设计值

$$h_0=h-a_s=800-45=755\ \text{mm}$$

$$e_a=\max\left(20\ \text{mm},\frac{h}{30}\right)=\max\left(20\ \text{mm},\frac{800}{30}\right)=27\ \text{mm}$$

$$\zeta_c=\frac{0.5f_cA}{N}=\frac{0.5\times16.7\times500\times800}{4000\times10^3}=0.835$$

$$C_m=0.7+0.3\frac{M_1}{M_2}=0.7+0.3\times\frac{460}{480}=0.987$$

$$\eta_{ns}=1+\frac{1}{1300\left(\frac{M_2}{N}+e_a\right)/h_0}\left(\frac{l_c}{h_0}\right)^2\zeta_c=1+\frac{1}{1300\left(\frac{480\times10^6}{4000\times10^3}+27\right)/755}\left(\frac{7500}{800}\right)^2\times0.835=1.29$$

$$M=C_m\eta_{ns}M_2=0.987\times1.29\times480=611.15\ \text{kN}\cdot\text{m}>M_2=480\ \text{kN}\cdot\text{m}$$

(3) 判别偏心受压构件类型

$$e_0=\frac{M}{N}=\frac{611.15\times10^6}{4000\times10^3}=152.8\ \text{mm}$$

$$e_i=e_0+e_a=152.8+27=179.8\ \text{mm}<0.3h_0=0.3\times755=226.5\ \text{mm}$$

可按照小偏心受压构件计算。

$$e=e_i+\frac{h}{2}-a_s=179.8+\frac{800}{2}-45=534.8\ \text{mm}$$

$$e'=\frac{h}{2}-e_i-a_s'=\frac{800}{2}-179.8-45=175.2\ \text{mm}$$

(4) 初步确定 A_s

令 $A_s=\rho_{min}bh=0.2\%\times500\times800=800\ \text{mm}^2$，则：

$$f_cbh=16.7\times500\times800=6680\ \text{kN}>N=4000\ \text{kN}$$

可不用进行反向受压破坏验算，故取 $A_s=800\ \text{mm}^2$，选 4Φ16($A_s=804\ \text{mm}^2$)。

(5) 计算 A_s'

$$A=\frac{a_s'}{h_0}+\frac{f_yA_s}{(\xi_b-\beta_1)\alpha_1f_cbh_0}\left(1-\frac{a_s'}{h_0}\right)$$

$$=\frac{45}{755}+\frac{360\times804}{(0.518-0.8)\times1.0\times16.7\times500\times755}\times\left(1-\frac{45}{755}\right)=-0.094$$

$$B=\frac{2Ne'}{\alpha_1f_cbh_0^2}-\frac{2\beta_1f_yA_s}{(\xi_b-\beta_1)\alpha_1f_cbh_0}\left(1-\frac{a_s'}{h_0}\right)$$

$$=\frac{2\times4000\times10^3\times175.2}{1.0\times16.7\times500\times755^2}-\frac{2\times0.8\times360\times804}{(0.518-0.8)\times1.0\times16.7\times500\times755}\times\left(1-\frac{45}{755}\right)=0.539$$

$$\xi=A+\sqrt{A^2+B}=-0.094+\sqrt{(-0.094)^2+0.539}=0.646$$

$$\sigma_s=\frac{\xi-\beta_1}{\xi_b-\beta_1}f_y=\frac{0.646-0.8}{0.518-0.8}\times360=196\ \text{N/mm}^2$$

则：

$$-f_y'=-360\ \text{N/mm}^2<\sigma_s=196\ \text{N/mm}^2<f_y=360\ \text{N/mm}^2$$

说明 A_s 受拉且未达到屈服强度，则：

$$A_s'=\frac{Ne-\alpha_1f_cbh_0^2\xi(1-0.5\xi)}{f_y'(h_0-a_s')}$$

$$=\frac{4000\times10^3\times534.8-1.0\times16.7\times500\times755^2\times0.646\times(1-0.5\times0.646)}{360\times(755-45)}$$

$$=225.3\ \text{mm}^2<\rho_{min}'bh=0.2\%\times500\times800=800\ \text{mm}^2$$

取 $A_s'=\rho_{min}'bh=800\ \text{mm}^2$，选配钢筋 4$\Phi$20($A_s'=1256\ \text{mm}^2$)。

【例 6.7】 某一矩形截面柱截面尺寸 $b\times h=400\ \text{mm}\times 600\ \text{mm}$，$a_s=a_s'=40\ \text{mm}$，承受轴向压力设计值 $N=1000\ \text{kN}$，混凝土强度等级为 C30，纵向钢筋采用 HRB400 级钢筋，A_s 选用 4 ⌀20（$A_s=1256\ \text{mm}^2$），A_s' 选用 4 ⌀25（$A_s'=1964\ \text{mm}^2$），构件计算长度 $l_c=6.0\ \text{m}$，柱两端弯矩相同，试求该截面在 h 方向能承受的弯矩设计值。

【解】 混凝土选用 C30，根据附表 2.2 可知 $f_c=14.3\ \text{N/mm}^2$，$f_t=1.43\ \text{N/mm}^2$；钢筋采用 HRB400 级，根据附表 1.2 可知 $f_y=f_y'=360\ \text{N/mm}^2$；根据表 4.4 和表 4.5 可知 $\alpha_1=1.0$，$\xi_b=0.518$。

(1) 判别偏心受压构件类型

假定为大偏心受压构件，则：

$$h_0=h-a_s=600-40=560\ \text{mm}$$

$$x=\frac{N-f_y'A_s'+f_yA_s}{\alpha_1 f_c b}=\frac{1000\times 10^3-360\times 1964+360\times 1256}{1.0\times 14.3\times 400}$$

$$=130.3\ \text{mm}<\xi_b h_0=0.518\times 560=290\ \text{mm}$$

判定为大偏心受压构件，按照大偏心受压构件计算。

$$x>2a_s'=2\times 40=80\ \text{mm}(\text{满足条件})$$

(2) 求 e_0

$$e=\frac{\alpha_1 f_c bx\left(h_0-\dfrac{x}{2}\right)+f_y'A_s'(h_0-a_s')}{N}$$

$$=\frac{1.0\times 14.3\times 400\times 130.3\times\left(560-\dfrac{130.3}{2}\right)+360\times 1964\times(560-40)}{1000\times 10^3}=736.5\ \text{mm}$$

$$e_i=e-\frac{h}{2}+a_s=736.5-\frac{600}{2}+40=476.5\ \text{mm}$$

$$e_a=\max\left(20\ \text{mm},\frac{h}{30}\right)=\max\left(20\ \text{mm},\frac{600}{30}\right)=20\ \text{mm}$$

$$e_0=e_i-e_a=476.5-20=456.5\ \text{mm}$$

(3) 求 M

该截面在高度 h 方向能承受的弯矩设计值：

$$M=Ne_0=1000\times 0.4565=456.5\ \text{kN}\cdot\text{m}$$

6.4.3 对称配筋矩形截面偏心受压构件正截面承载力计算

在实际工程中，单层厂房柱、多层框架柱等偏心受压构件，由于其控制截面在不同的荷载组合作用下，可能产生相反方向的弯矩（即截面在一种荷载组合情况下为受拉的部位，在另一种荷载组合下却为受压），当其数值相差不大时，或即使相反方向弯矩相差较大，但按对称配筋设计求得的纵筋总量与按非对称配筋设计求得的纵筋总量相比增加不多时，为便于设计和施工，常采用对称配筋，即 $A_s=A_s'$，$f_y=f_y'$。

6.4.3.1 截面设计

对称配筋，截面两侧钢筋相同，则由式(6.15)，令 $N_u=N$，可得：

$$x=\frac{N}{\alpha_1 f_c b} \tag{6.51}$$

当 $x\leqslant\xi_b h_0$ 时,按照大偏心受压构件计算;当 $x>\xi_b h_0$ 时,按照小偏心受压构件计算。

(1) 大偏心受压构件

若满足 $2a_s'\leqslant x\leqslant\xi_b h_0$,由式(6.16)可得:

$$A_s=A_s'=\frac{Ne-\alpha_1 f_c bx(h_0-0.5x)}{f_y'(h_0-a_s')} \tag{6.52}$$

若计算中出现 $x<2a_s'$的情况,则说明纵向受压钢筋的应力没有达到抗压强度设计值,此时,可近似取 $x=2a_s'$,由式(6.22),得:

$$A_s'=A_s=\frac{Ne'}{f_y(h_0-a_s')} \tag{6.53}$$

必须注意,若求得的 A_s 和 A_s'不满足最小配筋率的要求,应按最小配筋率及有关构造要求配置钢筋。

(2) 小偏心受压构件

对于小偏心受压构件,当 $A_s=A_s'$,$f_y=f_y'$,由式(6.27)和式(6.30)可得:

$$f_y'A_s'=\frac{(N-\alpha_1 f_c b\xi h_0)(\xi_b-\beta_1)}{\xi_b-\xi} \tag{6.54}$$

将式(6.54)代入式(6.28)得到关于 ξ 的一元三次方程式:

$$Ne\frac{\xi_b-\xi}{\xi_b-\beta_1}=\alpha_1 f_c bh_0^2\xi(1-0.5\xi)\frac{\xi_b-\xi}{\xi_b-\beta_1}+(N-\alpha_1 f_c b\xi h_0)(h_0-a_s') \tag{6.55}$$

为了避免解方程,可采用简化方法计算,《混凝土结构设计标准》(GB/T 50010—2010)(2024 年版)给出 ξ 的近似公式:

$$\xi=\frac{N-\alpha_1\xi_b f_c bh_0}{\dfrac{Ne-0.43\alpha_1 f_c bh_0^2}{(\beta_1-\xi_b)(h_0-a_s')}+\alpha_1 f_c bh_0}+\xi_b \tag{6.56}$$

代入式(6.28)可求得钢筋面积:

$$A_s=A_s'=\frac{Ne-\alpha_1 f_c bh_0^2\xi(1-0.5\xi)}{f_y'(h_0-a_s')} \tag{6.57}$$

必须注意,若求得的 A_s 和 A_s'不满足最小配筋率的要求,应按最小配筋率及有关构造要求配置钢筋。

6.4.3.2 截面复核

可按非对称配筋的截面复核方法进行计算,但取 $A_s=A_s'$,$f_y=f_y'$。

【例 6.8】条件同例 6.3,采用对称配筋,求钢筋截面面积 A_s 及 A_s'。

【解】(1)判别偏心受压构件类型

$$x=\frac{N}{\alpha_1 f_c b}=\frac{1200\times10^3}{1.0\times14.3\times400}=209.8\ \text{mm}<\xi_b h_0=0.518\times460=238.28\ \text{mm}$$

属于大偏心受压构件。

$$x=209.8>2a_s'=2\times40=80\ \text{mm}(\text{满足条件})$$

(2) 计算钢筋截面面积

$$A_s=A_s'=\frac{Ne-\alpha_1 f_c bx\left(h_0-\dfrac{x}{2}\right)}{f_y'(h_0-a_s')}$$

$$=\frac{1200\times10^3\times438.8-1.0\times14.3\times400\times209.8\times\left(460-\dfrac{209.8}{2}\right)}{360\times(460-40)}$$

$$=664.2\ \text{mm}^2>\rho_{\min}bh=0.2\%\times400\times500=400\ \text{mm}^2(\text{不少筋})$$

选配钢筋：每边配置 2⌀28+1⌀16($A_s=A_s'=710.1\ \text{mm}^2$)。

【例 6.9】 条件同例 6.6，采用对称配筋，求钢筋截面面积 A_s 及 A_s'。

【解】 (1)判别偏心受压构件类型

$$x=\frac{N}{\alpha_1 f_c b}=\frac{4000\times10^3}{1.0\times16.7\times500}=479\ \text{mm}>\xi_b h_0=0.518\times755=391.1\ \text{mm}$$

属于小偏心受压构件。

(2) 计算钢筋截面面积

$$\xi=\frac{N-\xi_b\alpha_1 f_c bh_0}{\dfrac{Ne-0.43\alpha_1 f_c bh_0^2}{(\beta_1-\xi_b)(h_0-a_s')}+\alpha_1 f_c bh_0}+\xi_b$$

$$=\frac{4000\times10^3-0.518\times1.0\times16.7\times500\times755}{\dfrac{4000\times10^3\times534.8-0.43\times1.0\times16.7\times500\times755^2}{(0.8-0.518)\times(755-45)}+1.0\times16.7\times500\times755}+0.518=0.627$$

$$A_s'=A_s=\frac{Ne-\alpha_1 f_c bh_0^2\xi(1-0.5\xi)}{f_y'(h_0-a_s')}$$

$$=\frac{4000\times10^3\times534.8-1.0\times16.7\times500\times755^2\times0.627\times(1-0.5\times0.627)}{360\times(755-45)}$$

$$=353.9<\rho_{\min}'bh=0.2\%\times500\times800=800\ \text{mm}^2$$

取 $A_s'=\rho_{\min}'bh=800\ \text{mm}^2$，选配钢筋 4⌀20($A_s'=1256\ \text{mm}^2$)。

6.4.4 偏心受压构件正截面承载力 N_u-M_u 关系曲线

对于给定截面、材料强度和配筋的偏心受压构件，达到承载力极限状态时，截面承受的轴向力 N_u 和弯矩 M_u 并不独立，而是具有相关性，可用 N_u-M_u 相关曲线表示。图 6.17 所示为对称配筋偏心受压构件 N_u-M_u 关系曲线。这条曲线可以直观看出大小偏心受压构件的 N_u 和 M_u 及其与配筋率之间的关系，并能利用这种关系快速进行界面设计和偏心类别判断。

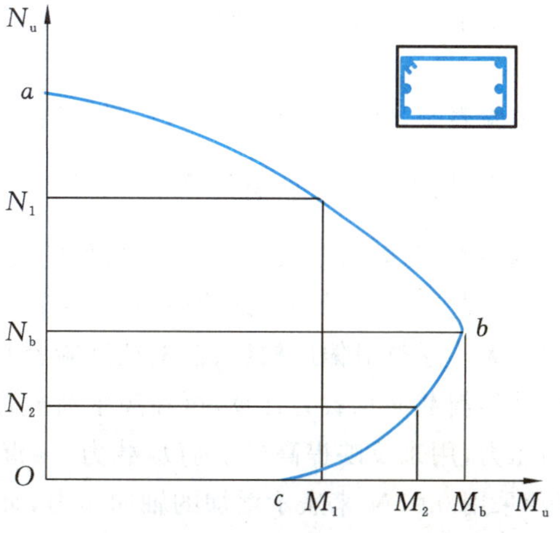

图 6.17　对称配筋偏心受压构件 N_u-M_u 关系曲线

如图 6.17 所示，曲线 bc 为大偏心受压构

件 N_u-M_u 关系曲线，曲线 ab 为小偏心受压构件 N_u-M_u 关系曲线，b 点相应于界限破坏，c 点相应于构件的正截面受弯破坏，a 点相应于轴心受压。

N_u-M_u 相关曲线反映了在压力和弯矩共同作用下正截面承载力的规律，具有以下特点：

(1) 相关曲线上的任一点代表截面处于正截面承载力极限状态时的一种内力组合。如一组内力(N,M)在曲线内侧说明截面未达到极限状态，是安全的；如(N,M)在曲线外侧，则表明截面承载力不足；若该点恰好在曲线上，则处于极限状态。凡在 ab 曲线上的任意一点所对应的 N、M 组合都将引起小偏心受压破坏，凡在 bc 曲线上的任意一点所对应的 N、M 组合都将引起大偏心受压破坏。

(2) 当弯矩为零时，轴向承载力达到最大，即为轴心受压承载力(a 点)；当轴力为零时，为纯弯承载力(c 点)；界限破坏时，M_u 最大。

(3) 小偏心受压情况下，N 随 M 的增大而减小，即在相同的 M 值下 N 值越大就越不安全；大偏心受压情况时，在某一 M 值下，N 越大就越安全。

(4) 对称配筋时，如果截面形状和尺寸、混凝土强度等级和钢筋种类相同，仅所配钢筋数量不同，则发生界限破坏时，N_b 相同(因为 $N_b=\alpha_1 f_c b\xi_b h_0$)，即 N_u-M_u 的界限破坏处于同一水平，说明界限破坏对应的 N_b 与材料强度和截面尺寸有关，而与配筋数量无关。

(5) 如截面尺寸和材料强度保持不变，N_u-M_u 相关曲线随配筋率的增加而向外侧增大。

在进行构件设计时，可以利用 N_u-M_u 曲线的规律分析荷载最不利组合，对于一些特定的截面尺寸、特定的混凝土强度等级和特定的钢筋类别的偏心受压构件，可以通过计算机预先绘制出一系列图表，设计时可以直接查图表求得所需配筋面积，以简化计算，节省大量的计算工作。

6.5 偏心受压构件斜截面承载力计算

6.5.1 轴向压力对构件斜截面受剪承载力的影响

偏心受压构件，一般情况下剪力值相对较小，可不进行斜截面受剪承载力的计算，但对于有较大水平力作用下的框架柱，有横向力作用下的桁架上弦压杆，剪力影响相对较大，必须予以考虑。

试验表明，轴向压力的存在，延缓了斜裂缝的出现和开展，斜裂缝角度减小，混凝土剪压区高度增大，构件的斜截面受剪承载力会提高一些。在构件轴压比$\dfrac{N}{f_c bh}=0.3\sim0.5$ 时，受剪承载力达到最大值，若再增大轴向压力，构件的受剪承载力反而降低，因此应对轴向压力的受剪承载力提高范围予以限制。试验还表明，在轴压比限制范围内，不同剪跨比构件的轴向压力影响相差不大。通过对偏压构件、框架柱试验资料的分析可知，对于矩形截面的钢筋混凝土偏心受压构件的斜截面承载力计算，可在集中荷载作用的矩形截面独立梁计算公式的基础上加一项轴向压力，用来反映提高的受剪承载力。《混凝土结构设计标准》(GB/T 50010—2010)(2024 年版)采用 $0.07N$ 来表示增加的轴向压力，且限制 $N\leqslant0.3f_cA$。

6.5.2 矩形、T形和I形截面偏心受压构件的受剪承载力

《混凝土结构设计标准》(GB/T 50010—2010)(2024 年版)建议,对承受轴向压力和横向力作用的矩形、T形和I形截面偏心受压构件,其斜截面受剪承载力按下列计算公式:

$$V \leqslant V_u = \frac{1.75}{\lambda + 1.0} f_t b h_0 + f_{yv}\frac{A_{sv}}{s}h_0 + 0.07N \tag{6.58}$$

式中 N——与剪力设计值 V 相应的轴向压力设计值,当 $N > 0.3f_c A$ 时,取 $N = 0.3f_c A$,A 为构件的截面面积。

λ——偏心受压构件计算截面的剪跨比,$\lambda = \frac{M}{Vh_0}$;对框架结构中的框架柱,当其反弯点在层高范围内时,可取 $\lambda = \frac{H_n}{2h_0}$,当 $\lambda < 1$ 时,取 $\lambda = 1$;当 $\lambda > 3$ 时,取 $\lambda = 3$;此处,H_n 为柱的净高,M 为计算截面上与剪力设计值 V 相应的弯矩设计值。对其他偏心受压构件,当承受均布荷载时,取 $\lambda = 1.5$;当承受集中荷载时,$\lambda = \frac{a}{h_0}$;当 $\lambda < 1.5$ 时,取 $\lambda = 1.5$;当 $\lambda > 3$ 时,取 $\lambda = 3$;a 为集中荷载至支座或节点边缘的距离。

若满足下式要求,可不进行斜截面受剪承载力计算,而仅需按构造要求配置箍筋:

$$V \leqslant \frac{1.75}{\lambda + 1.0} f_t b h_0 + 0.07N \tag{6.59}$$

偏心受压构件的受剪截面尺寸应符合《混凝土结构设计标准》(GB/T 50010—2010)(2024 年版)的有关规定。

【在线测试】

【本章小结】

(1) 普通箍筋柱轴心受压构件在计算上分为长柱和短柱。短柱的破坏属于材料破坏,对于长柱,必须考虑纵向弯矩变形的影响,工程中常见的长柱,其破坏仍属于材料破坏,但特别细长的柱由于失稳而破坏,对于轴心受压构件的受压承载力,短柱和长柱均采用一个统一公式计算,其中采用稳定系数 φ 表示纵向弯曲变形对受压构件承载力的影响。

(2) 在螺旋箍筋轴心受压构件中,由于螺旋箍筋对核心混凝土的约束作用,提高了核心混凝土的抗压强度,从而使构件的承载力有所提高。

(3) 偏心受压构件正截面破坏有大偏心受压破坏和小偏心受压破坏。当纵向压力 N 相对偏心距较大,且 A_s 不过多时发生大偏心受压破坏,又称为受拉破坏,其破坏特征为受拉钢筋首先屈服,而后受压区边缘混凝土达到极限压应变,受压钢筋应力能达到屈服强度;当纵向压力 N 相对偏心距较大但受拉钢筋 A_s 数量过多,或者相对偏心距较小时发生小偏心受压破坏,又称受压破坏,其破坏特征为受压区混凝土被压坏,压应力较大一侧钢筋应力能达到屈服强度,而另一侧钢筋不屈服。

(4) 大小偏心受压破坏的条件是:当 $\xi \leqslant \xi_b$ 时,属于大偏心受压破坏;当 $\xi > \xi_b$ 时,为小偏

心受压破坏。两种偏心受压构件的计算方法不同，截面设计时应首先判别偏心受压类型。非对称配筋的受压构件设计前，无法求出 ξ，因此，近似用偏心距的大小来判别：当 $e_i>0.3h_0$ 时，可按大偏心受压设计；当 $e_i\leqslant0.3h_0$，可按小偏心受压设计。

(5) 由于工程实际中存在着荷载作用位置的不定性、混凝土质量的不均匀性及施工的偏差等因素，在偏心受压构件正截面承载力计算中，计入轴向压力在偏心方向存在的附加偏心距 e_a，其值应取 20 mm 和偏心方向截面尺寸的 1/30 两者的较大值。

(6) 轴向压力对偏心受压构件的侧移和挠曲产生附加弯矩和附加曲率的荷载效应称为偏心受压构件的二阶荷载效应，其中，由侧移产生的二阶效应，称为 P-Δ 效应；由挠曲产生的二阶效应，称为 P-δ 效应，本章重点介绍了考虑 P-δ 效应的计算方法 C_m-η_{ns} 法和不考虑 P-δ 效应的条件。

(7) 建立偏心受压构件正截面承载力计算公式的基本假定与受弯构件一样。大偏心受压构件的计算方法与受弯构件双筋截面的计算方法大同小异；小偏心受压构件由于受拉一侧或受压较小一侧钢筋 A_s 的应力 σ_s 为非确定值，计算较为复杂。

(8) 偏心受压构件有非对称配筋与对称配筋两种配筋方式，其中对称配筋在工程中比较常用。

(9) 偏心受压构件的斜截面承载力计算，与受弯构件矩形截面独立梁受集中荷载作用的抗剪公式有密切联系，轴向压力的存在对抗剪有利。

思 考 题

6.1 轴向受压普通箍筋短柱与长柱的破坏形态有何不同？

6.2 在轴心受压构件中，配置纵向钢筋的作用是什么？为什么要控制配筋率？

6.3 轴心受压普通箍筋柱与螺旋箍筋柱受压承载力计算有何不同？螺旋箍筋柱承载力计算公式的适用条件是什么？

6.4 偏心受压构件正截面破坏特征有几种？破坏特征怎样？与哪些因素有关？

6.5 为什么要考虑附加偏心距？如何计算？

6.6 什么情况下考虑 P-δ 效应？

6.7 大偏心和小偏心受压构件采用非对称配筋截面设计时，当 A_s 和 A_s' 均未知时，如何处理？

6.8 对于大偏心受压构件，当 $x<2a_s'$ 时，如何求 A_s？

6.9 对称配筋时如何区分大、小偏心受压构件？

6.10 什么是偏心受压构件正截面承载力 N_u-M_u 的相关曲线？

6.11 怎么计算偏心受压构件的斜截面受剪承载力？

习 题

6.1 钢筋混凝土框架柱的截面尺寸为 400 mm×400 mm，承受轴向压力 $N=2750$ kN，

柱的计算长度 $l_0=4.8$ m，混凝土强度等级为 C30，钢筋采用 HRB400 级。试确定纵向钢筋的数量 A_s'。

6.2 某现浇钢筋混凝土轴心受压圆柱，直径 $d=400$ mm，承受轴向压力设计值 $N=4300$ kN，计算长度 $l_0=4.6$ m，混凝土强度等级为 C35，纵向钢筋采用 HRB500 级，箍筋采用 HPB300 级，环境类别为一类。试确定纵向钢筋的数量 A_s'。若配螺旋箍筋，假定 $\rho'=3.5\%$ 进行计算。

6.3 钢筋混凝土偏心受压柱截面尺寸 $b\times h=300$ mm $\times 450$ mm，承受轴向压力设计值 $N=650$ kN，柱顶截面弯矩设计值 $M_1=155$ kN·m，柱底截面弯矩设计值 $M_2=165$ kN·m，计算长度 $l_c=3.5$ m，混凝土强度等级为 C35，纵向钢筋采用 HRB400 级钢筋，环境类别为一类，$a_s=a_s'=40$ mm，试求：

(1) 采用非对称配筋，求钢筋截面面积 A_s 和 A_s'。

(2) 若已知受压区配 3⌀18（$A_s'=763$ mm^2），求受拉钢筋截面面积 A_s。

(3) 采用对称配筋，求钢筋截面面积 A_s 和 A_s'。

6.4 钢筋混凝土偏心受压柱截面尺寸 $b\times h=400$ mm $\times 700$ mm，承受轴向压力设计值 $N=3350$ kN，柱顶截面弯矩设计值 $M_1=460$ kN·m，柱底截面弯矩设计值 $M_2=480$ kN·m，计算长度 $l_c=6.0$ m，混凝土强度等级为 C40，纵向钢筋采用 HRB500 级钢筋，环境类别为一类，$a_s=a_s'=40$ mm，试求：

(1) 采用非对称配筋，求钢筋截面面积 A_s 和 A_s'。

(2) 采用对称配筋，求钢筋截面面积 A_s 和 A_s'。

6.5 某矩形截面偏心受压柱截面尺寸 $b\times h=400$ mm $\times 600$ mm，计算长度 $l_c=4.5$ m，混凝土强度等级为 C30，纵向钢筋采用 HRB400 级钢筋，纵向受拉钢筋 A_s 选用 4⌀18，纵向受压钢筋 A_s' 选用 4⌀20，环境类别为一类，$a_s=a_s'=40$ mm，当 $e_0=120$ mm，求轴力设计值 N 和弯矩设计值 M。

6.6 已知矩形截面柱截面尺寸 $b\times h=400$ mm $\times 500$ mm，计算长度 $l_c=5$ m，混凝土强度等级为 C30，纵向钢筋采用 HRB400 级钢筋，纵向钢筋为对称配筋，选用 3⌀20，环境类别为一类，$a_s=a_s'=40$ mm，当 $e_0=300$ mm，求轴力设计值 N。

能力训练项目

训练项目一：查阅资料及绘制施工图

抄绘一框架结构柱网布置图，参考图纸或标准图集抄绘框架柱施工图。

训练项目二：结构施工图的识读

图 6.18 所示为某柱的施工图，请查阅《混凝土结构施工图平面整体表示方法制图规则和构造详图（现浇混凝土框架、剪力墙、梁、板）》（22G 101—1）了解柱平法施工制图规则及构造要求，对该图进行识读。

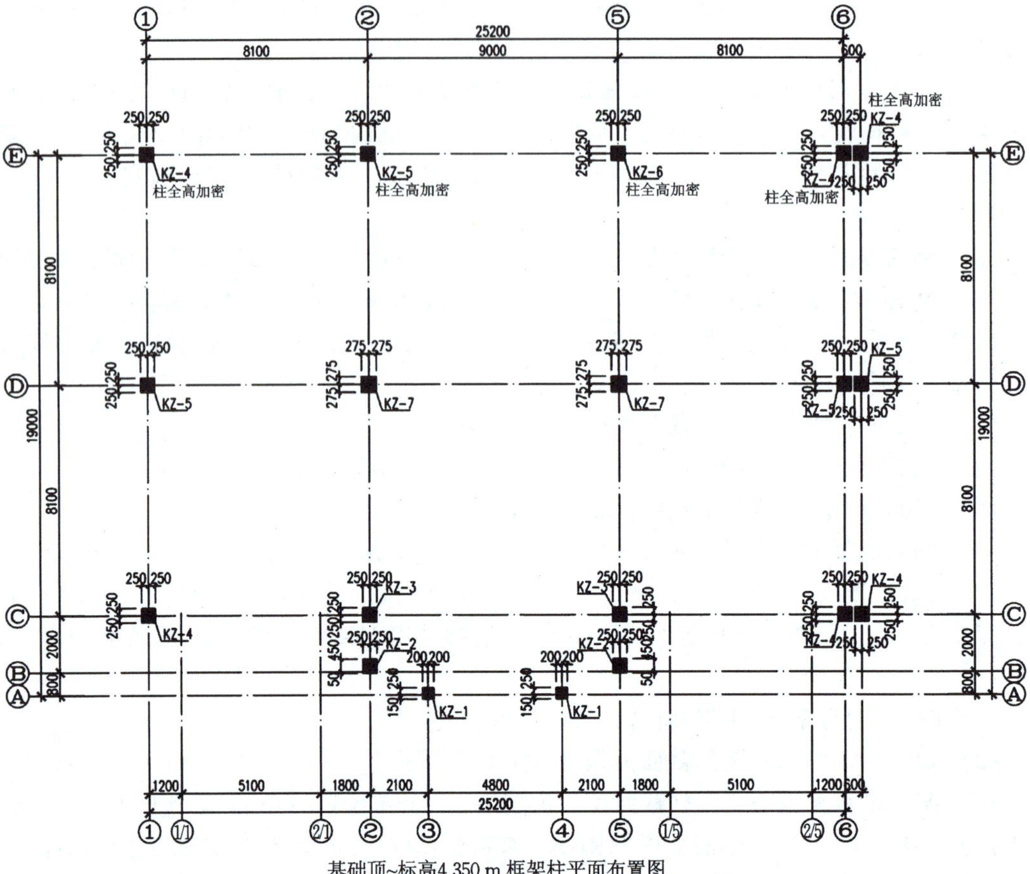

基础顶~标高4.350 m 框架柱平面布置图 1：100

（a）

截面	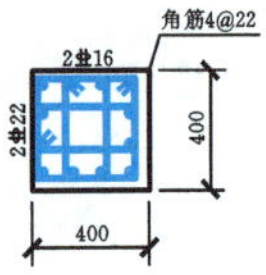	截面	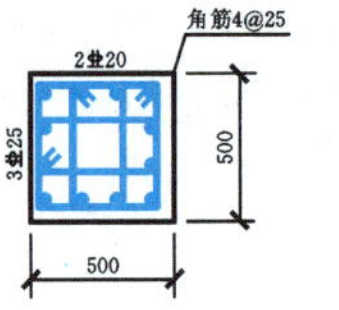	截面	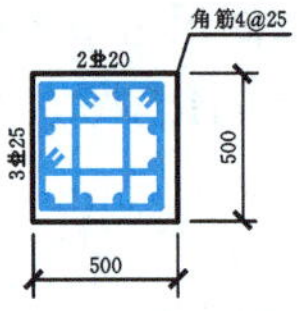	截面	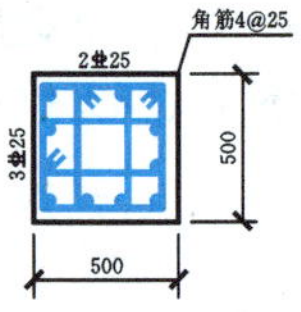
编号	KZ-1	编号	KZ-2	编号	KZ-3	编号	KZ-4
标高	基础顶~4.350	标高	基础顶~4.350	标高	基础顶~4.350	标高	基础顶~4.350
纵筋	8Φ22+4Φ16	纵筋	10Φ25+4Φ20	纵筋	8Φ25+4Φ20	纵筋	16Φ25
未标明箍(拉)筋	Φ8@100/200	未标明箍(拉)筋	Φ8@100/200	未标明箍(拉)筋	Φ8@100/200	未标明箍(拉)筋	Φ8@100/200

截面	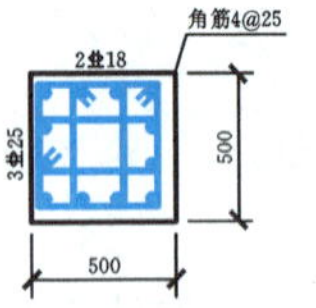	截面	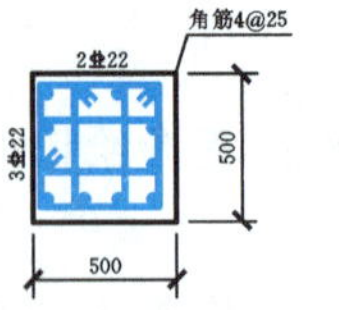	截面	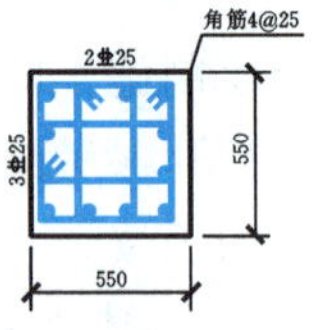
编号	KZ-5	编号	KZ-6	编号	KZ-7
标高	基础顶~4.350	标高	基础顶~4.350	标高	基础顶~4.350
纵筋	8Φ25+4Φ18	纵筋	4Φ25+8Φ22	纵筋	14Φ25
未标明箍(拉)筋	Φ8@100/200	未标明箍(拉)筋	Φ8@100/200	未标明箍(拉)筋	Φ8@100/200

坡屋面	变数		
3	8.350	变数	C25
2	4.350	4.000	
地梁顶面	(−0.300) −0.550	(−0.650) 4.900	C30
基础顶面	−1.250	(0.950) 0.700	
层面	标高(m)	层高(m)	框架柱混凝土等级

楼层结构标高，层高，框架柱混凝土等级

附注：
1. 本工程框架柱抗震等级为三级。
2. 材料：混凝土：基础顶~4.350 m 框架柱为C30级。
钢筋：HRB400(Φ)级钢筋。
3. 请配合楼梯详图及相关详图施工。
4. 未标明的框架柱构造要求见国标(22G 101-1)

（b）

图 6.18 柱施工图

7 受拉构件截面承载力

本章概要

本章主要内容包括工程中常见轴心受拉构件正截面承载力、偏心受拉构件正截面承载力、偏心受拉构件斜截面受剪承载力几个部分。在工程中，轴心受拉构件很少见。

学习目标

通过本章学习，要求了解工程中常见受拉构件类型；理解轴心受拉构件正截面承载力计算；理解偏心受拉构件正截面破坏形态及其判别方法，掌握其正截面承载力计算；了解偏心受拉构件斜截面受剪承载力计算方法；学会受拉构件承载力设计。

7.1 概　　述

当构件受到拉力作用时，称为受拉构件。受拉构件分为轴心受拉构件和偏心受拉构件，当拉力作用点与构件截面形心轴重合时为轴心受拉构件；当拉力作用点与构件截面形心轴不重合或构件上同时作用拉力和弯矩时，称为偏心受拉构件。

钢筋混凝土结构中，真正的轴心受拉构件是很少的。通常近似按轴心受拉构件计算的有屋架或托架的受拉弦杆和腹杆及拱的系杆，还有承受内压力的圆管管壁和环向内力圆形储器筒壁等。由于混凝土的非均匀性、钢筋位置的偏离、轴向力作用位置的偏差等原因，构件实际上往往处于偏心受拉状态，如联肢剪力墙的某些墙肢、双肢柱的某些肢杆、矩形水池的池壁等。受拉构件除需要进行正截面承载力计算外，尚应根据不同情况进行受剪计算、抗裂度或裂缝宽度验算。

7.2 轴心受拉构件正截面承载力计算

7.2.1 轴心受拉构件的受力特征

与适筋梁相似，轴心受拉构件从加载开始到破坏为止，其受力全过程也可分为三个受力阶段：

第Ⅰ阶段为从加载到混凝土受拉开裂前，称为未裂阶段。此时，轴向拉力很小，由于钢筋和混凝土之间的黏结力，钢筋和混凝土共同工作，应力和应变大致成正比，构件基本处于弹性阶段，此阶段作为轴心受拉构件不允许开裂的抗裂验算的依据。

第Ⅱ阶段为混凝土开裂后至钢筋即将屈服，称为带裂缝工作阶段。混凝土达到极限拉应变时，首先在截面最薄弱处产生第一条垂直裂缝，随着荷载的增加，先后在一些截面上出现垂直裂缝。此阶段作为轴心受拉构件正常使用进行裂缝宽度和变形验算的依据。

第Ⅲ阶段为受拉钢筋开始屈服到构件破坏，称为破坏阶段。当钢筋达到屈服强度，裂缝宽度迅速扩大，混凝土不再承受拉力，所有拉力由钢筋承担，此时认为构件达到了破坏状态而发生破坏，即达到极限荷载 N_u，此阶段未作为轴心受拉构件正截面承载力计算的依据。

7.2.2 轴心受拉构件正截面承载力计算

轴心受拉构件破坏时，混凝土早已被拉裂，全部拉力由钢筋来承受，直到钢筋受拉屈服。故轴心受拉构件正截面受拉承载力计算公式如下：

$$N \leqslant N_u = f_y A_s \tag{7.1}$$

式中 N——轴向拉力设计值；

N_u——轴心受拉承载力设计值；

f_y——钢筋的抗拉强度设计值；

A_s——受拉钢筋的全部截面面积。

轴心受拉构件纵向受拉钢筋应沿着截面周边均匀布置，并优先选用直径较小的钢筋。轴心受拉构件一侧受拉钢筋的最小配筋率 ρ_{min} 不应小于 0.2% 和 $0.45f_t/f_y$ 的较大值(详见附表 4.5)。

7.3 偏心受拉构件正截面承载力计算

偏心受拉构件正截面的承载力计算，按纵向拉力 N 的位置不同，可分为大偏心受拉与小偏心受拉两种情况：当纵向拉力 N 作用在钢筋 A_s 合力作用点及 A_s' 的合力作用点范围以外时，属于大偏心受拉的情况；当纵向拉力 N 作用在钢筋 A_s 合力作用点及 A_s' 的合力作用点范围以内时，属于小偏心受拉的情况。

7.3.1 大偏心受拉构件正截面的承载力计算

7.3.1.1 大偏心受拉构件的受力特征

当纵向拉力 N 的偏心距较大，即 $e_0=\dfrac{M}{N} \geqslant \dfrac{h}{2}-a_s$，离轴向力 N 较近一侧的混凝土受拉，混凝土先开裂，钢筋受拉且达到屈服强度；离轴向力 N 较远一侧的混凝土受压，裂缝不会贯通整个截面，受压钢筋达到屈服强度。最终以受压区边缘混凝土达到极限压应变被压碎而破坏。

7.3.1.2 大偏心受拉构件正截面承载力

图 7.1 所示为矩形截面大偏心受拉构件的计算简图。构件破坏时，钢筋 A_s 及 A_s' 的应力都达到屈服强度，受压区混凝土强度达到 $\alpha_1 f_c$。

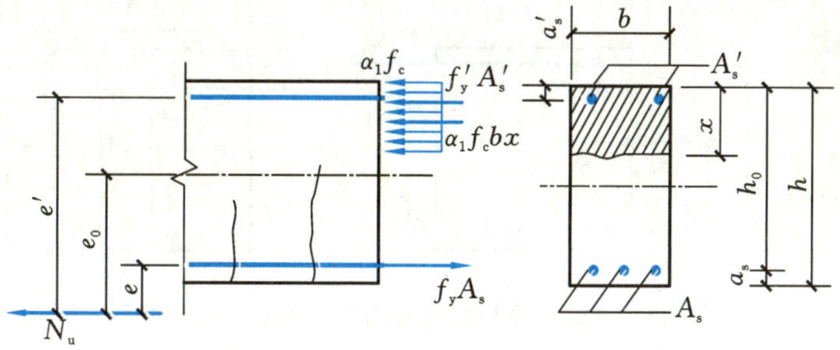

图 7.1　大偏心受拉构件截面受拉承载力计算简图

根据平衡条件，基本公式如下：

$$N \leqslant N_u = f_y A_s - f_y' A_s' - \alpha_1 f_c bx \tag{7.2}$$

$$Ne \leqslant N_u e = \alpha_1 f_c bx \left(h_0 - \frac{x}{2}\right) + f_y' A_s' (h_0 - a_s') \tag{7.3}$$

$$e = e_0 - \frac{h}{2} + a_s \tag{7.4}$$

适用条件：

(1) 为了防止发生超筋破坏，$x \leqslant \xi_b h_0$；

(2) 为了保证受压钢筋屈服，$x \geqslant 2a_s'$。

7.3.2　小偏心受拉构件正截面的承载力计算

7.3.2.1　小偏心受拉构件的受力特征

当纵向拉力 N 的偏心距较小，即 $e_0 = \frac{M}{N} < \frac{h}{2} - a_s$，截面基本全部受拉，没有混凝土受压区，在临近破坏时，裂缝贯通全截面，开裂面上拉力完全由钢筋承担，且钢筋都达到屈服强度。

7.3.2.2　小偏心受拉构件正截面承载力

图 7.2 所示为矩形截面小偏心受拉构件的计算简图。设计时，可假定构件破坏时钢筋 A_s 及 A_s' 的应力都达到屈服强度。根据内外力分别对钢筋 A_s 及 A_s' 的合力作用点取矩的平衡条件，可得：

$$Ne \leqslant N_u e = f_y A_s' (h_0 - a_s') \tag{7.5}$$

$$Ne' \leqslant N_u e' = f_y A_s (h_0' - a_s) \tag{7.6}$$

$$e = \frac{h}{2} - e_0 - a_s \tag{7.7}$$

$$e' = e_0 + \frac{h}{2} - a_s' \tag{7.8}$$

式中，$h_0 = h - a_s$，$h_0' = h - a_s'$。

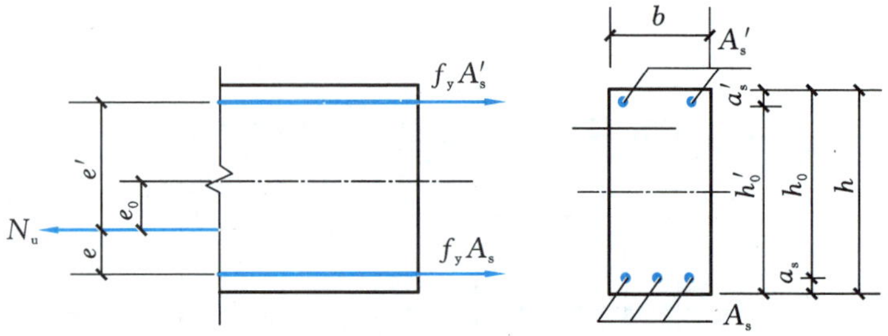

图 7.2 小偏心受拉构件截面受拉承载力计算简图

7.3.3 计算方法与应用

7.3.3.1 截面设计

(1) 采用非对称配筋

① 当 $e_0 \geqslant \frac{h}{2} - a_s$ 时，按照大偏心受拉构件计算

情况 1：A_s 和 A'_s 均未知。三个未知数、两个方程，设计时为了使钢筋总用量($A_s + A'_s$)最少，与偏心受压构件一样，应取 $x = \xi_b h_0$，代入式(7.3)及式(7.2)，可得：

$$A'_s = \frac{Ne - \alpha_1 f_c b h_0^2 \xi_b (1 - 0.5\xi_b)}{f'_y (h_0 - a'_s)} \geqslant \rho_{min} bh \tag{7.9}$$

$$A_s = \frac{\alpha_1 f_c b \xi_b h_0 + N}{f_y} + \frac{f'_y}{f_y} A'_s \geqslant \rho_{min} bh \tag{7.10}$$

若计算得 $A'_s < \rho_{min} bh$，则假定 $A'_s = \rho_{min} bh$，按照情况 2 重新求 x 和 A_s。

情况 2：A'_s 已知，A_s 未知。两个未知数、两个方程，具体做法：

先求 $\alpha_s = \frac{Ne - f'_y A'_s (h_0 - a'_s)}{\alpha_1 f_c b h_0^2}$，$\xi = 1 - \sqrt{1 - 2\alpha_s}$，$x = \xi h_0$，验算 x，若满足 $2a'_s \leqslant x \leqslant \xi_b h_0$，则将其代入式(7.2)可求出 A_s，且 $A_s \geqslant \rho_{min} bh$；若 $x < 2a'_s$，按 $A_s = \frac{Ne'}{f_y (h_0 - a'_s)}$ 计算，且 $A_s \geqslant \rho_{min} bh$，式中 $e' = e_0 + \frac{h}{2} - a'_s$。

② 当 $e_0 < \frac{h}{2} - a_s$ 时，按照小偏心受拉构件计算

分别根据式(7.5)和式(7.6)计算 A'_s 和 A_s：

$$A'_s = \frac{Ne}{f_y (h_0 - a'_s)} \geqslant \rho_{min} bh \tag{7.11}$$

$$A_s = \frac{Ne'}{f_y (h'_0 - a_s)} \geqslant \rho_{min} bh \tag{7.12}$$

(2) 采用对称配筋

由于 $A_s = A'_s$ 和 $f_y = f'_y$，无论大、小偏心受拉构件，即：

$$A'_s = A_s = \frac{Ne'}{f_y (h_0 - a'_s)} \geqslant \rho_{min} bh \tag{7.13}$$

ρ_{min} 取 0.2% 和 $0.45 f_t / f_y$ 的较大值。

7.3.3.2 截面复核

① 当 $e_0 \geqslant \frac{h}{2}-a_s$ 时，按照大偏心受拉构件计算，代入式(7.2)和式(7.3)求解。

② 当 $e_0 < \frac{h}{2}-a_s$ 时，按照小偏心受拉构件计算，分别根据式(7.5)和式(7.6)计算 N_u 得到的较小值。

【例 7.1】已知钢筋混凝土矩形截面偏心受拉构件截面尺寸 $b=200$ mm，$h=400$ mm，$a_s=a_s'=40$ mm；承受轴向力设计值 $N=400$ kN，弯矩设计值 $M=120$ kN·m；采用 C25 混凝土，HRB400 级钢筋。求所配置钢筋截面面积 A_s 及 A_s' 值。

【解】混凝土选用 C25，根据附表 2.2 可知 $f_c=11.9\ \text{N/mm}^2$，$f_t=1.27\ \text{N/mm}^2$；钢筋采用 HRB400 级，根据附表 1.2 可知 $f_y=f_y'=360\ \text{N/mm}^2$；根据表 4.4 和表 4.5 可知 $\alpha_1=1.0$，$\xi_b=0.518$。

(1) 判别大小偏心受拉

$$e_0=\frac{M}{N}=\frac{120\times10^6}{400\times10^3}=300\ \text{mm}>\frac{h}{2}-a_s=\frac{400}{2}-40=160\ \text{mm}$$

故属于大偏心受拉。

(2) 计算配筋

$$h_0=h-a_s=400-40=360\ \text{mm}$$

使钢筋总用量(A_s+A_s')最少，取 $x=\xi_b h_0=0.518\times360=186.48$ mm

$$e=e_0-\frac{h}{2}+a_s=300-\frac{400}{2}+40=140\ \text{mm}$$

$$A_s'=\frac{Ne-\alpha_1 f_c bh_0^2\xi_b(1-0.5\xi_b)}{f_y'(h_0-a_s')}$$

$$=\frac{400\times10^3\times140-1.0\times11.9\times200\times360^2\times0.518\times(1-0.5\times0.518)}{360\times(360-40)}<0$$

故按照最小配筋率配筋。

$$\rho_{\min}=\max\left\{0.2\%,0.45\frac{f_t}{f_y}\right\}=0.002$$

$$A_s'=\rho_{\min}bh=0.002\times200\times400=160\ \text{mm}^2$$

$$\alpha_s=\frac{Ne-f_y'A_s'(h_0-a_s')}{\alpha_1 f_c bh_0^2}=\frac{400\times10^3\times140-360\times160\times(360-40)}{1.0\times11.9\times200\times360^2}=0.122$$

$$\xi=1-\sqrt{1-2\alpha_s}=1-\sqrt{1-2\times0.122}=0.131<\xi_b=0.518$$

$$x=\xi h_0=0.131\times360=47.16\ \text{mm}<2a_s'=2\times40=80\ \text{mm}$$

$$e'=e_0+\frac{h}{2}-a_s'=300+\frac{400}{2}-40=460\ \text{mm}$$

$$A_s=\frac{Ne'}{f_y(h_0-a_s')}=\frac{400\times10^3\times460}{360\times(360-40)}=1597.2\ \text{mm}^2>\rho_{\min}bh=160\ \text{mm}^2$$

选用 2⌀20+2⌀25($A_s=1610\ \text{mm}^2$)。

【例 7.2】已知钢筋混凝土矩形截面偏心受拉构件截面尺寸 $b\times h=250\ \text{mm}\times400\ \text{mm}$，$a_s=a_s'=45$ mm；承受轴向力设计值 $N=500$ kN，弯矩设计值 $M=40$ kN·m；采用 C30 混凝土，HRB400 级钢筋。求所求配置钢筋截面面积 A_s 及 A_s' 值。

【解】混凝土选用 C30，根据附表 2.2 可知 $f_c=14.3\ \text{N/mm}^2$，$f_t=1.43\ \text{N/mm}^2$；钢筋采用 HRB400 级，根据附表 1.2 可知 $f_y=f_y'=360\ \text{N/mm}^2$；根据表 4.4 和表 4.5 可知 $\alpha_1=1.0$，$\xi_b=0.518$。

(1) 判别大小偏心受拉

$$e_0=\frac{M}{N}=\frac{40\times10^6}{500\times10^3}=80\ \text{mm}<\frac{h}{2}-a_s=\frac{400}{2}-45=155\ \text{mm}$$

故属于小偏心受拉。

(2) 计算配筋

$$h_0=h-a_s=400-45=355\ \text{mm}$$

$$h_0'=h-a_s'=400-45=355\ \text{mm}$$

$$e=\frac{h}{2}-e_0-a_s=\frac{400}{2}-80-45=75\ \text{mm}$$

$$e'=e_0+\frac{h}{2}-a_s'=80+\frac{400}{2}-45=235\ \text{mm}$$

$$A_s'=\frac{Ne}{f_y(h_0-a_s')}=\frac{500\times10^3\times75}{360\times(355-45)}$$

$$=336\ \text{mm}^2>\rho_{\min}bh=\max\left\{0.2\%,0.45\frac{f_t}{f_y}\right\}bh=0.002\times250\times400=200\ \text{mm}^2$$

$$A_s=\frac{Ne'}{f_y(h_0'-a_s)}=\frac{500\times10^3\times235}{360\times(355-45)}$$

$$=1053\ \text{mm}^2>\rho_{\min}bh=\max\left\{0.2\%,0.45\frac{f_t}{f_y}\right\}bh=0.002\times250\times400=200\ \text{mm}^2$$

选用轴向力远侧受拉钢筋 2 ⌀ 16($A_s'=402\ \text{mm}^2$)，轴向力近侧受拉钢筋 4 ⌀ 20($A_s=1256\ \text{mm}^2$)。

7.4 偏心受拉构件斜截面受剪承载力计算

一般偏心受拉构件在承受弯矩和拉力的同时，也存在着剪力，当剪力较大时，不能忽视斜截面承载力的计算。

试验表明，拉力 N 的存在有时会使斜裂缝贯穿全截面，导致斜截面末端没有剪压区，构件的斜截面承载力比无轴向拉力时要降低一些，降低的程度与轴向拉力的数值有关。

通过对试验资料的分析可知，偏心受拉构件的斜截面受剪承载力可按下式计算：

$$V\leqslant V_u=\frac{1.75}{\lambda+1.0}f_tbh_0+f_{yv}\frac{A_{sv}}{s}h_0-0.2N \tag{7.14}$$

式中 λ——计算截面的剪跨比，按式(6.58)的规定取值；

N——与剪力设计值 V 相对应的轴向拉力设计值。

式(7.13)右侧的计算值小于 $f_{yv}\frac{A_{sv}}{s}h_0$ 时，应取 $f_{yv}\frac{A_{sv}}{s}h_0$，且 $f_{yv}\frac{A_{sv}}{s}h_0$ 的值不得小于$0.36f_tbh_0$。与偏心受压构件相同，受剪截面尺寸尚应符合《混凝土结构设计标准》(GB/T 50010—2010)(2024 年版)的有关要求。

【在线测试】

【本章小结】

(1) 钢筋混凝土轴心受拉构件在开裂截面处裂缝贯通整个截面,该处拉力全部由钢筋承担。

(2) 钢筋混凝土偏心受拉构件分为两种情形:当纵向拉力 N 作用在钢筋 A_s 合力作用点及 A_s'的合力作用点范围以外时,属于大偏心受拉的情况;当纵向拉力 N 作用在钢筋 A_s 合力作用点及 A_s'的合力作用点范围以内时,属于小偏心受拉的情况。

(3) 大偏心受拉构件,正截面承载力存在混凝土受压区,破坏时受拉钢筋和受压钢筋均达到屈服强度,受压区混凝土被压碎而破坏,大偏心受拉构件计算与大偏心受压计算类似;小偏心受拉构件,正截面承载力计算时,混凝土全部退出工作,仅考虑纵向钢筋受力。

(4) 受拉构件斜截面受剪承载力,因拉力存在而使抗剪承载力降低。

思 考 题

7.1 怎样区别偏心受拉构件所属的类型?

7.2 为什么偏心受拉构件的计算中不考虑弯矩增加系数?

7.3 矩形截面小偏心受拉构件,如何求 A_s 和 A_s'?

7.4 矩形截面大偏心受拉构件,当 A_s 和 A_s'均未知时,如何求 A_s 和 A_s'? 当 A_s'已知,如何求 A_s?

7.5 轴向拉力对受剪承载力有何影响?

习 题

7.1 已知某构件承受轴向拉力设计值 $N=600$ kN,弯矩 $M=540$ kN·m,混凝土强度等级为 C30,采用 HRB400 级钢筋。柱截面尺寸为 $b=300$ mm,$h=450$ mm,$a_s=a_s'=45$ mm。求所需纵筋面积。

7.2 已知某构件承受轴心拉力设计值 $N=580$ kN,弯矩 $M=87$ kN·m,混凝土强度等级为 C30,采用 HRB400 级钢筋。柱截面尺寸为 $b=300$ mm,$h=450$ mm,$a_s=a_s'=45$ mm。求所需纵筋面积。

能力训练项目

受拉构件承载力设计:某水池的池壁厚 $h=200$ mm,$a_s=a_s'=20$ mm,每米长度上的内力设计值 $N=320$ kN,$M=80$ kN·m。混凝土强度等级为 C30,采用 HRB400 级钢筋。设计该水池池壁的钢筋。

8 受扭构件截面承载力

本章概要

本章主要内容包括工程常见受扭构件、纯扭构件截面承载力、复合受扭构件承载力三个部分。

学习目标

通过本章学习，要求了解工程常见受扭构件类型；理解纯扭构件的试验研究及破坏形态，熟悉受扭钢筋在构件中的配筋方式；掌握矩形截面纯扭构件的扭曲截面承载力计算；理解剪扭相关性；熟悉复合应力作用下受扭构件承载力计算；掌握受扭构件的配筋构造要求；学会受扭构件承载力设计。

8.1 概　述

凡是承受扭矩作用的构件称为受扭构件，在工程中常见的受扭构件如雨篷梁、吊车梁、框架的边梁和螺旋楼梯等均承受扭矩作用，但承受纯扭的情况极少，绝大多数都是处于弯、剪、扭或压、弯、剪、扭或拉、弯、剪、扭共同作用下的复合受扭情况。

钢筋混凝土构件的扭转可以分为两类，即平衡扭转和协调扭转。静定的受扭构件，由荷载产生的扭矩是由构件的静力平衡条件确定而与受扭构件的扭转刚度无关的，称为平衡扭转。例如图 8.1(a)所示的吊车梁，吊车横向水平制动力和偏心的竖向轮压对吊车梁截面产生的扭矩 T 就属于平衡扭转。对于超静定受扭构件，作用在构件上的扭矩除了静力平衡条件以外，还必须由其与相邻构件的变形协调条件才能确定的，称为协调扭转。例如图 8.1(b)所示的现浇框架边梁，边梁承受的扭矩 T 就是作用在楼面梁支座处的负弯矩，它由楼面梁支座处的转角与该处边梁扭转角的变形协调条件来确定。当边梁和楼面梁开裂后，由于楼面梁的弯曲刚度特别是边梁的扭转刚度发生了显著的变化，楼面梁和边梁都产生内力重分布，此时边梁的扭转角急剧增大，使得作用于边梁的扭矩迅速减小。

本章介绍的受扭承载力计算主要针对平衡扭转，至于协调扭转，不作专门计算，仅仅适当增配若干构造钢筋进行处理，本章不作介绍。

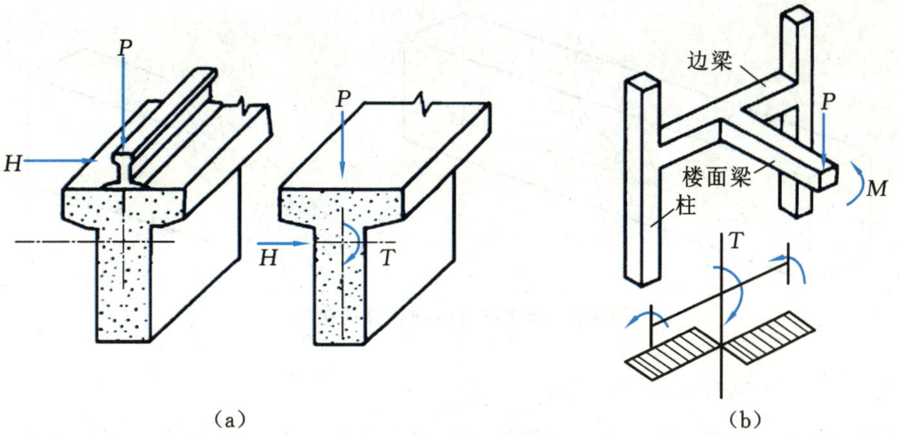

图 8.1 受扭构件

(a)吊车梁;(b)边梁

8.2 纯扭构件截面承载力计算

8.2.1 纯扭构件的试验研究

8.2.1.1 素混凝土矩形截面纯扭构件受力特点

由材料力学相关知识可知,匀质弹性材料的矩形截面构件在扭矩 T 作用下,截面上各点只产生剪应力 τ,而没有正应力 σ,最大剪应力 τ_{max} 发生在截面长边中点,截面剪应力分布如图 8.2 所示。剪应力 τ_{max} 在构件侧面产生与剪应力方向成 45°的主拉应力 σ_{tp} 和主压应力 σ_{cp},其大小为 $\sigma_{tp}=\sigma_{cp}=\tau_{max}$。

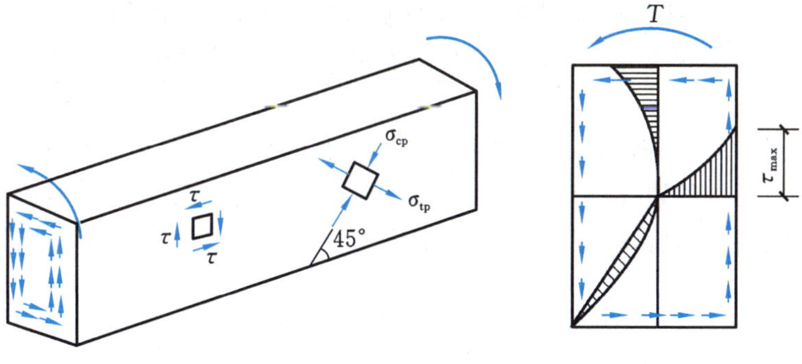

图 8.2 纯扭构件开裂前的应力状态

素混凝土矩形截面构件在纯扭矩作用下,当主拉应力 σ_{tp} 值超过混凝土的抗拉强度时,混凝土将在矩形截面的长边中点处,沿垂直于主拉应力的方向出现斜裂缝。在纯扭构件中,构件的裂缝方向总是与轴线呈 45°角。斜裂缝出现后,迅速向相邻两边延伸,最后形成三面开裂一面受压的空间扭曲面(图 8.3),构件立即破坏,这种现象称为扭曲截面破坏,其特征是没有明显预兆的脆性破坏。

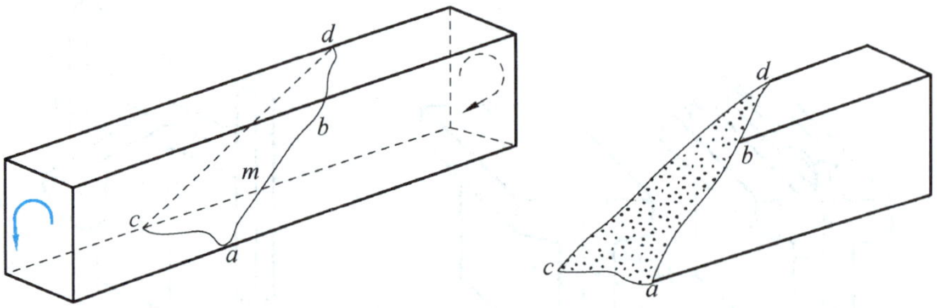

图 8.3 素混凝土纯扭构件的破坏面

8.2.1.2 受扭钢筋的配筋形式

在混凝土受扭构件中，配置适当的受扭钢筋对提高构件受扭承载力和变形能力有很大作用。根据弹性分析结果可知，扭矩在构件中产生的主拉应力方向与构件纵轴线呈 45°角。因此，理论上受扭钢筋的最佳配置形式应做成与构件纵轴线呈 45°角的螺旋筋。但这种配筋方式施工复杂，而且当扭矩改变方向时将失去意义。在实际工程中通常做法是沿构件纵轴方向布置封闭的抗扭箍筋 A_{st1}，以及沿构件周边均匀对称布置抗扭纵筋 A_{stl}，以共同形成抗扭钢筋骨架。抗扭箍筋和抗扭纵筋必须同时配置，缺一不可，并且在配筋数量上相互匹配，才能充分发挥其抗扭作用。

8.2.1.3 纯扭构件开裂时的性能

裂缝出现前，钢筋混凝土纯扭构件的受力性能，大体上符合圣维南弹性扭转理论。如图 8.4所示，在扭矩较小时，其扭矩-扭转角曲线为直线，扭转刚度与按弹性理论计算的值十分接近，纵筋和箍筋的应力都很小。当扭矩增大至接近开裂扭矩时，扭矩-扭转角曲线偏离了原直线。裂缝出现时，由于部分混凝土退出工作，钢筋应力明显增大，特别是扭转角开始显著增大。此时，裂缝出现前构件截面受力的平衡状态被打破，带有裂缝的混凝土和钢筋共同组成一个新的受力体系以抵抗扭矩，并获得新的平衡。如图 8.4 所示，裂缝出现后，构件截面的扭转刚度降低幅度较大，且受扭钢筋用量愈少，构件截面的扭转刚度降低幅度愈大。试验研究表明，裂缝出现后，带有裂缝的混凝土和钢筋共同组成新的受力体系中，混凝土受压，受扭纵筋和箍筋均受拉。

试验也表明，矩形截面钢筋混凝土受扭构件的初始裂缝一般发生在剪应力最大处，即截面长边的中点附近且与构件轴线约呈 45°角。此后，这条初始裂缝逐渐向两边缘延伸并相继出现许多新的螺旋形裂缝。随后，在扭矩作用下，混凝土和钢筋的应力、应变都不断增长，直至构件破坏。

8.2.1.4 钢筋混凝土纯扭构件的破坏形态

受扭构件的破坏形态与受扭纵筋和受扭箍筋配筋率的大小有关，可分为适筋破坏、部分超筋破坏、超筋破坏和少筋破坏四类。

(1) 适筋破坏，当抗扭纵筋和抗扭箍筋配筋适中时发生。混凝土开裂前，由混凝土和抗扭钢筋共同承担拉力；开裂后，在构件三个侧面形成螺旋形斜裂缝，混凝土受拉退出工作，拉应力由抗扭钢筋承担，抗扭钢筋应力增大，直到抗扭钢筋达屈服强度，然后混凝土被压碎而破坏。这种破坏与受弯构件适筋梁类似，属延性破坏类型。

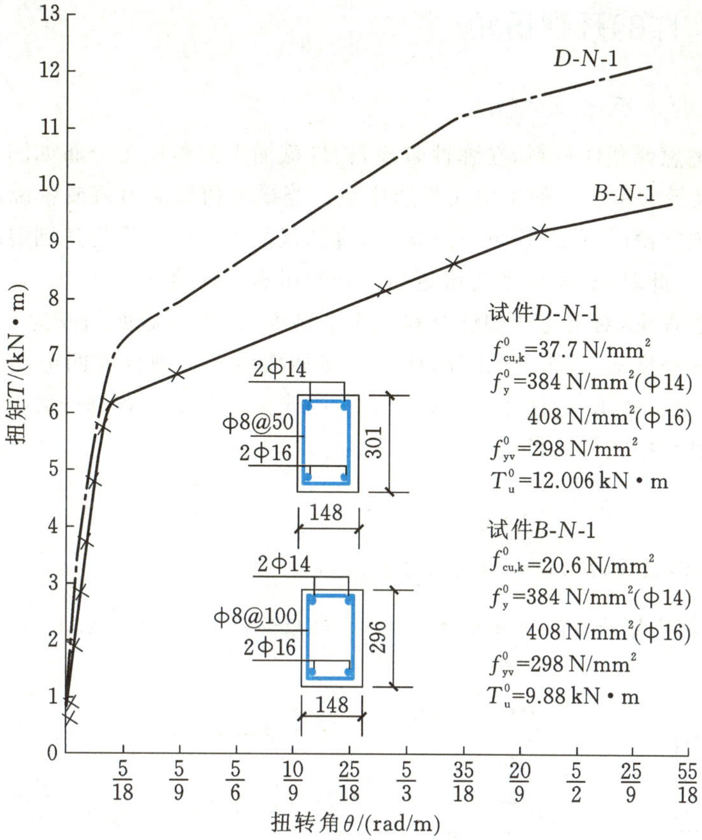

图 8.4 扭矩-扭转角曲线

(2) 部分超筋破坏,当抗扭纵筋配置过多或抗扭箍筋配置过多时发生。破坏时配置数量较少的抗扭钢筋达到屈服强度,而配置数量较多的抗扭钢筋达不到屈服,例如纵筋的配筋率比箍筋的配筋率小得多,则破坏时仅纵筋屈服,而箍筋不屈服;反之,则箍筋屈服,纵筋不屈服。此时构件破坏时混凝土仍被压碎,部分超筋受扭构件破坏时亦具有一定的延性,但延性不如适筋破坏好。

(3) 超筋破坏,当抗扭纵筋和抗扭箍筋同时配置过多时发生。构件破坏时,抗扭钢筋没有达到屈服强度,而混凝土先行压坏,这种破坏和受弯构件超筋梁类似,属受压脆性破坏类型。

(4) 少筋破坏,当抗扭纵筋和抗扭箍筋同时配置过少时发生。一旦裂缝出现,构件会立即发生破坏。此时,抗扭钢筋不仅达到屈服强度而且可能进入强化阶段,其破坏特性类似于受弯构件中的少筋梁,属受拉脆性破坏类型。

工程中应避免受扭构件设计成具有脆性破坏的超筋构件和少筋构件,应尽可能设计成具有延性破坏的适筋构件和部分超筋构件。工程中通常做法是通过限制构件截面尺寸来避免超筋破坏,通过规定抗扭钢筋的最小配筋率来避免少筋破坏,通过计算和构造措施来保证适筋破坏和部分超筋破坏。

8.2.2 纯扭构件的开裂扭矩

8.2.2.1 矩形截面开裂扭矩

若混凝土为理想弹塑性材料，在弹性阶段，构件截面上的剪应力分布如图 8.5(a)所示。最大扭剪应力 τ_{max} 及最大主应力均发生在长边中点。当最大扭剪应力值或者说最大主拉应力值达到混凝土抗拉强度值时，荷载还可少量增加，直到截面边缘的拉应变达到混凝土的极限拉应变值后，构件开裂。此时，截面承受的扭矩称为开裂扭矩设计值 T_{cr}。

根据塑性力学理论，对于完全塑性材料的矩形截面，设矩形截面的高为 h，宽为 b，各部分剪应力均达到极限强度 τ_{max}，如图 8.5(b)所示。将截面剪应力划分成四个部分，两个梯形、两个三角形，如图 8.5(c)所示，为便于计算把图 8.5(c)改为 8.5(d)。各部分剪应力的合力对截面扭转中心取矩得到纯扭构件的抵抗扭矩，则 T_{cr}：

$$T_{cr}=\tau_{max}\frac{b^2}{6}(3h-b)=f_t\frac{b^2}{6}(3h-b)=f_tW_t \tag{8.1}$$

式中 h,b——矩形截面的长边和短边尺寸；

W_t——受扭构件的截面受扭塑性抵抗矩，对矩形截面，$W_t=\frac{b^2}{6}(3h-b)$。

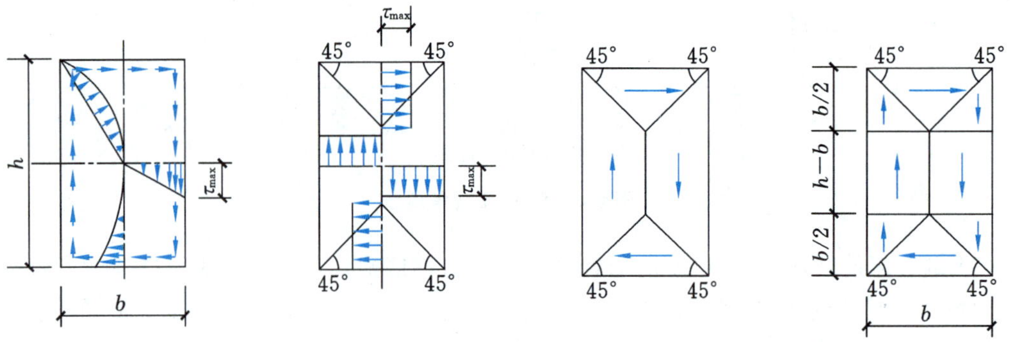

图 8.5 扭剪应力分布

若混凝土为弹性材料，则当最大扭剪应力或最大主拉应力达到混凝土抗拉强度 f_t 时，构件开裂，从而开裂扭矩 T_{cr} 为：

$$T_{cr}=f_t\alpha b^2h \tag{8.2}$$

式中 α——与比值$\frac{h}{b}$有关的系数，当比值$\frac{h}{b}=1\sim10$ 时，$\alpha=0.208\sim0.313$。

实际上，混凝土既非弹性材料又非理想塑性材料，而是介于两者之间的弹塑性材料。试验表明，当按式(8.1)计算开裂扭矩时，计算值总比试验值高；而按式(8.2)计算时，则计算值比试验值低。为简化计算，开裂扭矩可近似采用理想弹塑性材料的应力分布图形进行计算，但混凝土抗拉强度要适当降低。试验表明，对高强度混凝土，其降低系数约为 0.7，对低强度混凝土，降低系数接近 0.8。《混凝土结构设计标准》(GB/T 50010—2010)(2024 年版)取混凝土抗拉强度降低系数为 0.7，故开裂扭矩设计值的计算公式为：

$$T_{cr}=0.7f_tW_t \tag{8.3}$$

8.2.2.2 T形和I形截面开裂扭矩

T形和I形截面的开裂扭矩采用式(8.3)计算，其中T形和I形截面受扭塑性抵抗矩，同样可按照处于塑性状态时的截面剪应力分布情况，采用分块方法进行计算。

为简化计算，可以将T形或I形截面划分为几个矩形截面。分块原则是：应优先考虑腹板截面的完整性，然后再划分受压翼缘和受拉翼缘的面积，如图8.6所示，并近似认为整个截面的受扭塑性抵抗矩等于各分块矩形截面受扭塑性抵抗矩之和。

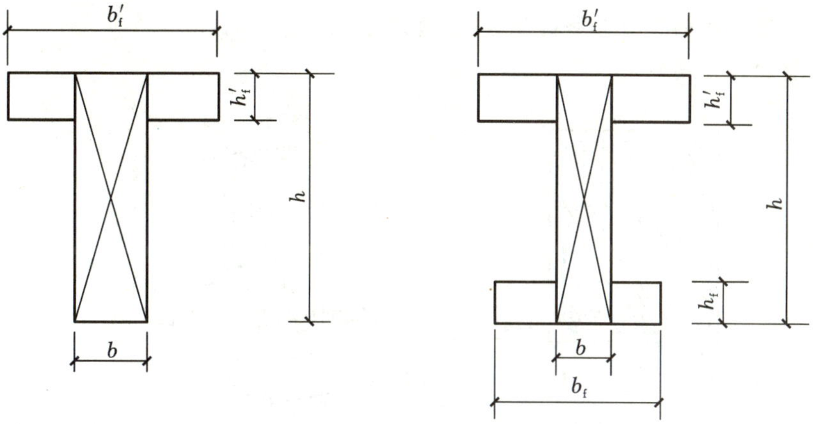

图8.6 T形和I形截面的矩形划分方法

T形或I形截面总的受扭塑性抵抗矩可分别按下列公式计算：

$$W_t = W_{tw} + W'_{tf} + W_{tf} \tag{8.4}$$

式中，W_{tw}、W'_{tf}、W_{tf}分别为腹板、受压翼缘和受拉翼缘部分的矩形截面受扭塑性抵抗矩，可按下式计算：

$$W_{tw} = \frac{b^2}{6}(3h - b) \tag{8.5}$$

$$W'_{tf} = \frac{h'^2_f}{2}(b'_f - b) \tag{8.6}$$

$$W_{tf} = \frac{h^2_f}{2}(b_f - b) \tag{8.7}$$

式中 b'_f,b_f——截面受压区和受拉区的翼缘宽度；

h'_f,h_f——截面受压区和受拉区的翼缘高度；

b,h——腹板宽度和全截面高度。

8.2.3 纯扭构件受扭承载力计算

8.2.3.1 配筋强度比值

为了使箍筋和纵向钢筋都能充分发挥作用，抗扭纵筋和抗扭箍筋的配筋比例应适当。《混凝土结构设计标准》(GB/T 50010—2010)(2024年版)采用纵向钢筋与箍筋的强度比值ζ进行控制，它表示单位核心长度的纵向钢筋拉力与构件单位长度的单肢箍筋拉力之比(图8.7)，即：

$$\zeta=\frac{f_{y}A_{stl}s}{f_{yv}A_{st1}u_{cor}} \tag{8.8}$$

式中 ζ——受扭纵向钢筋与箍筋的配筋强度比值；

A_{stl}——受扭计算中对称布置的全部纵向普通钢筋截面面积；

A_{st1}——受扭计算中沿截面周边配置的箍筋单肢截面面积；

f_{yv}——受扭箍筋的抗拉强度设计值，按附表 1.2 采用，但取值不应大于 360 N/mm^2；

u_{cor}——截面核心部分的周长，$u_{cor}=2(b_{cor}+h_{cor})$，此处，$b_{cor}$、$h_{cor}$ 分别为箍筋内表面范围内截面核心部分的短边、长边尺寸；

s——受扭箍筋间距。

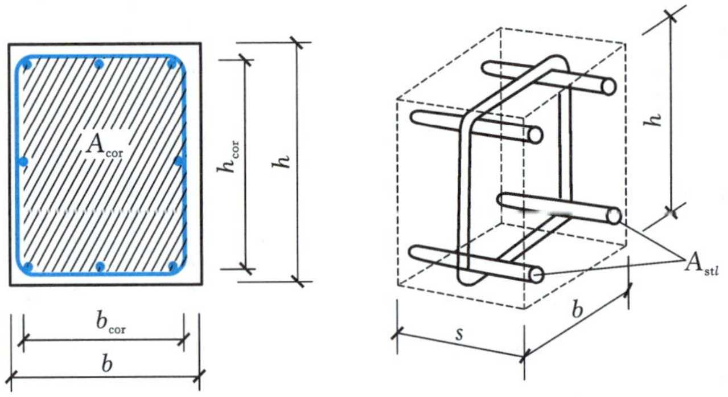

图 8.7 受扭纵筋与箍筋配筋强度比的计算示意图

试验表明，当 $0.5\leqslant\zeta\leqslant2.0$ 时，受扭破坏时纵筋和箍筋基本上都能达到屈服强度。但由于两者配筋量的差别，屈服的顺序是有先后的。《混凝土结构设计标准》(GB/T 50010—2010)(2024 年版)建议取 $0.6\leqslant\zeta\leqslant1.7$，在截面受扭承载力复核时，如果实际 $\zeta>1.7$，取 $\zeta=1.7$。试验也表明，当 $\zeta=1.2$ 时，抗扭纵筋与抗扭箍筋配合最佳，因此，设计时取 $\zeta=1.2$。

8.2.3.2 矩形截面纯扭构件承载力计算

钢筋混凝土纯扭构件的试验结果表明，构件的抗扭承载力由混凝土的抗扭承载力 T_c 和箍筋与纵筋的抗扭承载力 T_s 两部分组成，即：

$$T_u=T_c+T_s \tag{8.9}$$

矩形截面纯扭构件[图 8.8(a)]的受扭承载力按下式计算：

$$T\leqslant T_u=0.35f_tW_t+1.2\sqrt{\zeta}f_{yv}\frac{A_{st1}A_{cor}}{s} \tag{8.10}$$

式中 A_{cor}——截面核心部分的面积，$A_{cor}=b_{cor}h_{cor}$

式(8.10)中，等式右边的第一项表示混凝土的受扭作用，第二项表示钢筋的受扭作用。式(8.10)考虑了混凝土的抗扭作用，A_{cor} 为按箍筋内表面计算的而非截面角部纵筋中心连线计算的截面核心面积，建立规范公式时，包括少量部分超配筋构件的试验点。此外，式(8.10)的系数 0.35 及 1.2，是在统计试验资料的基础上，考虑了可靠指标 β 值的要求由试验点得出的。

试验研究表明，截面尺寸及配筋完全相同的受扭构件，混凝土强度等级对极限扭矩是有影响的，混凝土强度等级高的，受扭承载力亦较大。对于带有裂缝的钢筋混凝土纯扭构件，《混凝土结构设计标准》(GB/T 50010—2010)(2024 年版)取混凝土提供的受扭承载力，即式(8.10)中的第一项开裂扭矩的 50%。

8.2.3.3 T 形和 I 形截面纯扭构件承载力计算

对于 T 形和 I 形截面纯扭构件，可将其截面划分为几个矩形截面进行配筋计算，如图 8.8(b)所示，划分出的各矩形截面所承担的扭矩值，按各矩形截面的受扭塑性抵抗矩与截面总的受扭塑性抵抗矩的比值进行分配的原则确定，并分别按式(8.10)计算受扭钢筋。每个矩形截面的扭矩设计值可按下列规定计算：

(1) 腹板：

$$T_w=\frac{W_{tw}}{W_t}\cdot T \tag{8.11}$$

(2) 受压翼缘：

$$T_f'=\frac{W_{tf}'}{W_t}\cdot T \tag{8.12}$$

(3) 受拉翼缘：

$$T_f=\frac{W_{tf}}{W_t}\cdot T \tag{8.13}$$

式中 T——整个截面所承受的扭矩设计值；

T_w——腹板截面所承受的扭矩设计值；

T_f'，T_f——受压翼缘、受拉翼缘截面所承受的扭矩设计值。

8.2.3.4 箱形截面纯扭构件承载力计算

试验和理论研究表明，当截面宽度和高度、混凝土强度及配筋完全相同时，一定壁厚箱形截面构件的受扭承载力与实心截面构件是基本相同的。对于箱形截面纯扭构件，如图 8.8(c)所示，《混凝土结构设计标准》(GB/T 50010—2010)(2024 年版)将式(8.10)中的混凝土项乘以与截面相对壁厚有关的折减系数，得出如下受扭承载力计算公式：

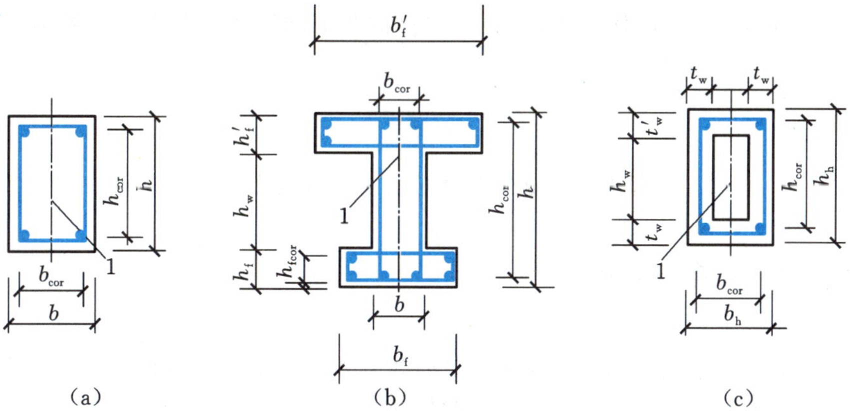

1—弯矩、剪力作用平面

图 8.8 受扭构件截面

(a)矩形截面($h\geqslant b$)；(b)T 形、I 形截面；(c)箱形截面($t_w\leqslant t_w'$)

$$T\leqslant T_u=0.35\alpha_h f_t W_t+1.2\sqrt{\zeta}f_{yv}\frac{A_{st1}A_{cor}}{s} \tag{8.14}$$

式中 α_h——箱形截面壁厚影响系数，$\alpha_h=(2.5t_w/b_h)$，当 $\alpha_h>1$ 时，取 $\alpha_h=1$；

t_w——箱形截面壁厚，其值不应小于 $b_h/7$；

b_h——箱形截面的宽度。

ζ 应符合 $\zeta \geqslant 0.6$，当 $\zeta > 1.7$ 时，取 $\zeta = 1.7$ 的要求。

箱形截面受扭塑性抵抗矩为：

$$W_t = \frac{b_h^2}{6}(3h_h - b_h) - \frac{(b_h - 2t_w)^2}{6}[3h_w - (b_h - 2t_w)] \tag{8.15}$$

式中 b_h, h_h——箱形截面的宽度和高度；

h_w——箱形截面的腹板净高；

t_w——箱形截面壁厚。

8.3 复合受扭构件承载力计算

工程中大部分受扭构件除承受扭矩外，还同时承受轴力、弯矩、剪力作用，致使构件处于复合受力状态，本节主要讨论剪扭构件、弯扭构件、弯剪扭构件、压弯剪扭构件和拉弯剪扭构件的承载力。

8.3.1 剪扭构件承载力计算

8.3.1.1 剪扭承载力相关关系

同时受到剪力和扭矩作用的构件，其截面某一受压区域将同时承受剪切和扭转应力的双重作用，致使构件内混凝土的承载力降低，也就是说，剪扭构件由于剪力的存在，会降低构件的受扭承载力；同样，由于扭矩的存在，会降低构件的受剪承载力，即存在着剪扭相关性。

试验研究表明，剪扭共同作用下，无腹筋构件的受剪和受扭的关系大致符合 1/4 圆的规律，见图 8.9(a)，其表达式为：

$$\left(\frac{T_c}{T_{co}}\right)^2 + \left(\frac{V_c}{V_{co}}\right)^2 = 1 \tag{8.16}$$

式中 V_c, T_c——剪扭共同作用下混凝土的受剪及受扭承载力；

V_{co}——纯剪构件混凝土的受剪承载力；

T_{co}——纯扭构件混凝土的受扭承载力。

8.3.1.2 矩形截面剪扭构件承载力

剪扭构件的受力性能比较复杂，因为受剪承载力和纯扭承载力中均包含混凝土部分和钢筋部分，而混凝土部分因剪扭相关关系而彼此影响。《混凝土结构设计标准》(GB/T 50010—2010)(2024 年版)在试验研究基础上，采用混凝土部分相关、钢筋不相关的原则获得近似计算方法。基本原则是：箍筋按剪扭构件的受剪承载力和受扭承载力分别计算所需箍筋用量，采用叠加方式进行箍筋配置；混凝土部分为了防止双重利用而降低承载力，考虑剪扭的相关性。

为了简化计算，《混凝土结构设计标准》(GB/T 50010—2010)(2024 年版)采用图 8.9(b)所示的三段折线近似代替 1/4 圆的关系。

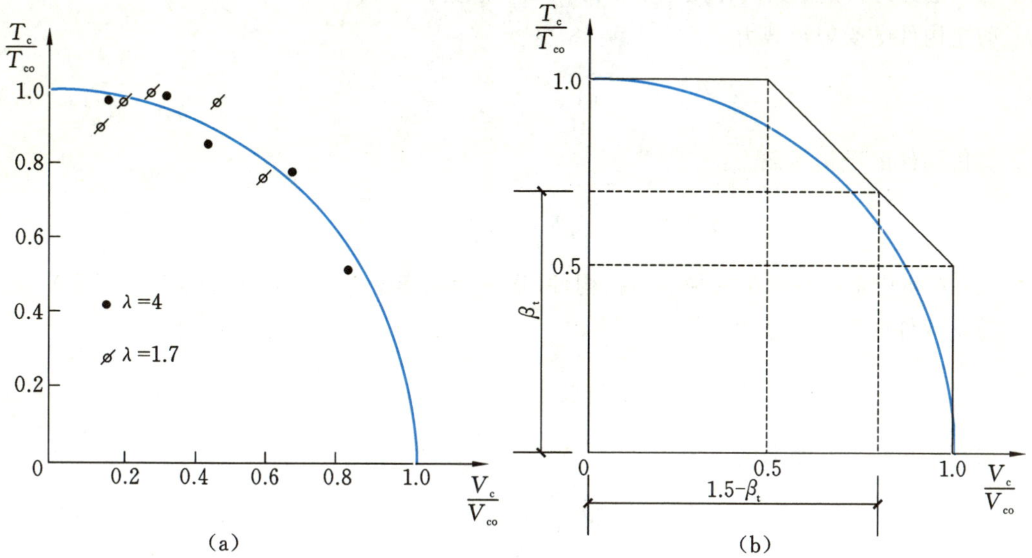

图 8.9 剪扭承载力关系

(a)无腹筋构件;(b)有腹筋构件混凝土计算曲线

由图 8.9(b)可以看出:

$$\frac{T_c}{T_{co}}=1.0\left(\frac{V_c}{V_{co}}\leqslant 0.5\right) \tag{8.17}$$

$$\frac{V_c}{V_{co}}=1.0\left(\frac{T_c}{T_{co}}\leqslant 0.5\right) \tag{8.18}$$

$$\frac{T_c}{T_{co}}+\frac{V_c}{V_{co}}=1.5\left(\frac{V_c}{V_{co}}、\frac{T_c}{T_{co}}>0.5\right) \tag{8.19}$$

令$\frac{T_c}{T_{co}}=\beta_t$,则$\frac{V_c}{V_{co}}=1.5-\beta_t$,两式相除可得:

$$\beta_t=\frac{1.5}{1+\frac{V_c/V_{co}}{T_c/T_{co}}} \tag{8.20}$$

式(8.20)中,若以剪力和扭矩设计值之比$\frac{V}{T}$代替$\frac{V_c}{T_c}$,取 $T_{co}=0.35f_tW_t$ 和 $V_{co}=0.7f_tbh_0$,代入式(8.20)中得:

$$\beta_t=\frac{1.5}{1+0.5\frac{V}{T}\cdot\frac{W_t}{bh_0}} \tag{8.21}$$

式中 β_t——剪扭构件混凝土受扭承载力降低系数,当 $\beta_t<0.5$ 时,取 $\beta_t=0.5$;当 $\beta_t>1.0$ 时,取 $\beta_t=1.0$。

因此,当构件中存在剪力和扭矩共同作用时,应考虑混凝土作用的相关性,《混凝土结构设计标准》(GB/T 50010—2010)(2024 年版)对受剪承载力公式和纯扭承载力公式中混凝土承担的抗力进行修正,得到矩形截面剪扭构件的公式如下:

(1) 在剪力和扭矩共同作用下的矩形截面一般剪扭构件

剪扭构件的受剪承载力：

$$V \leqslant V_u = 0.7(1.5-\beta_t) f_t b h_0 + f_{yv} \frac{A_{sv}}{s} h_0 \tag{8.22}$$

剪扭构件的受扭承载力：

$$T \leqslant T_u = 0.35\beta_t f_t W_t + 1.2\sqrt{\zeta} \frac{f_{yv} A_{st1} A_{cor}}{s} \tag{8.23}$$

(2) 对集中荷载作用下的独立剪扭构件(集中荷载产生剪力占总剪力的75%以上)

剪扭构件的受剪承载力：

$$V \leqslant V_u = (1.5-\beta_t) \frac{1.75}{\lambda+1} f_t b h_0 + f_{yv} \frac{A_{sv}}{s} h_0 \tag{8.24}$$

剪扭构件的受扭承载力：

$$T \leqslant T_u = 0.35\beta_t f_t W_t + 1.2\sqrt{\zeta} \frac{f_{yv} A_{st1} A_{cor}}{s} \tag{8.25}$$

式中

$$\beta_t = \frac{1.5}{1+0.2(\lambda+1)\dfrac{V}{T}\dfrac{W_t}{bh_0}} \tag{8.26}$$

8.3.1.3 T形和I形截面剪扭构件承载力

(1) 剪扭构件的受剪承载力，按式(8.22)或按式(8.24)进行计算，但计算时应将 T 及 W_t 分别以 T_w 及 W_{tw} 代替，即假设剪力全部由腹板承担。

(2) 剪扭构件的受扭承载力，可按纯扭构件的计算方法，将截面划分为几个矩形截面分别进行计算；腹板为剪扭构件，考虑剪扭承载力相关性，可按式(8.23)或式(8.25)进行计算，但计算时应将 T 及 W_t 分别以 T_w 及 W_{tw} 代替；受压翼缘及受拉翼缘为纯扭构件，可按矩形截面纯扭构件的规定进行计算，但计算时应将 T 及 W_t 分别以 T'_f 及 W'_{tf} 代替。

8.3.1.4 箱形截面剪扭构件承载力

(1) 一般箱形截面剪扭构件

剪扭构件的受剪承载力：

$$V \leqslant V_u = 0.7(1.5-\beta_t) f_t b h_0 + f_{yv} \frac{A_{sv}}{s} h_0 \tag{8.27}$$

剪扭构件的受扭承载力：

$$T \leqslant T_u = 0.35\alpha_h \beta_t f_t W_t + 1.2\sqrt{\zeta} f_{yv} \frac{A_{st1} A_{cor}}{s} \tag{8.28}$$

式中

$$\beta_t = \frac{1.5}{1+0.5\dfrac{V}{T}\dfrac{\alpha_h W_t}{bh_0}} \tag{8.29}$$

此处，α_h 值和 ζ 值应按箱形截面钢筋混凝土纯扭构件的受扭承载力计算规定要求取值。

(2) 对集中荷载作用下的独立剪扭构件(集中荷载产生剪力占总剪力的75%以上)

剪扭构件的受剪承载力:

$$V \leqslant V_u = (1.5-\beta_t)\frac{1.75}{\lambda+1}f_t b h_0 + f_{yv}\frac{A_{sv}}{s}h_0 \tag{8.30}$$

剪扭构件的受扭承载力:

$$T \leqslant T_u = 0.35\alpha_h \beta_t f_t W_t + 1.2\sqrt{\zeta} f_{yv}\frac{A_{st1}A_{cor}}{s}$$

式中

$$\beta_t = \frac{1.5}{1+0.2(\lambda+1)\dfrac{V}{T}\dfrac{\alpha_h W_t}{b h_0}} \tag{8.31}$$

8.3.2 弯扭构件承载力计算

与剪扭构件相似,弯扭构件的弯扭承载力也存在相关关系,其比较复杂,用相应的相关公式计算承载力是可行的,但进行设计非常复杂。为了简化设计,《混凝土结构设计标准》(GB/T 50010—2010)(2024年版)对弯扭构件的承载力计算采用简单的叠加法:首先按照受弯承载力计算所需要的抗弯纵筋,再按纯扭构件承载力计算抗扭纵筋和抗扭箍筋;对截面同一位置处的抗弯纵筋和抗扭纵筋,可将二者面积叠加后确定纵筋的直径和根数。

8.3.3 弯剪扭构件承载力计算

8.3.3.1 构造要求

(1) 截面尺寸的构造要求

为了使弯剪扭构件不发生在钢筋屈服前混凝土先压碎的超筋破坏,《混凝土结构设计标准》(GB/T 50010—2010)(2024年版)规定,在弯矩、剪力和扭矩共同作用下,h_w/b 不大于6的矩形、T形、I形截面和 h_w/t_w 不大于6的箱形截面构件,其截面尺寸应符合下列条件:

当 h_w/b(或 h_w/t_w)不大于4时:

$$\frac{V}{bh_0} + \frac{T}{0.8W_t} \leqslant 0.25\beta_c f_c \tag{8.32}$$

当 h_w/b(或 h_w/t_w)等于6时:

$$\frac{V}{bh_0} + \frac{T}{0.8W_t} \leqslant 0.2\beta_c f_c \tag{8.33}$$

式中 T——扭矩设计值;

b——矩形截面的宽度,T形或I形截面取腹板宽度,箱形截面取两侧壁总厚度 $2t_w$;

W_t——受扭构件的截面受扭塑性抵抗矩;

h_w——截面的腹板高度:对矩形截面,取有效高度 h_0,对T形截面,取有效高度减去翼缘高度,对I形和箱形截面,取腹板净高;

t_w——箱形截面壁厚,其值不应小于 $b_h/7$,此处,b_h 为箱形截面宽度。

当 h_w/b(或 h_w/t_w)大于4但小于6时,按线性内插法确定。

当 h_w/b 大于6或 h_w/t_w 大于6时,受扭构件的截面尺寸要求及扭曲截面承载力计算应符合专门规定。

(2) 按构造要求配置受扭纵向钢筋和受扭箍筋的条件

在弯矩、剪力和扭矩作用下的构件，当符合下列条件时，可不进行构件受剪扭承载力的计算，而按构造要求配置纵向受扭钢筋和受扭箍筋：

$$\frac{V}{bh_0}+\frac{T}{W_t}\leqslant 0.7f_t \tag{8.34}$$

式中 N——与剪力、扭矩设计值 V、T 相应的轴向压力设计值，当 $N>0.3f_cA$ 时，取 $N=0.3f_cA$。

(3) 受扭纵向钢筋的构造要求

① 为了防止发生少筋破坏，梁内受扭纵向钢筋的配筋率 ρ_{tl} 应不小于其最小配筋率 $\rho_{tl,\min}$，即：

$$\rho_{tl}=\frac{A_{stl}}{bh}\geqslant\rho_{tl,\min} \tag{8.35}$$

$$\rho_{tl,\min}=\frac{A_{stl,\min}}{bh}=0.6\sqrt{\frac{T}{Vb}}\frac{f_t}{f_y} \tag{8.36}$$

式中，当 $\frac{T}{Vb}>2$ 时，取 $\frac{T}{Vb}=2$。

② 受扭纵向受力钢筋的间距不应大于 200 mm 和梁的截面宽度。

③ 在截面四角必须设置受扭纵向受力钢筋，并沿截面周边均匀对称布置；当支座边作用有较大扭矩时，受扭纵向钢筋应按充分受拉锚固在支座内。

④ 弯剪扭构件中配置在截面弯曲受拉边的纵向受力钢筋，其截面面积不应小于按受弯构件受拉钢筋最小配筋率计算的截面面积与按受扭纵向钢筋最小配筋率计算并分配到弯曲受拉边的钢筋截面面积之和。

(4) 受扭箍筋的构造要求

① 为了防止发生少筋破坏，弯剪扭构件中，箍筋的配筋率 ρ_{sv} 不应小于 $0.28\frac{f_t}{f_{yv}}$，即：

$$\rho_{sv}=\frac{nA_{sv1}}{bs}\geqslant 0.28\frac{f_t}{f_{yv}} \tag{8.37}$$

② 受扭所需的箍筋应做成封闭式，且应沿截面周边布置。当采用复合箍时，位于截面内部的箍筋不应计入受扭所需的截面面积。

③ 受扭所需箍筋的末端应做成 135°弯钩，弯钩平直段长度不应小于 $10d$，d 为箍筋直径。

注意，在变角度空间桁架模型中，受扭纵向钢筋是上、下弦杆，混凝土是斜压腹杆，箍筋是受拉的竖向腹杆，因此受扭箍筋与受扭纵向钢筋两者必须同时配置才能起桁架作用。

对于箱形截面构件，相应公式中的 b 均应以 b_h 代替。

8.3.3.2 弯剪扭构件承载力计算

在实际工程中，钢筋混凝土受扭构件大多数都是弯剪扭构件，因为受力复杂，《混凝土结构设计标准》(GB/T 50010—2010)(2024 年版)对弯剪扭构件承载力分别在剪扭构件和弯扭构件承载力的基础上做出规定：在弯矩、剪力和扭矩共同作用下的钢筋混凝土构件配筋可按“叠加法”，对于矩形、T 形、I 形和箱形截面，纵向钢筋应分别按照受弯构件的正截面受弯承载力和剪扭构件的受扭承载力计算确定，所得钢筋面积叠加并将钢筋配置在相应位置；箍筋截面面积分别按照剪扭构件的受剪承载力和剪扭构件的受扭承载力计算确定，并应配置在相应位置。

(1) 截面设计

当已知构件的内力设计值，应根据经验或已有设计资料，初步选定构件截面尺寸和材料强度等级后，可按照下列步骤进行弯剪扭构件的截面承载力计算。

① 验算截面尺寸

按式(8.32)或式(8.33)验算初步选定的截面尺寸是否满足要求，若不满足可通过增加截面尺寸或提高混凝土强度等级来满足要求。

② 验算是否按计算配置剪扭钢筋

当满足式(8.34)的要求时，可不进行剪扭承载力计算，可构造配置所需的箍筋和纵筋；但受弯所需的纵筋应按计算配置。

当不满足式(8.34)的要求时，应计算剪扭承载力，即考虑剪扭相关性。

③ 判别配筋计算是否可忽略剪力 V 或者扭矩 T

《混凝土结构设计标准》(GB/T 50010—2010)(2024 年版)规定，在弯矩、剪力和扭矩共同作用下，但剪力或扭矩较小的矩形、T 形、I 形和箱形钢筋混凝土截面弯剪扭构件，当符合下列条件时，可按下列规定进行承载力计算：

当 $V \leqslant 0.35 f_t b h_0$ 或 $V \leqslant 0.875 f_t b h_0/(\lambda+1)$ 时，可忽略剪力的作用，仅按受弯构件的正截面受弯承载力和纯扭构件扭曲截面受扭承载力分别进行计算；

当 $T \leqslant 0.175 f_t W_t$ 或对于箱形截面构件 $T \leqslant 0.175 \alpha_h f_t W_t$ 时，可忽略扭矩的作用，仅按受弯构件的正截面受弯承载力和斜截面受剪承载力分别进行计算。

④ 确定箍筋数量

按式(8.21)或式(8.26)计算剪扭构件混凝土受扭承载力降低系数 β_t，并满足 $0.5 \leqslant \beta_t \leqslant 1.0$，按照式(8.22)或式(8.24)计算抗剪需要的单肢箍筋 A_{sv1}/s；假定 $\zeta=1.2$，按照式(8.23)或式(8.25)计算抗扭需要的单肢箍筋 A_{st1}/s。将二者叠加得单肢箍筋用量，并按此选用箍筋的直径和间距，所选的箍筋直径和间距还需符合构造要求。

⑤ 确定纵筋数量

抗弯纵筋和抗扭纵筋分别计算。抗弯纵筋按受弯构件正截面受弯承载力公式计算，所配钢筋布置在截面的受拉区或受压区；抗扭纵筋根据上面已求的抗扭单肢箍筋用量和选定的 ζ 按照式(8.8)确定，所配钢筋沿着截面四周对称布置，最后配置在截面弯曲受拉区和受压区的纵筋总量，应为布置在该区抗弯纵筋与抗扭纵筋的截面之和，并满足纵筋的最小配筋率和间距要求。

(2) 截面复核

已知构件的截面尺寸、钢筋数量、材料强度等级，以及构件的弯矩、剪力和扭矩设计值，要求复核构件的控制截面是否具有足够的承载力。可按照下列步骤进行弯剪扭构件的截面承载力复核。

① 验算截面尺寸

按式(8.32)或式(8.33)验算初步选定的截面尺寸是否满足要求，若不满足可通过增加截面尺寸或提高混凝土强度等级来满足要求。

② 验算构造配筋条件

当满足式(8.34)的要求时，仅需按照式(8.36)和式(8.37)验算箍筋及抗扭纵筋是否满足最小配筋率的规定，并按照受弯承载力进行截面复核。

当不满足式(8.34)的要求时，弯剪扭承载力均需要复核。

③ 当$V \leqslant 0.35 f_t b h_0$或$V \leqslant 0.875 f_t b h_0/(\lambda+1)$时，可忽略剪力的作用，仅按受弯构件的正截面受弯承载力和纯扭构件扭曲截面受扭承载力复核；

当$T \leqslant 0.175 f_t W_t$或对于箱形截面构件$T \leqslant 0.175 \alpha_h f_t W_t$时，可忽略扭矩的作用，仅按受弯构件的正截面受弯承载力和斜截面受剪承载力复核。

④ 当弯、剪、扭承载力均需要进行复核时，可按下述步骤进行：

按式(8.21)或式(8.26)计算剪扭构件混凝土受扭承载力降低系数β_t，并满足$0.5 \leqslant \beta_t \leqslant 1.0$，按照式(8.22)或式(8.24)计算抗剪需要的单肢箍筋A_{sv1}/s；从实际配置的单肢箍筋数量中减去抗剪需要量，即用来承受扭矩的单肢箍筋数量。

按受弯构件正截面受弯承载力公式求出抗弯需要的纵筋用量，从实际配置的纵筋数量中减去抗弯纵筋量，再考虑抗扭纵筋对称布置的原则，可得到承担扭矩的纵筋数量。

将上述得到的抗扭单肢箍筋数量和抗扭纵筋数量代入式(8.8)确定ζ，然后将ζ及其他参数代入式(8.23)或式(8.25)可得到截面所承受的扭矩值，若该扭矩值大于或等于该截面的扭矩设计值，则表明该截面的承载力满足要求。

对构件各控制截面均按上述方法进行复核，只有当各控制截面均满足要求时，整个构件的承载力才满足可靠度要求。

T形、I形的截面设计及截面复核均按照上述方法进行，但注意腹板的箍筋计算应考虑全部剪力和分配给腹板的扭矩，考虑相关性，即考虑剪扭构件混凝土受扭承载力降低系数β_t；受压翼缘和受拉翼缘的箍筋仅考虑承受所分配的扭矩，但翼缘板中配置的箍筋应贯穿整个翼缘，如图8.8(b)所示；纵筋与上述要求一样。

8.3.4 压弯剪扭构件承载力计算

8.3.4.1 压扭矩形截面构件承载力

试验表明，轴向压力对纵筋应变的影响十分显著。轴向压力能使混凝土较好地参与工作，同时又能改善混凝土的咬合作用和纵向钢筋的销栓作用，因而能提高构件的受扭承载力。《混凝土结构设计标准》(GB/T 50010—2010)(2024年版)考虑这一有利因素，计算轴向压力对受扭构件受扭承载力的提高偏安全取$0.07NW_t/A$。然而试验研究发现，当N/A超过$0.65f_c$时，构件受扭承载力会逐渐下降。因此该规范对轴向压力的上限值做了稳妥规定：轴向压力不得超过$0.3f_cA$。

《混凝土结构设计标准》(GB/T 50010—2010)(2024年版)规定，压扭构件的受扭承载力按下式计算：

$$T \leqslant T_u = \left(0.35 f_t + 0.07 \frac{N}{A}\right) W_t + 1.2\sqrt{\zeta} f_{yv} \frac{A_{st1} A_{cor}}{s} \tag{8.38}$$

式中 N——与扭矩设计值T相应的轴向压力设计值，当$N > 0.3f_cA$时，取$N = 0.3f_cA$；

A——构件截面面积。

8.3.4.2 压弯剪扭矩形截面框架柱承载力

压弯剪扭构件的轴向压力主要提高混凝土的受扭及受剪承载力，故在考虑剪扭相关性时，混凝土的受剪承载力项和受扭承载力项应分别考虑轴向压力对构件抗力提高的影响。因此，《混凝土结构设计标准》(GB/T 50010—2010)(2024 年版)规定，在轴向压力、弯矩、剪力和扭矩共同作用下的钢筋混凝土矩形截面框架柱，其受剪、受扭承载力应按下列公式计算：

受剪承载力：

$$V \leqslant V_u = (1.5 - \beta_t)\left(\frac{1.75}{\lambda + 1} f_t b h_0 + 0.07N\right) + f_{yv}\frac{A_{sv}}{s}h_0 \tag{8.39}$$

受扭承载力：

$$T \leqslant T_u = \beta_t\left(0.35 f_t W_t + 0.07\frac{N}{A}W_t\right) + 1.2\sqrt{\zeta} f_{yv}\frac{A_{st1}A_{cor}}{s} \tag{8.40}$$

此处，β_t 近似按式(8.26)计算。λ 为计算截面的剪跨比，按第 5 章有关规定取用；ζ 值应符合 $0.6 \leqslant \zeta \leqslant 1.7$，当 $\zeta > 1.7$ 时，取 $\zeta = 1.7$。

在轴向压力、弯矩、剪力和扭矩共同作用下的钢筋混凝土矩形截面框架柱，当 $T \leqslant \left(0.175 f_t + 0.035\frac{N}{A}\right)W_t$ 时，可仅计算偏心受压构件的正截面承载力和斜截面受剪承载力。

在轴向压力、弯矩、剪力和扭矩共同作用下的钢筋混凝土矩形截面框架柱，其纵向普通钢筋截面面积应分别按偏心受压构件正截面承载力和剪扭构件的受扭承载力计算确定，并应配置在相应的位置。箍筋截面面积应分别按剪扭构件的受剪承载力和受扭承载力计算确定，并应配置在相应位置。

8.3.5 拉弯剪扭构件承载力计算

8.3.5.1 拉扭矩形截面构件承载力

试验表明，在拉扭构件中，拉力的存在会降低受扭构件开裂扭矩，同时轴向拉力使纵筋产生附加拉力，削弱纵筋的受扭作用，从而降低构件的受扭承载力。

《混凝土结构设计标准》(GB/T 50010—2010)(2024 年版)规定，拉扭矩形截面构件的受扭承载力按下式计算：

$$T \leqslant T_u = \left(0.35 f_t - 0.2\frac{N}{A}\right)W_t + 1.2\sqrt{\zeta} f_{yv}\frac{A_{st1}A_{cor}}{s} \tag{8.41}$$

式中 N——与扭矩设计值 T 相应的轴向压力设计值，当 $N > 1.75 f_t A$ 时，取 $N = 1.75 f_t A$。

8.3.5.2 拉弯剪扭矩形截面框架柱承载力

在拉弯剪扭矩形截面框架柱中，轴向拉力主要降低混凝土的受剪及受扭承载力，在轴向拉力、弯矩、剪力和扭矩作用下的混凝土矩形截面框架柱，其受剪、受扭承载力按下列公式计算：

受剪承载力：

$$V \leqslant V_u = (1.5 - \beta_t)\left(\frac{1.75}{\lambda + 1} f_t b h_0 - 0.2N\right) + f_{yv}\frac{A_{sv}}{s}h_0 \tag{8.42}$$

当 $V_u < f_{yv}\frac{A_{sv}}{s}h_0$ 时，取 $V_u = f_{yv}\frac{A_{sv}}{s}h_0$。

受扭承载力：

$$T \leqslant T_u = \beta_t\left(0.35 f_t - 0.2\frac{N}{A}\right)W_t + 1.2\sqrt{\zeta} f_{yv}\frac{A_{st1}A_{cor}}{s} \tag{8.43}$$

当 $T_u < 1.2\sqrt{\zeta} f_{yv} \dfrac{A_{st1}A_{cor}}{s}$ 时，取 $T_u = 1.2\sqrt{\zeta} f_{yv} \dfrac{A_{st1}A_{cor}}{s}$。

在轴向拉力、弯矩、剪力和扭矩作用下的钢筋混凝土矩形截面框架柱，当 $T \leqslant \left(0.175 f_t - 0.1\dfrac{N}{A}\right) W_t$ 时，可仅计算偏心受拉构件的正截面承载力和斜截面承载力。

【在线测试】

《混凝土结构设计标准》(GB/T 50010—2010)(2024 年版)还规定，在轴向拉力、弯矩、剪力和扭矩共同作用下的钢筋混凝土矩形截面框架柱，其纵向普通钢筋截面面积应分别按偏心受拉构件的正截面承载力和剪扭构件的受扭承载力确定，并应配置在相应位置；箍筋截面面积应分别按剪扭构件的受剪承载力和受扭承载力确定，并应配置在相应位置。

【例 8.1】 某一钢筋混凝土框架纵向连系梁，截面尺寸 $b \times h = 300\ \text{mm} \times 600\ \text{mm}$，该梁承受的荷载设计值和扭矩设计值，以及相应的设计弯矩图、剪力图和扭矩图如图 8.10 所示。混凝土强度等级为 C30($f_t = 1.43\ \text{N/mm}^2$，$f_c = 14.3\ \text{N/mm}^2$，$\beta_c = 1.0$)，纵筋采用 HRB400 级钢筋($f_y = 300\ \text{N/mm}^2$)，箍筋采用 HPB300 级钢筋($f_{yv} = 270\ \text{N/mm}^2$)，设计使用年限为 50 年，环境类别为一类。试设计该梁。

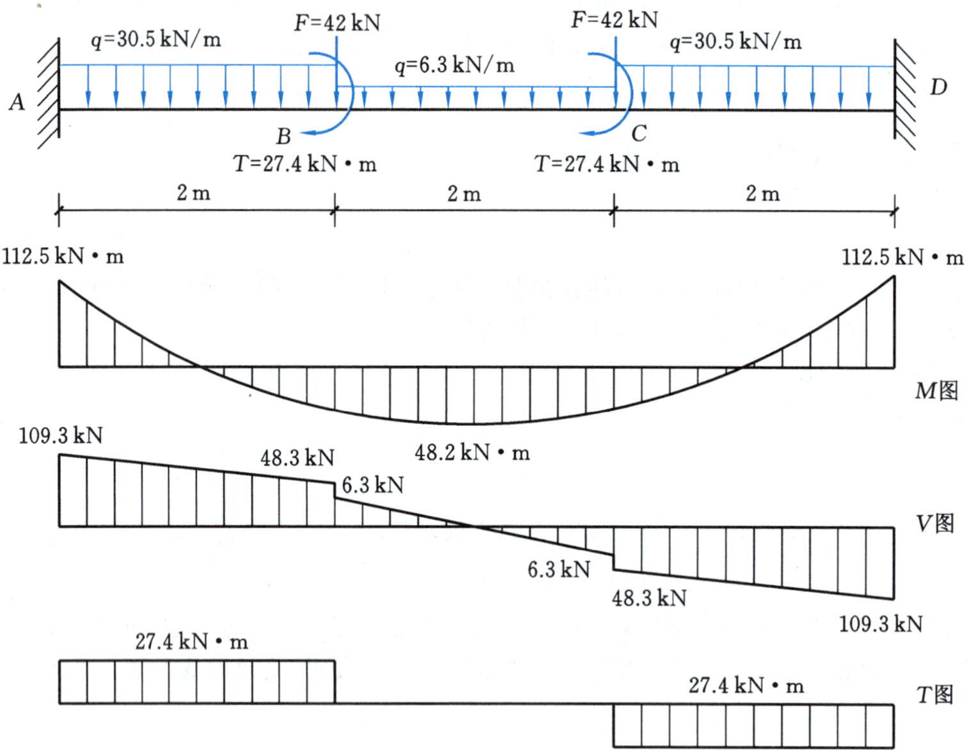

图 8.10 梁受力图及相应的设计弯矩图、剪力图和扭矩图

【解】(1) 验算构件截面尺寸时，取剪力和扭矩设计值均较大的支座截面 A 和 B 进行验算。计算截面抗扭塑性抵抗矩：

$$W_t = \frac{b^2}{6}(3h - b) = \frac{300^2}{6}(3 \times 600 - 300) = 22500000\ \text{mm}^3$$

矩形截面 $h_0=h_w=600-35=565\ \text{mm}$,$b=300\ \text{mm}$,$h_w/b=565/300=1.88<4$,则:

$$\frac{V}{bh_0}+\frac{T}{0.8W_t}=\frac{109300}{300\times565}+\frac{27400000}{22500000\times0.8}$$

$$=2.16\ \text{N/mm}^2<0.25\beta_c f_c=0.25\times1\times14.3=3.575\ \text{N/mm}^2$$

截面尺寸符合要求。

(2) 验算是否可不考虑剪力

$$V=109300\ \text{N}>0.35f_t bh_0=0.35\times1.43\times300\times565=84835\ \text{N}$$

故不能忽略剪力。

(3) 验算是否可不考虑扭矩

$$T=27400000\ \text{N}\cdot\text{mm}>0.175f_tW_t=0.175\times1.43\times22500000=5630625\ \text{N}\cdot\text{mm}$$

故不能忽略扭矩。

(4) 验算是否要进行抗剪和抗扭计算

$$\frac{V}{bh_0}+\frac{T}{W_t}=1.86\ \text{N/mm}^2>0.7f_t=0.7\times1.43=1.0\ \text{N/mm}^2$$

故必须进行抗剪和抗扭计算。

(5) 确定箍筋用量

根据本例的内力分布图可按支座截面的扭矩和剪力计算箍筋用量。取抗扭纵筋与箍筋的配筋强度比 $\zeta=1.2$,按式计算系数 β_t:

$$\beta_t=\frac{1.5}{1+0.5\dfrac{VW_t}{Tbh_0}}=\frac{1.5}{1+0.5\dfrac{109300}{27400000}\times\dfrac{22500000}{300\times565}}=1.186>1.0$$

所以取 $\beta_t=1.0$。

计算单侧抗剪箍筋用量(采用双肢箍筋,$n=2$),根据 $V=0.7(1.5-\beta_t)f_tbh_0+f_{yv}\dfrac{nA_{sv1}}{s}h_0$ 有:

$$\frac{nA_{sv1}}{s}=\frac{V-0.7(1.5-\beta_t)f_tbh_0}{f_{yv}h_0}=\frac{109300-0.7\times(1.5-1.0)\times1.43\times300\times565}{270\times565}=0.16$$

$$\frac{A_{sv1}}{s}=0.08$$

按式(8.23)计算单侧抗扭箍筋用量:

$$T=0.35\beta_t f_tW_t+1.2\sqrt{\zeta}f_{yv}\frac{A_{st1}A_{cor}}{s}$$

其中 $A_{cor}=b_{cor}h_{cor}=(300-2\times30)(600-2\times30)=129600\ \text{mm}^2$,则:

$$\frac{A_{st1}}{s}=\frac{T-0.35\beta_tf_tW_t}{1.2\sqrt{\zeta}f_{yv}A_{cor}}=\frac{27400000-0.35\times1.0\times1.43\times22500000}{1.2\times\sqrt{1.2}\times270\times129600}=0.351$$

则单侧箍筋总用量:

$$\frac{A_{sv1}^*}{s}=\frac{A_{sv1}}{s}+\frac{A_{st1}}{s}=0.080+0.351=0.431$$

选用箍筋直径Φ10,$A_{sv1}=78.5\ \text{mm}^2$,则:

$$s=\frac{78.5}{0.431}=182\ \text{mm}$$

取箍筋间距 $s=125\ \text{mm}$,此值小于箍筋最大容许间距。

按式(8.37)计算最小配箍率:

$$\rho_{sv,min}=0.28\frac{f_t}{f_{yv}}=0.28\times\frac{1.43}{270}=0.0015$$

实际配箍率为：

$$\rho_{sv}=\frac{2A_{sv1}}{bs}=\frac{2\times78.5}{300\times125}=0.00419>\rho_{sv,min}，满足要求。$$

(6) 计算抗扭纵筋用量

根据选定的 $\zeta=1.2$ 和经计算得出的单侧抗扭箍筋用量 A_{st1}/s，按式(8.8)求抗扭纵筋用量 A_{stl}：

$$A_{stl}=\frac{\zeta f_{yv}A_{st1}u_{cor}}{f_y s}$$

其中 $u_{cor}=2(b_{cor}+h_{cor})=2(240+540)=1560$ mm，前面已经求得 $\frac{A_{st1}}{s}=0.351$，则：

$$A_{stl}=\frac{1.2\times270\times0.351\times1560}{360}-492.8\ \text{mm}^2$$

选用 6Φ12(实配 $A_{stl}=678$ mm²)，布置在截面四角和两侧边高度方向中部。

抗扭纵筋的最小配筋率按式(8.37)计算：

$$\rho_{tl,min}=0.6\sqrt{\frac{T}{Vb}}\frac{f_t}{f_y}=0.6\sqrt{\frac{27400000}{109300\times300}}\times\frac{1.43}{270}=0.00290$$

抗扭纵筋的实际配筋率为：

$$\rho_{tl}=\frac{A_{stl}}{bh}=\frac{678}{300\times600}=0.00377>\rho_{tl,min}$$

(7) 计算抗弯纵筋数量

按正截面抗弯承载力计算(过程略)，支座截面所需负弯矩钢筋截面面积为 $A_{sm}=673$ mm² $>\rho_{min}bh=0.215\%\times300\times600=387$ mm²；跨中截面所需的正弯矩钢筋截面面积为 $A_{sm}=280.5$ mm² $<\rho_{min}bh$，取最小配筋率所对应的钢筋截面面积 387 mm²。

(8) 确定纵筋的总用量

对支座截面，上部纵筋所需的截面总面积为 $A_{sm}=673$ mm²，加上 2Φ12 抗扭纵筋的截面面积 226 mm²，即 673+226=899 mm²，实配 2Φ20 和 1Φ22，截面面积 $A_s=1008$ mm²。对跨中截面，下部纵筋所需截面总面积为 387+226=613 mm²，实配 2Φ22，沿梁通长布置，$A_s=$ 760 mm²。

支座及跨中截面最后配筋情况如图 8.11 所示。

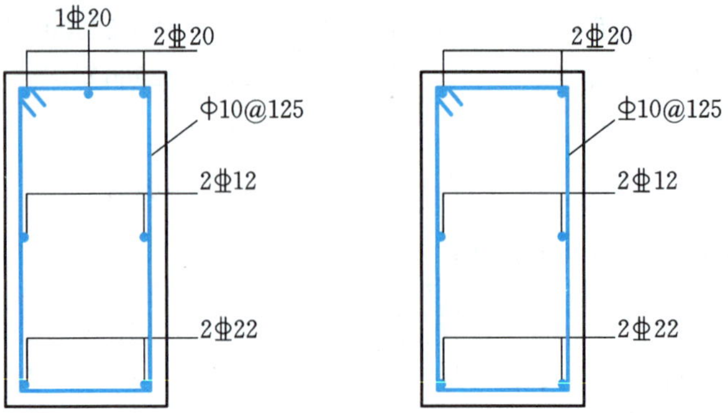

图 8.11　配筋图

【本章小节】

(1) 纯扭构件在建筑工程中很少,大多数情况的结构都是弯矩、剪力和扭矩的复合作用。根据结构扭矩内力形成的原因,结构扭转分为两种类型:一是平衡扭转;二是协调扭转或称附加扭转。结构的平衡扭转需满足静力平衡条件;结构的协调扭转可采用《混凝土结构设计标准》(GB/T 50010—2010)(2024 年版)设计法或“零刚度设计法”计算,并应满足一定构造要求。

(2) 配置抗扭钢筋的纯扭构件,在开裂前其受力性能与素混凝土构件没有明显的差别,但开裂后不立即破坏,而是逐渐形成多条呈 45°角左右的螺旋裂缝。裂缝处由抗扭钢筋继续承担拉力,并与裂缝间混凝土斜压杆共同构成空间桁架抗扭机构。配置抗扭钢筋对提高构件的受扭承载力有很大作用,但对构件开裂扭矩的影响明显很小。

(3) 受扭钢筋包括受扭纵筋和受扭箍筋,两者缺一不可,共同抵抗螺旋裂缝,并且两者配置数量相互匹配,故引入抗扭纵筋与抗扭箍筋的配筋强度比 ζ 这一概念。

(4) 矩形截面纯扭构件的抗扭承载力计算公式是根据大量适筋和部分超筋构件的试验实测数据分析建立起来的经验公式,它综合考虑了混凝土和抗扭钢筋两部分的抗扭作用,反映了各主要因素的影响。

(5) 弯扭、剪扭、弯剪扭构件承载力计算的理论基础与纯扭构件相同,纵筋截面面积由受弯承载力所需的纵向受拉钢筋截面面积和受扭承载力所需抗扭纵筋截面面积叠加而得;单肢箍筋截面面积由受剪和受扭承载力各自所需箍筋截面面积叠加而得。剪扭构件需考虑相关性,即考虑混凝土受扭承载力降低系数 β_t。

(6) 工程中受扭构件应避免设计成超筋和少筋构件,因此需要通过限制截面尺寸避免超筋破坏,通过规定最小配筋率和最小配箍率避免少筋破坏。

(7) T 形和 I 形截面弯剪扭构件除按照受弯承载力计算外,根据“截面完整性”准则,将 T 形和 I 形截面划分为数个矩形截面块,各截面承受的扭矩按各矩形截面受扭塑性抵抗矩进行分配。腹板进行受剪、受扭承载力计算,考虑相关性;受压翼缘和受拉翼缘不进行受剪承载力计算,仅按纯扭构件进行受扭承载力计算;T 形和 I 形截面弯剪扭构件进行承载力计算后,纵向受拉钢筋按其数量和位置进行叠加;箍筋按照其数量和位置进行叠加。

思 考 题

8.1 钢筋混凝土纯扭构件有哪些破坏形态?各自有什么特点?在受扭计算中如何避免少筋破坏和超筋破坏?

8.2 简述抗扭钢筋配筋强度比 ζ 的含义。

8.3 简述弯剪扭构件设计的箍筋和纵筋用量分别是怎样确定的。

8.4 T 形和 I 形截面及箱形截面弯剪扭构件与矩形截面弯剪扭构件在承载力计算上有什么相同和不同之处?

8.5 简述剪扭构件的相关性 β_t、剪扭承载力公式及计算步骤。

8.6 受扭构件的配筋有哪些构造要求？

8.7 在什么情况下受扭构件应按照最小配箍率和最小配筋率进行配筋？

习 题

8.1 已知某矩形截面悬臂梁 $b=250$ mm，$h=500$ mm，混凝土强度等级为 C30，纵向受力钢筋为 HRB400 级，箍筋为 HPB300。该梁在悬臂梁支座截面处承受弯矩设计值 $M=100$ kN·m，剪力设计值 $V=120$ kN 和扭矩设计值 $T=8.5$ kN·m。设计使用年限为 50 年，环境类别为一类。试计算该梁的配筋，并绘制截面配筋图。

8.2 已知某一 T 形截面弯剪扭构件截面尺寸 $b=250$ mm，$h=500$ mm，$b'_f=400$ mm，$h'_f=100$ mm。弯矩设计值 $M=100$ kN·m，剪力设计值 $V=80$ kN 和扭矩设计值 $T=15$ kN·m。混凝土强度等级为 C25，纵向受力钢筋为 HRB400 级，箍筋为 HPB300。计算配筋，并绘制截面配筋图。

能力训练项目

受扭构件设计方法训练：绘制 T 形截面弯剪扭构件设计流程图。

9 钢筋混凝土构件的裂缝、变形及耐久性设计

本章概要

本章主要内容包括概述，裂缝宽度验算，变形验算，混凝土结构耐久性设计。

学习目标

通过本章学习，了解构件裂缝、变形和耐久性的重要性；熟悉裂缝控制等级；掌握钢筋混凝土构件裂缝宽度验算；掌握钢筋混凝土构件截面弯曲刚度的定义、基本表达式等；掌握变形的验算及最小刚度原则；熟悉混凝土耐久性的概念、主要影响因素及耐久性设计要点；学会基本结构构件进行裂缝宽度及挠度验算；应用已有的理论知识判别实际工程中引起构件裂缝的原因。

9.1 概 述

设计任何建筑物和构筑物时，必须使其满足安全性、适用性、耐久性，第 4～8 章讲述的受弯（剪）、受压、受拉、受扭构件的计算主要解决结构构件的安全性问题，属于承载能力极限状态设计。混凝土结构和构件除应按承载能力极限状态进行设计外，尚应进行正常使用极限状态的验算，以满足结构的正常使用功能和耐久性要求。对于一般常见的工程结构，正常使用极限状态验算主要包括裂缝控制验算和变形验算，以及保证结构耐久性的设计和构造措施等方面。因为，水池、油罐等结构开裂会引起渗漏现象；过大的裂缝会影响到结构的耐久性；过大的变形会造成房屋内粉刷层剥落、填充墙和隔断墙开裂及屋面积水等后果；在多层精密仪表车间中，过大的楼面变形可能会影响到产品的质量；过大的变形和裂缝也将使用户在心理上产生不安全感。

此外，混凝土结构是由多种材料组成的复合人工材料，由于结构本身组成成分及受力承载特点，在周围环境中水及侵蚀性介质的作用下，随着时间的推移，混凝土将出现裂缝、破碎、酥裂、磨损、溶蚀等现象，钢筋将出现锈蚀、脆化、疲劳、应力腐蚀等现象，钢筋与混凝土之间的黏结锚固作用将逐渐减弱，即出现耐久性问题。耐久性问题开始时表现为对结构构件外观和使用功能的影响，到一定阶段上可能引发承载力方面的问题，使结构构件出现突然的破坏。

与承载能力极限状态不同，结构或构件超过正常使用极限状态时，对生命财产的危害程度相对要低一些，其相应的目标可靠指标[β]值也可小一些。因此，进行正常使用极限状态验算时，荷载效应可采用标准组合或准永久组合，材料强度可取标准值，并应考虑荷载长期作用的影响。

9.2 裂缝宽度验算

引起混凝土构件产生裂缝的原因很多，主要有两种类型：一是直接荷载作用产生的受力裂缝，如受弯构件在弯矩或剪力作用下的垂直裂缝或斜裂缝；二是由变形因素（非荷载）引起的裂缝，如混凝土的收缩、地基不均匀沉降、温度变化等引起的裂缝。很多裂缝往往是几种因素共同作用的结果。工程实践中，结构物的裂缝以荷载为主引起的占 20%，以变形因素为主引起的占 80%，非结构引起的裂缝原因十分复杂，目前主要通过构造措施进行控制，结构直接荷载作用产生的裂缝，可通过构件截面设计时裂缝宽度验算来控制。本节主要介绍构件因荷载引起的正截面裂缝验算。

9.2.1 裂缝控制等级

按正常使用阶段对结构构件正截面的受力裂缝的不同要求，《混凝土结构设计标准》(GB/T 50010—2010)（2024 年版）根据正截面的受力裂缝控制等级分为三级，各等级分级要求应符合下列规定：

一级——严格要求不出现裂缝的构件，在荷载效应的标准组合下，构件受拉边缘混凝土不应产生拉应力。

二级——一般要求不出现裂缝的构件，在荷载效应的标准组合下，构件受拉边缘混凝土拉应力不应大于混凝土轴心抗拉强度标准值。

三级——允许出现裂缝的构件，对于钢筋混凝土构件，按荷载准永久组合并考虑长期影响计算时，裂缝的最大宽度 w_{max} 不应超过规定的最大裂缝宽度限值 w_{lim}，即：

$$w_{max} \leqslant w_{lim} \tag{9.1}$$

式中 w_{max}——按荷载效应准永久组合并考虑长期作用影响计算的最大裂缝宽度；

w_{lim}——最大裂缝宽度限值，一般建筑结构构件的最大裂缝宽度限值见附表 4.3。

对于二 a 类环境的预应力混凝土构件，尚应按荷载准永久组合计算，且构件受拉边缘混凝土的拉应力不应大于混凝土的抗拉强度标准值。

上述一、二级裂缝控制属于构件的抗裂能力控制，将在预应力混凝土构件章节讨论，对于钢筋混凝土构件，本节主要介绍使用阶段裂缝工作的构件裂缝宽度计算方法。

《混凝土结构设计标准》(GB/T 50010—2010)（2024 年版）提出的最大裂缝宽度公式采用半经验半理论方法，主要以黏结滑移理论为基础，同时考虑混凝土保护层厚度的影响建立，先验算平均裂缝间距 l_{cr}，再验算平均裂缝宽度 w_m，最后考虑荷载长期作用计算最大裂缝宽度 w_{max}。

9.2.2 平均裂缝间距

由于材料的不均匀性及截面尺寸的偏差等因素影响，实际构件中裂缝间距和裂缝宽度均为随机变量，裂缝的分布也是不均匀的。大量试验资料的统计分析表明，从平均的观点来看，平均裂缝间距和平均裂缝宽度是有规律性的。影响裂缝间距的主要因素是纵向受拉钢筋配筋率、纵向钢筋直径及外形特征、混凝土保护层厚度等。纵向受拉钢筋配筋率越高、钢筋直径越小,裂缝间距就越小;采用变形钢筋的裂缝间距要小于光面钢筋的裂缝间距;混凝土保护层厚度越大,裂缝间距越大。

根据试验结果,平均裂缝间距可按半理论半经验公式计算:

$$l_{cr}=\beta\left(1.9c_s+0.08\frac{d_{eq}}{\rho_{te}}\right) \tag{9.2}$$

$$d_{eq}=\frac{\sum n_i d_i^2}{\sum n_i \nu_i d_i} \tag{9.3}$$

$$\rho_{te}=\frac{A_s}{A_{te}} \tag{9.4}$$

式中 l_{cr}——平均裂缝间距,当计算的 l_{cr} 大于构件箍筋间距时,可取 l_{cr} 为构件箍筋间距;

β——系数,对轴心受拉构件取 $\beta=1.1$,对其他受力构件取 $\beta=1.0$;

c_s——最外层纵向受拉钢筋外边缘至受拉区底边的距离(mm),当 $c_s<20$ mm,取 $c_s=20$ mm,当 $c_s>65$ mm 时,取 $c_s=65$ mm;

ρ_{te}——按有效受拉混凝土截面面积计算的纵向受拉钢筋配筋率,当 $\rho_{te}<0.01$ 时,取 $\rho_{te}=0.01$;

d_{eq}——受拉区纵向钢筋的等效直径(mm),n_i 为受拉区第 i 种纵向钢筋的根数,d_i 为受拉区第 i 种纵向钢筋的公称直径,ν_i 为受拉区第 i 种纵向受拉钢筋相对粘贴特征系数(对变形钢筋,取 1.0,对光面钢筋,取 0.7);

A_s——受拉区纵向受拉钢筋的截面面积;

A_{te}——有效受拉钢筋混凝土截面面积:对轴心受拉构件,取构件截面面积,对受弯、偏心受压和偏心受拉构件,取 $A_{te}=0.5bh+(b_f-b)h_f$(b 为矩形截面的宽度或 T 形、I 形腹板宽度,h 为截面高度,b_f 和 h_f 分别为受拉翼缘宽度和高度),具体取法见图 9.1 中阴影部分。

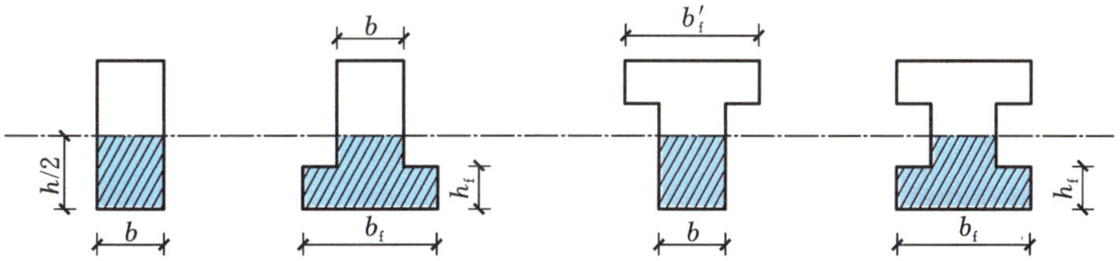

图 9.1 有效受拉混凝土截面面积

9.2.3 平均裂缝宽度

平均裂缝宽度 w_m 是指纵向受拉钢筋截面重心水平处构件侧表面的裂缝宽度。试验表明,裂缝宽度的离散性比裂缝间距更大些。因此,平均裂缝宽度的确定,必须以平均裂缝间距为基础。平均裂缝宽度等于构件裂缝区段内钢筋的平均伸长与相应水平处构件侧表面混凝土平均伸长的差值,如图 9.2 所示。

$$w_m=(\varepsilon_{sm}-\varepsilon_{cm})l_{cr}=\left(1-\frac{\varepsilon_{cm}}{\varepsilon_{sm}}\right)\varepsilon_{sm}l_{cr} \tag{9.5}$$

式中 ε_{sm}——纵向受拉钢筋的平均拉应力，$\varepsilon_{sm}=\psi\varepsilon_{sq}=\psi\frac{\sigma_{sq}}{E_s}$；

ψ——裂缝间纵向受拉钢筋应变不均匀系数；

σ_{sq}，ε_{sq}——按荷载准永久组合计算的构件裂缝截面处纵向钢筋的应力、应变；

E_s——钢筋弹性模量；

ε_{cm}——与纵向受拉钢筋相应水平处侧表面混凝土的平均拉应力。

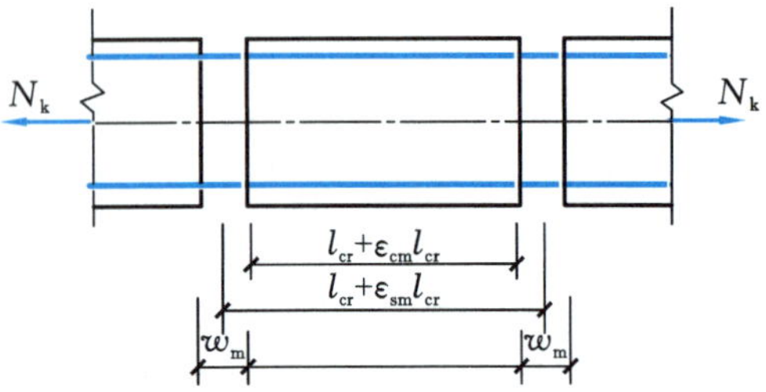

图 9.2 平均裂缝宽度计算简图

令 $\alpha_c=1-\frac{\varepsilon_{cm}}{\varepsilon_{sm}}$，称之为裂缝间混凝土自身伸长对裂缝宽度影响系数，与配筋率、截面形状和混凝土保护层厚度有关，则式(9.5)变为：

$$w_m=\alpha_c\psi\frac{\sigma_{sq}}{E_s}l_{cr} \tag{9.6}$$

对受弯、偏心受压构件近似取 $\alpha_c=0.77$；对于其他构件取 $\alpha_c=0.85$。

9.2.3.1 裂缝截面处的钢筋应力 σ_{sq}

在荷载效应的准永久组合作用下，构件裂缝截面处纵向受拉钢筋的应力，根据使用阶段（Ⅱ阶段）的应力状态(图 9.3)，可按下列公式计算：

(1) 轴心受拉构件[图 9.3(a)]

$$\sigma_{sq}=\frac{N_q}{A_s} \tag{9.7}$$

(2) 受弯构件[图 9.3(b)]

$$\sigma_{sq}=\frac{M_q}{0.87h_0A_s} \tag{9.8}$$

(3) 偏心受拉构件[图 9.3(c)]

$$\sigma_{sq}=\frac{N_qe'}{A_s(h_0-a_s')} \tag{9.9}$$

(4) 偏心受压构件[图 9.3(d)]

$$\sigma_{sq}=\frac{N_q(e-z)}{A_sz} \tag{9.10}$$

其中

$$z=\left[0.87-0.12(1-\gamma_f')\left(\frac{h_0}{e}\right)^2\right]h_0 \tag{9.11}$$

式(9.11)中：

$$e=\eta_se_0+y_s \tag{9.12}$$

$$\gamma_f'=\frac{(b_f'-b)h_f'}{bh_0} \tag{9.13}$$

$$\eta_s=1+\frac{1}{4000\frac{e_0}{h_0}}\left(\frac{l_0}{h}\right)^2 \tag{9.14}$$

式中 N_q,M_q——按荷载准永久组合计算的轴向力值、弯矩值；

A_s——受拉区纵向钢筋截面面积：对轴心受拉构件，取全部纵向钢筋截面面积，对偏心受拉构件，取受拉较大边的纵向钢筋截面面积，对受弯、偏心受压构件，取受拉区纵向钢筋截面面积；

e'——轴心拉力作用点至受压区或受拉较小边纵向钢筋合力点的距离；

e——轴向压力作用点至纵向受拉钢筋合力点的距离；

η_s——使用阶段的轴向压力偏心距增加系数，当$\dfrac{l_0}{h}\leqslant 14$时，取$\eta_s=1.0$；

e_0——荷载准永久组合下的初始偏心矩，取$e_0=\dfrac{M_q}{N_q}$；

z——纵向受拉钢筋合力点至截面受压区合力点的距离，应不大于$0.87h_0$；

y_s——截面重心至纵向受拉钢筋合力点的距离，对矩形截面$y_s=\dfrac{h}{2}-a_s$；

γ_f'——受压翼缘截面面积与腹板有效截面面积的比值；

b_f',h_f'——受压区翼缘的宽度和高度，当$h_f'>0.2h_0$时，取$h_f'=0.2h_0$。

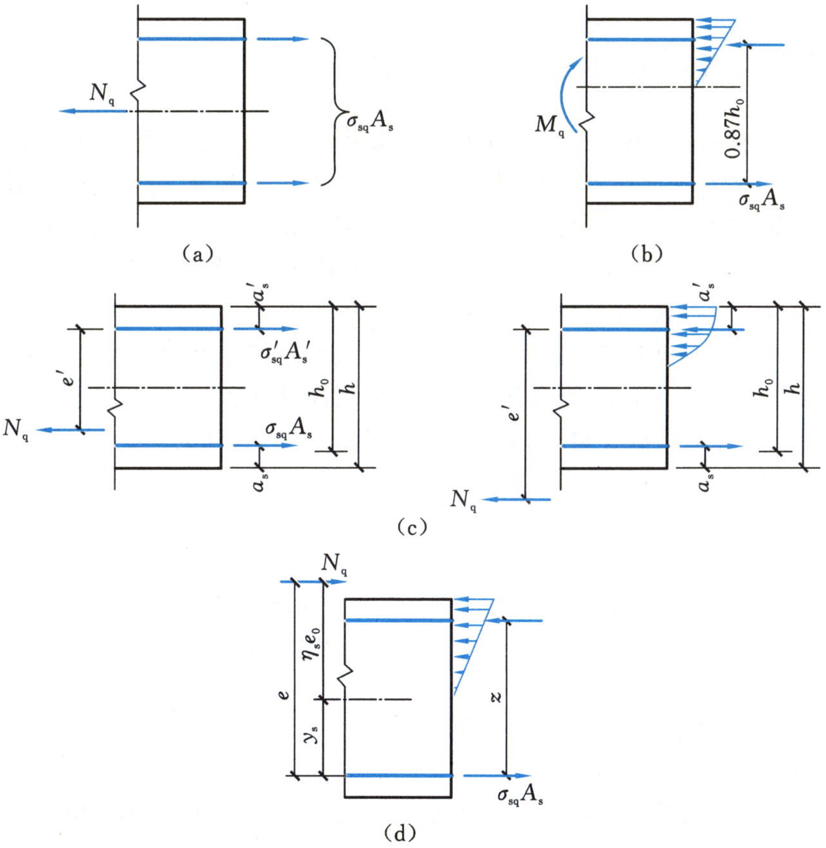

图 9.3 构件使用阶段的应力状态

(a)轴心受拉构件；(b)受弯构件；(c)偏心受拉构件；(d)偏心受压构件

9.2.3.2 裂缝间纵向受拉钢筋应变不均匀系数 ψ

裂缝出现后，钢筋应变沿构件长度方向的分布是不均匀的，裂缝截面处钢筋应变最大，远离裂缝截面处应变较小，由于裂缝间混凝土参与工作与钢筋共同受拉，其差值反映了混凝土参与受拉工作的程度。离裂缝截面愈远，混凝土参加受拉工作的程度愈大，钢筋应力愈小，离裂缝截面越近混凝土参与受拉的程度越小，在裂缝截面处混凝土不参与工作，所以 ψ 有时也称为裂缝间混凝土参与工作系数。

根据试验结果，《混凝土结构设计标准》(GB/T 50010—2010)(2024 年版)建议按下式计算钢筋混凝土构件的 ψ：

$$\psi=1.1-\frac{0.65f_{tk}}{\rho_{te}\sigma_{sq}} \tag{9.15}$$

该参数反映了裂缝间混凝土参与受拉工作的程度。ψ 越小，裂缝间混凝土参与受拉工作的程度越高；$\psi=1.0$ 时，表明钢筋与混凝土之间的粘贴作用完全丧失，裂缝间混凝土完全退出工作。

为了避免高估混凝土协助钢筋抗拉的作用，当 $\psi<0.2$ 时，取 $\psi=0.2$；当 $\psi>1.0$ 时，取 $\psi=1.0$；对直接承受重复荷载的构件，取 $\psi=1.0$。

9.2.4 最大裂缝宽度

按式(9.6)求得的 w_m 值是整个构件上的平均裂缝宽度，由于混凝土的不均匀性，裂缝间距有疏有密，每条裂缝宽度有大有小，具有较大的离散性。在裂缝宽度验算时，需要计算一个构件上的最大裂缝宽度 w_{max}，为使求得的最大裂缝宽度 w_{max} 具有 95% 的保证率，应根据统计分析对按式(9.6)求得的平均裂缝宽度 w_m 乘以考虑裂缝不均匀的扩大系数 τ_s。通过对实测裂缝宽度的统计分析得到，对于受弯构件和偏心受压构件，$\tau_s=1.66$，对于轴心受拉和偏心受拉构件，$\tau_s=1.9$。此外，在荷载长期作用下，由于钢筋与混凝土之间的黏结滑移徐变、受拉混凝土的应力松弛和混凝土的收缩，裂缝宽度还会随时间继续加大，所以按式(9.6)求得的平均裂缝宽度 w_m 尚应乘以荷载长期作用影响的扩大系数 τ_l，并根据试验结果取 $\tau_l=1.5$。荷载长期作用下的最大裂缝宽度可表示为：

$$w_{max}=\tau_s\tau_l\alpha_c\psi\frac{\sigma_{sq}}{E_s}\beta\left(1.9c_s+0.08\frac{d_{eq}}{\rho_{te}}\right) \tag{9.16}$$

令 $\alpha_{cr}=\tau_s\tau_l\alpha_c\beta$，综合表示各种构件的受力特征，《混凝土结构设计标准》(GB/T 50010—2010)(2024 年版)规定，按荷载准永久组合并考虑长期作用影响的最大裂缝宽度 w_{max} 可按下式公式计算：

$$w_{max}=\alpha_{cr}\psi\frac{\sigma_{sq}}{E_s}\left(1.9c_s+0.08\frac{d_{eq}}{\rho_{te}}\right) \tag{9.17}$$

式中 α_{cr}——构件受力特征系数，对轴心受拉构件，$\alpha_{cr}=2.7$；对偏心受拉构件，$\alpha_{cr}=2.7$；对受弯和偏心受压构件，$\alpha_{cr}=1.9$。

其他符号含义同前。

另外，对 $e/h_0<0.5$ 的偏心受压构件，可不验算裂缝宽度。对承受吊车荷载但不需作疲劳验算的受弯构件，可将计算求得的最大裂缝宽度乘以系数 0.85，当梁的混凝土保护层厚度不

小于 50 mm，配置钢筋网片时，计算的最大裂缝宽度可适当折减，折减系数为 0.7。

《混凝土结构设计标准》(GB/T 50010——2010)(2024 年版)对混凝土构件规定的最大裂缝宽度限值见附表 4.3。

9.2.5 控制与减小裂缝宽度的措施

当计算处的最大裂缝宽度不满足要求时，说明裂缝宽度过大，可采取下列措施减小裂缝宽度后重新验算：

(1) 合理布置钢筋。受拉钢筋直径与裂缝宽度成正比，在钢筋截面面积相同的情况下，钢筋直径越大裂缝宽度也越大，因此在满足《混凝土结构设计标准》(GB/T 50010——2010)(2024 年版)对纵筋最小直径和钢筋之间最小间距的前提下，梁内尽量采用直径小、根数多的配筋方式，这样可以有效地分散裂缝，减小裂缝宽度。

(2) 适当增加钢筋截面面积。裂缝宽度与裂缝截面受拉钢筋应力成正比，与有效受拉配筋率成反比，因此可适当增加钢筋截面面积 A_s，以提高 ρ_{te}、降低 σ_{sq}。

(3) 尽可能采用变形钢筋。光面钢筋的相对粘贴特性系数为 0.7，带肋的变形钢筋为 1.0，带肋变形钢筋与混凝土的黏结较光面钢筋好得多，裂缝宽度也将减小。

(4) 保护层厚度适宜。

(5) 采用预应力混凝土构件等。

【例 9.1】 已知某教学楼钢筋混凝土楼面筒支梁，计算跨度 $l_0=6$ m，梁的截面尺寸 $b\times h=300$ mm×650 mm，永久荷载(包括梁自重)标准值 $g_k=19$ kN/m，可变荷载标准值 $q_k=16$ kN/m，准永久系数 $\psi_q=0.5$，混凝土强度等级为 C30，HRB400 级钢筋，已配置 2⌀22+2⌀20 的纵向受拉钢筋，环境等级为一类，最大裂缝宽度限值为 0.3 mm，$a_s=40$ mm，箍筋直径为 6 mm，试验算梁的裂缝宽度是否满足要求。

【解】 (1) 确定基本数据

查附表 2.2 可知，C30 混凝土轴心抗拉强度标准值 $f_{tk}=2.01$ N/mm²；查附表 1.5 可知 HRB400 级钢筋弹性模量 $E_s=2.0\times10^5$ N/mm²，$A_s=760+628=1388$ mm²。

(2) 计算跨中弯矩标准值

荷载准永久组合下的弯矩值：

$$M_q=\frac{1}{8}(g_k+\psi_q q_k)l_0^2=\frac{1}{8}\times(19+0.5\times16)\times6^2=121.5\ \text{kN}\cdot\text{m}$$

(3) 计算裂缝截面处受拉钢筋的应力

$$h_0=h-a_s=650-40=610\ \text{mm}$$

$$\sigma_{sq}=\frac{M_q}{0.87h_0A_s}=\frac{121.5\times10^6}{0.87\times610\times1388}=164.9\ \text{N/mm}^2$$

(4) 按有效受拉混凝土截面面积计算钢筋的配筋率

$$\rho_{te}=\frac{A_s}{A_{te}}=\frac{1388}{0.5\times650\times300}=0.014>0.01$$

(5) 计算受拉钢筋应变不均匀系数

$$\psi=1.1-\frac{0.65f_{tk}}{\rho_{te}\sigma_{sq}}=1.1-\frac{0.65\times2.01}{0.014\times164.9}=0.534$$

$$0.2<\psi<1.0$$

(6) 计算受拉区纵向钢筋的等效直径

$$d_{eq}=\frac{\sum n_i d_i^2}{\sum n_i \nu_i d_i}=\frac{2\times 22^2+2\times 20^2}{2\times 1\times 22+2\times 1\times 20}=21.05\ \text{mm}$$

(7) 计算最大裂缝宽度

$$w_{max}=\alpha_{cr}\psi\frac{\sigma_{sq}}{E_s}\left(1.9c_s+0.08\frac{d_{eq}}{\rho_{te}}\right)$$

$$=1.9\times 0.534\times\frac{164.9}{2.0\times 10^5}\times\left(1.9\times 26+0.08\times\frac{21.05}{0.014}\right)=0.14\ \text{mm}<\omega_{lim}=0.3\ \text{mm}$$

裂缝宽度满足要求。

9.3 变形验算

为保证结构的正常使用，对需要控制变形的构件应进行变形验算。受弯构件的变形验算主要是指其挠度的验算，挠度值计算中最重要的工作是确定受弯构件的抗弯刚度，而钢筋混凝土材料的非线性性质决定了其抗弯刚度是一个变量，且受荷载长期作用的影响。本节主要介绍钢筋混凝土受弯构件的短期刚度和长期刚度的计算方法及其挠度的验算。

9.3.1 变形控制的目的与要求

在一般建筑中，对混凝土构件的变形有一定的要求，主要是出于以下四个方面的考虑：

(1) 保证建筑使用功能要求。结构构件产生过大的变形会严重影响甚至丧失其使用功能。如屋面梁、板挠度过大会发生积水；吊车梁挠度过大会影响吊车的正常运行等。

(2) 防止对结构构件产生不利影响。防止结构构件的实际受力与计算假定不符，并影响到与其相连的其他构件也发生过大的变形。如支撑在砖墙上的梁端产生较大转角，将使支撑面积减小，支撑反力的偏心增大而引起墙体沿梁顶、梁底出现水平裂缝，严重时出现局部受压破坏或墙体失稳破坏。

(3) 防止对非结构构件产生不利影响。如受弯构件挠度过大会使门窗等不能正常开关，隔墙及天花板开裂、压碎等。

(4) 保证人们的感觉在可接受范围内。如梁板产生明显下垂引起的不安全感。

随着高强度混凝土和钢筋的采用，构件截面尺寸逐渐减小，变形问题更为突出。

9.3.2 钢筋混凝土截面抗弯刚度的特点

由材料力学相关知识可知，均质弹性材料梁跨中挠度可表示为：

$$f=S\frac{Ml_0^2}{EI}=S\phi l_0^2 \tag{9.18}$$

式中 S——与荷载形式、支承条件有关的挠度系数，如承受均布荷载的简支梁，$S=\frac{5}{48}$；

l_0——梁的计算跨度；

EI——梁的截面弯曲刚度；

ϕ——截面曲率，即构件单位长度上的转角。

截面抗弯刚度是指截面产生单位转角需要施加的弯矩，是度量截面抵抗弯曲变形能力的重要指标，即 $EI=\dfrac{M}{\phi}$。对于均质弹性材料梁，当梁的截面形状、尺寸和材料已知时，I 是常数，截面弯矩 M 与截面曲率 ϕ 呈线性关系。

对于钢筋混凝土受弯构件，上述力学概念仍然适用，区别在于混凝土是非均质的弹塑性材料，而且混凝土的截面抗弯刚度不再是常数而是变化的，随荷载的增加而减小、随荷载作用时间的增加而减小、随配筋率的增加而增加、沿构件跨度是变化的。

为了区别均质弹性受弯构件的截面抗弯刚度，在荷载准永久组合的作用下，把其分为两种：钢筋混凝土受弯构件的截面抗弯刚度简称短期刚度，用 B_s 表示；考虑荷载长期作用影响的截面抗弯刚度，简称长期刚度，用 B 表示。

9.3.3 构件的短期刚度

对于普通钢筋混凝土受弯构件来讲，在正常使用荷载作用下，通常处于带裂缝工作的第Ⅱ阶段。图 9.4 所示为钢筋混凝土梁在弯矩作用下出现裂缝后截面应变和曲率分布的情况。由图 9.4 可以看出，开裂截面混凝土的受压区高度较之未开裂截面的要小，随趋近于均匀的裂缝分布，梁的中和轴呈波浪形变化；受压区混凝土的压应变 ε_c、受拉区纵筋的拉应变 ε_s、截面的曲率 ϕ 均沿构件长度而变化，开裂截面的曲率较大，而未开裂截面的曲率较小。

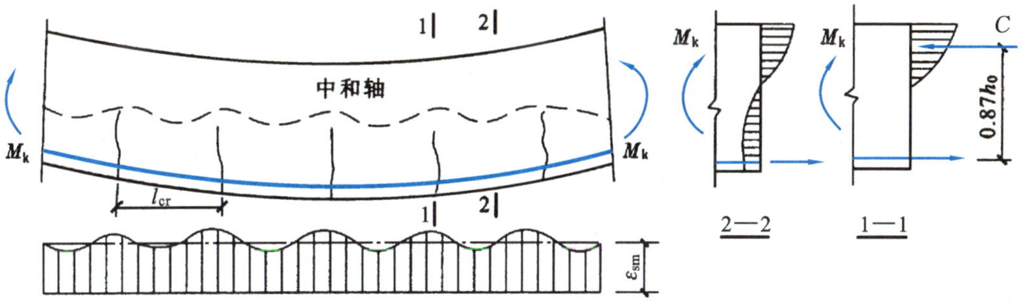

图 9.4 受弯构件中混凝土和钢筋应变分布

钢筋混凝土受弯构件的截面刚度与曲率的关系仍然依据材料力学中弹性均质梁的 $EI=\dfrac{M}{\phi}$来建立，现推导如下：

9.3.3.1 平均曲率

根据平均应变符合平截面假定，得：

$$\phi=\frac{1}{r}=\frac{\varepsilon_{cm}+\varepsilon_{sm}}{h_0} \tag{9.19}$$

式中 r——与平均中和轴相应的平均曲率半径；

ε_{cm}——受压区边缘混凝土的平均压应变；

ε_{sm}——纵向受拉钢筋中心处的平均拉应变。

根据材料力学公式有：

$$B_s=\frac{M_q}{\phi}=\frac{M_q}{\dfrac{\varepsilon_{cm}+\varepsilon_{sm}}{h_0}}=\frac{M_q h_0}{\varepsilon_{cm}+\varepsilon_{sm}} \tag{9.20}$$

9.3.3.2 平均应变

(1) 受拉钢筋平均应变 ε_{sm}

裂缝截面处钢筋应变：

$$\varepsilon_s=\frac{\sigma_{sq}}{E_s}=\frac{M_q}{E_s A_s \eta h_0}=\frac{M_q}{0.87E_s A_s h_0}\text{(受弯构件 }\eta=0.87\text{)} \tag{9.21}$$

平均应变：

$$\varepsilon_{sm}=\psi\varepsilon_s=\frac{\psi M_q}{0.87E_s A_s h_0}=\frac{1.15\psi M_q}{E_s A_s h_0} \tag{9.22}$$

(2) 受压区混凝土平均应变 ε_{cm}

$$\varepsilon_{cm}=\frac{M_q}{\zeta b h_0^2 E_c} \tag{9.23}$$

式中 ζ——受压区边缘混凝土平均应变综合系数，综合反映受压区混凝土塑性、应力图形完整性、内力臂系数及混凝土应变不均匀系数等因素影响。

9.3.3.3 短期刚度

将式(9.23)和式(9.24)代入式(9.21)得：

$$B_s=\frac{M_q h_0}{\varepsilon_{cm}+\varepsilon_{sm}}=\frac{h_0}{\dfrac{1}{\zeta b h_0^2 E_c}+\dfrac{1.15\psi}{E_s A_s h_0}} \tag{9.24}$$

以 $E_s A_s h_0$ 同乘分子分母，并取 $\alpha_E=\dfrac{E_s}{E_c}$，$\rho=\dfrac{A_s}{bh_0}$，可得：

$$B_s=\frac{E_s A_s h_0^2}{1.15\psi+\dfrac{\alpha_E\rho}{\zeta}} \tag{9.25}$$

通过常见截面受弯构件实测的结果分析，可取：

$$\frac{\alpha_E\rho}{\zeta}=0.2+\frac{6\alpha_E\rho}{1+3.5\gamma_f'} \tag{9.26}$$

从而得到矩形、T 形、倒 T 形、I 形受弯构件短期刚度的公式为：

$$B_s=\frac{E_s A_s h_0^2}{1.15\psi+0.2+\dfrac{6\alpha_E\rho}{1+3.5\gamma_f'}} \tag{9.27}$$

式中符号含义同前。

9.3.4 构件的长期刚度

钢筋混凝土受弯构件在荷载持续作用下，由于受压区混凝土徐变、受拉区混凝土应力松弛、受拉钢筋和混凝土之间的粘贴滑移徐变及混凝土自身收缩等原因，钢筋混凝土梁的挠度将随时间的增长而增长，抗弯刚度将随时间的增长而减小，因此《混凝土结构设计标准》(GB/T 50010—2010)(2024 年版)引入“考虑荷载长期作用对挠度增大的影响系数 θ”来考虑这一影响。θ 等于某荷载长期作用在钢筋混凝土受弯构件中产生的挠度除以该荷载短期作用在钢筋混凝土受弯构件中产生的挠度，即 $\theta=\dfrac{f_l}{f_s}$，其中 f_l 为考虑荷载长期作用影响计算的挠度，f_s 为按构件短期刚度计算的挠度，则：

$$\theta=\frac{f_l}{f_s}=\frac{\dfrac{SM_q l_0^2}{B}}{\dfrac{SM_q l_0^2}{B_s}}=\frac{B_s}{B} \tag{9.28}$$

《混凝土结构设计标准》(GB/T 50010—2010)(2024 年版)采用荷载准永久组合时长期刚度：

$$B=\frac{B_s}{\theta} \tag{9.29}$$

式中 θ——考虑荷载长期作用对挠度增大的影响系数。《混凝土结构设计标准》(GB/T 50010—2010)(2024 年版)规定，当 $\rho'=0$ 时，$\theta=2.0$；当 $\rho'=\rho$ 时，$\theta=1.6$；当 ρ' 为中间值时，采用线性内插法。其中 $\rho'=\dfrac{A_s'}{bh_0}$，$\rho=\dfrac{A_s}{bh_0}$，分别为受压钢筋、受拉钢筋配筋率。

上述 θ 适用于一般情况下的矩形、T 形和 I 形截面梁，对于翼缘位于拉区的倒 T 形截面，《混凝土结构设计标准》(GB/T 50010—2010)(2024 年版)规定 θ 应增加 20%。

9.3.5 最小刚度原则与挠度计算

上述式(9.27)、式(9.29)是指沿受弯构件纯弯段内截面的平均抗弯刚度。而实际上，钢筋混凝土构件的截面抗弯刚度随弯矩的增大而减小。因此，即使等截面梁，由于各截面弯矩不相同，各截面的抗弯刚度也是不一样的。可见，钢筋混凝土梁的抗弯刚度沿梁长是变化的，而变截面钢筋混凝土梁的挠度计算十分复杂。因此，为了简化计算，《混凝土结构设计标准》(GB/T 50010—2010)(2024 年版)规定：对于等截面受弯构件，可假定各同号弯矩区段内的刚度相等，并取用该区段内最大弯矩处的刚度，也即最小刚度计算挠度。这就是受弯构件挠度计算中的最小刚度原则。

对于等截面连续梁、框架梁等，存在正、负弯矩，可假定各同号弯矩区段内的刚度相等，并分别取正、负弯矩区段内弯矩最大值处的最小刚度按分段等刚度梁进行挠度验算。在计算跨度内的支座截面刚度不大于跨中截面刚度的 2 倍或不小于跨中截面刚度的 1/2 时，该跨也可取等刚度构件进行计算，其构件刚度可取跨中最大弯矩截面的刚度。采用最小刚度原则按等刚度方法计算构件挠度，相当于使接近支座截面刚度比实际刚度小，使计算挠度值会偏大。但实际情况是，在接近支座处的剪跨区段内还存在着剪切变形，甚至可能会出现少量斜裂缝，这些都会使梁的挠度增大。一般情况下，这些使挠度增大的影响与按照最小刚度计算时的偏差大致可以相抵。对国内外数百根梁的试验数据进行对比分析，结果显示，计算值与试验值符合较好。这说明采用最小刚度原则用等刚度法计算钢筋混凝土受弯构件的挠度是可以满足工程要求的。

受弯刚度确定后，即可按材料力学的计算方法计算钢筋混凝土受弯构件的挠度，混凝土受弯构件在使用阶段的最大挠度验算采用长期刚度 B 代替均质弹性材料梁的抗弯刚度 EI。因此《混凝土结构设计标准》(GB/T 50010—2010)(2024 年版)规定，钢筋混凝土受弯构件的最大挠度应满足下式要求：

$$f=S\frac{M_q l_0^2}{B}\leqslant f_{\lim} \tag{9.30}$$

式中 f——受弯构件按照荷载的准永久组合并考虑长期作用影响计算的挠度最大值；

M_q——按荷载准永久组合计算的弯矩值；

B——受弯构件的截面长期刚度；

$f_{\lim}$——受弯构件的挠度限制，见附表 4.4。

【例 9.2】 条件同【9.1】，挠度允许限制 $l_0/200$，试验算挠度是否符合要求。

【解】 (1)确定基本数据

查附表 2.2 及附表 2.3 可知，C30 混凝土轴心抗拉强度标准值 $f_{tk}=2.01\ \text{N/mm}^2$，混凝土弹性模量 $E_c=3.0\times10^4\ \text{N/mm}^2$；查附表 1.5 可知，HRB400 级钢筋弹性模量 $E_s=2.0\times10^5\ \text{N/mm}^2$；$A_s=760+628=1388\ \text{mm}^2$。

(2) 计算跨中弯矩标准值

荷载准永久组合下的弯矩值

$$M_q=\frac{1}{8}(g_k+\psi_q q_k)l_0^2=\frac{1}{8}\times(19+0.5\times16)\times6^2=121.5\ \text{kN}\cdot\text{m}$$

(3) 计算裂缝截面处受拉钢筋的应力

$$h_0=h-a_s=650-40=610\ \text{mm}$$

$$\sigma_{sq}=\frac{M_q}{0.87h_0A_s}=\frac{121.5\times10^6}{0.87\times610\times1388}=164.9\ \text{N/mm}^2$$

(4) 按有效受拉混凝土截面面积计算钢筋的配筋率

$$\rho_{te}=\frac{A_s}{A_{te}}=\frac{1388}{0.5\times650\times300}=0.014>0.01$$

(5) 计算受拉钢筋应变不均匀系数

$$\psi=1.1-\frac{0.65f_{tk}}{\rho_{te}\sigma_{sq}}=1.1-\frac{0.65\times2.01}{0.014\times164.9}=0.534$$

$$0.2<\psi<1.0$$

(6)计算短期刚度 B_s

$$\alpha_E=\frac{E_s}{E_c}=\frac{2.0\times10^5}{3.0\times10^4}=6.67$$

$$\rho=\frac{A_s}{bh}=\frac{1388}{650\times300}=0.007$$

$$B_s=\frac{E_sA_sh_0^2}{1.15\psi+0.2+\dfrac{6\alpha_E\rho}{1+3.5\gamma_f'}}=\frac{2.0\times10^5\times1388\times610^2}{1.15\times0.534+0.2+\dfrac{6\times6.67\times0.007}{1}}=9.44\times10^{13}\ \text{N}\cdot\text{mm}^2$$

(7) 计算长期刚度

$\rho'=0$ 时，$\theta=2.0$，则：

$$B=\frac{B_s}{\theta}=\frac{9.44\times10^{13}}{2}=4.72\times10^{13}\ \mathrm{N\cdot mm^2}$$

(8) 计算跨中挠度

$$f=\frac{5M_q l_0^2}{48B}=\frac{5\times121.5\times10^6\times6000^2}{48\times4.72\times10^{13}}=9.65\ \mathrm{mm}<f_{\mathrm{lim}}=\frac{l_0}{200}=\frac{6000}{200}=30\ \mathrm{mm}$$

挠度满足要求。

9.4　混凝土结构耐久性设计

混凝土结构的耐久性是指在正常维护的条件下，在预计的使用期间，在指定的工作环境中保证结构满足既定的功能要求。正常维护是指不因耐久性问题而需花费过高的维修费用；预定的设计使用年限是指结构或结构构件不需进行大修即可按预定目的使用的年限，《建筑结构可靠性设计统一标准》(GB 50068—2018)规定，普通房屋和构筑物的设计使用年限为 50 年，标志性建筑和特别重要建筑结构的设计使用年限为 100 年；指定的工作环境是指建筑物所在地区的环境及工业生产所形成的环境等。

混凝土结构广泛应用于各类工程结构中，如果因耐久性不足而失效，或为了使之继续正常使用而进行相当规模的维修、加固或改造，则将要付出高昂的代价。保证混凝土结构能在自然和人为环境的化学和物理作用下满足耐久性的要求，是一个十分迫切和重要的问题。在混凝土结构设计时，除了进行承载力计算，以及变形和裂缝验算外，还必须进行耐久性设计。

9.4.1　影响混凝土结构耐久性的主要因素

影响混凝土结构耐久性的因素与使用环境和结构本身的性能有关，可分为内部因素和外部因素两个方面。内部因素有混凝土强度、密实性、保护层厚度、水泥用量、水胶比、氯离子、碱含量、外加剂等；外部因素有环境温度、湿度、CO_2 含量、侵蚀性介质等。另外，设计构造上的缺陷、施工质量差或使用中维护不当等也会影响结构的耐久性。

(1) 钢筋锈蚀

钢筋锈蚀是混凝土结构最为常见的耐久性病害，也是目前各行业混凝土耐久性研究最为广泛的问题之一，其发生的条件是环境中有氧和水存在，钢筋的钝化膜遭到破坏，导致钢筋锈蚀。混凝土不密实和构件有裂缝，往往是造成钢筋腐蚀的重要原因，尤其当水泥用量偏小，水胶比偏大和振捣不良，或在混凝土浇筑中产生露筋、蜂窝、麻面等情况，都会加速钢筋的锈蚀。混凝土中存在氯离子会破坏钢筋表面的钝化膜，使局部活化，形成阴极区，并使钢筋表面局部酸化，从而加速腐蚀。水泥和氯化钙结合生成氯铝酸钙，若形成硬化结晶，则会在固相中膨胀形成微细裂缝，使钢筋腐蚀。增加混凝土的干缩量，氯盐本身尚有较大的吸湿性，会促进钢筋腐蚀，为保证钢筋混凝土结构的正常使用和安全性，应定期对结构进行检查。

防止钢筋锈蚀的措施有：降低水胶比，增加水泥用量，加强混凝土的密实性；保证混凝土有足够的保护层厚度；采用涂面层，防止 CO_2、O_2 和 Cl^- 的渗入；采用钢筋阻锈剂；使用防腐蚀钢筋，如环氧涂层钢筋、镀锌钢筋等；对钢筋采用阴极防护法等。

(2) 混凝土碳化

混凝土中的碱性物质 $Ca(OH)_2$ 在混凝土内的钢筋表面形成氧化膜，它能有效地保护钢筋，防止钢筋发生锈蚀。空气中的二氧化碳（CO_2）与混凝土中的碱性物质发生反应，生成碳酸钙（$CaCO_3$），混凝土的 pH 值降低，这种现象为混凝土的碳化。碳化对混凝土本身无害，但当碳化深度达到或超过混凝土保护层厚度时，将破坏钢筋表面的氧化膜，容易引起钢筋锈蚀。此外，碳化还会加剧混凝土的收缩，导致混凝土开裂。因此，混凝土碳化是影响混凝土耐久性的重要问题之一。

为提高混凝土结构的抗碳化能力，可采取下列措施：合理设计混凝土的配合比；提高混凝土的密实度、抗渗性；规定钢筋保护层的最小厚度；采用覆盖面层(水泥砂浆或涂料等)。

(3)侵蚀性介质的腐蚀

在石油、化学、轻工、冶金及港湾工程中，化学介质对混凝土的腐蚀很普遍，常见的有硫酸盐腐蚀、酸腐蚀、海水腐蚀等。如化工企业、海水及一些土壤中存在的硫酸盐溶液使混凝土发生硫酸盐腐蚀，即硫酸盐溶液与水泥石中的氢氧化钙及水化铝酸钙反应生成石膏(二水硫酸钙、$CaSO_4 \cdot 2H_2O$) 和钙矾石(32 水硫铝酸钙、$3CaO \cdot Al_2O_3 \cdot 3CaSO_4 \cdot 32H_2O$)。钙矾石导致固体体积增大，引起膨胀和开裂；石膏可导致混凝土软化，使混凝土强度损失。当遇到化工企业、地下水特别是沼泽或泥炭地区广泛存有碳酸及溶有 CO_2 的水时，会使混凝土发生酸腐蚀，使混凝土出现裂缝、脱落并导致破坏。在海港、近海结构中的混凝土构筑物，经常受到海水的侵蚀，海水中的氯离子和硫酸镁对混凝土有较强的腐蚀作用。

要防止侵蚀性介质的腐蚀，应根据实际情况采取相应的防护措施，如从生产流程上防止有害物质的散溢，采用耐酸混凝土或铸石贴面等。

(4) 碱-集料反应

混凝土集料中的某些活性矿物(如硅质石灰岩、白云质石灰岩)与混凝土微孔中碱性溶液产生化学反应称为碱-集料反应。碱-集料反应产生的碱-硅酸盐凝胶吸水后体积膨胀，可增大 3～4 倍，从而引起混凝土开裂、剥落，强度降低，甚至导致破坏。

碱-集料反应有三个条件：混凝土含碱量超标；集料是碱活性的(如蛋白石、黑硅石等含有 SiO_2 的集料)；混凝土暴露在潮湿环境中。缺少其中任何一个条件，其破坏的可能性就会减弱。因此，潮湿环境下的重要结构及部位应采取一定的措施。

防止碱-集料反应的主要措施是采用低碱水泥，或掺用粉煤灰等掺合料以降低混凝土中的碱性，以及对含活性成分的骨料加以控制等。

(5) 混凝土的冻融破坏

混凝土水化结硬后，内部有很多毛细孔。在浇筑混凝土时，为了得到必要的和易性，会需要比水化反应更多的水，多余的水分滞留在混凝土的毛细孔中，遇到低温时水分因结冰产生体积膨胀，引起混凝土内部结构破坏。反复冻融多次，就会使混凝土的损伤积累到一定程度而引起结构破坏。

冻融破坏在水利水电、港口码头、道路桥梁等工程中较为常见。防止混凝土冻融循环的主要措施是降低水胶比，减少混凝土中多余水分；冬期施工时应加强养护，防止早期受冻并掺入防冻剂。

9.4.2 混凝土结构的耐久性设计

混凝土结构的耐久性按正常使用极限状态控制,特点是材料随时间发展而劣化,引起性能衰减。耐久性极限状态表现为:钢筋混凝土构件表面出现锈胀裂缝;预应力筋开始锈蚀;结构表面混凝土出现可见的耐久性损伤(酥裂、粉化等)。材料劣化进一步发展可能引起构件承载力问题,甚至发生破坏。由于影响混凝土结构材料性能劣化的因素比较复杂,其规律不确定性很大,一般建筑结构的耐久性设计只能采用经验性的定性方法解决,其基本原则是根据结构的环境类别和设计使用年限进行设计。

9.4.2.1 确定结构所处的环境类别

混凝土结构的耐久性与结构所处的环境有密切关系,同一结构在强腐蚀环境中要比在一般大气环境中的使用年限短,对混凝土结构使用环境进行分类,可以在设计时针对不同的环境类别,采取相应的措施,以达到设计使用年限的要求。《混凝土结构设计标准》(GB/T 50010—2010)(2024 年版)规定,混凝土结构的耐久性应根据环境类别和设计使用年限进行设计。环境类别的划分见附表 4.2。

9.4.2.2 提出材料的耐久性质量要求

合理设计混凝土的配合比,严格控制集料中的含盐量、含碱量,保证混凝土必要的强度,提高混凝土的密实性和抗渗性是保证混凝土耐久性的重要措施。《混凝土结构设计标准》(GB/T 50010—2010)(2024 年版)对处于一、二、三类环境中,设计使用年限为 50 年的结构混凝土材料耐久性的基本要求,如最大水胶比、最低强度等级、最大氯离子含量和最大碱含量等,均作了明确规定,见附表 4.7。

对在一类环境中设计使用年限为 100 年的混凝土结构,钢筋混凝土结构的最低强度等级为 C30,预应力混凝土结构的最低强度等级为 C40;混凝土中的最大氯离子含量为 0.05%;宜使用非碱活性骨料,当使用碱活性骨料时,混凝土中的最大碱含量为 3.0 kg/m^3。

9.4.2.3 确定构件中钢筋混凝土保护层厚度

混凝土保护层对减小混凝土的碳化,防止钢筋锈蚀,提高混凝土结构的耐久性有重要作用,各国规范都有关于混凝土最小保护层厚度的规定。《混凝土结构设计标准》(GB/T 50010—2010)(2024 年版)规定:构件中受力钢筋的保护层厚度不应小于钢筋的直径;对设计使用年限为 50 年的混凝土结构,最外层钢筋(包括箍筋和构造钢筋)的保护层厚度应符合附表 4.1 的规定;对设计使用年限为 100 年的混凝土结构,保护层厚度不应小于附表 4.1 中数值的 1.4 倍。当有充分依据并采用有效措施时,可适当减小混凝土保护层的厚度,这些措施包括:构件表面有可靠的防护层;采用工厂化生产预制构件,并能保证预制构件混凝土的质量;在混凝土中掺加阻锈剂或采用阴极保护处理等防锈措施;另外,当对地下室墙体采取可靠的建筑防水做法时,与土壤接触侧钢筋的保护层厚度可适当减小,但不应小于 25 mm。

9.4.2.4 在不利环境条件下应采取的防护措施

对处在不利的环境条件下的结构,以及在二类和三类环境中设计使用年限为 100 年的混凝土结构,应采取专门的有效防护措施。这些措施包括:

(1) 预应力混凝土结构中的预应力筋应根据具体情况采取表面防护、管道灌浆、加大混凝土保护层厚度等措施，外露的锚固端应采取封锚和混凝土表面处理等有效措施；

(2) 有抗渗要求的混凝土结构，混凝土的抗渗等级应符合有关标准的要求；

(3) 严寒及寒冷地区潮湿环境中的混凝土结构，混凝土应满足抗冻要求，混凝土抗冻等级应符合有关标准的要求；

(4) 处在三类环境中的混凝土结构，钢筋可采用环氧涂层钢筋或其他具有耐腐蚀性能的钢筋，也可采阴极保护处理等防锈措施；

(5) 处于二、三类环境中的悬臂构件宜采用悬臂梁-板结构形式，或在其上表面增设防护层；

(6) 处于二、三类环境中的结构，其表面的预埋件、吊钩、连接件等金属部件应采取可靠的防锈措施。

9.4.2.5 提出结构使用阶段的维护与检测要求

要保证混凝土结构的耐久性，还需要在使用阶段对结构进行正常的检查维护，不得随意改变建筑物所处的环境类别，这些检查维护的措施包括：

(1) 结构应按设计规定的环境类别使用，并定期进行检查维护；

(2) 设计中的可更换混凝土构件应定期按规定更换；

(3) 构件表面的防护层应按规定进行维护或更换；

(4) 结构出现可见的耐久性缺陷时，应及时进行检测处理。

《混凝土结构设计标准》(GB/T 50010—2010)(2024 年版)主要对处于一、二、三类环境中的混凝土结构的耐久性要求作了明确规定；对处于四、五类环境中的混凝土结构，其耐久性要求应符合有关标准的规定。

【在线测试】

对临时性(设计使用年限为 5 年)的混凝土结构，可不考虑混凝土的耐久性要求。

【本章小结】

(1) 混凝土结构和构件除应按承载能力极限状态进行设计外，尚应进行正常使用极限状态的验算，以满足结构的正常使用功能和耐久性要求。正常使用极限状态验算主要包括裂缝控制验算、变形验算，以及保证结构耐久性的措施等方面。

(2) 结构或构件超过正常使用极限状态时，对生命财产的危害性要低一些，其相应的目标可靠指标$[\beta]$值可小一些，因此在进行正常使用极限状态验算时，荷载效应可采用标准组合或准永久组合，材料强度可取标准值，并应考虑荷载长期作用的影响。

(3) 工程中出现裂缝的有荷载裂缝与非荷载裂缝，本章的裂缝宽度验算只限于荷载引起的正截面裂缝验算。裂缝的控制等级分为三级：一级指正常使用阶段严格要求不出现裂缝；二级指正常使用阶段一般要求不出现裂缝；三级指正常使用阶段允许出现裂缝。钢筋混凝土受弯构件的裂缝宽度是按荷载效应准永久组合并考虑长期作用影响进行验算。

(4) 钢筋混凝土受弯构件的截面抗弯刚度随弯矩变化而变化，其短期抗弯刚度可通过与平均中和轴相应的平均曲率求得，在荷载长期作用下构件的曲率将增大，刚度将降低。钢筋混凝土受弯构件的挠度应按荷载效应的准永久组合并考虑荷载长期作用影响的长期刚度 B 计算，挠度的计算值不应超过规范规定的挠度限值。

(5) 混凝土结构的耐久性是指在正常维护的条件下,在预定的设计使用年限内,在指定的工作环境中保证结构满足既定的功能要求。影响混凝土结构耐久性的因素主要有内部因素和外部因素两个方面。耐久性设计目前主要是针对结构物所处的工作环境,对混凝土的材料提出了保证耐久性的要求和钢筋的保护措施。

思 考 题

9.1 为什么要对混凝土结构构件的变形和裂缝进行验算?

9.2 裂缝控制等级分为几级?每一级的要求是什么?钢筋混凝土构件属于哪一级?

9.3 若构件的最大裂缝宽度不能满足要求,可采用哪些措施?哪些措施最有效?

9.4 验算钢筋混凝土构件变形的目的是什么?

9.5 什么是最小刚度原则?

9.6 试分析影响混凝土结构耐久性的主要因素。

习 题

9.1 某简支梁截面尺寸为 $b\times h=250\ \text{mm}\times700\ \text{mm}$,采用 C25 混凝土,HRB400 钢筋,混凝土保护层厚度 $c=25\ \text{mm}$,按正截面计算配置 4Φ25($A_s=1964\ \text{mm}^2$)纵向受拉钢筋,按荷载效应准永久组合计算的弯矩值为 $M_q=185.22\ \text{kN}\cdot\text{m}$,$a_s=40\ \text{mm}$,$w_{\lim}=0.3\ \text{mm}$,箍筋直径为 6 mm,试验算该梁的最大裂缝宽度。

9.2 某简支梁计算跨度 $l_0=6\ \text{m}$,截面尺寸为 $b\times h=250\ \text{mm}\times600\ \text{mm}$,采用 C25 混凝土,HRB400 钢筋,混凝土保护层厚度 $c=25\ \text{mm}$,按正截面计算配置 4Φ18($A_s=1017\ \text{mm}^2$)钢筋,$a_s=40\ \text{mm}$。已知作用在梁上的恒荷载标准值 $g_k=12\ \text{kN/m}$(含自重),活荷载标准值 $q_k=9\ \text{kN/m}$(准永久值系数 $\psi_q=0.4$),梁的允许挠度值为 $f_{\lim}=\dfrac{l_0}{200}$,试验算该梁的挠度。

能力训练项目

能力训练项目一:某钢筋混凝土轴心受压柱在承受荷载一年后卸载,卸载后出现了与柱纵向轴线垂直的裂缝,试分析裂缝出现的原因。

能力训练项目二:设计一预制简支梁,并验算梁的裂缝宽度及变形是否满足要求。已经该梁处于室内正常环境,安全等级为二级,计算跨度为 $l_0=6\ \text{m}$,采用 C30 混凝土,HRB400 级钢筋,跨中截面所受的各种荷载产生的弯矩:永久荷载为 $M_{Gk}=43\ \text{kN}\cdot\text{m}$;可变荷载为 $M_{Q1k}=35\ \text{kN}\cdot\text{m}$,准永久系数 $\psi_{q1}=0.4$;雪荷载为 $M_{Q2k}=7\ \text{kN}\cdot\text{m}$,准永久系数 $\psi_{q2}=0.2$,组合系数 $\psi_c=0.7$。

确定(1)梁的截面尺寸;(2)设计纵向受拉钢筋,并选用钢筋;(3)设计配置箍筋;(4)验算裂缝宽度是否满足要求;(5)验算挠度是否满足要求。

10 预应力混凝土结构构件

本章概要

本章主要内容包括预应力混凝土的基本概念；施加预应力的方法；预应力混凝土的材料；常用的夹具与锚具；预应力损失及其计算；预应力混凝土受拉构件各阶段应力分析和设计计算方法；预应力混凝土受弯构件各阶段应力分析和设计计算方法；预应力混凝土结构的构造要求。

学习目标

通过本章学习，要求熟悉预应力混凝土的基本概念及分类；掌握施加预应力的方法、预应力损失及计算方法；掌握先张法与后张法预应力混凝土轴心受拉各阶段应力变化与分析；掌握预应力混凝土轴心受拉构件在施工阶段和使用阶段的计算方法；熟悉预应力混凝土受弯构件各阶段分析及设计计算；了解预应力混凝土的施工工艺及构造措施，具备预应力混凝土轴心受拉构件设计能力，具有预应力混凝土构件施工图识读的能力。

10.1 预应力混凝土的基本概念

10.1.1 概述

普通钢筋混凝土构件的缺点包括抗裂度差、自重大、承载力有限、不能利用高强度钢筋等，这些缺点主要是因为混凝土的抗拉强度及极限抗拉应变都很低，其抗拉强度约为抗压强度的1/18～1/8，极限抗拉应变约为 $0.1\times10^{-3}\sim0.15\times10^{-3}$，也仅为极限抗压强度的1/30～1/20。对于使用上不允许出现裂缝的构件，受拉钢筋的应力只能控制在 20～30 N/mm^2，不能充分利用其强度。即使对于允许带裂缝的构件，裂缝宽度控制在 0.2～0.3 mm，受拉钢筋的应力也只能达到 250 N/mm^2 左右，所以在普通钢筋混凝土结构中采用高强度钢筋不能发挥其作用。由于混凝土极限拉应变很小，在使用荷载作用下开裂，会导致构件的刚度降低、变形增加，为了满足对变形和裂缝控制的要求，可以增加截面尺寸和用钢量，但这种方式很不经济，由于自重大，构件所能承受的自重以外荷载很小，因而特别不适用于大跨度、重荷载的结构。

为了克服混凝土抗拉强度低对大跨度结构和高强度钢筋应用带来的限制，解决普通钢筋混凝土结构的这些问题，1872 年开始各国工程师开始采取各种方法给混凝土施加预应力，研究预应力混凝土构件。1928 年法国工程师 E・Freyssint 利用强度较高的钢丝和混凝土制造是预应力混凝土，解决了预应力损失问题，预应力混凝土才获得真正的成功。

10.1.2 预应力混凝土的基本原理

预应力的概念很简单，在日常生活中有很多应用，例如木桶，把木板围在一起不能承受任何作用，但用钢箍把木板挤紧，木板之间就会有很大的压应力，木桶盛水，水压力会在木板上产生环向拉应力，只要环向拉应力小于预先压应力，木板就不会出现缝隙，木桶就不会漏。

在混凝土构件承受外荷载之前，在其受拉区预先施加压应力，这就是预应力混凝土。美国混凝土协会(ACI)对预应力混凝土下的定义是："预应力混凝土是根据需要人为地引入某一数值与分布的内应力，用以全部或部分抵消外荷载应力的一种加筋混凝土。"这种预压应力可以部分或者全部抵消外荷载产生的拉应力，因而可推迟或者避免裂缝的出现。

现以图 10.1 所示的预应力混凝土简支梁为例，说明预应力混凝土的基本原理。

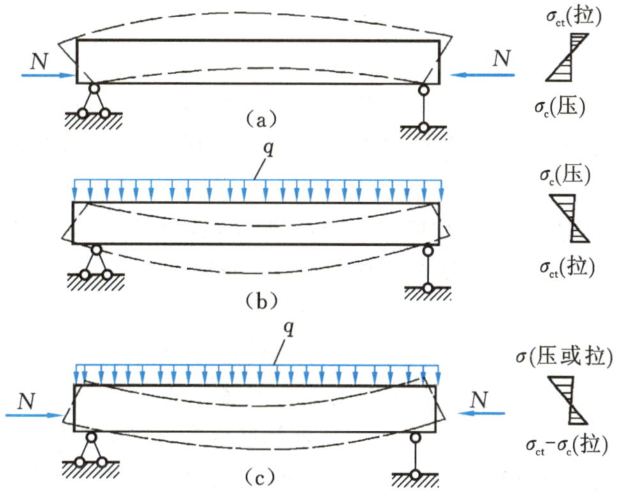

图 10.1 预应力混凝土简支梁基本原理

(a)预压力作用下；(b)外荷载作用下；(c)预压力与外荷载共同作用下

在构件承受外部荷载之前，预先在梁的受拉区施加一对偏心预压力 N，使梁截面下边缘混凝土产生预压应力 σ_c，梁截面上边缘产生预拉应力 σ_{ct}，见图 10.1(a)，在梁上施加外荷载 q(包括梁自重)，此时在梁截面下边缘产生拉应力 σ_{ct}，梁截面上边缘产生压应力 σ_c，见图 10.1(b)，这样，在预压力 N 和外荷载 q 共同作用下，梁上边缘应力为 $\sigma_c-\sigma_{ct}$，一般为压应力，但也有可能为拉应力；梁的下边缘混凝土的拉应力为 $\sigma_{ct}-\sigma_c$，根据施加预压力 N 的数值或偏心距的不同，使用阶段梁的下边缘的应力状态可分为三种情况：

(1) $\sigma_{ct}-\sigma_c<0$，压应力，截面处于受压状态，截面不可能出现裂缝；

(2) $0<\sigma_{ct}-\sigma_c<f_{tk}$，拉应力，截面处于受拉状态，但其应力值小于混凝土的抗拉强度，构件一般不会开裂；

(3) $\sigma_{ct}-\sigma_c>f_{tk}$，拉应力，截面处于受拉状态且其应力值已超过混凝土的抗拉强度，但其裂缝开展时间推迟于相同条件的普通钢筋混凝，裂缝宽度也更小。

由此可见，预应力混凝土构件可以延缓混凝土构件的开裂，可以满足不同的裂缝控制要求，预应力混凝土是改善构件抗裂性的有效途径。

10.1.3 预应力混凝土的分类

(1) 预应力混凝土根据截面的应力状态分为全预应力混凝土和部分预应力混凝土。全预应力混凝土是指在使用荷载作用下，不允许截面上混凝土出现拉应力的构件；部分预应力混凝土是指在使用荷载作用下，允许截面上混凝土出现拉应力，但最大裂缝宽度不超过允许值的构件。

(2) 预应力混凝土根据施工特点分为有黏结预应力和无黏结预应力。有黏结预应力是指沿预应力筋全长其周围均与混凝土黏结、握裹在一起的预应力混凝土结构，先张预应力结构及预留孔道穿筋灌浆的后张预应力结构均属于此类；无黏结预应力只是预应力筋伸缩、滑动自由，不与周围混凝土黏结的预应力混凝土结构，这种结构的预应力筋表面涂有防锈材料，外套防老化的塑料管，防止与混凝土的黏结，无黏结预应力混凝土结构通常与后张预应力工艺相结合。

10.1.4 预应力混凝土的特点

目前，预应力混凝土结构已经广泛应用于土木工程中，如预应力混凝土空心板、屋面梁、屋架和吊车梁等，同时，也用于桥梁、水利、海洋及港口等工程中，相较普通钢筋混凝土，预应力混凝土有如下特点：

(1) 提高构件的抗裂度。由于预应力作用，克服了混凝土抗拉强度低的缺点，可以根据构件的受力特点和使用条件，控制裂缝的出现及裂缝开展的宽度，适用于建筑水工结构、储水结构，以及其他要求较高的不渗漏结构等。

(2) 刚度大、变形小。普通钢筋混凝土构件开裂之后，刚度降低，变形变大。预应力混凝土构件在使用阶段可避免产生裂缝，因而刚度不会突然降低，变形小。在使用荷载作用下，预应力混凝土梁板构件的挠度往往是相同条件普通钢筋混凝土梁板构件的几分之一。

(3) 可采用高强度材料，减轻结构自重。普通钢筋混凝土结构中，由于无法控制构件的裂缝和变形，一般不采用高强度钢筋。而在预应力混凝土结构中必须采用高强度钢筋和高强度混凝土，材料强度得以充分利用，降低钢材用量。同等条件下，预应力混凝土可以降低构件的截面尺寸，减轻自重，可以适用于大跨度结构。

(4) 提高构件的抗疲劳性能。预应力可以降低钢筋的疲劳应力比，增加钢筋的疲劳强度，而预应力混凝中存在事先人为施加的应力状态，在重复荷载作用下应力变化幅度小，可以提高构件的抗疲劳性能。

(5) 提高结构或者构件的耐久性。由于预应力混凝土可以做到不开裂或者控制裂缝开展的宽度，从而避免或减少有害介质对钢筋的侵蚀，延长结构的实用寿命。

由于预应力混凝土的诸多优点，下列结构宜优先采用预应力混凝土：

(1) 要求裂缝控制等级较高的结构，如水池、油罐等。

(2) 大跨度或承受重型荷载的结构，如大跨度桥梁中的梁式构件、楼盖与屋盖结构等。

(3) 对构件的刚度和变形控制要求较高的结构构件，如工业厂房中的吊车梁等。

同时，与普通钢筋混凝土结构相比，预应力混凝土存在着一些缺点，如设计计算复杂、制作工艺相对复杂、施工技术要求高，需要张拉机具、灌浆设备和锚固装置等专用设备。此外由于预应力混凝土构件的抗裂荷载和破坏荷载较相近，即只能提高抗裂度不能提高承载力，因此延性比普通钢筋混凝土差。

10.2 施加预应力的方法

对构件施加预应力的方法很多，一般采用张拉预应力筋的方法，根据张拉钢筋和浇灌混凝土的先后次序不同，可分为先张法和后张法。

10.2.1 先张法

先张法是指在浇灌混凝土之前张拉预应力筋的方法。其主要工序如图 10.2 所示。

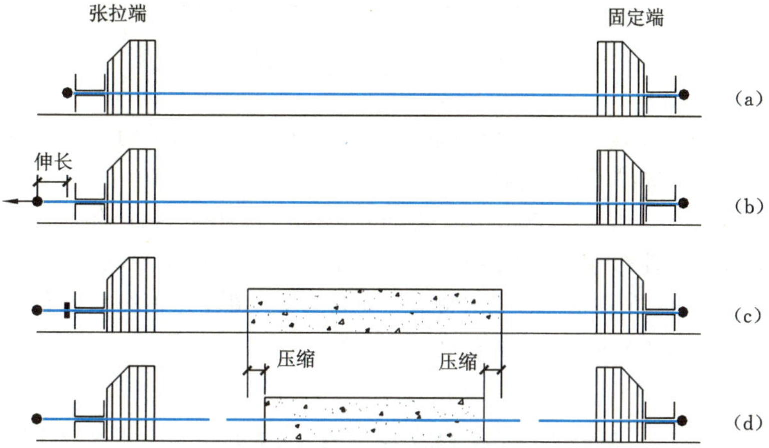

图 10.2 先张法施工工序

(1) 在台座(或钢模)上用张拉机具张拉预应力筋至控制应力，并用夹具临时固定。

(2) 支模，绑扎一般钢筋，并浇灌混凝土。

(3) 养护混凝土(一般蒸汽养护)至其达到设计强度 75%以上(预应力筋与混凝土的黏结力形成)时，切断预应力钢筋，预应力钢筋要回缩，由于预应力钢筋与混凝土之间的黏结力，预应力钢筋与混凝土一起回缩，这样就在混凝土中产生预应力。

先张法构件是通过预应力钢筋与混凝土之间的黏结力传递预应力的。此方法适用于预应力厂大批制作中、小型构件，如预应力混凝土楼板、屋面板、梁等。先张法工艺简单，质量比较容易保证，钢筋靠黏结力自锚，不必消耗特制的锚具，临时固定时使用的夹具可以重复使用。与后张法相比，先张法成本较低。

10.2.2 后张法

后张法是指在混凝土硬结后在构件上张拉钢筋的方法。其主要工序如图 10.3 所示。

(1) 浇灌混凝土制作混凝土构件，并留有孔道。

(2) 养护混凝土达到一定强度(设计强度 75%以上)后将预应力钢筋穿入孔道，并在构件上用张拉机具张拉预应力钢筋至控制应力。

(3) 张拉端用锚具锚住预应力筋，使构件保持预压状态。

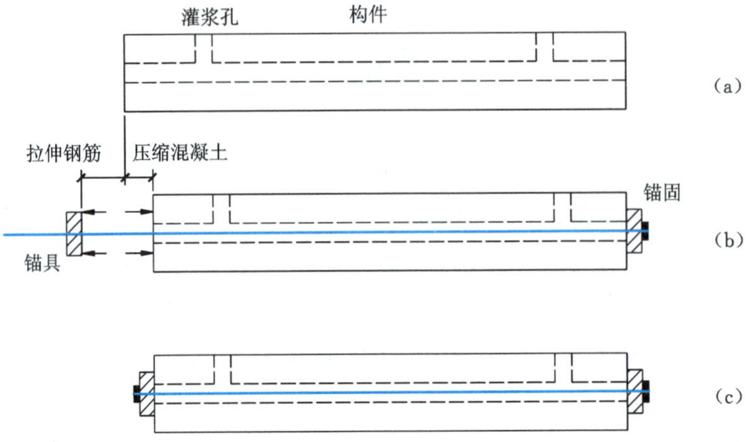

图 10.3 后张法施工工序

(4) 在孔道内灌注混凝土，使预应力筋与混凝土之间产生黏结力，也可不灌浆，完全靠锚具传递预应力，形成无黏结预应力构件。

后张法是通过其两端的锚具锚住预应力筋并传递预应力的，因此，锚具在后张法构件中是构件的一部分，是永久性的，不能重复使用。此方法适用于在施工现场制作大型构件，如预应力屋架、吊车梁、大跨度桥梁等。后张法特点是工序多，预留孔道占截面面积大；施工较复杂，压力灌浆费时，需要永久性锚具，造价较高。

10.3 预应力混凝土的材料及锚(夹)具

10.3.1 预应力混凝土的材料

10.3.1.1 混凝土

预应力混凝土结构构件所用的混凝土，需满足以下要求：

(1) 强度高。为了获得较高的预压应力，减少预应力损失，预应力混凝土结构中应该采用强度较高的混凝土。《混凝土结构设计标准》(GB/T 50010—2010)(2024 年版)规定，预应力混凝土楼板结构的混凝土强度等级不应低于 C30，其他预应力混凝土结构构件的混凝土强度等级不应低于 C40。

(2) 收缩、徐变小。减少混凝土的收缩和徐变，可以降低预应力钢筋的预应力损失。

(3) 快硬、早强。混凝土具有快硬、早强性能，就可以尽快达到张拉要求的强度，可以尽快施加预应力，提高设备的周转率，加快施工进度，降低工程费用。

10.3.1.2 钢筋

预应力混凝土结构中的钢筋包括预应力钢筋和非预应力钢筋。非预应力钢筋的选用与普通钢筋混凝土相同。预应力钢筋主要包括钢丝、钢绞线和预应力螺纹钢筋。

预应力混凝土结构对于预应力钢筋的要求如下：

(1) 强度高。采用高强度钢筋的主要原因是,能在混凝土中建立比较大的压应力。预应力钢筋强度标准值见附表1.3,预应力钢筋强度设计值见附表1.4。

(2) 具有一定的塑性。为了避免混凝土发生脆性破坏,要求预应力钢筋在拉断时,具有一定的伸长率。

(3) 具有良好的加工性能。要求良好的可焊性,同时要求钢筋"镦粗"后不影响原来的物理力学性能。

(4) 与混凝土具有良好的黏结强度。对于先张法构件,在传递长度内钢筋与混凝土间的黏结强度是先张法建立预应力的保证。

10.3.2 锚(夹)具

锚具和夹具是用于锚固预应力钢筋的工具,对在构件中建立有效预压应力起着至关重要的作用。一般认为,构件制成后能够取下重复使用的称为夹具,永久性留在构件上不能重复使用的称为锚具。对于锚具的要求是:安全可靠,本身具有足够的强度和刚度;构造简单、使用有效、节约钢材,造价低廉。

锚(夹)具种类繁多,下面介绍几种常见的锚(夹)具。

10.3.2.1 锚块锚塞型锚(夹)具

这类锚具由锚块和锚塞两部分组成,其中锚块有锚板、锚圈、锚筒等。根据所锚钢筋的根数,锚塞也分为若干片。锚块内的孔洞及锚塞做成楔形或锥形,预应力钢筋回缩时受到挤压而被锚住。这种锚具通常用于预应力钢筋的张拉端,也可以用于固定端,锚块置于台座、钢模上(先张法)或构件上(后张法),用于固定端时,在张拉过程中锚塞就位挤紧;而用于张拉端时,钢筋张拉完毕才将锚塞挤紧。常见的锚块锚塞型锚(夹)具如锥形锚、波形夹具、JM12锚具、XM型锚具及QM锚具等,如图10.4所示。

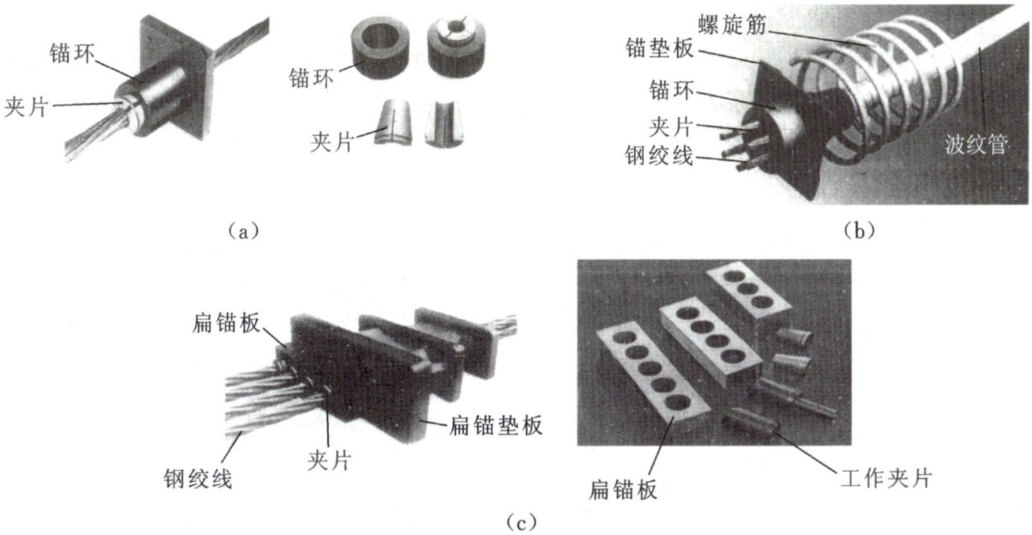

图10.4 锚块锚塞型锚(夹)具

(a)圆形单孔锚具;(b)圆形多孔锚具;(c)长方体扁形锚具

10.3.2.2 螺杆螺帽型锚(夹)具

图 10.5 所示常见的螺杆螺帽型锚具，图 10.5(a)所示用于粗钢筋，图 10.5(b)所示用于钢丝束。前者由螺杆、螺帽、垫板组成，螺杆焊于预应力筋的端部。后者由锥形螺杆、套筒、螺帽、垫板组成，通过套筒紧紧将钢丝束与锥形螺杆挤压成一体。预应力钢筋或者钢丝束张拉完毕时，旋紧螺帽使其锚固。有时因螺杆中螺纹长度不够或预应力钢筋伸长过长，则需在螺帽下增放后加垫板，以便能旋紧螺帽。螺杆螺帽型锚具常用于后张法构件的张拉端，也可以用于先张法构件或者后张法构件的固定端。

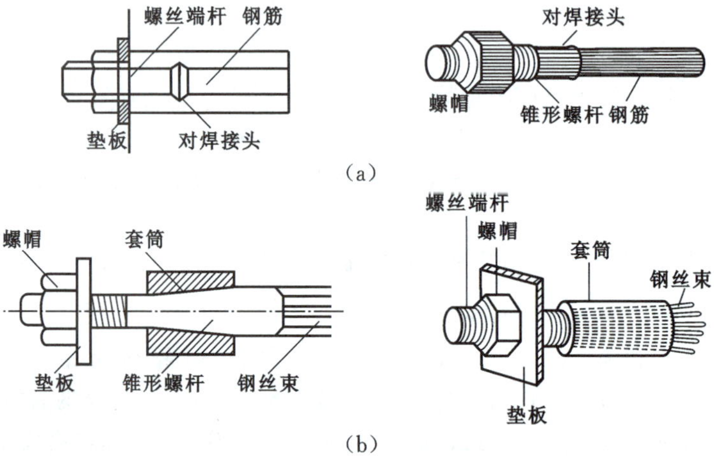

图 10.5 螺杆螺帽型锚具

(a)用于粗钢筋；(b)用于钢丝束

10.3.2.3 镦头型锚(夹)具

图 10.6 所示为镦头型锚具，可用于预应力钢筋的张拉端或者固定端，一般为后张法构件的钢丝束所用；对于先张法构件的单根预应力钢丝，在固定端有时也采用，即将钢丝的一端镦粗，将钢丝穿过台座或者钢模的锚孔，在另一端张拉。

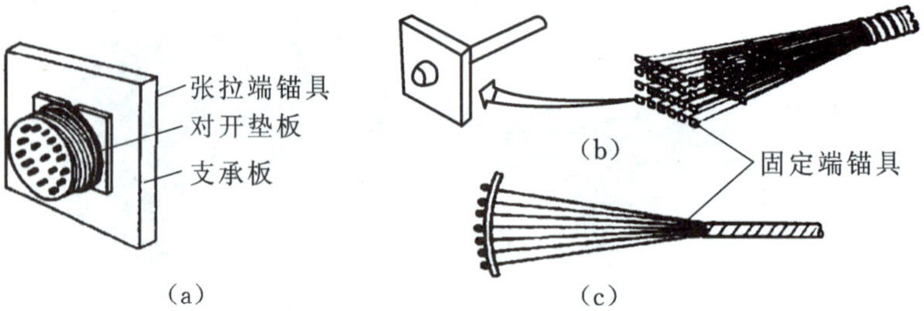

图 10.6 镦头型锚具

(a)张拉端；(b)分散式固定端；(c)集中式固定端

10.4 张拉控制应力与预应力损失

10.4.1 张拉控制应力

张拉控制应力是指张拉预应力钢筋时，预应力钢筋必须达到的预拉应力值。其值为张拉设备仪表所指示的总张拉力除以预应力钢筋的截面面积，用 σ_{con} 表示。

张拉控制应力的取值直接影响施加预应力的效果，是施工时张拉预应力筋的依据，取值应适当。为了充分发挥预应力混凝土的优点，张拉控制应力 σ_{con} 宜定得尽可能高一些，以便混凝土获得更高的预压应力，提高构件的抗裂度；但张拉控制应力也不能定得太高，如果 σ_{con} 过大，会产生以下问题：①个别钢筋可能被拉断；②对于产生偏心压力的预应力混凝土构件，施工阶段会使构件的某些部位受到拉力（称为预拉区）甚至开裂，对后张法构件还可能造成端部混凝土局部受压破坏；③使开裂荷载与破坏荷载很接近，这就意味着构件出现裂缝后不久就丧失承载力，发生脆性破坏，即破坏前缺乏征兆，构件延性较差。

综上所述，对 σ_{con} 应规定上限值；同时，为了保证构件中建立必要的预应力，σ_{con} 也不能过小，应有下限值。

《混凝土结构设计标准》(GB/T 50010—2010)(2024 年版)规定，预应力钢筋的张拉控制应力值 σ_{con} 见表 10.1，且消除应力钢丝、钢绞线、中强度预应力钢丝的张拉控制应力值不应小于 $0.4f_{ptk}$；预应力螺纹钢筋的张拉控制应力值不宜小于 $0.5f_{pyk}$。

表 10.1 张拉控制应力限值

钢筋品种	σ_{con}
消除预应力钢丝、钢绞线	$0.75f_{ptk}$
中强度预应力钢丝	$0.70f_{ptk}$
预应力螺纹钢筋	$0.85f_{pyk}$

注：①表中 f_{ptk}、f_{pyk} 为预应力钢筋的强度标准值，详见附表 1.3。

②当符合下列情况之一时，表 10.1 中的张拉控制应力限值可提高 $0.05f_{ptk}$ 或 $0.05f_{pyk}$：

a.要求提高构件在施工阶段的抗裂性能而在使用阶段的受压区内设置的预应力筋；

b.要求部分抵消由于应力松弛、摩擦、钢筋分批张拉，以及预应力筋与张拉台座之间由于温度差等因素产生的预应力损失。

10.4.2 预应力损失

在预应力混凝土构件施工及使用过程中，预应力钢筋的张拉应力值不是始终不变的，由于各种原因会导致预应力筋的张拉应力不断下降，这种现象称为预应力损失。

引起预应力损失的因素很多，有些因素引起的预应力损失还随着时间的增长和环境变化而变化，正确估算和设法减少预应力损失是预应力混凝土设计和施工的一个重要问题。

目前，对于预应力损失的计算，各国规范的规定大同小异，一般均采用分项计算再叠加确定总损失的方法。下面分项讨论引起预应力损失的原因、损失值的计算，以及减少预应力损失的措施。

10.4.2.1 张拉端锚具变形和钢筋内缩引起的预应力损失 σ_{l1}

（1）损失原因

无论先张法临时固定预应力筋，还是后张法张拉完毕锚固前预应力筋，在张拉端由于锚具的压缩变形，锚具与垫板之间、垫板与垫板之间、垫板与构件之间所有的缝隙被挤紧，或由于钢筋、钢丝、钢绞线在锚具内的滑移，使得被拉紧的预应力筋松动缩短从而造成预应力损失。

（2）损失值的计算

预应力直线钢筋由于锚具变形和预应力钢筋内缩引起的预应力损失 σ_{l1} 应按下式计算：

$$\sigma_{l1}=\frac{a}{l}E_s \tag{10.1}$$

式中 a——张拉端锚具变形和预应力筋内缩值，可按表 10.2 采用，mm；

l——张拉端至锚固端之间的距离，mm；

E_s——预应力筋的弹性模量。

表 10.2 锚具变形和预应力筋内缩值 a

锚具类别		a/mm
支承式锚具（钢丝束镦头锚具等）	螺帽缝隙	1
	每块后加垫板的缝隙	1
夹片式锚具	有顶压时	5
	无顶压时	6～8

注：①表中的锚具变形和钢筋内缩值也可根据实测数据确定；

②其他类型的锚具变形和钢筋内缩值应根据实测数据确定。

锚具损失只考虑张拉端，固定端因在张拉过程中已被挤紧，故不考虑其所引起的应力损失。

对于块体拼成的结构，其预应力损失尚应计块体间填缝的预压变形。当采用混凝土或砂浆填缝材料时，每条填缝的预压变形值可取 1 mm。

后张法构件预应力曲线钢筋或折线钢筋由于锚具变形和预应力筋内缩引起的预应力损失值 σ_{l1}，应根据预应力曲线钢筋或者折线钢筋与孔道壁之间反向摩擦影响长度 l_f 范围内的预应力筋变形值等于锚具变形和预应力筋内缩值的条件确定。

通常对于抛物线形预应力钢筋可近似按圆弧形曲线预应力筋考虑。其对应的圆心角 $\theta \leqslant 45°$（图 10.7），在反向摩擦影响长度 l_f 范围内的预应力损失 σ_{l1} 按下列公式计算：

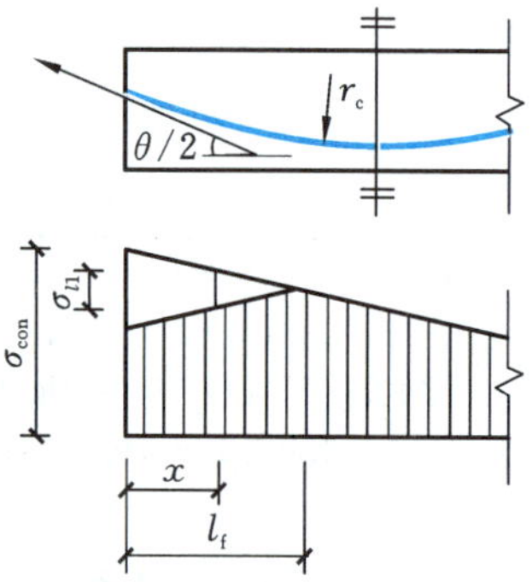

图 10.7 圆弧形曲线预应力钢筋的预应力损失 σ_{l1}

$$\sigma_{l1}=2\sigma_{con}l_f\left(\frac{\mu}{r_c}+\kappa\right)\left(1-\frac{x}{l_f}\right) \tag{10.2}$$

反向摩擦影响长度 l_f（单位为 m）可按下式计算：

$$l_f=\sqrt{\frac{aE_s}{1000\sigma_{con}(\mu/r_c+\kappa)}} \tag{10.3}$$

式中 r_c——圆弧形曲线预应力钢筋的曲率半径，m；

μ——预应力钢筋与孔道壁之间的摩擦系数，按表 10.3 取用；

κ——考虑孔道每米长度局部偏差的摩擦系数，按表 10.3 取用；

a——张拉端锚具变形和预应力筋内缩值，可按表 10.2 采用，mm；

x——张拉端至计算截面的距离，m，应符合 $0 \leqslant x \leqslant l_f$；

E_s——预应力筋弹性模量。

表 10.3 摩擦系数 κ、μ

孔道成型方式	κ/m^{-1}	μ	
		钢绞线、钢丝束	预应力螺纹钢筋
预埋金属波纹管	0.0015	0.25	0.50
预埋塑料波纹管	0.0015	0.15	—
预埋钢管	0.0010	0.30	—
抽芯成型	0.0014	0.55	0.60
无黏结预应力筋	0.0040	0.09	—

注：摩擦系数也可根据实测数据确定。

(3) 减小 σ_{l1} 的主要措施

① 选择锚具变形小或使预应力筋内缩小的锚具、夹具；

② 尽量减少垫板的块数，因为每增加一块垫板，a 值就增加 1 mm；

③ 对于先张法可增加台座长度 l。

10.4.2.2 预应力钢筋与孔道壁之间的摩擦引起的预应力损失 σ_{l2}

(1) 损失原因

采用后张法张拉钢筋时，由于混凝土孔道制作偏差、孔道壁粗糙、预应力筋表面粗糙等原因，张拉预应力钢筋时，钢筋与孔壁发生接触摩擦，产生摩擦阻力，距离张拉端越远，摩擦阻力的累积值越大，从而使构件每一截面上预应力筋的拉应力值逐渐减小，这种预应力值差额就是摩擦损失。

(2) 损失值的计算

摩擦损失计算简图如图 10.8 所示。预应力筋与孔道壁之间的摩擦引起的预应力损失 σ_{l2} 的计算公式：

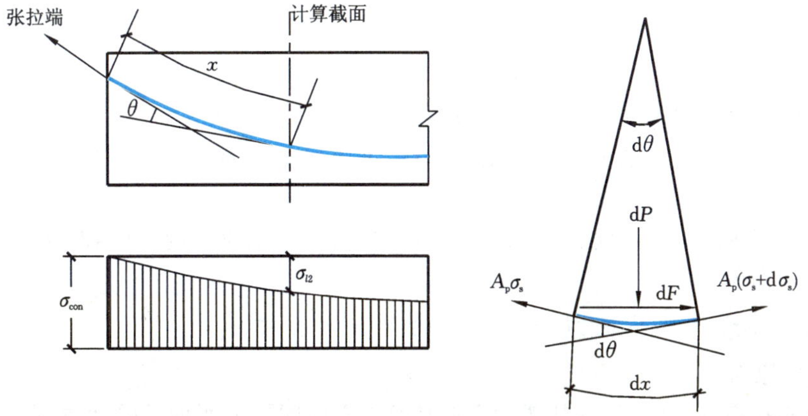

图 10.8 摩擦损失计算简图

$$\sigma_{l2}=\sigma_{con}\left(1-\frac{1}{e^{\kappa x+\mu\theta}}\right) \tag{10.4}$$

式中 x——张拉端至计算截面的孔道长度(弧长),m,可近似取该段孔道在纵轴上的投影长度;

θ——张拉端至计算截面曲线孔道部分切线(或法线)的夹角,rad;

μ——预应力钢筋与孔道壁之间的摩擦系数,按表 10.3 取用;

κ——考虑孔道每米长度局部偏差的摩擦系数,按表 10.3 取用。

当$(\kappa x+\mu\theta)\leqslant 0.3$ 时,σ_{l2}可按以下公式近似计算:

$$\sigma_{l2}=(\kappa x+\mu\theta)\sigma_{con} \tag{10.5}$$

(3) 减小 σ_{l2}的主要措施

① 采用两端张拉的方式,则计算中孔道长度可按构件的一般长度计算。

② 采用超张拉工艺,所谓超张拉即第一次张拉至 $1.1\sigma_{con}$,持荷 2 min,再卸载至 $0.85\sigma_{con}$,停 2 min,再张拉至 σ_{con}。

当采用夹片式群锚体系时,在 σ_{con}中宜扣除张拉端锚口摩擦损失(按实测值或厂家提供的数据确定)。

先张法构件采用折线形预应力钢筋时,在转向装置处也有摩擦力,由此产生的预应力筋摩擦损失按实际情况确定。

10.4.2.3 混凝土加热养护时预应力筋与承受拉力的设备之间因温差引起的预应力损失 σ_{l3}

(1) 损失原因

制作先张法构件时,为了缩短构件生产周期,常常采用蒸汽养护促使混凝土快硬。当新浇筑的混凝土尚未结硬时,加热升温,预应力筋伸长,但台座长度不变,这必然使张拉后的钢筋变松弛,产生预应力损失。降温时,混凝土结硬并同预应力钢筋形成整体共同回缩,由于两者的温度线膨胀系数相似,导致钢筋造成的预应力损失无法恢复。

(2) 损失值的计算

设混凝土加热养护时,受张拉的预应力钢筋与承受拉力的设备(台座)之间的温差为 Δt,钢筋的温度线膨胀系数 $\alpha=1\times10^{-5}/℃$,则 σ_{l3}可按下式计算:

$$\sigma_{l3}=\varepsilon_s E_s=\frac{\Delta l}{l}E_s=\frac{\alpha l\Delta t}{l}E_s=\alpha E_s\Delta t=1\times10^{-5}\times2.0\times10^5\times\Delta t=2\Delta t \tag{10.6}$$

式中,σ_{l3}单位为 N/mm^2。

(3) 减小 σ_{l3}的主要措施

① 采用两次升温养护。先在常温下养护,待混凝土强度达到 7.5~10 N/mm^2后,混凝土与预应力筋之间已具有足够的黏结力结成整体,当再次升温时,二者可以共同变形,不再引起预应力损失。

② 在钢模上张拉预应力筋。由于预应力筋是锚固在钢模上的,升温时两者温度相同,可以不考虑此项损失。

10.4.2.4 预应力筋应力松弛引起的预应力损失 σ_{l4}

(1) 损失原因

预应力筋在高应力作用下,其塑性变形具有随着时间增加而增长的性质,在钢筋长度保持不变的条件下,其应力会时间的增加而降低,这种现象称为预应力筋的应力松弛。当钢筋应力保持不变时，应变会随着时间的增加而增长，这种现象叫钢筋的徐变。预应力筋的松弛和徐变都会引起预应力损失。

(2) 损失值的计算

试验表明，应力松弛损失值与钢种有关，钢种不同，则损失值大小不同；另外，张拉控制应力 σ_{con} 越大，σ_{l4} 也越大。根据试验研究与实践经验，松弛损失计算如下：

① 消除应力钢丝、钢绞线

普通松弛：

$$\sigma_{l4}=0.4\left(\frac{\sigma_{con}}{f_{ptk}}-0.5\right)\sigma_{con} \tag{10.7}$$

低松弛：

当 $\sigma_{con}\leqslant 0.7f_{ptk}$ 时：

$$\sigma_{l4}=0.125\left(\frac{\sigma_{con}}{f_{ptk}}-0.5\right)\sigma_{con} \tag{10.8}$$

当 $0.7f_{ptk}<\sigma_{con}\leqslant 0.8f_{ptk}$ 时：

$$\sigma_{l4}=0.2\left(\frac{\sigma_{con}}{f_{ptk}}-0.575\right)\sigma_{con} \tag{10.9}$$

② 中强度预应力钢丝

$$\sigma_{l4}=0.08\sigma_{con} \tag{10.10}$$

③ 预应力螺纹钢筋

$$\sigma_{l4}=0.03\sigma_{con} \tag{10.11}$$

当 $\sigma_{con}/f_{ptk}\leqslant 0.5$ 时，$\sigma_{l4}=0$。

(3) 减小 σ_{l4} 的主要措施

① 控制张拉控制应力值 σ_{con}。

② 采用超张拉生产工艺。超张拉程序为从零应力张拉至 $1.03\sigma_{con}$，或者从零应力张拉至 $1.05\sigma_{con}$，持荷 2 min 后卸载至 σ_{con}，这样可以减少松弛引起的预应力损失，因为在高应力下短时间内所产生的松弛损失可达到低应力下需经过较长时间才能完成的松弛数值，所以经过超张拉部分松弛损失已完成。

10.4.2.5 混凝土收缩和徐变引起的预应力损失 σ_{l5}

(1) 损失原因

混凝土在空气中结硬时体积收缩，而在预压应力作用下，混凝土沿压力方向发生徐变，收缩和徐变均使构件的长度缩短，预应力筋也随之内缩，造成预应力损失。

收缩和徐变虽是两种性质完全不同的现象，但它们的影响因素、变化规律相似，故《混凝土结构设计标准》(GB/T 50010—2010)(2024 年版)将这两项预应力损失合在一起考虑。

(2) 损失值的计算

混凝土收缩、徐变引起的受拉区和受压区纵向预应力钢筋的预应力损失 σ_{l5}、σ'_{l5} 可按下列方法确定：

先张法构件：

$$\sigma_{l5}=\frac{60+340\dfrac{\sigma_{pc}}{f'_{cu}}}{1+15\rho} \tag{10.12}$$

$$\sigma'_{l5}=\frac{60+340\dfrac{\sigma'_{pc}}{f'_{cu}}}{1+15\rho'} \tag{10.13}$$

后张法构件：

$$\sigma_{l5}=\frac{55+300\dfrac{\sigma_{pc}}{f'_{cu}}}{1+15\rho} \tag{10.14}$$

$$\sigma'_{l5}=\frac{55+300\dfrac{\sigma'_{pc}}{f'_{cu}}}{1+15\rho'} \tag{10.15}$$

式中　σ_{pc},σ'_{pc}——受拉区、受压区预应力筋在各自合力点处的混凝土法向压力，此时，预应力损失值仅考虑混凝土预压前（第一批）的损失，其非预应力钢筋的应力 σ_{l5}、σ'_{l5} 值应取零，σ_{pc}、σ'_{pc} 值不得大于 $0.5f'_{cu}$，当 σ'_{pc} 为拉应力时，则式(10.13)、式(10.15)中 σ'_{pc} 应取零，计算混凝土法向应力 σ_{pc}、σ'_{pc} 时可根据构件制作情况考虑自重的影响；

f'_{cu}——施加预应力时混凝土立方体抗压强度；

ρ,ρ'——受拉区、受压区预应力钢筋和非预应力钢筋的配筋率。

对先张法构件

$$\rho=\frac{A_p+A_s}{A_0};\rho'=\frac{A'_p+A'_s}{A_0} \tag{10.16}$$

对后张法构件

$$\rho=\frac{A_p+A_s}{A_n};\rho'=\frac{A'_p+A'_s}{A_n} \tag{10.17}$$

式中　A_p,A'_p——受拉区、受压区预应力钢筋截面面积，mm^2；

A_s,A'_s——受拉区、受压区非预应力钢筋截面面积，mm^2；

A_0——混凝土换算截面面积，mm^2；

A_n——混凝土净截面面积，mm^2。

对于对称配置预应力筋和非预应力筋的构件，配筋率 ρ、ρ' 应分别按钢筋总截面面积的一半计算。

对重要结构构件，当需要考虑与时间相关的混凝土收缩、徐变预应力损失值时，可按《混凝土结构设计标准》(GB/T 50010—2010)(2024 年版)附录 K 进行计算。

(3) 减小 σ_{l5} 的主要措施

① 采用高强度等级水泥，减少水泥用量，降低水灰比，采用硬性混凝土；

② 采用级配较好的骨料，加强振捣，提高混凝土的密实度；

③ 加强养护，以减少混凝土的收缩。

10.4.2.6　用螺旋式预应力筋作配筋的环形构件，由于混凝土的局部挤压引起的预应力损失 σ_{l6}

(1) 损失原因

采用螺旋式预应力作配筋的环形构件，由于预应力筋对混凝土的挤压，使环形构件的直径有所减小，预应力筋的拉应力就会降低，从而引起预应力损失。

(2) 损失值的计算

σ_{l6}的大小与环形构件的直径成反比，直径越小，损失越大。《混凝土结构设计标准》(GB/T 50010—2010)(2024 年版)规定：

当构件直径 $d \leqslant 3$ m 时：

$$\sigma_{l6} = 30 \text{ N/mm}^2 \text{(后张法构件)} \tag{10.18}$$

当构件直径 $d > 3$ m 时，

$$\sigma_{l6} = 0 \tag{10.19}$$

10.4.3 预应力损失的组合

上述各项预应力损失是分批出现的，有的出现在先张法构件中，有的出现在后张法构件中，有的两种施工方法中都存在，通常把混凝土预压出现前的预应力损失组合在一起称为第一批损失，用 $\sigma_{l\text{I}}$ 表示；把混凝土预压结束后产生的预应力损失组合在一起称为第二批损失，用 $\sigma_{l\text{II}}$ 表示。

根据各项预应力损失出现的特点，《混凝土结构设计标准》(GB/T 50010—2010)(2024 年版)规定，预应力混凝土构件各阶段的预应力损失宜按表 10.4 进行组合。

表 10.4 各阶段预应力损失的组合

预应力损失的组合	先张法构件	后张法构件
混凝土预压前(第一批)损失	$\sigma_{l1}+\sigma_{l2}+\sigma_{l3}+\sigma_{l4}$	$\sigma_{l1}+\sigma_{l2}$
混凝土预压后(第二批)损失	σ_{l5}	$\sigma_{l4}+\sigma_{l5}+\sigma_{l6}$

影响预应力损失的因素很多，也比较复杂，其计算值与实际值会存在一定的误差，为保证不会过低地估计预应力损失，确保预应力构件的抗裂度，《混凝土结构设计标准》(GB/T 50010—2010)(2024 年版)规定，当计算求得的总预应力损失 $\sigma_l = \sigma_{l\text{I}} + \sigma_{l\text{II}}$ 小于下列数值时，应按下列值取用：

先张法构件：100 N/mm^2；

后张法构件：80 N/mm^2。

当后张法构件的预应力筋采用分批张拉方式时，应考虑后批张拉预应力筋所产生的混凝土弹性压缩(或伸长)对于先批张拉预应力筋的影响，可将先批张拉预应力筋的张拉控制应力 σ_{con}增加(或减少)$\alpha_{\text{E}}\sigma_{\text{pc}i}$，此处 α_{E} 是指钢筋弹性模量与混凝土弹性模量的比值，$\alpha_{\text{E}} = E_{\text{s}}/E_{\text{c}}$；$\sigma_{\text{pc}i}$ 是指后批张拉钢筋在先批张拉钢筋重心处的混凝土法向应力。

10.5 预应力混凝土轴心受拉构件各阶段应力分析

预应力混凝土轴心受拉构件从张拉钢筋开始到构件破坏，可分为两个阶段：施工阶段和使用阶段。施工阶段是指构件承受使用荷载之前的受力阶段；使用阶段是指构件承受外荷载之后的受力阶段。构件存在两个力系：内部预应力(施工阶段施加的)和外荷载(使用阶段施加的)。

本节用 A_p 和 A_s 表示预应力钢筋和非预应力钢筋的截面面积；A_c 表示混凝土截面面积；σ_{pe} 和 σ_s 表示预应力钢筋和非预应力钢筋的应力；σ_{pc} 表示混凝土的应力。以下推导公式时规定，σ_{pe} 以受拉为正，σ_s 和 σ_{pc} 以受压为正。

下面按照先张法和后张法两种情况分别介绍轴心受拉构件的各阶段应力状态。

10.5.1 先张法轴心受拉构件

10.5.1.1 施工阶段

先张法的施工工序是：首先张拉钢筋，然后浇筑混凝土，待养护混凝土达到一定强度，最后放松钢筋。以下介绍各阶段的受力分析，此阶段构件任一截面各部分应力均来自平衡体系，见图 10.9。

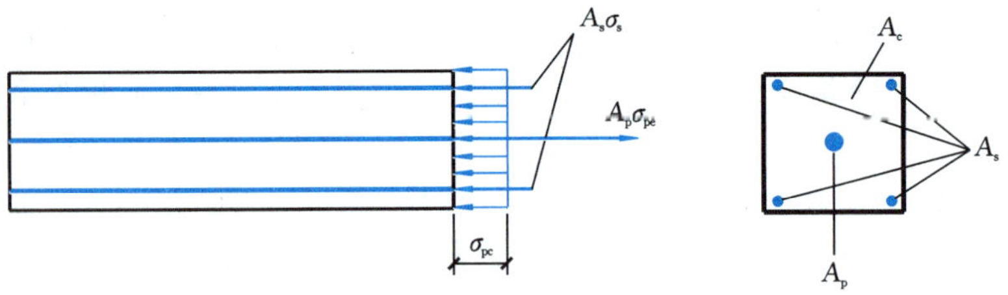

图 10.9 先张法构件施工阶段截面应力分布图及截面图

平衡方程：

$$\sigma_{pc}A_c+\sigma_sA_s=\sigma_{pe}A_p \tag{10.20}$$

(1) 张拉钢筋

在台座上张拉预应力钢筋至张拉控制应力 σ_{con}，故：$\sigma_{pe}=\sigma_{con}$(拉)，$\sigma_s=0$，$\sigma_{pc}=0$。

(2) 浇筑混凝土，在混凝土受到预压应力前，完成第一批损失。

混凝土浇筑完毕之后，进行蒸汽养护，由于锚具变形和预应力钢筋的内缩、松弛和混凝土养护时引起的温度差等，使预应力钢筋完成了第一批损失 $\sigma_{l\text{I}}$，由于预应力钢筋尚未放松，混凝土和非预应力钢筋的应力均为零，故：$\sigma_{pe}=\sigma_{con}-\sigma_{l\text{I}}$ (拉)，$\sigma_s=0$，$\sigma_{pc}=0$。

(3) 放松预应力钢筋

当混凝土强度达到设计值的 75%时，放松预应力钢筋，预应力钢筋回缩，这时由于钢筋与混凝土之间有了足够的黏结力，混凝土开始受压，预应力钢筋随之缩短，拉应力减少。设放松预应力钢筋时混凝土获得的预压应力为 $\sigma_{pc\text{I}}$，由于预应力筋与混凝土两者的变形协调，设此时混凝土的应变为 $\varepsilon_{c\text{I}}$，非预应力钢筋的应变为 $\varepsilon_{s\text{I}}$，预应力钢筋的应变为 $\varepsilon_{p\text{I}}$，则有：

$$\varepsilon_{p\text{I}}=\varepsilon_{s\text{I}}=\varepsilon_{c\text{I}}$$

所以非预应力钢筋的应力为：

$$\sigma_{s\text{I}}=\varepsilon_{s\text{I}}E_s=\varepsilon_{c\text{I}}E_s=\frac{\sigma_{pc\text{I}}}{E_c}E_s=\alpha_{Es}\sigma_{pc\text{I}}$$

这里 $\alpha_{Es}=E_s/E_c$ 是非预应力钢筋的弹性模量与预应力钢筋弹性模量之比。

同理，预应力钢筋的应力降低值为 $\alpha_{Ep}\sigma_{pc\text{I}}$，$\alpha_{Ep}=E_p/E_c$ 为预应力钢筋的弹性模量与混凝土弹性模量之比。故：

$$\sigma_{pe\,I}=\sigma_{con}-\sigma_{l\,I}-\alpha_{Ep}\sigma_{pc\,I}\ (拉)$$
$$\sigma_{s\,I}=\alpha_{Es}\sigma_{pc\,I}\ (压)$$

混凝土应力由平衡条件求得：

$$\sigma_{pe\,I}A_p=\sigma_{s\,I}A_s+\sigma_{pc\,I}A_c$$
$$\sigma_{pc\,I}=\frac{(\sigma_{con}-\sigma_{l\,I})A_p}{A_c+\alpha_{Es}A_s+\alpha_{Ep}A_p}=\frac{(\sigma_{con}-\sigma_{l\,I})A_p}{A_0}=\frac{N_{p\,I}}{A_0}(压) \tag{10.21}$$

式中 A_0——构件换算截面面积，$A_0=A_c+\alpha_{Es}A_s+\alpha_{Ep}A_p$；

$N_{p\,I}$——完成第一批损失后预应力钢筋的总预拉力。

(4) 完成全部预应力损失

随着时间的增长，混凝土发生收缩徐变，完成第二批损失，因预应力钢筋的拉应力进一步降低，导致混凝土中的预压应力由 $\sigma_{pc\,I}$ 降至 $\sigma_{pc\,II}$，预应力钢筋的拉应力由 $\sigma_{pe\,I}$ 降至 $\sigma_{pe\,II}$，非预应钢筋的压应力由 $\sigma_{s\,I}$ 变为 $\sigma_{s\,II}$，故：

$$\sigma_{pe\,II}=\sigma_{con}-\sigma_{l\,I}-\alpha_{Ep}\sigma_{pc\,I}-\sigma_{l\,II}+\alpha_{Ep}(\sigma_{pc\,I}-\sigma_{pc\,II})=\sigma_{con}-\sigma_l-\alpha_{Ep}\sigma_{pc\,II}\ (拉)$$
$$\sigma_{s\,II}=\alpha_{Es}\sigma_{pc\,II}+\sigma_{l5}\ (压)$$

混凝土应力由平衡条件求得：

$$\sigma_{pe\,II}A_p=\sigma_{s\,II}A_s+\sigma_{pc\,II}A_c$$
$$\sigma_{pc\,II}=\frac{(\sigma_{con}-\sigma_l)-\sigma_{l5}A_s}{A_c+\alpha_{Es}A_s+\alpha_{Ep}A_p}=\frac{(\sigma_{con}-\sigma_l)A_p-\sigma_{l5}A_s}{A_0}=\frac{N_{p\,II}}{A_0}\quad (压) \tag{10.22}$$

式中 $\alpha_{Ep}(\sigma_{pc\,I}-\sigma_{pc\,II})$ 是指由于混凝土压应力减小，构件的弹性压缩有所恢复，其差额值所得预应力筋中拉应力的增加量；$\sigma_{pc\,II}$ 是指完成全部预应力损失后，在混凝土中所建立的预压应力；$N_{p\,II}$ 是指完成全部预应力损失后，预应力钢筋和非预应力钢筋的总预拉力，则：

$$N_{p\,II}=(\sigma_{con}-\sigma_l)A_p-\sigma_{l5}A_s$$

10.5.1.2 使用阶段

(1) 加载至混凝土的应力为零

在外部荷载作用下，当构件承受的轴向拉力 N_0 使混凝土的预压应力 $\sigma_{pc\,II}$ 全部抵消，即混凝土的应力为零，截面处于消压状态。这时，预应力钢筋与非预应力钢筋的应力增量均为 $\alpha_E\sigma_{pc\,II}$（α_E 为钢筋弹性模量与混凝土弹性模量的比值），见图 10.10，故：

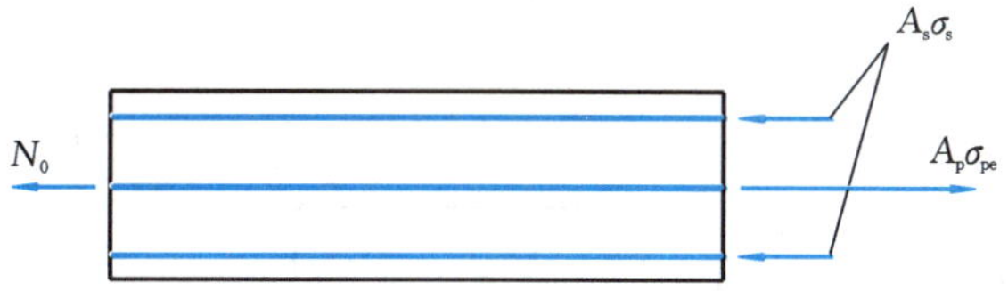

图 10.10 消压状态

$$\sigma_{pc}=0$$
$$\sigma_{pe0}=\sigma_{con}-\sigma_l-\alpha_{Ep}\sigma_{pc\,II}+\alpha_{Ep}\sigma_{pc\,II}=\sigma_{con}-\sigma_l\ (拉)$$
$$\sigma_{s0}=\sigma_{l5}+\alpha_{Es}\sigma_{pc\,II}-\alpha_{Es}\sigma_{pc\,II}=\sigma_{l5}\ (压)$$

N_0 可以根据力的平衡条件求得：

$$N_0=\sigma_{pe0}A_p-\sigma_{s0}A_s=(\sigma_{con}-\sigma_l)A_p-\sigma_{l5}A_s=N_{p\,II}=\sigma_{pc\,II}A_0 \tag{10.23}$$

式中 N_0——混凝土应力为零时的轴向拉力，又称为“消压轴力”。

(2) 加载至混凝土即将开裂

随着轴向力的继续增大,构件截面上混凝土将转为受拉。当加载至 N_{cr} 时,混凝土拉应力达到混凝土轴线抗拉强度标准值 f_{tk} 时,混凝土即将开裂,见图 10.11,故:

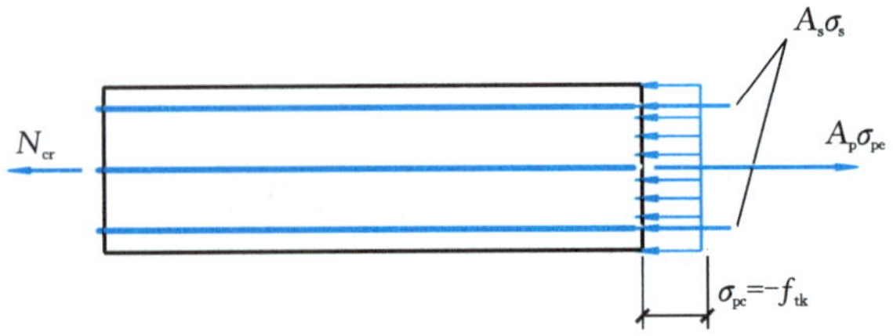

图 10.11　截面即将开裂

$$\sigma_{pc}=f_{tk}(\text{拉})$$
$$\sigma_{pecr}=\sigma_{con}-\sigma_l+\alpha_{Ep}f_{tk}(\text{拉})$$
$$\sigma_{scr}=\sigma_{l5}-\alpha_{Es}f_{tk}(\text{压})$$

N_{cr} 可以根据力的平衡条件求得:

$$\begin{aligned}N_{cr}&=\sigma_{pe}A_p+\sigma_{pc}A_c-\sigma_sA_s=(\sigma_{con}-\sigma_l+\alpha_{Ep}f_{tk})A_p+f_{tk}A_c-(\sigma_{l5}-\alpha_{Es}f_{tk})A_s\\&=f_{tk}(A_c+\alpha_{Es}A_s+\alpha_{Ep}A_p)+(\sigma_{con}-\sigma_l)A_p-\sigma_{l5}A_s=f_{tk}A_0+\sigma_{pc\text{II}}A_0=N_0+f_{tk}A_0\\&=(f_{tk}+\sigma_{pc\text{II}})A_0\end{aligned} \tag{10.24}$$

式中　N_{cr}——混凝土即将开裂时的轴向拉力,称为"开裂轴力",可作为使用阶段对构件进行抗裂验算的依据。

由此可知,由于预压应力 $\sigma_{pc\text{II}}$ 的作用,预应力混凝土轴心受拉构件的抗裂拉力比普通钢筋混凝土轴心受拉构件要大得多,这也就是预应力混凝土较普通钢筋混凝土构件抗裂度好的原因。

(3) 加载至构件破坏

由于轴心受拉构件的裂缝沿正截面贯穿,则开裂后裂缝截面混凝土完全退出工作。随着荷载继续增大,当裂缝截面上预应力钢筋与非预应力钢筋的拉应力先后达到抗拉强度设计值 f_{py} 和 f_y 时,贯穿裂缝突然加宽,构件破坏,此时相应的轴向拉力为构件轴心受拉承载力 N_u,见图 10.12。

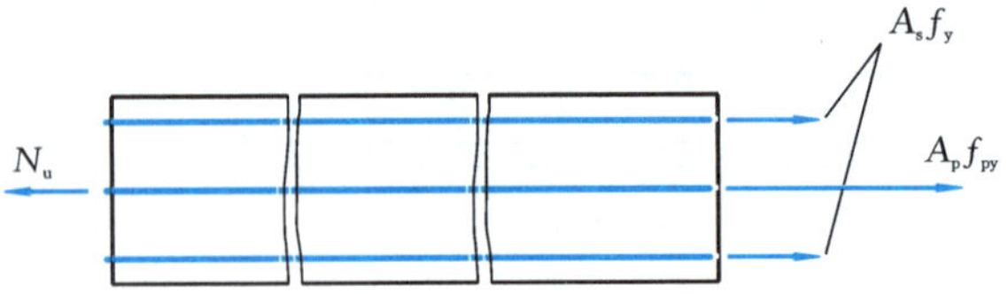

图 10.12　极限状态

N_u 可由力的平衡条件求得:

$$N_u=f_{py}A_p+f_yA_s \tag{10.25}$$

上式作为使用阶段对构件进行承载能力极限状态计算的依据。

10.5.2 后张法轴心受拉构件

10.5.2.1 施工阶段

后张法施工工序为：首先浇筑混凝土并预留孔道，然后穿设并张拉预应力钢筋，锚固预应力钢筋，最后孔道灌浆，见图 10.13。由于先张法和后张法张拉预应力钢筋与浇筑混凝土的顺序不同，其预压应力的计算也不同。

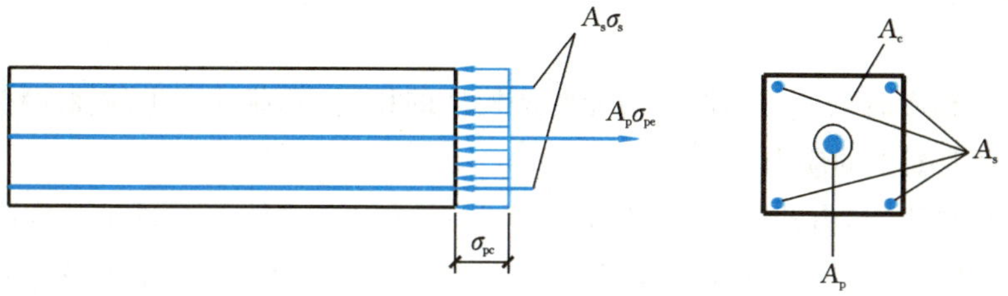

图 10.13 后张法构件施工阶段

浇筑混凝土后，养护至预应力筋张拉前，可认为截面不产生任何应力。

(1) 张拉预应力筋

在张拉预应力钢筋的同时混凝土受压，在张拉过程中预应力钢筋与孔壁之间的摩擦引起预应力损失 σ_{l2}，此时混凝土预压应力为 σ_{pc}，故：

$$\sigma_{pe}=\sigma_{con}-\sigma_{l2}\text{（拉）}$$

$$\sigma_s=\alpha_{Es}\sigma_{pc}\text{（压）}$$

混凝土应力由平衡条件求得：

$$\sigma_{pe}A_p=\sigma_sA_s+\sigma_{pc}A_c$$

$$\sigma_{pc}=\frac{(\sigma_{con}-\sigma_{l2})A_p}{A_c+\alpha_{Es}A_s}=\frac{(\sigma_{con}-\sigma_{l2})A_p}{A_n}\text{（压）}\tag{10.26}$$

式中 A_n——指构件的净截面面积，$A_n=A_c+\alpha_{Es}A_s$。

(2) 混凝土受预压应力之前，完成第一批损失

张拉预应力钢筋之后，将预应力钢筋锚固在构件上，锚具变形和钢筋的回缩引起预应力损失 σ_{l1}，从而完成第一批预应力损失 $\sigma_{l\,\mathrm{I}}$，此时，混凝土受到的预压应力为 $\sigma_{pc\,\mathrm{I}}$，故：

$$\sigma_{pe\,\mathrm{I}}=\sigma_{con}-\sigma_{l\,\mathrm{I}}\text{（拉）}$$

$$\sigma_{s\,\mathrm{I}}=\alpha_{Es}\sigma_{pc\,\mathrm{I}}\text{（压）}$$

混凝土应力根据平衡条件求得：

$$\sigma_{pe\,\mathrm{I}}A_p=\sigma_{s\,\mathrm{I}}A_s+\sigma_{pc\,\mathrm{I}}A_c$$

$$\sigma_{pc\,\mathrm{I}}=\frac{(\sigma_{con}-\sigma_{l\,\mathrm{I}})A_p}{A_c+\alpha_{Es}A_s}=\frac{(\sigma_{con}-\sigma_{l\,\mathrm{I}})A_p}{A_n}=\frac{N_{p\,\mathrm{I}}}{A_n}\text{（压）}\tag{10.27}$$

(3) 完成全部预应力损失

由于预应力筋松弛、混凝土收缩徐变（对于环形构件还有混凝土挤压变形）从而引起预应力损失 σ_{l4}、σ_{l5}（σ_{l6}），使预应力钢筋的应力由 $\sigma_{pe\,\mathrm{I}}$ 降至 $\sigma_{pe\,\mathrm{II}}$，混凝土的压应力由 $\sigma_{pc\,\mathrm{I}}$ 降至 $\sigma_{pc\,\mathrm{II}}$，故：

$$\sigma_{pe\text{II}}=\sigma_{con}-\sigma_{l\text{I}}-\sigma_{l\text{II}}=\sigma_{con}-\sigma_l\text{（拉）}$$

$$\sigma_{s\text{II}}=\alpha_{Es}\sigma_{pc\text{II}}+\sigma_{l5}\text{（压）}$$

混凝土应力由平衡条件求得：

$$\sigma_{pe\text{II}}A_p=\sigma_{s\text{II}}A_s+\sigma_{pc\text{II}}A_c$$

$$\sigma_{pc\text{II}}=\frac{(\sigma_{con}-\sigma_l)A_p-\sigma_{l5}A_s}{A_c+\alpha_{Es}A_c}=\frac{(\sigma_{con}-\sigma_l)A_p-\sigma_{l5}A_s}{A_n}=\frac{N_{p\text{II}}}{A_n}\text{（压）} \tag{10.28}$$

$\sigma_{pc\text{II}}$即为后张法构件中最终建立的混凝土有效预压应力。

10.5.2.2 使用阶段

后张法构件相应时刻的应力图形与先张法构件的相同，外荷载产生的轴向拉力符号相同。

(1) 加载至混凝土的应力为零

在外部荷载作用下，由轴向拉力 N_0 产生的混凝土拉应力恰好全部抵消混凝土的有效预压应力，混凝土的应力由 $\sigma_{pc\text{II}}$ 降为零，使截面处于消压状态。使用阶段孔道灌浆使预应力钢筋与混凝土黏结形成一个整体，由于协调变形，预应力钢筋和非预应力钢筋在原有基础上增加拉应力 $\alpha_E\sigma_{pc\text{II}}$，故：

$$\sigma_{pc}=0$$

$$\sigma_{pe0}=\sigma_{con}-\sigma_l+\alpha_{Ep}\sigma_{pc\text{II}}\text{（拉）}$$

$$\sigma_{s0}=\sigma_{l5}+\alpha_{Es}\sigma_{pc\text{II}}-\alpha_{Es}\sigma_{pc\text{II}}=\sigma_{l5}\text{（压）}$$

N_0 可以根据力的平衡条件求得：

$$\begin{aligned}N_0&=\sigma_{pe0}A_p-\sigma_{s0}A_s=(\sigma_{con}-\sigma_l+\alpha_{Es}\sigma_{pc\text{II}})A_p-\sigma_{l5}A_s\\&=(\sigma_{con}-\sigma_l)A_p-\sigma_{l5}A_s+\alpha_{Es}\sigma_{pc\text{II}}A_p=\sigma_{pc\text{II}}A_n+\sigma_{pc\text{II}}\alpha_{Es}A_s=\sigma_{pc\text{II}}A_0\end{aligned} \tag{10.29}$$

(2) 加载至混凝土即将开裂

随着轴向力的继续增大，构件截面上混凝土将转为受拉。当加载至 N_{cr} 时，混凝土拉应力达到混凝土轴线抗拉强度标准值 f_{tk} 时，混凝土即将开裂。此时预应力钢筋和非预应力钢筋的拉应力将在原有基础上增加拉应力 $\alpha_E f_{tk}$，故：

$$\sigma_{pc}=f_{tk}\text{（拉）}$$

$$\sigma_{pecr}=\sigma_{con}-\sigma_l+\alpha_{Ep}\sigma_{pc\text{II}}+\alpha_{Ep}f_{tk}\text{（拉）}$$

$$\sigma_{scr}=\sigma_{l5}-\alpha_{Es}f_{tk}\text{（压）}$$

N_{cr} 可以根据力的平衡条件求得：

$$\begin{aligned}N_{cr}&=\sigma_{pe}A_p+\sigma_{pc}A_c-\sigma_sA_s=(\sigma_{con}-\sigma_l+\alpha_{Es}\sigma_{pc\text{II}}+\alpha_{Ep}f_{tk})A_p+f_{tk}A_c-(\sigma_{l5}-\alpha_{Es}f_{tk})A_s\\&=f_{tk}(A_c+\alpha_{Es}A_s+\alpha_{Ep}A_p)+(\sigma_{con}-\sigma_l)A_p-\sigma_{l5}A_s+\alpha_{Ep}\sigma_{pc\text{II}}A_p\\&=f_{tk}A_0+\sigma_{pc\text{II}}(A_n+\alpha_{Ep}A_p)=f_{tk}A_0+\sigma_{pc\text{II}}A_0=N_0+f_{tk}A_0=(f_{tk}+\sigma_{pc\text{II}})A_0\end{aligned} \tag{10.30}$$

(3) 加载至构件破坏

与先张法相同，构件破坏时预应力钢筋与非预应力钢筋的拉应力先后达到抗拉强度设计值 f_{py} 和 f_y。此时相应的轴向拉力为构件轴心受拉承载力 N_u。N_u 可由力的平衡条件求得：

$$N_u=f_{py}A_p+f_yA_s \tag{10.31}$$

10.5.3 先张法与后张法计算公式的比较

(1) 混凝土预压应力

施工阶段,混凝土预压应力 $\sigma_{pc\mathrm{I}}$、$\sigma_{pc\mathrm{II}}$ 的计算公式,先张法和后张法形式基本相同,只是 σ_l 的具体计算值不同,先张法构件用换算截面面积 A_0,后张法构件用净截面面积 A_n。如果采用相同的 σ_{con}、相同的材料强度、相同的混凝土强度等级、相同的预应力及截面面积,由于 $A_0>A_n$,则后张法构件的有效预压应力值要大一些。

(2) 钢筋应力

无论先张法还是后张法,非预应力钢筋相应时刻计算公式均相同;预应力钢筋的应力公式先张法相较后张法相应时刻应力多了 $\alpha_{Ep}\sigma_{pc}$。这是因为无论先张法还是后张法,非预应力钢筋与混凝土协调变形起点均是混凝土应力为零时,而预应力钢筋与混凝土协调变形先张法与后张法起点不同。

(3) 轴向拉力

使用阶段无论先张法还是后张法,N_0、N_{cr}、N_u 三个计算公式形式均相同,但计算 N_0 和 N_{cr} 两种方法 $\sigma_{pc\mathrm{II}}$ 是不同的。

由 $N_{cr}=(f_{tk}+\sigma_{pc\mathrm{II}})A_0$ 可知,预应力混凝土构件相较相同条件的普通钢筋混凝土构件的开裂荷载多了 N_0,即施加预应力可以提高轴心受拉构件的抗裂度。

由 $N_u=f_{py}A_p+f_yA_s$ 可知,相同条件的预应力混凝土构件与普通钢筋混凝土构件的承载力相同,与预应力的存在和大小无关,即施加预应力不能提高轴心受拉构件的承载力。

10.6 预应力混凝土轴心受拉构件设计

在进行预应力混凝土轴心受拉构件设计时,除了保证使用阶段承载力、抗裂度及裂缝宽度要求外,还要进行施工阶段张拉(或放松)预应力筋时构件的承载力验算,对采用锚具的后张法构件进行端部锚固区局部受压验算。

10.6.1 使用阶段正截面承载力计算

进行使用阶段正截面承载力计算的目的是,保证构件在使用阶段具有足够的安全性。根据各阶段应力分析,当预应力混凝土轴心受拉构件加载至破坏时,全部荷载由预应力筋和非预应力筋承担,计算简图如图 10.14 所示。

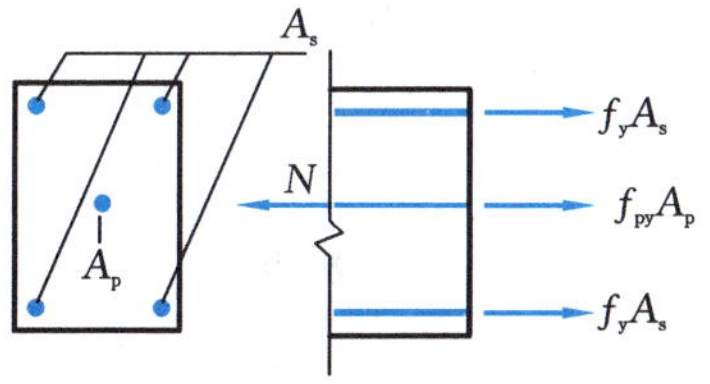

图 10.14 轴心受拉构件正截面承载力计算简图

$$\gamma_0N\leqslant N_u=f_{py}A_p+f_yA_s \tag{10.32}$$

式中 N——轴向拉力设计值;

其他符号同前。

应用式(10.32)进行截面设计时,一个方程只能求解一个未知量,一般先按构造要求或经验定出非预应力钢筋数量确定 A_s,再根据公式求解预应力钢筋截面面积 A_p。

10.6.2 使用阶段正截面抗裂度及裂缝宽度验算

预应力混凝土构件按所处的环境类别和使用要求，应有不同的抗裂安全储备。《混凝土结构设计标准》(GB/T 50010—2010)(2024 年版)将预应力混凝土构件正截面的裂缝划分为三个等级，等级划分及要求应符合下列规定：

(1) 一级——严格要求不允许出现裂缝的构件

在荷载效应标准组合作用下轴心受拉构件受拉边缘不允许出现拉应力，即 $N_k \leqslant N_0$，其表达式：

$$\sigma_{ck} - \sigma_{pc} \leqslant 0 \tag{10.33}$$

式中 σ_{pc}——扣除全部预应力损失后抗裂验算边缘混凝土的预压应力，按式(10.22)和式(10.28)计算；

σ_{ck}——荷载标准组合作用下混凝土的法向拉力，按下式计算：

$$\sigma_{ck} = \frac{N_k}{A_0} \tag{10.34}$$

式中 N_k——按荷载效应标准组合计算的轴向力值；

A_0——构件换算截面面积，$A_0 = A_c + \alpha_{Es} A_s + \alpha_{Ep} A_p$。

(2) 二级——一般要求不允许出现裂缝的构件

在荷载效应标准组合作用下轴心受拉构件受拉边缘拉应力不允许超过混凝土轴心抗拉强度标准值 f_{tk}，即 $N_k \leqslant N_{cr}$，其表达式：

$$\sigma_{ck} - \sigma_{pc} \leqslant f_{tk} \tag{10.35}$$

式中 f_{tk}——混凝土轴心抗拉强度标准值。

(3) 三级——允许出现裂缝的构件

按荷载效应标准组合并考虑长期作用影响计算的最大裂缝宽度，不应超过最大裂缝宽度的允许值，即：

$$w_{max} \leqslant w_{lim} \tag{10.36}$$

式中 w_{max}——按荷载效应标准组合并考虑长期作用影响计算的最大裂缝宽度；

w_{lim}——最大裂缝宽度限值，查附表 4.3。

对环境类别为二 a 类的三级预应力混凝土构件，在荷载效应的准永久组合作用下尚符合下面规定：

$$\sigma_{cq} - \sigma_{pc} \leqslant f_{tk} \tag{10.37}$$

式中 σ_{cq}——荷载准永久组合作用下抗裂验算边缘混凝土的法向应力，按下式计算：

$$\sigma_{cq} = \frac{N_q}{A_0} \tag{10.38}$$

式中 N_q——按荷载效应准永久组合计算的轴向拉力。

在预应力混凝土轴心受拉构件中，按荷载标准组合并考虑长期作用影响的最大裂缝宽度可按下式计算：

$$w_{max} = \alpha_{cr} \psi \frac{\sigma_{sk}}{E_s} \left(1.9 c_s + 0.08 \frac{d_{eq}}{\rho_{te}} \right) \leqslant w_{lim} \tag{10.39}$$

$$\psi=1.1-0.65\frac{f_{tk}}{\rho_{te}\sigma_{sk}} \tag{10.40}$$

$$\sigma_{sk}=\frac{N_k-N_{p0}}{A_p+A_s} \tag{10.41}$$

$$d_{eq}=\frac{\sum n_i d_i^2}{\sum n_i \nu_i d_i} \tag{10.42}$$

式中 α_{cr}——构件受力特征系数，对于预应力混凝土轴心受拉构件取2.2；

ψ——裂缝间纵向受拉钢筋应变不均匀系数，当$\psi<0.2$时，取$\psi=0.2$，当$\psi>1.0$时，取$\psi=1.0$，对于直接承受重复荷载的构件，取$\psi=1.0$；

σ_{sk}——按荷载效应标准组合计算的预应力混凝土构件纵向受拉钢筋的等效应力；

E_s——钢筋弹性模量；

c_s——最外层纵向受拉钢筋外边缘至受拉区底边的距离，当$c_s<20$时，取$c_s=20$，当$c_s>65$时，取$c_s=65$；

ρ_{te}——按有效受拉混凝土截面面积计算的纵向受拉钢筋配筋率，$\rho_{te}=\dfrac{A_p+A_s}{A_{te}}$，当$\rho_{te}<0.01$时，取$\rho_{te}=0.01$；

A_{te}——有效受拉区混凝土截面面积，对轴心受拉构件，取构件截面面积；

A_p——受拉区纵向预应力钢筋截面面积；

A_s——受拉区纵向非预应力钢筋截面面积；

d_{eq}——受拉区纵向钢筋的等效直径；

d_i——受拉区第i种纵向受拉钢筋的公称直径，对于有黏结预应力钢绞线束的直径取为$\sqrt{n_1}d_{p1}$，其中d_{p1}为单根钢绞线的公称直径，n_1为单束钢绞线根数；

ν_i——受拉区第i种纵向受拉钢筋的相对黏结特性系数，按表10.5取值；

n_i——受拉区第i种纵向受拉钢筋的根数，对于有黏结预应力钢绞线，取为钢绞线束数；

N_{p0}——混凝土法向预应力等于零时预应力筋及普通钢筋的合力，按下式计算：

$$N_{p0}=\sigma_{p0}A_p-\sigma_{l5}A_s \tag{10.43}$$

其中σ_{p0}为受拉区预应力钢筋合力点处混凝土法向应力等于零时的预应力钢筋应力，按下式计算：

先张法：
$$\sigma_{p0}=\sigma_{con}-\sigma_l$$

后张法：
$$\sigma_{p0}=\sigma_{con}-\sigma_l+\alpha_E\sigma_{pc\text{II}}$$

注意，这里的N_{p0}与前面的N_0不相同。

表10.5 钢筋的相对黏结特性系数

钢筋类别	非预应力钢筋		先张法预应力钢筋			后张法预应力钢筋		
	光面钢筋	带肋钢筋	带肋钢筋	螺旋肋钢丝	钢绞线	带肋钢筋	钢绞线	光面钢筋
ν_i	0.7	1.0	1.0	0.8	0.6	0.8	0.5	0.4

注：对环氧树脂涂层带肋钢筋，其相对黏结特性系数应该按表中系数的0.8倍取用。

10.6.3 施工阶段承载力验算

预应力混凝土构件在制作、运输、吊装等施工阶段的受力状态，不同于使用阶段的受力状态，为了保证预应力混凝土轴心受拉构件在施工阶段的安全性，应限制预加预应力过程中的混凝土法向压应力值，以免混凝土被压坏。

混凝土法向压应力应符合下列规定：

$$\sigma_{cc} \leqslant 0.8 f'_{ck} \tag{10.44}$$

式中 σ_{cc}——施工阶段构件计算截面混凝土的最大法向应力；

f'_{ck}——与各施工阶段混凝土立方体强度相应的抗压强度标准值，按线性内插法查表确定。

在先张法构件放张时混凝土受到的预应力达最大，先张法构件在放松（切断）钢筋时，按第一批损失出现后计算 σ_{cc}，即：

$$\sigma_{cc} = \frac{(\sigma_{con} - \sigma_{l\,\mathrm{I}})A_p}{A_0} \tag{10.45}$$

在后张法构件张拉预应力筋至 σ_{con}（超张拉时应取相应应力值，如 $1.05\sigma_{con}$）时，张拉端的混凝土预压应力最大，按不考虑预应力损失计算 σ_{cc}，即：

$$\sigma_{cc} = \frac{\sigma_{con} A_p}{A_n} \tag{10.46}$$

10.6.4 施工阶段后张法构件端部局部受压承载力验算

后张法预应力混凝土构件的预压力是通过锚具经过垫板传递给混凝土的。由于锚具下垫板作用在混凝土上的面积小于构件端部的截面面积，因此构件端部混凝土是局部受压的。

构件端部锚具下的应力状态是很复杂的，根据圣维南原理，锚具下的局部压力要经过一段距离才能扩散到整个截面上从而产生均匀的预压应力，这段距离近似等于构件截面高度，称为锚固区。

锚固区的混凝土处于三向应力状态，除沿构件纵向的压应力 σ_x 外，还有横向压力 σ_y，后者在距端部较近处为侧向压力而较远处则为侧向拉应力，如图 10.15 所示。

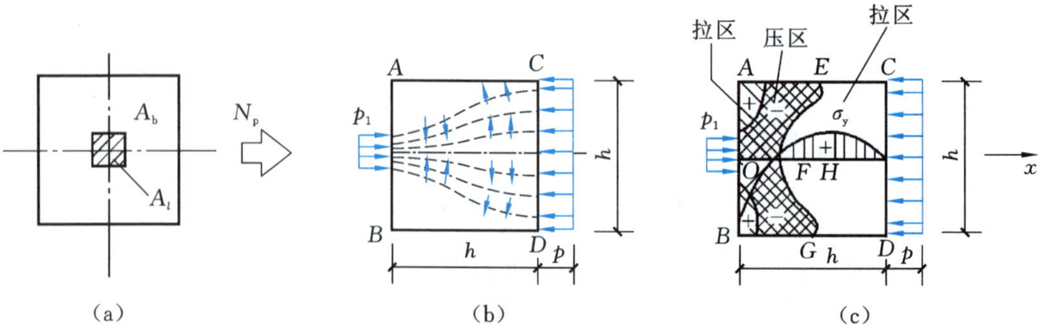

图 10.15 构件端部混凝土局部受压时的内力分布

当拉应力超过混凝土的抗拉强度时，构件端部将出现纵向裂缝，甚至导致局部受压破坏。为此，《混凝土结构设计标准》(GB/T 50010—2010)(2024 年版)规定，设计时既要保证在张拉预应力筋时锚具下锚固区的混凝土不开裂和不产生过大的变形，又要求计算配置在锚固区内所需的间接钢筋以满足局部受压承载力的要求。

10.6.4.1 构件端部截面尺寸验算

试验表明，当局压区配置的间接钢筋过多时，虽然能间接提高局部受压承载力，但垫板下的混凝土会产生过大的下沉变形，为限制下沉变形不致过大，导致局部受压破坏，对配置间接钢筋的混凝土结构构件，其局部受压的截面尺寸应符合下列要求：

$$F_l \leqslant 1.35\beta_c\beta_l f_c A_{ln} \tag{10.47}$$

$$\beta_l = \sqrt{\frac{A_b}{A_l}} \tag{10.48}$$

式中 F_l——局部受压面上作用的局部荷载或局部压力设计值，在后张法预应力混凝土构件中，应取 $F_l = 1.2\sigma_{con}A_p$；

β_c——混凝土强度影响系数，当混凝土强度等级不超过 C50 时，取 $\beta_c = 1.0$，当混凝土强度等级等于 C80 时，取 $\beta_c = 0.8$，其间按线性内插法取用；

f_c——混凝土轴心抗压强度设计值，在后张法预应力混凝土构件的张拉阶段验算中，应根据相应阶段的混凝土立方体抗压强度 f'_{cu} 值，按线性内插法确定对应的轴心抗压强度设计值；

β_l——混凝土局部受压时的强度提高系数；

A_{ln}——混凝土局部受压净面积：对于后张法构件，应在混凝土局部受压面积中扣除孔道、凹槽部分的面积；

A_b——局部受压的计算底面积，可根据局部受压面积与计算底面积按同心、对称的原则确定，对常用情况，可按图 10.16 所示取用；

A_l——混凝土局部受压面积，有垫板时，考虑预应力沿锚具垫圈边缘在垫板中按 45°扩散后传至混凝土的受压面积，如图 10.17 所示。

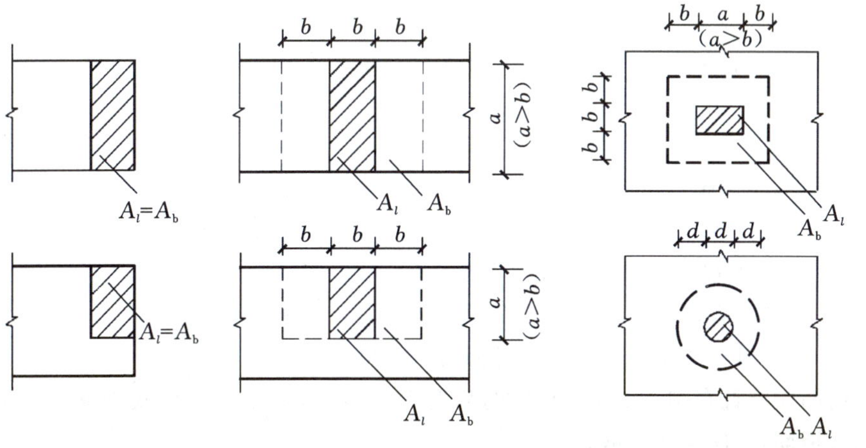

图 10.16 局部受压的计算底面积

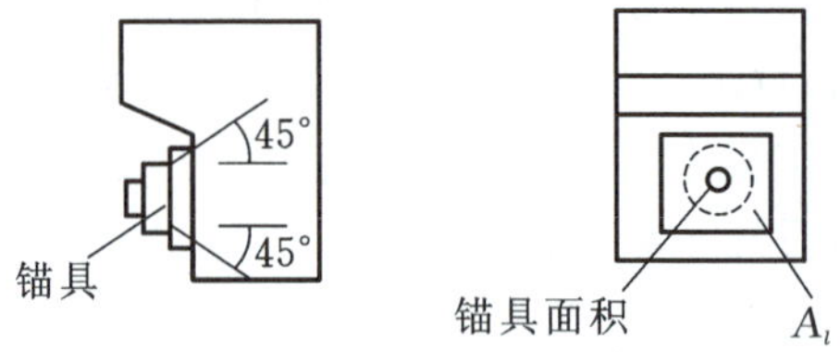

图 10.17　有垫板时预应力传递至混凝土的受压面积

10.6.4.2　局部受压承载力计算

为防止构件在锚固区段发生局部受压破坏，应配置间接钢筋（钢筋网片或螺旋式钢筋）以加强对混凝土的约束，从而提高局部受压承载力，配置方格网片或螺旋式间接钢筋的局部受压承载力应按下式计算：

$$F_l \leqslant 0.9(\beta_c \beta_l f_c + 2\alpha \rho_v \beta_{cor} f_{yv}) A_{ln} \tag{10.49}$$

式中　α——间接钢筋对混凝土约束的折减系数，当混凝土强度等级不超过 C50 时，取 $\alpha=1.0$，当混凝土强度等级为 C80 时，取 $\alpha=0.85$，其间按线性内插法确定；

β_{cor}——配置间接钢筋的局部受压承载力提高系数，$\beta_{cor}=\sqrt{\dfrac{A_{cor}}{A_l}}$，$A_{cor}$ 为配置方格网式或螺旋式间接钢筋内的混凝土核心截面面积（不扣除孔道面积），应大于混凝土局部受压面积 A_l，其重心应于 A_l 的重心重合，计算中仍按同心、对称的原则取值，当 $A_{cor}>A_b$ 时，应取 $A_{cor}=A_b$，当 A_{cor} 不大于混凝土局部受压面积 A_l 的 1.25倍时，取 β_{cor} 为 1.0；

f_{yv}——间接钢筋的抗压强度设计值，见附录 1.2；

ρ_v——间接钢筋的体积配筋率（核心混凝土面积 A_{cor} 范围内单位混凝土体积所含间接钢筋的体积），且要求 $\rho_v \geqslant 0.5\%$；

当为方格网式配筋时[图 10.18(a)]，其体积配筋率 ρ_v 按下式计算：

$$\rho_v = \frac{n_1 A_{s1} l_1 + n_2 A_{s2} l_2}{A_{cor} s} \tag{10.50}$$

当为螺旋式配筋时[图 10.18(b)]，其体积配筋率 ρ_v 按下式计算：

$$\rho_v = \frac{4A_{ss1}}{d_{cor} s} \tag{10.51}$$

式中　n_1，A_{s1}——方格网沿 l_1 方向的钢筋根数、单根钢筋的截面面积；

n_2，A_{s2}——方格网沿 l_2 方向的钢筋根数、单根钢筋的截面面积；

A_{ss1}——单根螺旋式间接钢筋的截面面积；

d_{cor}——螺旋式间接钢筋内表面范围内的混凝土截面直径；

s——方格网式或螺旋式间接钢筋的间距，宜取 30～80 mm。

间接钢筋应配置在图 10.18 所规定的高度 h 范围内，对于方格网式钢筋，不应少于 4 片，对于螺旋式钢筋，不应少于 4 圈。

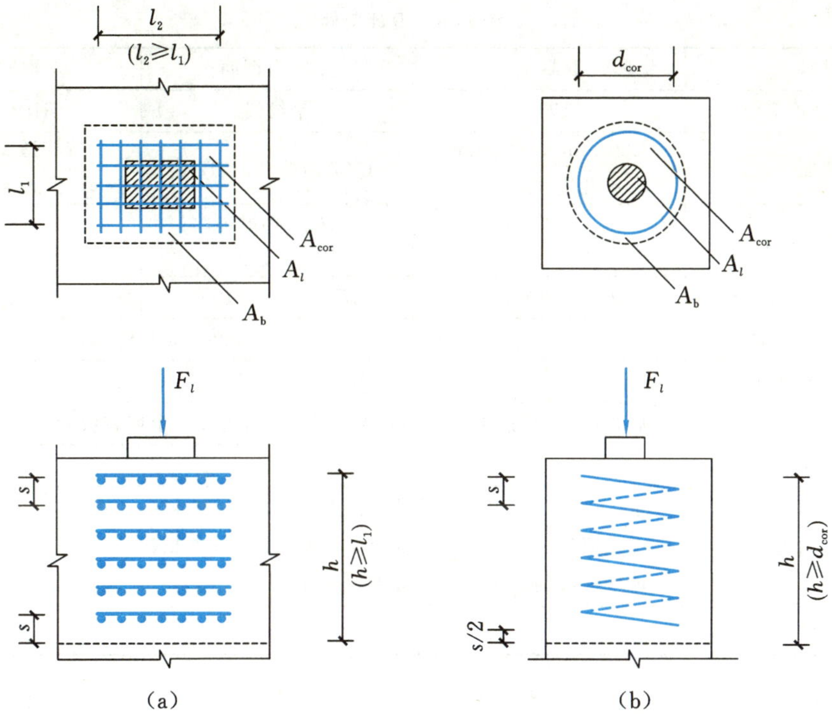

图 10.18 局部受压区的间接钢筋

(a)方格网式配筋;(b)螺旋式配筋

10.6.5 预应力混凝土轴心受拉构件设计实例

10.6.5.1 预应力混凝土轴心受拉构件设计计算步骤

(1) 确定设计主要条件:包括预应力混凝土轴心受拉构件的施工方法(先张法、后张法),外荷载引起的内力,结构重要性系数,截面尺寸,混凝土、预应力钢筋及非预应力钢筋的强度和弹性模量,放张时混凝土的强度等级,预应力筋的张拉控制应力等。

(2) 进行使用阶段正截面承载力计算,确定预应力钢筋的截面面积 A_p。

(3) 计算所有预应力损失,确定第一批损失 $\sigma_{l\mathrm{I}}$、第二批损失 $\sigma_{l\mathrm{II}}$ 及全部预应力损失 σ_l。

(4) 计算混凝土有效预压应力值 $\sigma_{pc\mathrm{II}}$。

(5) 进行使用阶段抗裂度及裂缝宽度验算,若满足要求则继续计算,若不满足就重新确定设计条件。

(6) 进行施工阶段验算。对于先张法构件,验算放松预应力钢筋时混凝土强度;对于后张法构件,除了验算混凝土强度之余,还需进行构件端部局部受压验算。

10.6.5.2 预应力混凝土轴心受拉构件设计实例

【例 10.1】 24 m 预应力混凝土屋架下弦杆的计算,设计条件见表 10.6。

表 10.6 设计条件

材料	混凝土	预应力钢筋	非预应力钢筋
品种和强度等级	C60	钢绞线	HRB400 级
截面	280 mm×180 mm 孔道 $2\phi55$	1×7 标准型，$\phi^s12.7$	按构造要求配置 4 Φ 12($A_s=452\text{mm}^2$)
材料强度/(N/mm²)	$f_c=27.5$ $f_{tk}=2.85$	$f_{ptk}=1860$ $f_{py}=1320$	$f_{yk}=400$ $f_y=360$
弹性模量/(N/mm²)	$E_c=3.6\times10^4$	$E_p=1.95\times10^5$	$E_s=2\times10^5$
张拉控制应力	$\sigma_{con}=0.70f_{ptk}=0.70\times1860=1302$ N/mm²		
张拉时混凝土强度	$f'_{cu}=60$ N/mm²，$f'_{ck}=38.5$ N/mm²		
张拉工艺	后张法，一端张拉，采用 OVM 锚具，孔道为预埋金属波纹管成型		
裂缝控制	二级		
杆件内力	永久荷载标准值产生的轴向拉力值 $N_{GK}=650$ kN 可变荷载标准值产生的轴向拉力值 $N_{QK}=300$ kN 可变荷载的准永久值系数为 $\psi_q=0.5$		
结构重要性系数	$\gamma_0=1.1$		

【解】(1) 使用阶段正截面承载力计算

$$A_p=\frac{\gamma_0N-f_yA_s}{f_{py}}=\frac{1.1\times(1.3\times650\times10^3+1.5\times300\times10^3)-360\times452}{1320}=955.9\ \text{mm}^2$$

采用 2 束 1×7 标准型低松弛钢绞线，每束 5 $\phi^s12.7$，则 $A_p=2\times5\times98.7=987\ \text{mm}^2$。

(2) 截面几何特征

预应力钢筋：

$$\alpha_{Ep}=\frac{E_p}{E_c}=\frac{1.95\times10^5}{3.6\times10^4}=5.42$$

非预应力钢筋：

$$\alpha_{Es}=\frac{E_s}{E_c}=\frac{2\times10^5}{3.6\times10^4}=5.56$$

混凝土净截面面积：

$$A_n=A_c+\alpha_{Es}A_s=280\times180-2\times\frac{\pi}{4}\times55^2-452+5.56\times452=47709\ \text{mm}^2$$

混凝土的换算截面面积：

$$A_0=A_n+\alpha_{Ep}A_p=47709+5.42\times987=53059\ \text{mm}^2$$

(3) 预应力损失

① 锚具变形及钢筋内缩引起的损失 σ_{l1}

采用夹片式锚具 OVM，查表 10.2 得 $a=5$ mm，则：

$$\sigma_{l1}=\frac{a}{l}E_p=\frac{5}{24000}\times1.95\times10^5=40.63\ \text{N/mm}^2$$

② 摩擦损失 σ_{l2}

采用直线预应力钢筋，$\theta=0$，$l=24$ m，采用预埋金属波纹管，查表 10.3，$\kappa=0.0015$/m，则：

$$\kappa x+\mu\theta=0.0015\times24=0.036<0.3$$

$$\sigma_{l2}=(\kappa x+\mu\theta)\sigma_{\text{con}}=(0.0015\times24)\times1302=46.87\ \text{N/mm}^2$$

故第一批损失：

$$\sigma_{l\,\text{I}}=\sigma_{l1}+\sigma_{l2}=40.63+46.87=87.5\ \text{N/mm}^2$$

③ 松弛损失 σ_{l4}（低松弛）

$$\frac{\sigma_{\text{con}}}{f_{\text{ptk}}}=\frac{1302}{1860}=0.7>0.5$$

$$\sigma_{l4}=0.125\left(\frac{\sigma_{\text{con}}}{f_{\text{ptk}}}-0.5\right)\sigma_{\text{con}}=0.125\times\left(\frac{1302}{1860}-0.5\right)\times1302=32.55\ \text{N/mm}^2$$

④ 混凝土收缩徐变引起的损失 σ_{l5}

$$\sigma_{\text{pc}}=\sigma_{\text{pc I}}=\frac{(\sigma_{\text{con}}-\sigma_{l\,\text{I}})A_{\text{p}}}{A_{\text{n}}}=\frac{(1302-87.5)\times987}{47709}=25.13\ \text{N/mm}^2$$

$$\frac{\sigma_{\text{pc I}}}{f'_{\text{cu}}}=\frac{25.13}{60}=0.42<0.5$$

$$\rho=\frac{A_{\text{s}}+A_{\text{p}}}{A_{\text{n}}}=\frac{452+987}{2\times47709}=0.0151$$

$$\sigma_{l5}=\frac{55+300\dfrac{\sigma_{\text{pc I}}}{f'_{\text{cu}}}}{1+15\rho}=\frac{55+300\times\dfrac{25.13}{60}}{1+15\times0.0151}=147.29\ \text{N/mm}^2$$

故第二批损失：

$$\sigma_{l\,\text{II}}=\sigma_{l4}+\sigma_{l5}=32.55+147.29=179.84\ \text{N/mm}^2$$

总预应力损失：

$$\sigma_{l}=\sigma_{l\,\text{I}}+\sigma_{l\,\text{II}}=87.5+179.84=267.34\ \text{N/mm}^2$$

(4) 计算混凝土有效预压应力

$$\sigma_{\text{pc II}}=\frac{(\sigma_{\text{con}}-\sigma_{l})A_{\text{p}}-\sigma_{l5}A_{5}}{A_{\text{n}}}=\frac{(1302-267.34)\times987-147.29\times452}{47709}=20.01\ \text{N/mm}^2$$

(5) 抗裂度验算

根据条件要求，一般不允许出现裂缝，按照二级裂缝控制验算。在荷载标准组合下：

$$N_{\text{k}}=N_{\text{Gk}}+N_{\text{Qk}}=650+300=950\ \text{kN}$$

$$\sigma_{\text{ck}}=\frac{N_{\text{k}}}{A_{0}}=\frac{950\times10^{5}}{53059}=17.90\ \text{N/mm}^2$$

$$\sigma_{\text{ck}}-\sigma_{\text{pc II}}=17.90-20.01<0$$

满足要求。

(6) 施工阶段验算

截面上混凝土压应力：

$$\sigma_{\text{cc}}=\frac{\sigma_{\text{con}}A_{\text{p}}}{A_{\text{n}}}=\frac{1302\times987}{47709}=26.93\ \text{N/mm}^2<0.8f'_{\text{ck}}=0.8\times38.5=30.8\ \text{N/mm}^2$$

(7) 锚具下局部受压验算

① 构件端部受压区截面尺寸验算

采用 OVM 锚具的直径为 120 mm，锚具下垫板厚 20 mm，局部受压面积可按压力 F_l 从锚具垫板中按 45°扩散的面积计算，在计算局部受压计算底面积时，近似按照图 10.19 所示阴影矩形面积，即：

$$A_l = 280\times(120+20\times2) = 44800\ \text{mm}^2$$

锚具下局部受压计算底面积：

$$A_b = 280\times(160+2\times70) = 84000\ \text{mm}^2$$

混凝土局部受压净面积：

$$A_{ln} = 44800 - 2\times\frac{\pi}{4}\times55^2 = 40048\ \text{mm}^2$$

$$\beta_l = \sqrt{\frac{A_b}{A_l}} = \sqrt{\frac{84000}{44800}} = 1.369$$

因为采用 C60 混凝土，采用线性内插法可知 $\beta_c = 0.933$，则：

$$1.35\beta_c\beta_l f_c A_{ln} = 1.35\times0.933\times1.369\times27.5\times40048 = 1899\ \text{kN}$$

$$F_l = 1.2\sigma_{con}A_p = 1.2\times1302\times987 = 1542\ \text{kN} < 1.35\beta_c\beta_l f_c A_{ln}$$

满足要求。

② 局部受压承载力计算

间接钢筋采用 4 片 ϕ8 的 HPB300 级钢筋（$f_{yv} = 270\ \text{N/mm}^2$）焊接方格网片，$A_{s1} = A_{s2} = 50.3\ \text{mm}^2$，间距 $s = 50$ mm，网片尺寸见图 10.19。构件端部局部承载力：

$$A_{cor} = 250\times250 = 62500\ \text{mm}^2 < A_b = 84000\ \text{mm}^2$$

$$\beta_{cor} = \sqrt{\frac{A_{cor}}{A_l}} = \sqrt{\frac{62500}{44800}} = 1.181$$

$$\rho_v = \frac{n_1A_{s1}l_1 + n_2A_{s2}l_2}{A_{cor}s} = \frac{4\times50.3\times250+4\times50.3\times250}{62500\times50} = 0.032$$

$$0.9(\beta_c\beta_l f_c + 2\alpha\rho_v\beta_{cor}f_{yv})A_{ln} = 0.9\times(0.933\times1.369\times27.5+2\times0.95\times0.032\times1.181\times270)\times40048$$
$$= 1964.8\ \text{kN} > F_l$$

满足要求。

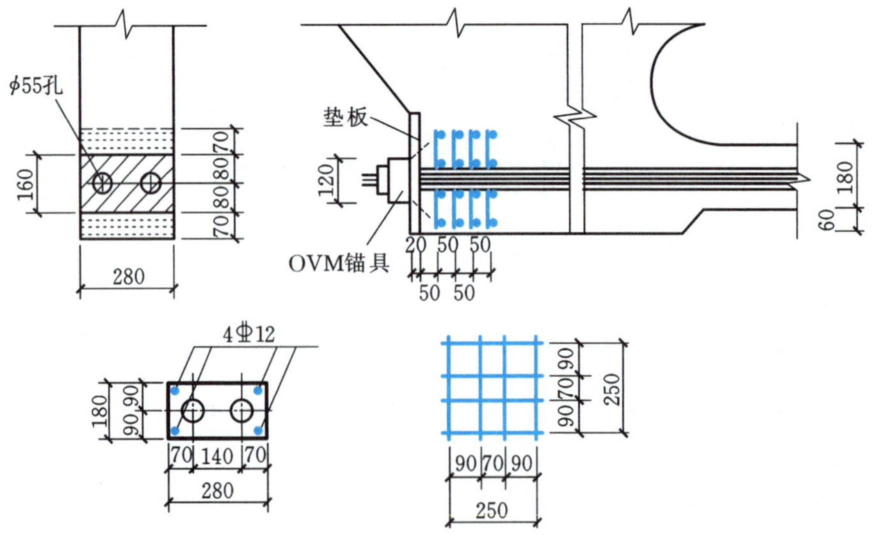

图 10.19 例 10.1 附图

10.7 预应力混凝土受弯构件各阶段应力分析

与轴心受拉构件类似，预应力混凝土受弯构件的受力过程也分为施工阶段和使用阶段。

10.7.1 施工阶段

轴心受拉构件中的预应力钢筋和非预应力钢筋均在截面上对称布置，因而在混凝土内建立了均匀的预压应力 σ_{pc}。与轴心受拉构件不同。预应力混凝土受弯构件中，沿构件长度方向预应力筋的布置可以是直线形或者曲线形。预应力混凝土受弯构件中，预应力筋 A_p 一般放置在截面受拉区。为了防止在制作、运输和吊装等施工阶段和构件的使用阶段受压区出现裂缝或者裂缝过宽，有时也在受压区设置预应力钢筋 A_p'，同时在构件的受拉区和受压区设置少量的非预应力钢筋 A_s 和 A_s'，如图 10.20 所示。

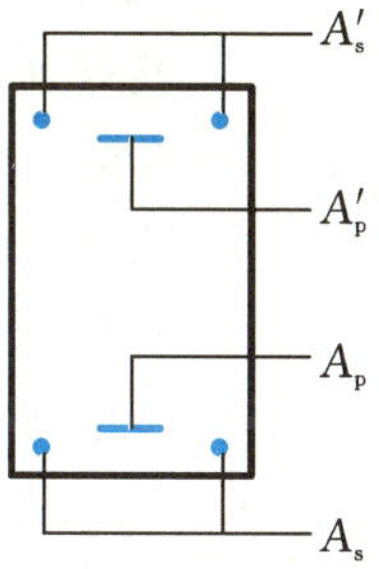

图 10.20 预应力混凝土受弯构件截面内钢筋布置

由于预应力混凝土受弯构件截面内钢筋为非对称布置，则预应力钢筋的总拉力 N_p 相对截面是偏心的压力，所以混凝土受到的预压力是不均匀的，上边缘的预压应力和下边缘的预压应力分别用 σ_{pc} 和 σ_{pc}' 表示。由于对混凝土施加了预应力，构件在使用阶段截面不产生拉应力或不开裂，因此，无论哪种应力图形，都可把预应力筋的合力视为作用在换算截面上的偏心压力，并把混凝土看作理想弹性体，按材料力学公式计算混凝土的预应力。

10.7.1.1 先张法构件

仿照轴心受拉构件，计算预应力混凝土受弯构件中由预加力产生的混凝土法向应力 σ_{pc} 时，可看作将一个偏心力 N_p 作用在构件截面上[图 10.21(a)]。

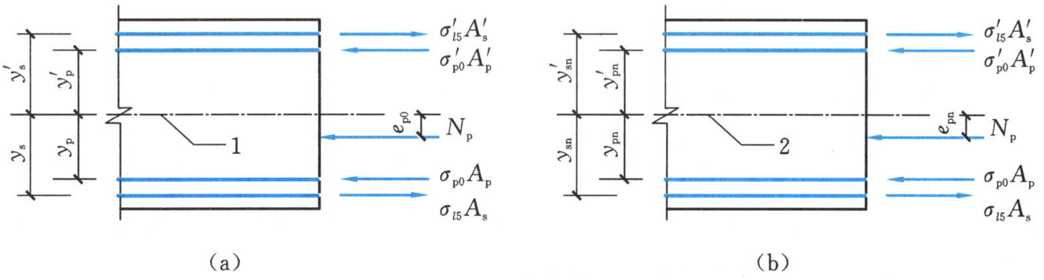

图 10.21 预加力作用点位置

(a)先张法构件；(b)后张法构件

1—换算截面重心轴；2—净截面重心轴

$$\sigma_{pc}=\frac{N_{p0}}{A_0}\pm\frac{N_{p0}e_{p0}}{I_0}y_0 \tag{10.52}$$

$$N_p=\sigma_{p0}A_p+\sigma_{p0}'A_p'-\sigma_sA_s-\sigma_s'A_s'=(\sigma_{con}-\sigma_l)A_p+(\sigma_{con}'-\sigma_l')A_p'-\sigma_{l5}A_s-\sigma_{l5}'A_s' \tag{10.53}$$

$$\sigma_{p0}=\sigma_{con}-\sigma_l \tag{10.54}$$

$$\sigma'_{p0}=\sigma'_{con}-\sigma'_l \tag{10.55}$$

$$e_{p0}=\frac{(\sigma_{con}-\sigma_l)A_p y_p-(\sigma'_{con}-\sigma'_l)A'_p y'_p-\sigma_{l5}A_s y_s+\sigma'_{l5}A'_s y'_s}{N_{p0}} \tag{10.56}$$

式中 N_{p0}——预应力钢筋及非预应力钢筋的合力；

A_0——构件的换算截面面积，包括扣除孔道、凹槽等后的混凝土全部截面面积，以及全部纵向预应力钢筋和非预应力钢筋截面面积换算的混凝土截面面积（对于不同混凝土强度等级组成的截面，应根据混凝土弹性模量比值换算成同一混凝土强度等级），$A_0=A_c+\alpha_{Es}A_s+\alpha_{Ep}A_p+\alpha'_{Es}A'_s+\alpha'_{Ep}A'_p$；

I_0——换算截面惯性矩；

e_{p0}——换算截面重心至预应力钢筋及非预应力钢筋合力作用点的距离，即 N_p 的偏心距；

y_0——换算截面重心至计算纤维处的距离；

σ_{p0}，σ'_{p0}——受拉区、受压区的预应力钢筋合力作用点处混凝土法向应力等于零时的预应力钢筋应力；

A_p，A'_p——受拉区、受压区纵向预应力钢筋截面面积；

A_s，A'_s——受拉区、受压区纵向非预应力钢筋截面面积；

y_p，y'_p——受拉区、受压区的预应力钢筋合力作用点至换算截面重心的距离；

y_s，y'_s——受拉区、受压区的非预应力钢筋重心至换算截面重心的距离。

式(10.52)计算所得 σ_{pc} 值，正号为压应力，负号为拉应力。

相应阶段受拉区、受压区预应力钢筋及非预应力钢筋的有效预应力分别为：

$$\sigma_{pe}=\sigma_{con}-\sigma_l-\alpha_{Ep}\sigma_{pc} \tag{10.57}$$

$$\sigma'_{pe}=\sigma'_{con}-\sigma'_l-\alpha_{Ep}\sigma'_{pc} \tag{10.58}$$

$$\sigma_s=\alpha_{Es}\sigma_{pc}+\sigma_{l5} \tag{10.59}$$

$$\sigma'_s=\alpha_{Es}\sigma'_{pc}+\sigma'_{l5} \tag{10.60}$$

10.7.1.2 后张法构件

跟先张法构件施工阶段相似，后张法构件混凝土应力可以按照材料力学方法求得，如图 10.21(b)所示，只是后张法用构件净截面面积，后张法中非预应力钢筋与混凝土协调变形起点和先张法一致，都是混凝土应力为零时的点；后张法中预应力钢筋与混凝土的协调变形起点和先张法不同：先张法为放松预应力钢筋的时刻（该起点混凝土应力为零），后张法为完成全部预应力损失的时刻（该起点混凝土应力为 σ_{pcII}）。

$$\sigma_{pc}=\frac{N_p}{A_n}\pm\frac{N_p e_{pn}}{I_n}y_n+\sigma_{p2} \tag{10.61}$$

$$N_p=\sigma_{p0}A_p+\sigma'_{p0}A'_p-\sigma_s A_s-\sigma'_s A'_s=(\sigma_{con}-\sigma_l)A_p+(\sigma'_{con}-\sigma'_l)A'_p-\sigma_{l5}A_s-\sigma'_{l5}A'_s \tag{10.62}$$

$$\sigma_{p0}=\sigma_{con}-\sigma_l+\alpha_{Ep}\sigma_{pcII} \tag{10.63}$$

$$\sigma'_{p0}=\sigma'_{con}-\sigma'_l+\alpha_{Ep}\sigma'_{pcII} \tag{10.64}$$

$$e_{pn}=\frac{(\sigma_{con}-\sigma_l)A_p y_{pn}-(\sigma'_{con}-\sigma'_l)A'_p y'_{pn}-\sigma_{l5}A_s y_{sn}+\sigma'_{l5}A'_s y'_{sn}}{N_p} \tag{10.65}$$

式中 N_p——预应力钢筋及非预应力钢筋的合力；

A_n——构件的净截面面积，换算截面面积减去全部纵向预应力钢筋换算成混凝土的截面面积，$A_n = A_c + \alpha_{Es} A_s + \alpha'_{Es} A'_s$；

I_n——净截面惯性矩；

e_{pn}——净截面重心至预应力钢筋及非预应力钢筋合力作用点的距离，即 N_p 的偏心距；

y_n——净截面重心至计算纤维处的距离；

σ_{p0}，σ'_{p0}——受拉区、受压区的预应力钢筋合力作用点处混凝土法向应力等于零时的预应力钢筋应力；

A_p，A'_p——受拉区、受压区纵向预应力钢筋截面面积；

A_s，A'_s——受拉区、受压区纵向非预应力钢筋截面面积；

y_{pn}，y'_{pn}——受拉区、受压区的预应力钢筋合力点至净截面重心的距离；

y_{sn}，y'_{sn}——受拉区、受压区的非预应力钢筋重心至净截面重心的距离；

σ_{p2}——由预应力此内力引起的混凝土截面法向应力。

式(10.61)计算所得 σ_{pc} 值，正号为压应力，负号为拉应力。

相应阶段受拉区、受压区预应力钢筋及非预应力钢筋的应力分别为：

$$\sigma_{pe} = \sigma_{con} - \sigma_l \tag{10.66}$$

$$\sigma'_{pe} = \sigma'_{con} - \sigma'_l \tag{10.67}$$

$$\sigma_s = \alpha_{Es} \sigma_{pc} + \sigma_{l5} \tag{10.68}$$

$$\sigma'_s = \alpha_{Es} \sigma'_{pc} + \sigma'_{l5} \tag{10.69}$$

以上各式均为通用公式，在不同时间应代入相应时间的预应力损失值，方法与轴心受拉构件相似。

10.7.2 使用阶段

无论先张法还是后张法在使用阶段计算方法相同，依照轴心受拉构件，均采用构件的换算截面面积。受弯构件截面的应力变化如图 10.22 所示。

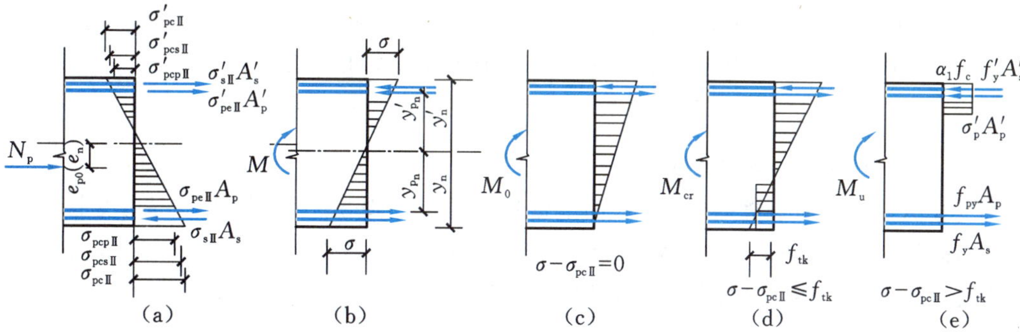

图 10.22 受弯构件截面的应力变化

(a)预应力作用下；(b)荷载作用下；(c)受拉区截面下边缘混凝土应力为零；

(d)受拉区截面下边缘混凝土即将出现开裂；(e)加载至构件破坏

10.7.2.1 加载至受拉区边缘混凝土预压应力为零

在外荷载作用下，截面承受弯矩 M_0，则截面下边缘混凝土的法向拉应力为：

$$\sigma=\frac{M_0}{W_0}$$

预使这一拉力抵消混凝土的预压应力 $\sigma_{pc\text{II}}$，即 $\sigma-\sigma_{pc\text{II}}=0$，则有：

$$M_0=\sigma_{pc\text{II}}W_0 \tag{10.70}$$

式中 W_0——换算截面面积受拉边缘的弹性抵抗矩；

M_0——由外荷载引起的恰好使截面受拉区边缘混凝土预压应力为零时的弯矩。

注意，受弯构件加载至 M_0 时，仅仅截面受拉区边缘处的混凝土应力为零，而截面上其他纤维处的混凝土应力都不等于零。

10.7.2.2 加载至受拉区混凝土边缘即将开裂

加载至受拉区边缘混凝土即将开裂时，设开裂弯矩为 M_{cr}，混凝土受拉区的拉应力达到混凝土抗拉强度标准值 f_{tk}。对于确定 M_{cr}，有以下两种考虑：

(1) 按弹性材料计算

不考虑受拉区混凝土的塑性，即构件截面上混凝土应力按直线分布，则：

$$\frac{M_{cr1}}{W_0}-\sigma_{pc\text{II}}=f_{tk}$$

可得：

$$M_{cr1}=(f_{tk}+\sigma_{pc\text{II}})W_0 \tag{10.71}$$

(2) 考虑受拉区混凝土的塑性

考虑受拉区混凝土的塑性，当加载至受拉区边缘即将开裂时：

$$\frac{M_{cr2}}{W_0}-\sigma_{pc\text{II}}=\gamma f_{tk}$$

可得：

$$M_{cr2}=(\sigma_{pc\text{II}}+\gamma f_{tk})W_0 \tag{10.72}$$

式中 γ——混凝土构件的截面抵抗矩塑性影响系数，$\gamma=\left(0.7+\frac{120}{h}\right)\gamma_m$，其中，$h$ 为截面高度，当 $h<400$ mm 时，取 $h=400$；当 $h>1600$ mm 时，取 $h=1600$ mm；对于圆形、环形截面，取 $h=2r$，r 为圆形截面半径或环形截面的外环半径。

γ_m——截面抵抗矩塑性影响系数基本值，可以查附表 4.6 取值。

10.7.2.3 加载至构件破坏

当受拉区出现垂直裂缝时，裂缝截面上受拉区混凝土退出工作，拉力全部由受拉钢筋承担，当截面进入第Ⅲ阶段后，受拉钢筋屈服直至构件破坏，正截面上的应力状态与第 4 章讲述的钢筋混凝土受弯构件正截面承载力相似，计算方法也基本相同。

10.8 预应力混凝土受弯构件设计

预应力混凝土受弯构件的计算与钢筋混凝土受弯构件相似，根据《混凝土结构设计标准》(GB/T 50010—2010)(2024 年版)的规定，预应力混凝土受弯构件应该进行承载力极限状态的计算(正截面承载力、斜截面承载力)和正常使用极限状态的验算(正截面裂缝控制、斜截面抗裂度、构件挠度),以及制作、运输、安装等施工阶段的相应验算。

10.8.1 使用阶段正截面承载力计算

10.8.1.1 破坏阶段的截面应力状态

预应力混凝土受弯构件加载至破坏阶段,正截面的应力状态与钢筋混凝土受弯构件相似。不同点在于:由于预应力钢筋 A_p 中预先施加了预拉应力,故 ξ_b 的求法有差异;由于受压区预应力钢筋 A'_p 中预先施加了预拉应力,故破坏时 A'_p 达不到抗压强度设计值 f'_{py},甚至还可能出现拉应力。

(1) 界限破坏时截面相对受压区高度 ξ_b 的计算

对于预应力混凝土受弯构件,受拉区预应力混凝土合力作用点处混凝土法向应力为零时,预应力钢筋中的应力为 σ_{p0},界限破坏时,预应力钢筋应力达到抗拉强度设计值 f_{py},截面的应变增量为 $(f_{py}-\sigma_{p0})/E_p$,该值和混凝土的极限压应变相对应,其假设及条件、推导方法均与普通钢筋混凝土受弯构件相同,故将 $(f_{py}-\sigma_{p0})/E_p$ 代替钢筋混凝土受弯构件中的 f_y/E_s 即可推导出预应力混凝土受弯构件界限破坏时截面相对受压区高度 ξ_b:

$$\xi_b=\frac{\beta_1}{1+\dfrac{0.002}{\varepsilon_{cu}}+\dfrac{f_{py}-\sigma_{p0}}{E_p\varepsilon_{cu}}} \tag{10.73}$$

式中 f_{py}——预应力钢筋抗拉强度设计值;

σ_{p0}——受拉区预应力钢筋合力作用点处混凝土法向应力等于零时的预应力钢筋应力;

E_p——预应力钢筋的弹性模量。

(2) 破坏时受压区预应力钢筋 A'_p 的应力

在受压区配置的预应力钢筋,从 A'_p 合力作用点处混凝土中法向应力为零时算起至破坏,钢筋中应力的变化量与非预应力钢筋相仿,可取为抗压强度设计值 f'_{py},而 A'_p 合力作用点处混凝土法向应力为零时,在其中已存在着预拉应力,故截面破坏时:

$$\sigma'_{pe}=\sigma'_{p0}-f'_{py} \tag{10.74}$$

10.8.1.2 矩形截面正截面承载力计算

配有预应力钢筋 A_p、A'_p,非预应力钢筋 A_s、A'_s 的矩形截面受弯构件简图如图 10.23 所示,和普通钢筋混凝土构件一样,混凝土中的压应力采用等效矩形应力分布。其计算公式为:

$$\sum X=0 \quad \alpha_1 f_c bx=f_y A_s+f_{py}A_p-f'_y A'_s+(\sigma'_{p0}-f'_{py})A'_p \tag{10.75}$$

$$\sum M=0 \quad M\leqslant M_u=\alpha_1 f_c bx\left(h_0-\frac{x}{2}\right)+f'_y A'_s(h_0-a'_s)-(\sigma'_{p0}-f'_{py})A'_p(h_0-a'_p) \tag{10.76}$$

混凝土受压区高度应符合下列适用条件:

$$x\leqslant\xi_b h_0 \tag{10.77}$$

$$x\geqslant 2a' \tag{10.78}$$

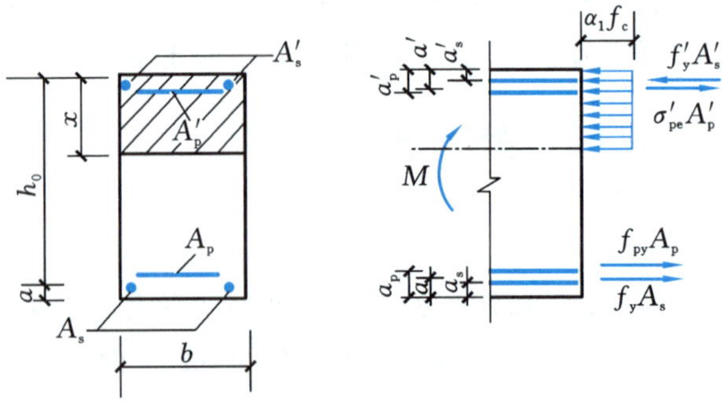

图 10.23　矩形截面受弯构件正截面受弯构件承载力计算

式中　M——弯矩设计值；

M_u——正截面受弯承载力设计值；

α_1——系数：当混凝土强度等级不超过 C50 时，$\alpha_1=1.0$，当混凝土强度等级为 C80 时，$\alpha_1=0.94$，其间按线性内插值取用；

a_s'，a_p'——受压区非预应力钢筋合力作用点、预应力钢筋合力作用点至截面受压边缘的距离；

a'——受压区全部纵向钢筋合力作用点至截面受压区边缘的距离，当受压区未配置纵向预应力筋或受压区纵向预应力筋应力($\sigma_{p0}'-f_{py}'$)为拉应力时，式(10.78)a'用a_s'代替；

h_0——截面有效高度，为受拉区预应力钢筋和非预应力钢筋合力点至截面受压区边缘的距离，$h_0=h-a$；

a——受拉区全部纵向钢筋合力作用点至截面受拉边缘的距离，按下式计算：

$$a=\frac{f_{py}A_pa_p+f_yA_sa_s}{f_{py}A_p+f_yA_s} \tag{10.79}$$

a_s，a_p——受拉区非预应力钢筋合力作用点、预应力钢筋合力作用点至截面受拉边缘的距离。

当 $x<2a'$时，且受压区纵向预应力筋应力($\sigma_{p0}'-f_{py}'$)为拉应力时，正截面受弯承载力可按下式计算：

$$M\leqslant M_u=f_{py}A_p(h-a_p-a_s')+(\sigma_{p0}'-f_{py}')A_p'(a_p'-a_s')+f_yA_s(h-a_s-a_s') \tag{10.80}$$

10.8.2　使用阶段斜截面受剪承载力计算

由于预应力钢筋的预压作用，预应力混凝土受弯构件斜截面承载力比普通钢筋混凝土受弯构件有所提高。对于矩形、T 形、I 形截面的一般预应力混凝土受弯构件，斜截面受剪承载力计算公式为：

$$V\leqslant V_u=V_{cs}+V_p+0.8f_yA_{sb}\sin\alpha_s+0.8f_{py}A_{pb}\sin\alpha_p \tag{10.81}$$

式中　V——构件斜截面上的最大剪力设计值；

V_u——构件受剪承载力设计值；

V_{cs}——构件斜截面上混凝土和箍筋的受剪承载力设计值，计算公式同普通钢筋混凝土构件；

A_{sb}，A_{pb}——同一弯起平面内非预应力弯起钢筋、预应力弯起钢筋的截面面积；

α_s，α_p——斜截面上非预应力弯起钢筋、预应力弯起钢筋的切线与构件纵向轴线的夹角；

V_p——由预加力所提高的构件斜截面承载力设计值：

$$V_p = 0.05N_{p0} \tag{10.82}$$

N_{p0}——计算截面上混凝土法向预应力为零时的纵向预应力筋和非预应力筋的合力，当 $N_{p0} > 0.3f_c A_0$ 时，取 $N_{p0} = 0.3f_c A_0$，此处 A_0 为构件换算截面面积。

预应力钢筋混凝土构件受剪承载力计算的限制条件同普通钢筋混凝土受弯构件，斜截面的最小配箍率、最小箍筋直径和最大箍筋间距等构造要求也与普通钢筋混凝土构件相同。

10.8.3 使用阶段正截面裂缝控制验算

对预应力混凝土受弯构件，应该按照所处环境类别和结构类别选用相应的裂缝控制等级，并进行受拉边缘法向应力或正截面裂缝宽度验算。

(1) 一级——严格要求不允许出现裂缝的构件

在荷载效应标准组合下应符合下列规定：

$$\sigma_{ck} - \sigma_{pc} \leqslant 0 \tag{10.83}$$

(2) 二级——一般要求不允许出现裂缝的构件

在荷载效应标准组合下应符合下列规定：

$$\sigma_{ck} - \sigma_{pc} \leqslant f_{tk} \tag{10.84}$$

式中 σ_{pc}——扣除全部预应力损失后在受拉边缘混凝土的预压应力，即前面所述的 $\sigma_{pc\,\text{II}}$；

σ_{ck}——荷载效应标准组合下抗裂度边缘混凝土法向应力：

$$\sigma_{ck} = \frac{M_k}{W_0} \tag{10.85}$$

M_k——按荷载效应的标准组合计算的弯矩值；

W_0——构件换算截面受拉边缘的弹性抵抗矩。

(3) 三级——允许出现裂缝的构件

按荷载效应标准组合并考虑长期作用影响计算的最大裂缝宽度，应符合下列规定：

$$w_{max} \leqslant w_{lim} \tag{10.86}$$

式中 w_{max}——按荷载效应标准组合并考虑长期作用影响计算的最大裂缝宽度；

w_{lim}——最大裂缝宽度限值。

对环境类别为二 a 类的三级预应力混凝土构件，在荷载效应准永久组合下尚应符合下列规定：

$$\sigma_{cq} - \sigma_{pc} \leqslant f_{tk} \tag{10.87}$$

式中 σ_{cq}——按荷载效应准永久组合下抗裂度验算截面边缘的混凝土法向应力：

$$\sigma_{cq} = \frac{M_q}{W_0} \tag{10.88}$$

M_q——按荷载效应准永久组合计算的弯矩值。

矩形、T 形、I 形截面的预应力混凝土受弯构件，按荷载效应标准组合并考虑长期作用影响计算的最大裂缝宽度 w_{max} 仍按预应力混凝土轴心受拉构件的计算公式，即式(10.39)计算，但其中 α_{cr} 取 1.5，有效受拉混凝土截面面积及受拉区纵向钢筋的等效应力分别按下式计算：

$$A_{te}=0.5bh+(b_f-b)h_f \tag{10.89}$$

$$\sigma_{sk}=\frac{M_k-N_{p0}(z-e_p)}{(\alpha_1 A_p+A_s)z} \tag{10.90}$$

$$z=\left[0.87-0.12(1-\gamma_f')\left(\frac{h_0}{e}\right)^2\right]h_0 \tag{10.91}$$

$$\gamma_f'=\frac{(b_f'-b)h_f'}{bh_0} \tag{10.92}$$

$$e=e_p+\frac{M_k}{N_{p0}} \tag{10.93}$$

$$e_p=y_{ps}-e_{p0} \tag{10.94}$$

式中 z——受拉区纵向非预应力钢筋和预应力钢筋合力作用点至截面受压区合力作用点的距离；

α_1——无黏结预应力筋的等效折减系数，取 $\alpha_1=0.3$；对灌浆的后张预应力筋，取 $\alpha_1=1.0$；

e_p——计算截面上混凝土法向预应力等于零时的预加力 N_{p0} 的作用点至受拉区纵向预应力钢筋和非预应力钢筋合力作用点的距离；

y_{ps}——受拉区纵向预应力钢筋和非预应力钢筋合力作用点的偏心距；

e_{p0}——N_{p0} 作用点偏心距；

b_f'，h_f'——受压区翼缘的宽度、高度；

γ_f'——受压翼缘截面面积与腹板有效截面面积的比值；

N_{p0}——计算截面上混凝土法向预应力为零时的纵向预应力筋和非预应力筋的合力。

对于承受吊车荷载但不需要做疲劳验算的受弯构件，可将计算求得的最大裂缝宽度乘以系数 0.85。

10.8.4 使用阶段斜截面抗裂度验算

当预应力混凝土受弯构件内的主拉应力过大时，会产生与主拉应力方向垂直的斜裂缝，为了避免斜裂缝的出现，应对斜截面上的混凝土主拉应力进行验算，同时按裂缝控制等级不同予以区别对待。而过大的主压应力将导致混凝土抗拉强度过多降低和裂缝过早出现，因而也应限制主压应力。

10.8.4.1 混凝土主拉应力

(1) 一级——严格要求不出现裂缝的构件，应符合下列规定：

$$\sigma_{tp}\leqslant 0.85f_{tk} \tag{10.95}$$

式中 σ_{tp}——混凝土的主拉应力。

(2) 二级——一般要求不出现裂缝的构件，应符合下列规定：

$$\sigma_{tp}\leqslant 0.95f_{tk} \tag{10.96}$$

10.8.4.2 混凝土主压应力

对严格要求和一般要求不出现裂缝的构件，应符合下列规定：

$$\sigma_{cp} \leqslant 0.6 f_{ck} \tag{10.97}$$

式中 σ_{cp}——混凝土的主压应力。

对于允许出现裂缝的吊车梁，在静力计算中应符合式(10.96)和式(10.97)的要求。

混凝土的主拉应力和主压应力按下式进行计算：

$$\left.\begin{matrix}\sigma_{tp}\\ \sigma_{cp}\end{matrix}\right\} = \frac{\sigma_x + \sigma_y}{2} \pm \sqrt{\left(\frac{\sigma_x - \sigma_y}{2}\right)^2 + \tau^2} \tag{10.98}$$

$$\sigma_x = \sigma_{pc} + \frac{M_k y_0}{I_0} \tag{10.99}$$

$$\sigma_y = \frac{0.6 F_k}{bh} \tag{10.100}$$

$$\tau = \frac{\left(V_k - \sum \sigma_{pe} A_{pb} \sin\alpha_p\right) S_0}{b I_0} \tag{10.101}$$

式中 σ_x——由预加力和弯矩值 M_k 在计算纤维处产生的混凝土法向应力；

σ_y——由集中荷载标准值 F_k 产生的混凝土竖向压应力；

τ——由剪力值 V_k 和预应力弯起钢筋的预加力在计算纤维处产生的混凝土剪应力；

F_k——集中荷载标准值；

M_k——按荷载效应标准组合计算的弯矩值；

V_k——按荷载效应标准组合计算的剪力值；

σ_{pc}——扣除全部预应力损失后，在计算纤维处由预加力产生的混凝土法向应力值；

y_0——换算截面重心至计算纤维处的距离；

I_0——换算截面惯性矩；

S_0——计算纤维以上部分的换算截面面积对构件换算截面重心的面积矩；

σ_{pe}——预应力弯起钢筋的有效预应力；

A_{pb}——计算截面上同一弯起平面内的预应力弯起钢筋的截面面积；

α_p——计算截面上预应力弯起钢筋的切线与构件纵向轴线的夹角。

上述公式中 σ_x、σ_y、σ_{pc} 和 $\frac{M_k y_0}{I_0}$，当为拉应力时，以正号代入；当为压应力时，以负号代入。

10.8.5 变形验算

预应力混凝土受弯构件的挠度由两部分叠加而成：一部分是外荷载产生的向下挠度 f_l；另一部分是预应力产生的向上变形 f_p，称为反拱。

10.8.5.1 外荷载产生的向下挠度 f_l

挠度 f_l 可按一般材料力学的方法计算，即：

$$f_l = S\frac{Ml^2}{B} \tag{10.102}$$

其中截面弯曲刚度 B 应分别按下列情况计算：

(1) 荷载效应标准组合下的短期刚度，按下式计算：

对于使用阶段不允许出现裂缝的构件：

$$B_s=0.85E_cI_0 \tag{10.103}$$

式中 E_c——混凝土的弹性模量；

I_0——换算截面惯性矩；

0.85——刚度折减系数，考虑混凝土受拉区开裂前出现的塑性变形。

对于使用阶段允许出现裂缝的构件：

$$B_s=\frac{0.85E_cI_0}{\kappa_{cr}+(1-\kappa_{cr})\omega} \tag{10.104}$$

$$\kappa_{cr}=\frac{M_{cr}}{M_k} \tag{10.105}$$

$$\omega=\left(1+\frac{0.21}{\alpha_E\rho}\right)(1+0.45\gamma_f)-0.7 \tag{10.106}$$

$$M_{cr}=(\sigma_{pc}+\gamma f_{tk})W_0 \tag{10.107}$$

式中 κ_{cr}——预应力混凝土受弯构件正截面的开裂弯矩 M_{cr} 与荷载效应标准组合弯矩 M_k 的比值，当 $\kappa_{cr}>1.0$ 时，取 $\kappa_{cr}=1.0$；

γ——混凝土构件的截面抵抗矩塑性影响系数；

σ_{pc}——扣除全部预应力损失后在抗裂度验算边缘的混凝土预压应力值；

α_E——钢筋的弹性模量与混凝土弹性模量的比值，$\alpha_E=\frac{E_s}{E_c}$；

ρ——纵向受拉钢筋配筋率，$\rho=\frac{A_s+A_p}{bh_0}$；

γ_f——受拉翼缘面积与腹板有效截面面积的比值，$\gamma_f=\frac{(b_f-b)h_f}{bh_0}$，其中 b_f、h_f 分别为受拉翼缘的宽度、高度。

对预压时预拉区出现裂缝的构件，B_s 应减小 10%。

(2) 按荷载效应标准组合并考虑荷载长期作用影响的截面刚度，与普通钢筋混凝土构件计算方法相同。

采用荷载效应标准组合时：

$$B=\frac{M_k}{M_q(\theta-1)+M_k} \tag{10.108}$$

采用荷载效应准永久组合时：

$$B=\frac{B_s}{\theta} \tag{10.109}$$

公式中各符号意义与普通钢筋混凝土相同。

10.8.5.2 预应力产生的反拱 f_p

预应力混凝土构件在偏心距为 e_p 的总预压力 N_p 作用下将产生反拱 f_p，其值可按照结构力学方法求得，即：

$$f_p=\frac{N_pe_pl^2}{8B} \tag{10.110}$$

式中的 N_p、e_p 及 B 可按下列不同情况取用不同的数值：

(1) 构件施加预应力时的反拱值

按荷载效应标准组合，$B=0.85E_cI_0$ 计算，此时，N_p 及 e_p 均按扣除第一批预应力损失后的情况计算。

(2) 使用阶段的预加力反拱值

在使用阶段由于预应力的长期作用，预压区混凝土的徐变变形使梁的反拱值增大，故使用阶段的预加力反拱值可按刚度 $B=E_cI_0$ 计算，并考虑预压应力长期作用的影响。此时，N_p 及 e_p 应按扣除全部预应力损失后的情况计算。简化计算时，可将计算的反拱值乘以增大系数 2.0。

10.8.5.3 变形计算

由荷载效应标准组合下构件产生的挠度扣除预应力产生的反拱，即为预应力受弯构件的挠度：

$$f=f_l-f_p\leqslant[f] \tag{10.111}$$

式中 $[f]$——挠度限值，见附录中附表 4.4。

10.8.6 施工阶段的验算

预应力混凝土构件在制作、运输与吊装等施工阶段的受力状态与使用阶段不同，有时施工阶段的受力状态比使用阶段更不利，为保证施工阶段的安全可靠，需要进行施工阶段验算。

《混凝土结构设计标准》(GB/T 50010—2010)(2024 年版)规定，对制作、运输与吊装等施工阶段，除了应进行承载能力极限状态的验算外，还应对在预加压力、自重及施工阶段荷载作用下截面边缘的混凝土法向拉应力 σ_{ct} 和压应力 σ_{cc} 进行控制。

施工阶段预拉区允许出现拉应力或预压时，全截面受压构件要求如下：

$$\sigma_{ct}\leqslant f'_{tk} \tag{10.112}$$

$$\sigma_{cc}\leqslant 0.8f'_{ck} \tag{10.113}$$

式中 f'_{tk}，f'_{ck}——按相应施工阶段混凝土强度等级确定的混凝土抗拉强度和抗压强度标准值。

施工阶段截面边缘的混凝土法向拉应力 σ_{ct} 和压应力 σ_{cc} 可按下式计算：

$$\left.\begin{matrix}\sigma_{ct}\\ \sigma_{cc}\end{matrix}\right\}=\sigma_{pc}+\frac{N_k}{A_0}\pm\frac{M_k}{W_0} \tag{10.114}$$

式中 σ_{pc}——由预加应力产生的混凝土法向应力，当 σ_{pc} 为压应力时，取正值，当 σ_{pc} 为拉应力时，取负值；

N_k，M_k——构件自重及施工荷载的标准组合在计算截面产生的轴向力值和弯矩值；

W_0——验算边缘的换算截面弹性抵抗矩。

10.8.7 预应力混凝土受弯构件计算步骤

(1) 确定设计主要条件：主要包括预应力混凝土受弯构件的施工方法(先张法、后张法)，外荷载引起的内力，结构重要性系数，截面尺寸，混凝土、预应力钢筋及非预应力钢筋的强度和弹性模量，放张时混凝土的强度等级，预应力筋的张拉控制应力，初定预应力钢筋及非预应力钢筋截面面积等。

(2) 计算所有预应力损失，确定第一批预应力损失 $\sigma_{l\mathrm{I}}$、第二批预应力损失 $\sigma_{l\mathrm{II}}$ 及全部预应力损失 σ_l。

(3) 计算混凝土有效预压应力值 σ_{pcII}。

(4) 进行使用阶段承载力计算，若满足要求则继续计算，若不满足要求则重新确定设计条件。

(5) 进行使用阶段正截面抗裂度或者裂缝宽度验算，若满足要求则继续计算，若不满足要求则重新确定设计条件。

(6) 进行使用阶段斜截面承载力计算，若满足要求则继续计算，若不满足要求则重新确定设计条件。

(7) 进行使用阶段斜截面抗裂度验算，若满足要求则继续计算，若不满足要求则重新确定设计条件。

(8) 进行变形验算。

(9) 进行施工阶段(制作、运输、吊装)的验算，若满足要求则继续计算，若不满足要求则重新确定设计条件。

10.9 预应力混凝土构件的构造要求

预应力混凝土构件的构造要求与张拉工艺、锚固措施、预应力钢筋的种类、预应力钢筋与非预应力钢筋的布置等有关。

10.9.1 一般要求

10.9.1.1 截面形式和尺寸

(1) 截面形式

对于预应力混凝土梁及预应力混凝土板，当跨度较小时多采用矩形截面；当跨度或荷载较大时，为减轻构件自重，提高构件的承载力和抗裂性能，可采用 T 形、I 形或箱形截面。

(2) 截面尺寸

一般情况下，预应力混凝土梁的截面高度可取 $h=(1/20\sim1/14)l$(l 为跨度)，翼缘宽度可取$(1/3\sim1/2)h$，翼缘高度可取$(1/10\sim1/6)h$，腹板宽宜尽量小，可取$(1/15\sim1/8)h$。

10.9.1.2 预应力纵筋的布置

预应力纵筋的布置方式有三种，即直线布置、曲线布置及折线布置。直线布置如图 10.24(a)所示，用于跨度及荷载较小的情况，施工简单，先张法、后张法均可采用。曲线布置如图 10.24(b)所示，多用于跨度和荷载较大的情况，在预应力混凝土屋面梁、吊车梁等构件靠近主拉应力较大部位，宜将一部分预应力钢筋弯起，使其形成曲线布置形式，一般采用后张法施工。折线布置一般用于有倾斜的受拉边的梁，如图 10.24(c)所示，一般采用先张法施工。

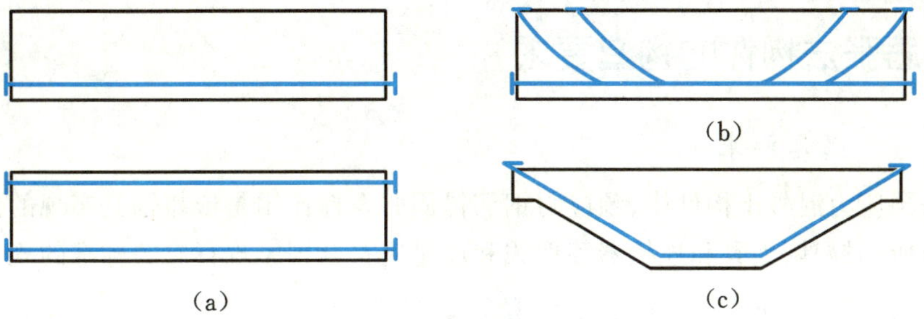

图 10.24 预应力纵筋的布置方式

(a)直线布置;(b)曲线布置;(c)折线布置

10.9.1.3 非预应力纵向钢筋的布置

为防止构件在制作、运输、堆放或吊装过程中预拉区混凝土开裂或裂缝宽度过大,可在构件预拉区配置一定数量的非预应力纵向钢筋。

10.9.2 先张法构件的构造要求

10.9.2.1 预应力钢筋的间距

先张法预应力钢筋之间的净间距不宜小于其公称直径的 2.5 倍和混凝土骨料最大粒径的 1.25倍,当混凝土振捣密实性具有可靠保证时,净间距可放宽至最大粗骨料粒径的 1.0 倍,且间距应符合下列规定:预应力钢丝,不应小于 15 mm;三股钢绞线,不应小于 20 mm;七股钢绞线,不应小于 25 mm。

10.9.2.2 构件端部的构造措施

为防止构件端部出现纵向裂缝,确保端部锚固性能,先张法预应力混凝土构件端部宜采取下列构造措施:

(1) 对单根配置的预应力筋,其端部宜设置螺旋筋。

(2) 对分散布置的多根预应力筋,在构件端部 $10d$(d 为预应力筋的公称直径)且不小于 100 mm 长度范围内,宜设置 3～5 片与预应力筋垂直的钢筋网片;

(3) 采用预应力钢丝配筋的薄板,在板端 100 mm 长度范围内宜适当加密横向钢筋;

(4) 槽形板类构件,应在构件端部 100 mm 长度范围内沿构件板面设置附加横向钢筋,其数量不应少于 2 根。

10.9.2.3 其他

(1) 预制肋形板宜设置加强其整体性和横向刚度的横肋。端横肋的受力钢筋应弯入纵肋内。当采用先张长线法生产有端横肋的预应力混凝土肋形板时,应在设计和制作上采取防止放张预应力时端横肋产生裂缝的有效措施。

(2) 在预应力混凝土屋面梁、起重机梁等构件靠近支座的斜向主拉应力较大部位,宜将一部分预应力筋弯起。

(3) 预应力筋在构件端部全部弯起的受弯构件或直线配筋的先张法构件,当构件端部与下部支承结构焊接时,应考虑混凝土收缩、徐变及温度变化所产生的不利影响,宜在构件端部可能产生裂缝的部位设置足够的非预应力纵向构造钢筋。

10.9.3 后张法构件的构造要求

10.9.3.1 锚具要求

后张法预应力混凝土构件中，预应力钢筋锚固并发挥作用是依靠锚具实现的。因此，后张法预应力筋所用锚具、夹具和连接器等形式和质量应符合国家现行有关标准的规定。

10.9.3.2 后张法预应力筋及预留孔道布置要求

(1) 预制构件孔道之间的水平净间距不宜小于 50 mm，且不宜小于粗骨料直径的 1.25 倍；孔道至构件边缘的净间距不宜小于 30 mm，且不宜小于孔道直径的一半。

(2) 现浇混凝土梁中，预留孔道在竖直方向的净间距不应小于孔道外径，水平方向的净间距不宜小于 1.5 倍孔道外径，且不应小于粗骨料直径的 1.25 倍；孔道外壁至构件边缘的净间距，梁底不宜小于 50 mm，梁侧不宜小于 40 mm；裂缝控制等级为三级的梁，梁底、梁侧分别不宜小于 60 mm 和 50 mm。

(3) 预留孔道的内径宜比预应力束外径及需穿过孔道的连接器外径大 6～15 mm；且孔道的截面面积宜为穿入预应力筋截面面积的 3～4 倍。

(4) 当有可靠经验，并能保证混凝土浇筑质量时，预应力孔道可水平并列贴紧布置，但并排的数量不应超过 2 束。

(5) 在现浇楼板中采用扁形锚固体系时，穿过每个预留孔道的预应力筋数量宜为 3～5 根；在常用荷载情况下，孔道在水平方向的净间距不应超过 8 倍板厚及 1.5 m 中的较大值。

(6) 板中单根无黏结预应力筋的间距不宜大于板厚的 6 倍，且不宜大于 1 m；带状束的无黏结预应力筋根数不宜多于 5 根，带状束间距不宜大于板厚的 12 倍，且不宜大于 2.4 m；

(7) 梁中集束布置的无黏结预应力筋，集束的水平净间距不宜小于 50 mm，集束至构件边缘的净距不宜小于 40 mm。

10.9.3.3 构件端部锚固区的构造要求

为了防止预应力筋在构件端部过分集中而造成开裂或局压破坏，后张法预应力混凝土构件的端部锚固区，应按下列规定配置间接钢筋：

(1) 采用普通垫板时，应进行局部受压承载力计算，并配置间接钢筋，其体积配筋率不应小于 0.5%，垫板的刚性扩散角应取 45°。

(2) 局部受压承载力计算时，局部压力设计值对有黏结预应力混凝土构件取 1.2 倍张拉控制应力和 $f_{ptk}A_p$ 中的较大值。

(3) 当采用整体铸造垫板时，其局部受压区的设计应符合相关标准的规定。

(4) 在局部受压间接钢筋配置区外，在构件端部长度 l 不小于截面重心上部或下部预应力筋的合力作用点至邻近边缘的距离 e 的 3 倍，但不大于构件端部截面高度 h 的 1.2 倍，高度为 $2e$ 的附加配筋区范围内，应均匀配置附加防劈裂箍筋或网片(图 10.25)，配筋面积可按下式计算且配筋率不应小于 0.5%：

$$A_{sb} \geqslant 0.18\left(1-\frac{l_l}{l_b}\right)\frac{P}{f_{yv}} \tag{10.115}$$

式中 P——作用在构件端部截面重心线上部或下部预应力筋的合力设计值，对有黏结预应力混凝土构件取 1.2 倍张拉控制应力；

l_l，l_b——沿构件高度方向 A_l、A_b 的边长或直径，A_l、A_b 按局部受压承载力计算时的有关规定确定；

f_{yv}——附加防劈裂钢筋的抗拉强度设计值。

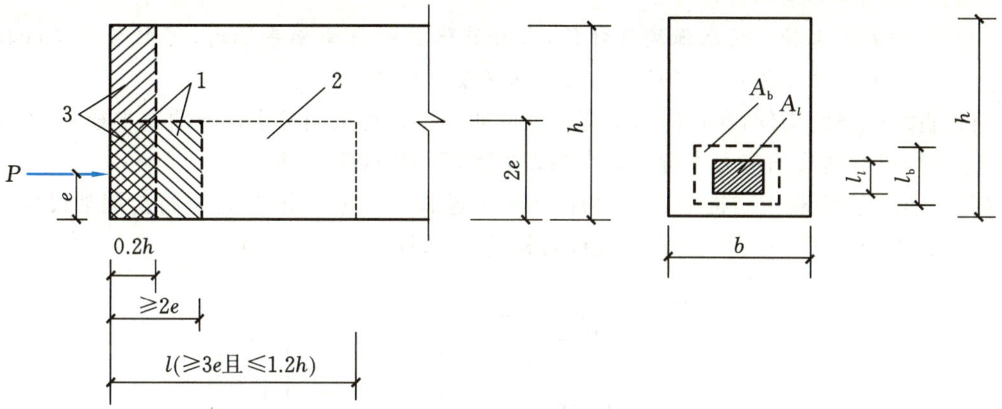

图 10.25 防止端部裂缝的配筋范围

1—局部受压间接钢筋配置区；2—附加防劈裂配筋区；3—附加防端面裂缝配筋区

(5) 当构件端部预应力筋需集中布置在截面下部或集中布置在上部和下部时，应在构件端部 0.2h 范围内设置附加竖向防端面裂缝构造钢筋(图 10.25)，其截面面积应符合下列公式：

$$A_{sv}=\frac{T_s}{f_{yv}} \tag{10.116}$$

$$T_s=\left(0.25-\frac{e}{h}\right)P \tag{10.117}$$

式中 T_s——锚具端断面拉力；

P——作用在构件端部截面重心线上部或下部预应力筋的合力设计值，对有黏结预应力混凝土构件取 1.2 倍张拉控制应力；

e——截面重心线上部或下部预应力筋的合力作用点至截面近边缘的距离；

h——构件端部截面高度。

当 $e>0.2h$ 时，可根据实际情况适当配置构造钢筋。竖向防端面裂缝钢筋宜靠近端面配置，可采用焊接钢筋网、封闭式箍筋或其他的形式，且宜采用带肋钢筋。

当端部截面上部和下部均有预应力钢筋时，附加竖向钢筋的总截面面积应按上部和下部的预应力合力分别计算的较大值采用。

在构件端面横向也应按上述方法计算抗端面裂缝钢筋，并与上述竖向钢筋形成网片筋配置。

(6) 当构件在端部有局部凹进时，应增设折线构造钢筋(图 10.26)或其他有效的构造钢筋。

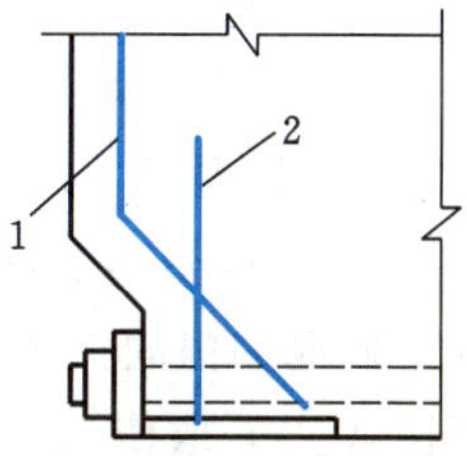

图 10.26 端部凹进处构造配筋

1—折线构造钢筋；2—竖向构造钢筋

(7) 后张法预应力混凝土构件中，当采用曲线预应力束时，为防止混凝土保护层崩裂，其曲率半径 r_p 宜按下式确定，但不宜小于 4 m：

$$r_p \geqslant \frac{P}{0.35 f_c d_p} \tag{10.118}$$

式中 P——预应力筋的合力设计值，对有黏结预应力混凝土构件取 1.2 倍张拉控制应力；

r_p——预应力束的曲率半径；

d_p——预应力束孔道的外径；

f_c——混凝土轴心抗压强度设计值，当验算张拉阶段曲率半径时，可取与施工阶段混凝土立方体抗压强度对应的抗压强度设计值 f'_c。

对于折线配筋的构件，在预应力束弯折处的曲率半径可适当减小。当曲率半径 r_p 不满足上述要求时，可在曲线预应力束弯折处内侧设置钢筋网片或螺旋筋。

(8) 在预应力混凝土结构中，当沿构件凹面布置曲线预应力束时，应进行抗崩裂设计。当曲率半径 r_p 满足下列公式要求时，可仅配置构造 U 形插筋(图 10.27)：

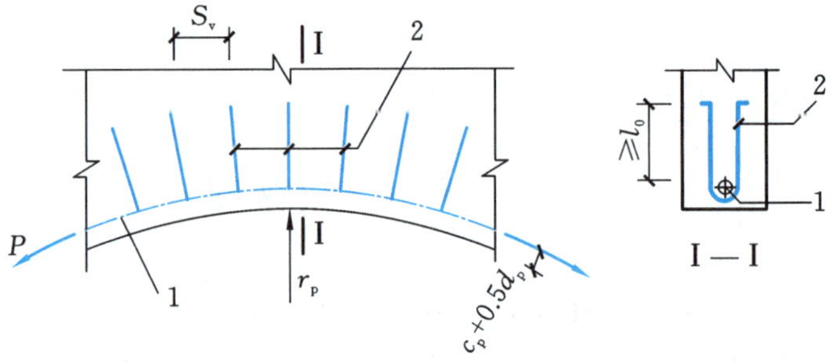

图 10.27 抗崩裂 U 形插筋构造示意

(a)抗崩裂 U 形插筋布置；(b) Ⅰ—Ⅰ剖面

1—预应力束；2—沿曲线预应力束均匀布置的 U 形插筋

$$r_p \geqslant \frac{P}{f_t(0.5d_p + c_p)} \tag{10.119}$$

当不满足上述公式要求时，每单肢 U 形插筋的截面面积按下列公式计算：

$$A_{sv1} \geqslant \frac{P s_v}{2 r_p f_{yv}} \tag{10.120}$$

式中 P——预应力筋的合力设计值；

f_t——混凝土轴心抗拉强度设计值，当验算张拉阶段曲率半径时，可取与施工阶段混凝土立方体抗压强度对应的抗压强度设计值 f'_t；

c_p——预应力筋孔道净混凝土保护层；

A_{sv1}——每单肢插筋截面面积；

s_v——U 形插筋间距；

f_{yv}——U 形插筋抗拉强度设计值，当大于 360 N/mm^2，取 360 N/mm^2。

U 形插筋的锚固长度不应小于 l_a；当实际锚固长度 l_e 小于 l_a 时，每单肢 U 形插筋的截面面积可按 A_{sv1}/k 取值。其中，k 取 $l_e/15d$ 和 $l_e/200$ 中的较小值，且 k 不大于 1.0。

当有平行的几个孔道且中心距不大于 $2d_p$ 时，预应力筋的合力设计值应按相邻全部孔道内的预应力筋确定。

(9) 构件端部尺寸应考虑锚具的布置、张拉设备的尺寸和局部受压的要求，必要时应适当加大。

(10) 后张预应力混凝土外露金属锚具，应采取可靠的防腐剂防火措施，并应符合下列规定：

① 无黏结预应力筋外露锚具应采用注有足量防腐油脂的塑料帽封闭锚具端头，并应采用无收缩砂浆或细石混凝土封闭；

② 对处于二 b、三 a、三 b 类环境条件下的无黏结预应力锚固系统，应采用全封闭的防腐蚀体系，其封锚端及各连接部位应能承受 10 kPa 的静水压力而不得透水；

③ 采用混凝土封闭时，其强度等级宜与构件混凝土强度等级一致，且不应低于 C30，封锚混凝土与构件混凝土应可靠黏结，如锚具在封闭前应将周围混凝土界面凿毛并冲洗干净，且宜配置 1～2 片钢筋网，钢筋网应与构件混凝土拉结；

④ 采用无收缩砂浆或混凝土封闭保护时，其锚具及预应力筋端部的保护层厚度：一类环境时不应小于 20 mm，二 a、二 b 类环境时不应小于 50 mm，三 a、三 b 类环境时不应小于 80 mm。

【在线测试】

【本章小结】

(1) 钢筋混凝土构件在工程应用中的主要问题是抗裂性能差，刚度小、变形大，不能充分利用高强钢材，适用范围受到一定限制等。预应力混凝土主要是改善了构件的抗裂度性能，正常使用阶段可以做到混凝土不受拉或不开裂(裂缝控制等级为一级或二级)，因而适用于有防水、抗渗要求的特殊环境，以及大跨度、承受重荷载的结构。

(2) 在建筑结构及一般工程中，通常是通过张拉预应力筋施加预应力的，施加预应力的方法常用的有先张法和后张法，应掌握这两种方法的特点和施工工序。先张法依靠预应力筋与混凝土的黏结力传递预压应力，后张法依靠锚具传递预压应力。

(3) 预应力损失是预应力混凝土结构中的特有现象，预应力混凝土构件中引起预应力损失的因素很多，预应力筋的预应力损失的大小关系到在构件中建立的混凝土有效预压应力的水平，应了解产生各项预应力损失的原因，掌握预应力损失的计算方法及减少各项损失的措施。由于预应力损失是有先后的，应进行预应力损失的分阶段组合，掌握先张法和后张法各有哪几项损失，以及哪些属于第一批或第二批损失。深刻认识预应力损失现象，把握其变化规律，对于理解预应力混凝土构件设计计算十分重要。

(4) 预应力混凝土构件的各阶段应力分析是预应力混凝土构件设计的基础。①施工阶段，先张法(或后张法)构件截面预应力的计算可比拟，将一个预加力 N_p 作用在构件的换算截面面积 A_0(或净面积 A_n)上，然后按材料力学公式计算；②正常使用阶段，由荷载效应的标准组合或准永久组合产生的截面混凝土法向应力，可按材料力学公式计算，且无论先张法、后张法构件，均采用换算截面面积 A_0；③使用阶段，先张法和后张法构件特定时刻(如消压状态或开裂状态)的计算公式形式相同，即无论先张法还是后张法构件，均采用换算截面面积 A_0；④计算预应力钢筋和非预应力钢筋的应力时，只要知道该钢筋与混凝土黏结在一起协调变形的起点应力状态，就可以方便写出其后任一时刻的钢筋应力(扣除损失，再考虑混凝土弹性伸缩引起的钢筋应力变化)，而不依赖任何中间过程。

(5) 对预应力混凝土轴心受拉构件和受弯构件，使用阶段两种极限状态的具体计算内容的理解，对应普通钢筋混凝土构件，注意预应力构件计算的特殊性，预加预应力对计算的影响。施工阶段(制作、运输、安装)的计算是预应力混凝土构件特有的，因为此阶段构件内已存在内应力，为了防止混凝土被压坏或产生影响使用的裂缝，应进行相关计算。

思 考 题

10.1 什么是预应力？与普通钢筋混凝土构件相比，预应力混凝土构件有哪些优缺点？

10.2 为什么普通钢筋混凝土构件不能有效利用高强度钢筋？而预应力混凝土必须采用高强度钢筋？

10.3 施加预应力方法有几种？先张法和后张法的区别是什么？请简述它们的特点及应用范围。

10.4 预应力混凝土构件对材料有哪些要求？

10.5 什么是张拉控制应力？为什么张拉控制应力不能过高也不能过低？

10.6 预应力损失有哪些？如何减少各项预应力损失？

10.7 什么是第一批损失和第二批损失？先张法和后张法的各项损失是如何组合的？

10.8 简述先张法、后张法轴心受拉构件在施工阶段、使用阶段各自的应力变化过程及相应应力值的计算公式。

10.9 试分析先张法、后张法轴心受压构件施工阶段和使用阶段钢筋应力、混凝土应力及轴向力的异同点。

10.10 如果采用相同的张拉控制应力 σ_{con}，预应力损失也相同，当加载至混凝土预压应力 $\sigma_{pc}=0$，先张法和后张法两种构件中预应力筋的应力 σ_{pe} 是否相同？哪个大？

10.11 施加预应力对轴心受拉构件的承载力有何影响？为什么？

10.12 为什么要对后张法端部进行局部受压承载力验算？应进行哪些方面的验算？若不满足要求时采取什么措施？

10.13 预应力混凝土受弯构件的正截面、斜截面计算与普通钢筋混凝土构件有何异同之处？

10.14 预应力混凝土受弯构件的变形是如何计算的？与普通钢筋混凝土受弯构件的变形相比有何异同？

10.15 预应力混凝土构件的主要构造要求有哪些？

习 题

10.1 某预应力混凝土轴心受拉构件，长 24 m，截面尺寸为 250 mm×160 mm，混凝土为 C50，预应力钢筋采用 10 Φ^{H}7 螺旋肋钢丝。采用先张法在 100 m 台座上张拉(超张拉 5%)，端头采用镦头锚具固定预应力筋。蒸汽养护时构件与台座之间的温差 $\Delta t=20$ ℃，混凝土达到强度设计值的75%时放张预应力筋。试计算各项预应力损失。

10.2 某一先张法轴心受拉预应力构件，截面为 $b\times h=120\times200$ mm，预应力钢筋截面面积 $A_p=804$ mm²，其抗拉强度设计值 $f_{py}=580$ N/mm²，钢筋的弹性模量 $E_s=1.8\times10^5$ N/mm²，混凝土为C40级（$f_{tk}=2.40$ N/mm²，$E_c=3.25\times10^4$ N/mm²），完成第一批预应力损失并放松预应力钢筋后，预应力钢筋的应力为 $\sigma_{pe\,\mathrm{I}}=500$ N/mm²，然后又发生第二批预应力损失 $\sigma_{l\,\mathrm{II}}=140$ N/mm²。试求：

(1) 完成第二批预应力损失后，预应力钢筋的应力和混凝土的应力；

(2) 加荷至混凝土应力为零时的消压轴力 N_0；

(3) 加荷至构件开裂前的开裂轴力 N_{cr}；

(4) 此构件的极限轴力设计值 N_u。

10.3 某预应力屋架下弦杆，采用后张法施工，配置非预应力钢筋4⏀12（$A_s=452$ mm²，$f_y=360$ N/mm²），采用预应力钢筋钢绞线（$f_{ptk}=1860$ N/mm²，$f_{py}=1320$ N/mm²），构件换算截面面积 $A_0=53736$ mm²，净截面面积 $A_n=47709$ mm²，张拉控制应力 $\sigma_{con}=0.7f_{ptk}$，第一批预应力损失 $\sigma_{l\,\mathrm{I}}=85.42$ N/mm²，第二批预应力损失 $\sigma_{l\,\mathrm{II}}=154.33$ N/mm²，$\sigma_{l5}=114$ N/mm²，永久荷载标准值产生的轴向拉力 $N_{Gk}=820$ kN，可变荷载标准值产生的内力 $N_{Qk}=320$ kN，混凝土采用C60（$f_{tk}=2.85$ N/mm²），结构重要性系数 $\gamma_0=1.1$，裂缝控制等级为二级，确定预应力钢筋抗裂度验算，施工阶段混凝土预压应力是否满足要求。

能力训练项目

预应力混凝土轴心受拉构件设计，某24 m跨度折线预应力混凝土屋架下弦杆，基本设计条件如下：

(1) 构件端部尺寸：$b\times h=280$ mm×160 mm；

(2) 材料：采用C50混凝土，预应力筋采用普通松弛的钢绞线，非预应力钢筋采用HRB400级钢筋；

(3) 内力：$N=600$ kN，$N_k=520$ kN；

(4) 施工方法：后张法，预留2个孔道，冲压橡皮管抽芯孔道成型，夹片锚具（外径100 mm），超张拉（$1.05\sigma_{con}$），一次张拉；

(5) 裂缝控制等级为二级。

试对该下弦杆进行使用阶段承载力计算、抗裂度验算、施工阶段验算及端部受压承载力计算，并根据需要配置相应的钢筋。

11 设计实训

——钢筋混凝土单向板肋梁楼盖设计

知识点与技能点

（1）掌握混凝土单向板楼盖结构布置和构件截面尺寸估算方法；

（2）掌握板、次梁、主梁荷载传递关键路线及荷载计算方法；

（3）掌握弹性理论计算及内力包络图绘制方法，按塑性理论求内力的计算方法；

（4）掌握板、次梁、主梁配筋的计算方法及配筋构造；

（5）掌握主梁材料图的绘制方法，并根据材料图确定钢筋弯起、截断的位置；

（6）掌握混凝土单向板肋梁楼盖施工图的绘制方法。

11.1 设计解析

11.1.1 结构布置

11.1.1.1 单向板与双向板的界限

单向板：荷载作用下，只在一个方向或主要在一个方向弯曲的板。

双向板：荷载作用下，在两个方向弯曲，且不能忽略任一方向弯曲的板。

《混凝土结构设计标准》(GB/T 50010—2010)(2024 年版)规定：

（1）对两边支承的板，应按单向板计算。

（2）对于四边支承的板应按下列规定计算：

① 当长边与短边长度之比不大于 2.0 时，应按双向板计算；

② 当长边与短边长度之比大于 2.0，但小于 3.0 时，宜按双向板计算；

③ 当长边与短边长度之比不小于 3.0，按沿短边方向受力的单向板计算，并应沿长边方向布置构造钢筋。

11.1.1.2 柱网和梁格布置

（1）结构布置原则

① 梁格布置应尽量简单、整齐、统一；

② 有隔墙时应在相应位置设梁；

③ 楼板上开较大洞口时，应四周设小梁；

④ 梁格布置尽可能等跨，使梁截面尺寸、种类减少，方便施工；

⑤ 主梁跨内次梁的根数宜多于一根，使主梁受力均匀。

(2) 单向板肋形梁板结构平面布置方案

① 如图 11.1(a)所示，主梁沿横向布置，次梁沿纵向布置。这种布置，主梁与柱形成横向框架，横向抗侧刚度大，各榀横向框架由纵向的次梁连接，结构的整体性好。

② 如图 11.1(b)所示，主梁沿纵向布置，次梁沿横向布置。这种布置适用于横向柱距比纵向柱距大得多的情况。

③ 如图 11.1(c)所示，只布置次梁，不设主梁。这种布置适用于有中间走道的砌体承重的混合结构房屋。

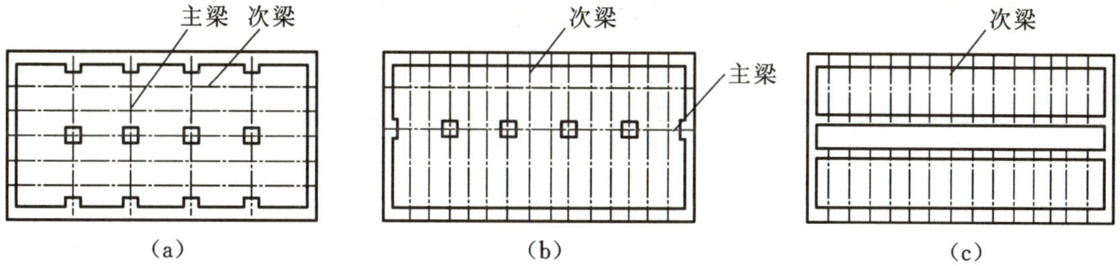

图 11.1 结构布置方案

(a)主梁横向布置；(b)主梁纵向布置；(c)只布置次梁

11.1.1.3 柱网和梁格常用尺寸

一般来说，单向板肋形梁楼盖荷载的传递途径为：板→次梁→主梁→柱(墙)→基础→地基。板支承于次梁上，次梁支承于主梁上，主梁支承于柱上或墙上，次梁的间距决定了板的跨度，主梁间距决定了次梁的跨度，柱或墙间距决定了主梁的跨度。

单向板、次梁、主梁的常用跨度为：单向板的跨度取 1.7～2.7 m；次梁的跨度取 4.0～6.0 m；主梁的跨度取 5.0～8.0 m，同时宜为板跨的 3 倍。

板和梁尽可能布置成等跨，但有时不易得到完全相同的计算跨度，这时可将中间各跨布置成等跨，而两边跨可布置得稍小些，但跨度相差不宜超过 10%。

11.1.2 梁、板截面尺寸的估选

根据受力分析和长期的工程经验，梁、板截面尺寸应满足承载力、刚度及舒适度要求。初步设计阶段可根据工程经验确定高跨比：

(1) 梁的高跨比(梁截面高度 h 与其跨度 l 之比 h/l)，对于多跨连续次梁宜取 1/18～1/12，对于多跨连续主梁取 1/14～1/8。

(2) 板的截面高度与跨度之比，对于钢筋混凝土单向板不小于 1/30，双向板不小于 1/40，无梁支承的有柱帽板不小于 1/35，无梁支承的无柱帽板不小于 1/30。预应力混凝土板适当减小；当板的荷载、跨度较大时宜适当增加。现浇钢筋混凝土板的厚度不小于表 11.1 规定。

表 11.1　现浇钢筋混凝土板的最小厚度

板的类别		最小厚度/mm
实心板、屋面板		80
密肋板	上、下面板	50
	肋高	250
悬臂板(固定端)	悬臂长度不大于 500mm	80
	悬臂长度 1200	100
无梁楼板		150
现浇空心楼板		200

11.1.3　梁、板内力计算应注意的问题

11.1.3.1　计算理论的选取

梁、板的内力计算常用弹性理论和塑性理论两种分析方法。弹性理论相对比较简单，并具有较高的承载力储备；塑性理论使超静定结构受力及结构设计趋于合理，减少了钢材用量。一般来说，在楼盖设计中，板和次梁的内力计算常用塑性理论的分析方法，以获得较好的经济效果，主梁常采用弹性理论的分析方法计算内力。

11.1.3.2　计算简图与荷载简化计算

(1) 计算简图(图 11.2)

(2) 荷载的简化计算

① 板

板可取 1 m 宽的板带作为其计算单元，故板截面宽度 $b=1000$ mm。板为支承在次梁或砌体墙上的多跨板，为简化计算，将次梁或砌体墙体作为板的不动铰支座，故多跨板属于一般结构力学中的连续构件，板的从属面积如图 11.2 中阴影线部分。

在一般楼盖设计中，楼面荷载按均布考虑，其值可根据房屋的使用情况由《建筑结构荷载标准》(GB/T 50009—2012)(2024 年版)确定。因此，连续板所承受的荷载为均布荷载，其中包括板自重。内力分析中，将恒荷载和活荷载分开考虑。

② 次梁

次梁支承在主梁上，当主梁线刚度 i_g 与次梁线刚度 i_b 之比 $i_g/i_b \geq 8$ 时，可认为主梁是次梁的不动铰支座，次梁按照连续梁分析内力；当不满足这个条件时，应取交叉梁系进行分析。如次梁端部支承在砌体墙上，则端部按照简支考虑。

作用在次梁上的荷载，包括板传来的荷载及次梁的自重，计算宽度取每侧与相邻梁中心距的一半，从属面积如图 11.2 所示，故次梁承受的为均布荷载。计算分析时，将恒荷载和活荷载分开考虑。

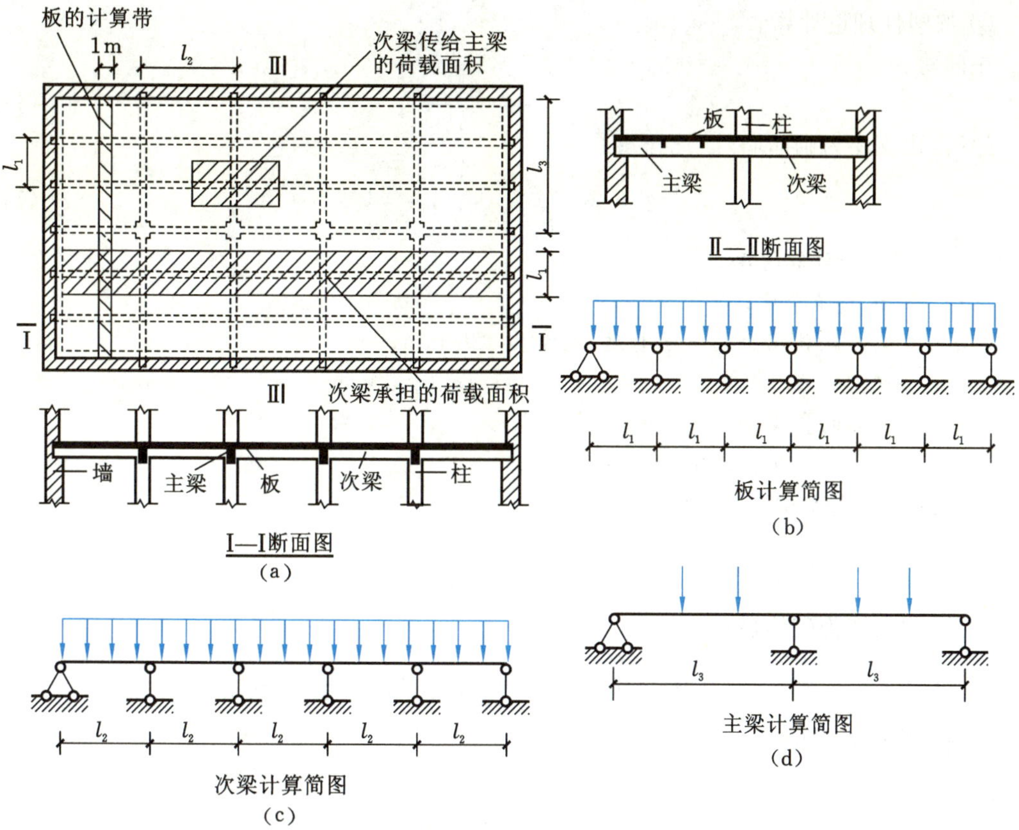

图 11.2 板、梁的计算简图

③ 主梁

主梁的计算简图应根据梁与柱的线刚度比而定。当梁柱节点两侧梁的线刚度之和与节点上下柱的线刚度之和的比值大于5时，柱的线刚度相对较小，柱对主梁的转动约束不大，可将柱子作为主梁的不动铰支座，这种主梁可按支承在柱子或墙上的连续梁分析。当梁、柱的线刚度之和的比值小于3时，则应考虑柱对主梁的转动约束作用，这时应按框架结构进行内力分析。

主梁上作用着由次梁传来的集中荷载和主梁自重均布荷载。相对而言，后者与前者相比影响很小，为简化分析，将主梁自重作为集中荷载处理。作用在主梁上的集中荷载（主梁自重）的个数及作用点位置与次梁传来的荷载的个数与作用位置相同，每个集中荷载值（主梁自重）等于长度为次梁间距的一段主梁自重。计算分析时，将恒荷载和活荷载分开考虑。

11.1.3.3 计算跨度的确定

（1）板的计算跨度

① 按弹性理论计算

中间跨：

$$l_0 = l_n + b \tag{11.1}$$

边跨（边支座为砌体墙）：

$$l_0 = \min\left\{l_n + \frac{b}{2} + \frac{a}{2}, l_n + \frac{b}{2} + \frac{h}{2}\right\} \tag{11.2}$$

② 按塑性理论计算

中间跨：

$$l_0 = l_n \tag{11.3}$$

边跨(边支座为砌体墙)：

$$l_0 = \min\left\{l_n + \frac{a}{2}, l_n + \frac{h}{2}\right\} \tag{11.4}$$

式中 l_0——板的计算跨度；

l_n——板的净跨度；

a——板在砌体墙上的支承长度，通常为 120 mm；

h——板厚；

b——次梁的宽度。

(2) 多跨梁(次梁或主梁)的计算跨度

① 按弹性理论计算

中跨：

$$l_0 = l_n + b \tag{11.5}$$

边跨(边支座为砌体墙)：

$$l_0 = \min\left\{l_n + \frac{b}{2} + \frac{a}{2}, 1.025l_n + \frac{b}{2}\right\} \tag{11.6}$$

② 按塑性理论计算

中跨：

$$l_0 = l_n \tag{11.7}$$

边跨(边支座为砌体墙)：

$$l_0 = \min\left\{l_n + \frac{a}{2}, 1.025l_n\right\} \tag{11.8}$$

式中 l_0——梁的计算跨度；

l_n——梁的净跨度；

a——梁在砌体墙上的支承长度，对于次梁通常为 240 mm，对于主梁则为 370 mm；

b——主梁或柱的宽度。

(3) 连续梁、板计算跨数的选择

跨度数超过 5 跨的连续梁、板，中间各跨的内力与第 3 跨非常接近，为了减少计算工作量，所有中间跨的内力和配筋都可以按照第 3 跨来处理。因此，跨数超过 5 跨的连续梁、板，当各跨荷载相同且跨度相差不超过 10%时，可按 5 跨等跨连续梁、板计算。跨数少于 5 跨的连续梁、板按实际跨数考虑。

11.1.3.4 按弹性理论求解内力

(1) 内力计算

在均布及三角形荷载作用下：

$$M = k_1 g l_0^2 + k_2 q l_0^2 \tag{11.9}$$

$$V = k_3 g l_0 + k_4 q l_0 \tag{11.10}$$

在集中荷载作用下：

$$M = k_5 G l_0 + k_6 Q l_0 \tag{11.11}$$

$$V=k_7G+k_8Q \tag{11.12}$$

式中　g,q——单位长度上的均布永久荷载设计值、均布可变荷载设计值；

G,Q——集中永久荷载设计值、集中可变荷载设计值；

k_1,k_2,k_5,k_6——附录6中相应栏中的弯矩系数；

k_3,k_4,k_7,k_8——附录6中相应栏中的剪力系数。

(2) 荷载不利组合

作用在构件上的荷载一般有永久荷载和可变荷载两种。永久荷载总是作用于各跨构件上,而可变荷载是以一跨为单元来改变作用位置的。因此,在设计连续梁、板时应考虑可变荷载的不利布置,以确定梁、板内某一截面的最大内力绝对值。

活荷载不利布置(图11.3)规律如下:

① 求某跨跨中最大正弯矩时,该跨布置活荷载,然后隔跨布置;

② 求某跨跨中最小正弯矩或最大负弯矩时,该跨不布置活荷载,在其左、右跨布置活荷载,然后隔跨布置;

③ 求某支座最大负弯矩(绝对值)时,该支座左、右跨布置活荷载,然后隔跨布置;

④ 求某支座左、右边截面最大剪力(绝对值)时的活荷载布置方式与求该支座截面最大负弯矩(绝对值)时的布置方式相同。

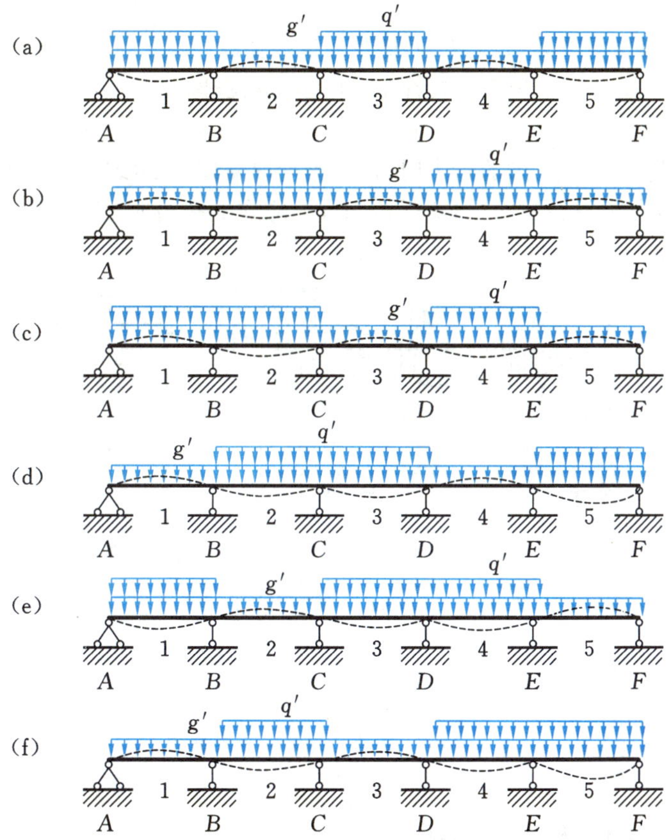

图 11.3　活荷载不利布置

(3) 内力包络图

可变荷载不利布置方式确定后,即可计算连续梁、板的内力。某截面的最不利内力是永久荷载所引起的内力和不同最不利布置可变荷载所引起的内力叠加。将构件在永久荷载和不同不利布置可变荷载作用下的内力图叠画在同一坐标图上，内力图的外包线形成的即为内力包络图，它反映了构件相应截面在荷载不利组合下可能出现的内力上、下限值，是设计时选择截面和布置钢筋的依据，包括弯矩包络图和剪力包络图。

(4) 折算荷载

确定肋形梁、板结构的计算简图时，忽略了次梁对板、主梁对次梁的转动约束的影响，在现浇混凝土楼盖中梁、板是整体现浇的，当板发生弯曲转动时，支承它的次梁将产生扭转，次梁的抗扭刚度将约束板的弯曲转动，使板在支座处的实际转角比理想铰支承时的转角小。同样的情况也发生在次梁和主梁之间。为了考虑支座被支承构件的转动约束，使计算结果更符合实际，采用增大永久荷载、相应减少可变荷载，保持总荷载不变的方法来计算内力，以考虑这种有利影响。

折算荷载的取值如下：

连续板：

$$g'=g+\frac{q}{2};\quad q'=\frac{q}{2} \tag{11.13}$$

次梁：

$$g'=g+\frac{q}{4};\quad q'=\frac{3q}{4} \tag{11.14}$$

式中 g,q——单位长度上永久荷载、可变荷载设计值；

g',q'——单位长度上折算永久荷载、可变荷载设计值。

(5) 支座宽度的影响

按弹性理论计算连续板、梁的内力时，计算跨度取支座中心线间的距离，故计算所得的支座弯矩及剪力是指支座中心处的，而实际控制截面应在支座边缘，应按支座边缘的内力设计值进行配筋计算，如图 11.4 所示。

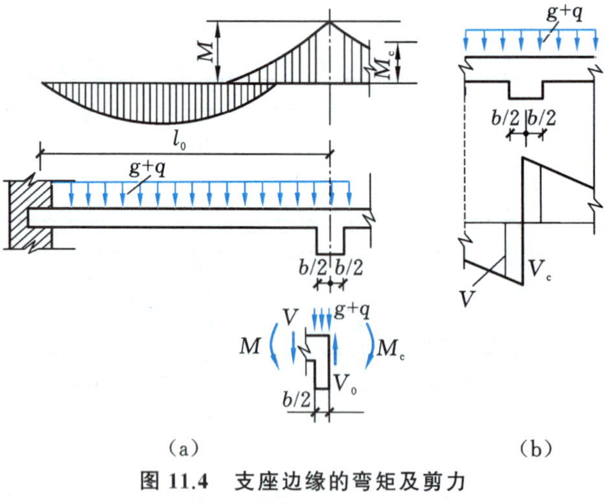

图 11.4 支座边缘的弯矩及剪力

(a)弯矩设计值；(b)剪力设计值

支座边缘的内力计算按下式确定：

弯矩设计值：

$$M_c=M-V_0\frac{b}{2} \tag{11.15}$$

剪力设计值：

均布荷载：
$$V_c=V-(g+q)\frac{b}{2} \tag{11.16}$$

集中荷载：
$$V_c=V \tag{11.17}$$

式中 M,V——支座中心处弯矩和剪力设计值；

V_0——按简支梁计算的支座剪力设计值(取绝对值)；

b——支座宽度。

11.1.3.5 按塑性理论求解内力

混凝土是弹塑性材料，钢筋屈服后表现出塑性特点，即两种材料是非匀质弹性材料。当计算简图和荷载确定后，各截面的 M、V 的分布规律始终不变；按弹性内力包络图进行截面设计，由于各种最不利荷载组合不可能同时发生，任意截面达到承载力设计值时，即认为整个结构达到极限承载力，这与事实不符，其仍有承载潜力；支座的负弯矩一般大于跨中弯矩，因此，抵抗负弯矩钢筋的配筋量较大，给施工带来困难，且不易保证工程质量。

为了解决上述问题，充分发挥构件的塑性性能，挖掘构件的承载潜力，节约材料和方便施工，提出按塑性理论计算内力。

在均布荷载或间距相同、大小相等的集中荷载作用下，等跨连续梁、板各跨跨中支座截面的弯矩设计值可按下式确定。

承受均布荷载：
$$M=\alpha_m(g+q)l_0^2 \tag{11.18}$$

承受集中荷载：
$$M=\eta\alpha_m(G+Q)l_0 \tag{11.19}$$

式中 g,q——单位长度上永久荷载、可变荷载设计值；

G,Q——一个集中永久荷载、可变荷载设计值；

α_m——考虑塑性内力重分布的弯矩计算系数，按表 11.2 采用；

η——集中荷载修正系数，按表 11.3 采用；

l_0——计算跨度。

表 11.2 连续梁和连续单向板考虑塑性内力重分布的弯矩计算系数 α_m

<table>
<tr><td colspan="2" rowspan="3">端支座支承情况</td><td colspan="6">截面</td></tr>
<tr><td>端支座</td><td>边跨跨中</td><td>离端第二支座</td><td>离端第二跨跨中</td><td>中间支座</td><td>中间跨跨中</td></tr>
<tr><td>A</td><td>Ⅰ</td><td>B</td><td>Ⅱ</td><td>C</td><td>Ⅲ</td></tr>
<tr><td colspan="2">梁板搁置在墙上</td><td>0</td><td>1/11</td><td rowspan="4">两跨连续：
−1/10
三跨以上连续：
−1/11</td><td rowspan="4">1/16</td><td rowspan="4">−1/14</td><td rowspan="4">1/16</td></tr>
<tr><td>板</td><td rowspan="2">与梁整体连接</td><td>−1/16</td><td rowspan="2">1/14</td></tr>
<tr><td>梁</td><td>−1/24</td></tr>
<tr><td colspan="2">梁与柱整体现浇</td><td>−1/16</td><td>1/14</td></tr>
</table>

注：①表中系数适用于荷载比 $q/g>0.3$ 的等跨连续梁和连续单向板；

②连续梁或连续单向板的各跨长度不等，但相邻两跨与短跨之比值小于 1.10，仍可采用表中弯矩系数值。计算支座弯矩时应取相邻两跨跨中的较长跨度值，计算跨中弯矩时应取本跨长度。

表 11.3　集中荷载修正系数 η

荷载情况	截面					
	A	Ⅰ	B	Ⅱ	C	Ⅲ
跨中点处作用一个集中荷载	1.5	2.2	1.5	2.7	1.6	2.7
跨中三分点处作用两个集中荷载	2.7	3.0	2.7	3.0	2.9	3.0
跨中四分点处作用三个集中荷载	3.8	4.1	3.8	4.5	4.0	4.8

在均布荷载或间距相同、大小相等的集中荷载作用下，等跨连续梁、板支座边缘的剪力设计值可按下式确定：

承受均布荷载：

$$V=\alpha_{v}(g+q)l_{n} \tag{11.20}$$

承受集中荷载：

$$V=n\alpha_{v}(G+Q) \tag{11.21}$$

式中　g，q——单位长度上永久荷载、可变荷载设计值；

G，Q——一个集中永久荷载、可变荷载设计值；

α_{v}——考虑塑性内力重分布的剪力计算系数，按表 11.4 采用；

n——跨内集中荷载的个数；

l_{n}——净跨度。

表 11.4　考虑塑性内力重分布的剪力计算系数 α_{v}

<table>
<tr><th rowspan="3">荷载情况</th><th rowspan="3">支承情况</th><th colspan="5">截面位置</th></tr>
<tr><th rowspan="2">A 支座右侧</th><th colspan="2">第二支座 B</th><th colspan="2">中间支座 C</th></tr>
<tr><th>左侧</th><th>右侧</th><th>左侧</th><th>右侧</th></tr>
<tr><td rowspan="2">均布荷载</td><td>搁置在墙上</td><td>0.45</td><td>0.60</td><td rowspan="2">0.55</td><td rowspan="2">0.55</td><td rowspan="2">0.55</td></tr>
<tr><td>与梁或柱整体现浇</td><td>0.50</td><td>0.55</td></tr>
<tr><td rowspan="2">集中荷载</td><td>搁置在墙上</td><td>0.42</td><td>0.65</td><td rowspan="2">0.60</td><td rowspan="2">0.55</td><td rowspan="2">0.55</td></tr>
<tr><td>与梁或柱整体现浇</td><td>0.50</td><td>0.60</td></tr>
</table>

11.1.4　单向板肋梁楼盖配筋计算及构造要求

11.1.4.1　板的配筋计算及构造要求

（1）板的配筋计算

① 板的计算单元通常取为 1 m，按单筋矩形截面设计；

② 板一般能满足斜截面受剪承载力要求，设计时可不进行受剪承载力验算；

③ 四周与梁整体连接的单向板，由于拱效应使板中各计算截面弯矩减小，中间跨的跨中截面和中间支座计算弯矩都按减小 20%计算，其他截面不减小。

（2）板的配筋构造要求

① 板中受力钢筋

板的受力钢筋一般采用 HPB300 级、HRB400 级及相应的细晶粒热轧钢筋，常用直径为 6 mm、8 mm、10 mm、12 mm。对于支座负筋，为了便于施工，宜采用较大直径的钢筋。

板中受力钢筋间距，一般不小于 70 mm；当板厚 $h \leqslant 150$ mm 时，不宜大于 200 mm；当板厚 $h > 150$ mm 时，不宜大于 $1.5h$ 且不宜大于 250 mm。

由于板在跨中一般承受正弯矩而在支座处承受负弯矩，因此在板跨中须配底部钢筋，而在支座处往往配板面钢筋，从而有以下两种配筋方式：

分离式配筋：跨中正弯矩钢筋宜全部伸入支座锚固；而在支座处另配负弯矩钢筋，其范围应能覆盖负弯矩区域并满足锚固要求，如图 11.5(a)所示。由于施工方便，分离式配筋已成为工程中主要采用的配筋方式。

弯起式配筋：将一部分跨中正弯矩钢筋在适当的位置（反弯点附近）弯起，并伸过支座后作负弯矩钢筋使用；延伸长度应满足覆盖负弯矩图和锚固的要求，如图 11.5(b)所示。由于施工比较麻烦，目前弯起式配筋方式已很少应用。

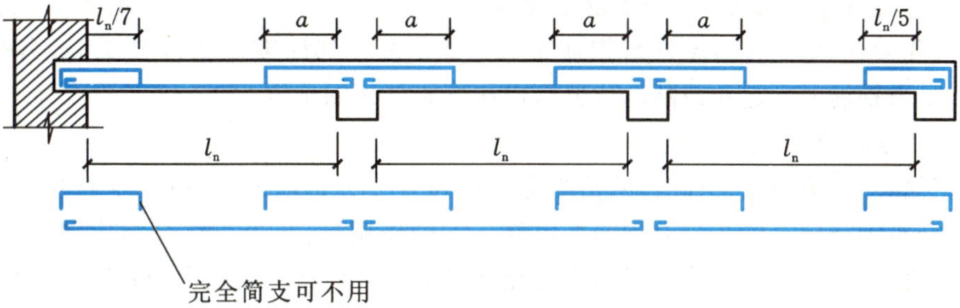

(a)

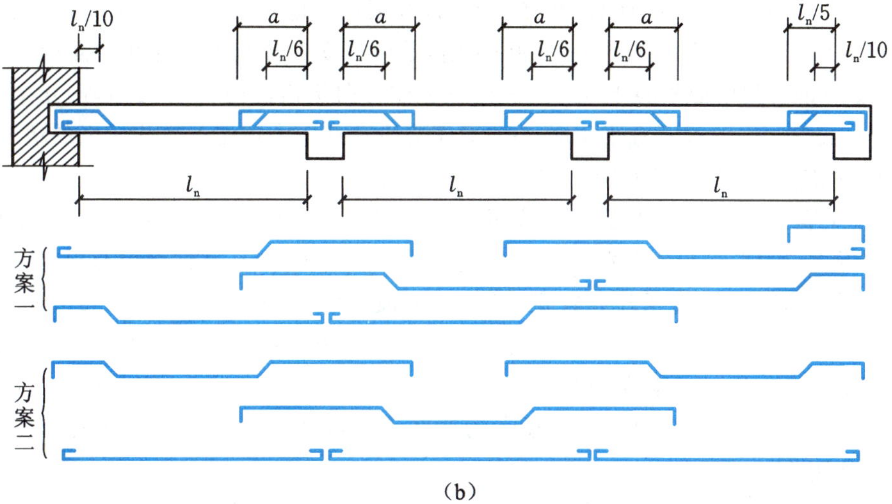

(b)

图 11.5　连续单向板的配筋方式

(a)分离式；(b)弯起式

弯起式配筋可先按跨内正弯矩的需要确定所需钢筋的直径和间距，然后在支座附近弯起 1/2 的钢筋（隔一弯一）以承受负弯矩，但最多不超过 2/3 的钢筋（隔一弯二）。如果弯起钢筋的截面面积还不满足所要求的支座负钢筋的需要，可另加直钢筋，通常取相同的钢筋间距。弯起角一般为 30°，当板厚 $h>120$ mm 时，可采用 45°。采用弯起式配筋，应注意相邻两跨跨中及中间支座钢筋直径和间距互相配合，间距变化应有规律，钢筋直径种类不宜过多，以利于施工。

为了保证锚固可靠，板内伸入支座的下部正弯矩钢筋采用半圆弯钩。对于上部负弯矩钢筋，为了保证施工时钢筋的设计位置，宜做成直抵模板的直钩。因此，直钩部分的钢筋长度为板厚减保护层净厚。

钢筋的弯起和截断：对承受均布荷载的等跨连续单向板或双向板，受力钢筋的弯起和截断的位置一般可按图 11.5 直接确定。

采用弯起式配筋时，跨中正弯矩钢筋可在距支座边 $l_n/6$ 处弯起 1/2～2/3，以承受支座上的负弯矩。

支座处的负弯矩钢筋，可在距支座边不小于 a 的距离处截断，其取值如下：

当 $q/g\leqslant 3$ 时，$a=l_n/4$；

当 $q/g>3$ 时，$a=l_n/3$。

图 11.5 所示的配筋要求，适用于承受均布荷载的等跨或相邻跨度相差不大于 20%的多跨连续板，可不必绘制弯矩包络图进行钢筋布置。如果板相邻跨度差超过 20%，或各跨荷载相差较大时，受力钢筋的弯起和截断的位置则应按弯矩包络图确定。

② 板中构造钢筋

分布钢筋：当按单向板设计时，除沿受力方向布置受力钢筋外，尚应在垂直受力方向布置分布钢筋，分布钢筋应布置在受力钢筋的内侧。它的作用是：与受力钢筋组成钢筋网，便于施工中固定受力钢筋的位置；承受由于温度变化和混凝土收缩所产生的内力；承受并分布板上局部荷载产生的内力；对四边支承板，可承受在计算中未计及但实际存在的长跨方向的弯矩。分布钢筋宜采用 HPB300 级和 HRB400 级的钢筋，常用直径是 6 mm 和 8 mm。《混凝土结构设计标准》(GB/T 50010—2010)(2024 年版)规定，单位长度上分布钢筋的截面面积不宜小于单位宽度上受力钢筋截面面积的 15%，且不宜小于该方向板截面面积的 0.15%；分布钢筋的间距不宜大于 250 mm，直径不宜小于 6 mm；对于集中荷载较大或温度变化较大的情况，分布钢筋的截面面积应适当增加，其间距不宜大于 200 mm。

垂直于主梁的板面构造钢筋：当现浇板的受力钢筋与梁平行时，例如单向板肋梁楼盖的主梁，此时靠近主梁梁肋的板面荷载将直接传给主梁而引起负弯矩，这样将引起板与主梁相接的板面产生裂缝，有时裂缝甚至开展较宽。因此《混凝土结构设计标准》(GB/T 50010—2010)(2024 年版)规定，应沿主梁长度方向配置间距不大于 200 mm 且与主梁垂直的上部构造钢筋，其直径不宜小于 8 mm，且单位长度内的总截面面积不宜小于板中单位宽度内受力钢筋截面面积的三分之一。该构造钢筋伸入板内的长度从梁边算起每边不宜小于板计算跨度 l_0 的四分之一，如图 11.6 所示。

嵌入承重墙内的板面构造钢筋：嵌固在承重墙内的单向板，由于墙的约束作用，板在墙边也会产生一定的负弯矩；垂直于板跨度方向，有部分荷载将就近传给支承墙，也会产生一定的负弯矩，使板面受拉开裂，如图 11.7(a)所示。在板角部分，除因传递荷载使板在两个正交方向引起负弯矩外，由于温度收缩影响产生的角部拉应力，也促使板角发生斜向裂缝。为避免这种裂缝的出现和开展，《混凝土结构设计标准》(GB/T 50010—2010)(2024 年版)规定，对于嵌固

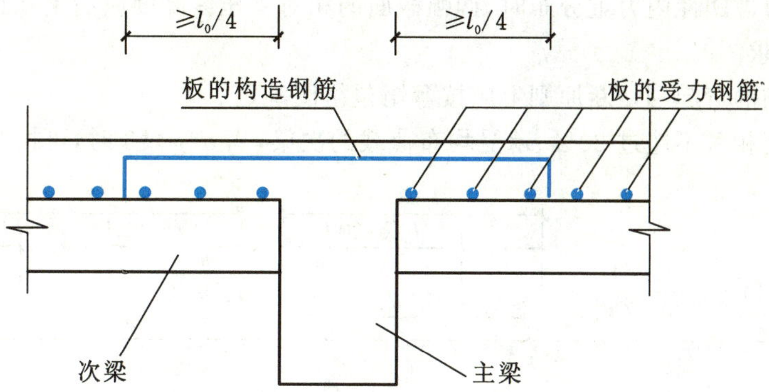

图 11.6 与主梁垂直的板上部构造钢筋

在承重砌体墙内的现浇混凝土板，应沿支承周边配置上部构造钢筋，其直径不宜小于 8 mm，间距不宜大于 200 mm，其伸入板内的长度，从墙边算起不宜小于板短边跨度的七分之一；在两边嵌固于墙内的板角部分，应配置双向上部构造钢筋，该钢筋伸入板内的长度从墙边算起不宜小于板短边跨度的四分之一；沿板的受力方向配置的上部构造钢筋，其截面面积不宜小于该方向跨中受力钢筋截面面积的三分之一；沿非受力方向配置的上部构造钢筋，可根据经验适当减少，如图 11.7(b)所示。

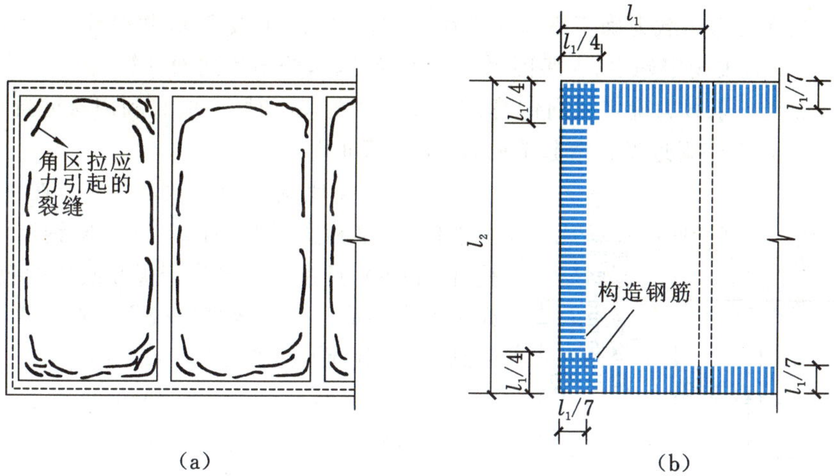

图 11.7 板嵌固在承重砌体墙内时板面裂缝分布及上部构造钢筋

(a)板面裂缝分布；(b)板边上部构造钢筋

11.1.4.2 次梁的配筋计算与构造要求

(1) 截面设计

① 次梁的截面形式：T 形截面。

② 按正截面受弯承载力确定纵向受拉钢筋时，通常跨中按 T 形截面计算，其翼缘计算宽度 b_f'可按第 4 章有关规定确定；支座因翼缘位于受拉区，按矩形截面计算。

③ 按斜截面受剪承载力确定横向钢筋，当荷载、跨度较小时，一般只利用箍筋抗剪；当荷载、跨度较大时，宜在支座附近设置弯起钢筋，以减少箍筋用量。

④ 当次梁考虑塑性内力重分布时，调幅截面的相对受压区高度应满足 $0.1\leqslant\xi\leqslant0.35$。

(2) 构造要求

① 受力钢筋的弯起和切断原则上应按弯矩包络图确定。

② 对于跨度相差不超过 20%、承受均布荷载的次梁，当 $q/g\leqslant3$ 时，可按图 11.8 确定。

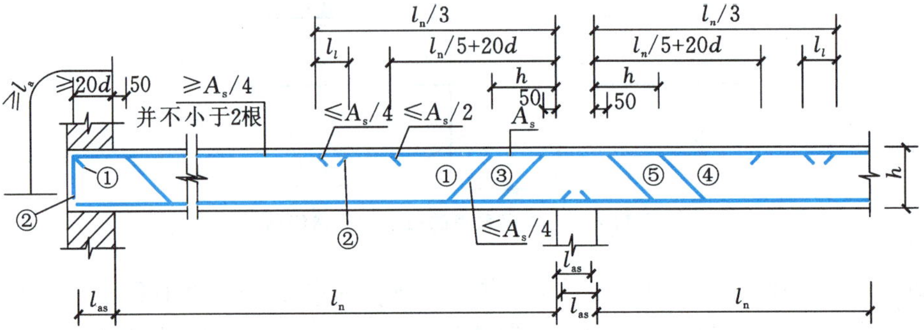

图 11.8 次梁的配筋构造

11.1.4.3 主梁的配筋计算与构造要求

(1) 截面设计

① 主梁的截面形式：T 形截面。

② 按正截面受弯承载力确定纵向受拉钢筋时，通常跨中按 T 形截面计算，其翼缘计算宽度 b_f' 可按第 4 章有关规定确定；支座因翼缘位于受拉区，按矩形截面计算。

③ 斜截面受剪承载力确定横向钢筋，当荷载、跨度较小时，一般只利用箍筋抗剪；当荷载、跨度较大时，宜在支座附近设置弯起钢筋，以减少箍筋用量。

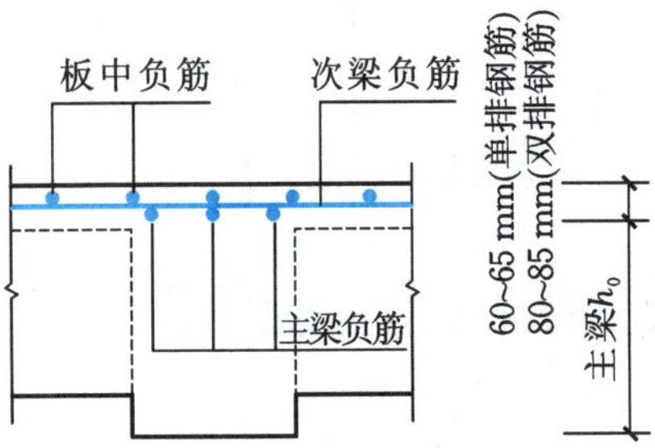

图 11.9 主梁支座处截面的有效高度

④ 主梁支座截面的有效高度 h_0：在主梁支座处，由于板、次梁和主梁截面的上部纵向钢筋相互交叉重叠(图 11.9)，且主梁负筋位于板和次梁的负筋之下，因此主梁支座截面的有效高度减小。在计算主梁支座截面纵筋时，截面有效高度 h_0 可取为：

单排钢筋时，$h_0=h-(60\sim65)\text{mm}$；

双排钢筋时，$h_0=h-(80\sim85)\text{mm}$。

⑤ 主梁的内力计算通常按弹性理论方法进行，不考虑塑性内力重分布。这是因为主梁是比较重要的构件，需要有较大的承载力储备，在使用荷载下的挠度及裂缝控制较严。如果主梁作为框架结构的横梁，它除受弯外，还承受轴向压力，而轴向压力会降低截面塑性转动能力。因此，主梁在计算内力时一般不宜考虑塑性内力重分布。

(2) 构造要求

① 主梁纵向受力钢筋的弯起和截断，原则上应按弯矩包络图确定，并满足有关构造要求。

② 主梁附加横向钢筋：主梁和次梁相交处，在主梁高度范围内受到次梁传来的集中荷载的作用，其腹部可能出现斜裂缝，如图 11.10(a)所示。因此，应在集中荷载影响区 s 范围内加设附加横向钢筋(箍筋、吊筋)以防止斜裂缝出现而引起局部破坏。位于梁下部或梁截面高度

范围内的集中荷载，应全部由附加横向钢筋承担，并应布置在长度为 $s=2h_1+3b$ 的范围内。附加横向钢筋宜优先采用箍筋，如图 11.10(b)所示；当采用吊筋时，其弯起段应伸至梁上边缘，且末端水平段长度在受拉区不应小于 $20d$，在受压区不应小于 $10d$，此处 d 为吊筋的直径。

附加箍筋和吊筋的总截面面积按下式计算：

$$F \leqslant 2f_y A_{sb}\sin\alpha + mnf_{yv}A_{sv1} \tag{11.22}$$

式中 F——由次梁传递的集中力设计值；

f_y——附加吊筋的抗拉强度设计值；

f_{yv}——附加箍筋的抗拉强度设计值；

A_{sb}——一根附加吊筋的截面面积；

A_{sv1}——附加单肢箍筋的截面面积；

n——在同一截面内附加箍筋的肢数；

m——附加箍筋的排数；

α——附加吊筋与梁轴线间的夹角，一般为 45°，当梁高 h>800 mm 时，采用 60°。

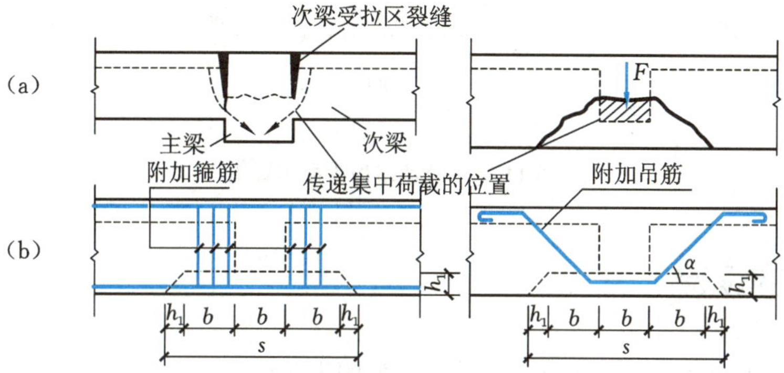

图 11.10 附加横向钢筋的布置

(a)次梁和主梁相交处的裂缝状态；(b)承受集中荷载处附加横向钢筋的布置

11.2 整体式单向板肋梁楼盖设计例题

11.2.1 设计资料

某设计使用年限为 50 年的工业用仓库楼盖，采用整体式钢筋混凝土结构，楼盖梁板布置如图 11.11 所示(图示范围内不考虑楼梯间)。柱截面拟定为 300 mm×300 mm，柱高 4.5 m，墙厚 370 mm。

(1) 楼面构造层做法：20 mm 厚水泥砂浆面层，15 mm 厚混合砂浆天棚抹灰，梁用 15 mm 厚混合砂浆抹灰。

(2) 材料选用：混凝土采用 C25；梁中受力纵筋采用 HRB400 级钢筋，其他钢筋均采用 HPB300 级钢筋。

(3) 楼面使用活荷载为 6 kN/m^2。

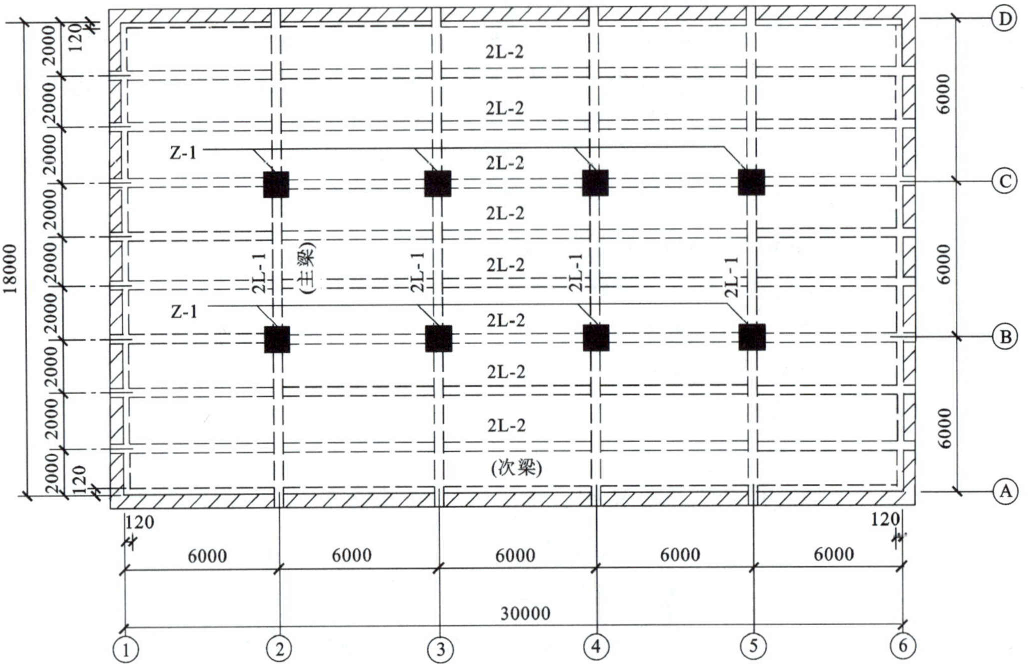

图 11.11　楼盖结构平面布置图

11.2.2　板的设计

按塑性内力重分布计算。根据不验算挠度的刚度条件，板厚 $h \geqslant \frac{l}{40}=\frac{2000}{40}=50$ mm，根据工业房屋楼面最小厚度 70 mm 的构造要求，考虑楼面活载较大，故取板厚 $h=80$ mm。

次梁截面高度 $h=\left(\frac{1}{18}\sim\frac{1}{12}\right)l=\left(\frac{1}{18}\sim\frac{1}{12}\right)\times 6000=333.3\sim 500$ mm，取次梁高度 $h=450$ mm；次梁截面宽度 $b=\left(\frac{1}{3}\sim\frac{1}{2}\right)h=\left(\frac{1}{3}\sim\frac{1}{2}\right)\times 450=150\sim 225$ mm，取次梁宽度 $b=200$ mm。根据结构平面布置，板的支承情况如图 11.12(a)所示。

11.2.2.1　荷载计算

20 mm 厚水泥砂浆面层：　$1.3\times 0.02\times 20=0.52\ \mathrm{kN/m^2}$

80 mm 厚钢筋混凝土板：　$1.3\times 0.08\times 25=2.6\ \mathrm{kN/m^2}$

15 mm 厚混合砂浆天棚抹灰：$1.3\times 0.015\times 17=0.33\ \mathrm{kN/m^2}$

恒荷载设计值：　$g=3.45\ \mathrm{kN/m^2}$

活荷载设计值：　$q=1.5\times 6=9\ \mathrm{kN/m^2}$

合计：　$g+q=3.45+9=12.45\ \mathrm{kN/m^2}$

每米板宽全部荷载设计值：　$1\times 12.45=12.45\ \mathrm{kN/m}$

$$\frac{q}{g}=\frac{9}{3.45}=2.6<3$$

11.2.2.2 计算简图

取 1 m 宽板作为计算单元，板各跨的计算跨度为：

中间跨：$$l_0 = l_n = 2.0 - 0.2 = 1.8\ \text{m}$$

边跨：$$l_0 = l_n + \frac{h}{2} = 2.0 - 0.12 - \frac{0.2}{2} + \frac{0.08}{2} = 1.82\ \text{m}$$

故板的计算简图如图 11.12(b)所示。

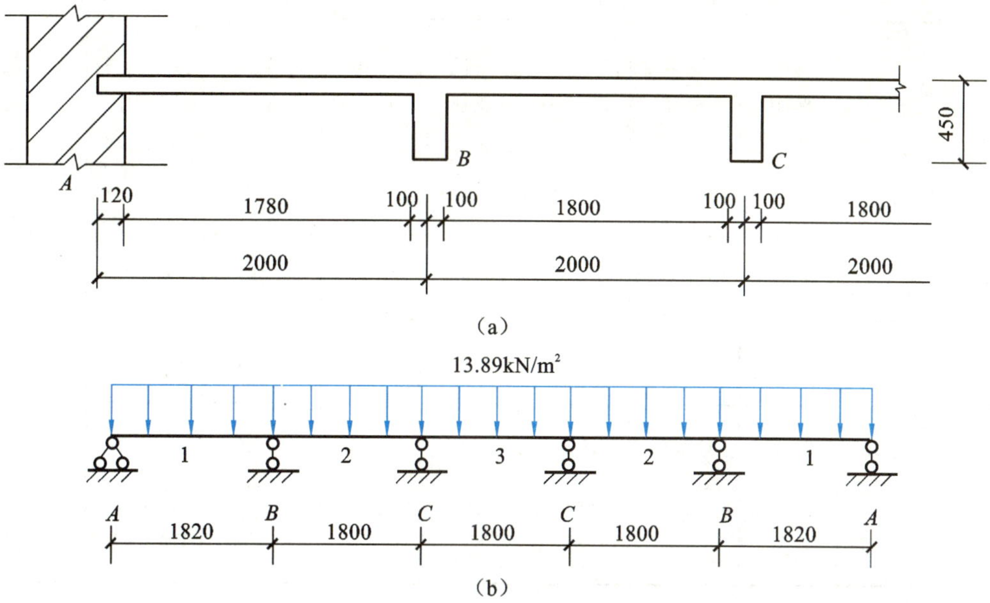

图 11.12 板的实际支承及计算简图

(a)板的实际支承情况；(b)计算简图

11.2.2.3 弯矩计算

边跨与中间跨的计算跨长相差$\frac{1.82-1.8}{1.8} \times 100\% = 1.1\% < 10\%$，故可按等跨连续板计算内力，其结果见表 11.5。

表 11.5 连续板各截面弯矩计算

截面	边跨跨中	离端第二支座	离端第二跨跨中，中间跨跨中	中间支座
弯矩系数	$+\frac{1}{11}$	$-\frac{1}{11}$	$+\frac{1}{16}$	$-\frac{1}{14}$
$M = \alpha_m (g+q) l_0$	$\frac{1}{11} \times 12.45 \times 1.82^2$ $= 3.75\ \text{kN} \cdot \text{m}$	$-\frac{1}{11} \times 12.45 \times \left(\frac{1.82+1.8}{2}\right)^2$ $= -3.71\ \text{kN} \cdot \text{m}$	$\frac{1}{16} \times 12.45 \times 1.8^2$ $= 2.52\ \text{kN} \cdot \text{m}$	$-\frac{1}{14} \times 12.45 \times 1.8^2$ $= -2.88\ \text{kN} \cdot \text{m}$

11.2.2.4 板正截面承载力计算

$b=1000$ mm，$h=80$ mm，板的截面有效高度 $h_0=h-a_s=80-20=60$ mm，钢筋采用 HPB300 级（$f_y=270$ N/mm²），混凝土采用 C25（$f_c=11.9$ N/mm²，$f_t=1.27$ N/mm²），$\alpha_1=1.0$，板的配筋计算见表 11.6。

表 11.6 板的配筋计算

板带位置	边区板带（①～②，⑤～⑥轴线间）				中间区板带（②～⑤轴线间）			
截面	边跨跨中	离端第二支座	离端第二跨跨中	中间支座	边跨跨中	离端第二支座	离端第二跨跨中	中间支座
M/kN·m	3.75	−3.71	2.52	−2.88	3.75	−3.71	2.52×0.8=2.02	−2.88×0.8=−2.31
$\alpha_s=\frac{M}{\alpha_1 f_c b h_0^2}$	0.088	0.087	0.059	0.067	0.088	0.087	0.047	0.054
$\xi=1-\sqrt{1-2\alpha_s}$	0.092	0.091	0.061	0.069	0.092	0.091	0.048	0.056
$A_s=\frac{\alpha_1 f_c b\xi h_0}{f_y}$/mm²	243.3	240.6	161.3	182.5	243.3	240.6	126.9	148.1
选用钢筋	Φ8@200	Φ8@200	Φ8@200	Φ8@200	Φ8@200	Φ8@200	Φ8@200	Φ8@200
实际配筋/mm²	251	251	251	251	251	251	251	251

计算结果表明，支座截面的 ξ 均小于 0.35，符合塑性内力重分布的原则。

已知 $\rho_{min}=\max\left\{0.2\%,\frac{0.45f_t}{f_y}\right\}=0.212\%$，则：

$$A_{s,min}=0.212\%\times1000\times80=169.6\ \text{mm}^2$$

11.2.3 次梁的设计

按塑性内力重分布计算。

主梁的截面高度 $h=\left(\frac{1}{12}\sim\frac{1}{8}\right)l=\left(\frac{1}{12}\sim\frac{1}{8}\right)\times6000=500\sim750$ mm，取 $h=650$ mm；梁宽 $b=\left(\frac{1}{3}\sim\frac{1}{2}\right)h=\left(\frac{1}{3}\sim\frac{1}{2}\right)\times650=216.7\sim325$ mm，取 $b=250$ mm；次梁实际支承情况如图 11.13(a)所示。

11.2.3.1 荷载

板传来的恒荷载：　$3.45\times2=6.9$ kN/m

次梁自重：　$1.3\times25\times0.2\times(0.45-0.08)=2.41$ kN/m

次梁两侧粉刷：　$1.3\times17\times0.015\times(0.45-0.08)\times2=0.25$ kN/m

恒荷载设计值：　$g=9.56$ kN/m

活荷载设计值：　　　$q=1.5\times6\times2=18\ \text{kN/m}$

总荷载：　　　$g+q=9.56+18=27.56\ \text{kN/m}$

$$\frac{q}{g}=\frac{18}{9.56}=1.88$$

11.2.3.2 计算简图

次梁各跨的计算跨度：

中间跨：$l_0=l_n=6.0-0.25=5.75\ \text{m}$

边跨：$l_0=l_n+\frac{a}{2}=6.0-0.12-\frac{0.25}{2}+\frac{0.24}{2}=5.875\ \text{m}<1.025l_n=1.025\times5.775=5.899\ \text{m}$，取 $l_0=5.875\ \text{m}$

边跨与中间跨的计算跨长相差$\frac{5.875-5.75}{5.75}=2.2\%<10\%$，故可按等跨连续梁计算。计算简图如图 11.13(b)所示。

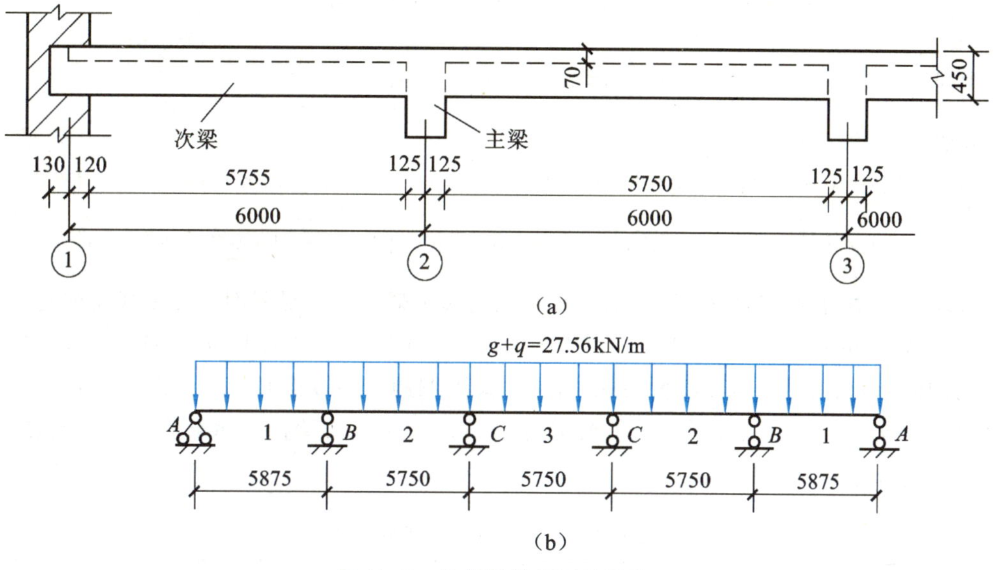

图 11.13　次梁计算简图的确定

(a) 次梁尺寸及支承情况；(b)计算简图

11.2.3.3 内力计算

次梁各截面的弯矩设计值见表 11.7，次梁各截面的剪力设计值见表 11.8。

表 11.7　次梁各截面弯矩计算

截面	边跨跨中	离端第二支座	离端第二跨跨中、中间跨跨中	中间支座
弯矩系数 α_m	$+\frac{1}{11}$	$-\frac{1}{11}$	$+\frac{1}{16}$	$-\frac{1}{14}$
$M=\alpha_m(g+q)l_0$	$\frac{1}{11}\times27.56\times5.875^2$ $=86.48\ \text{kN}\cdot\text{m}$	$-\frac{1}{11}\times27.56\times\left(\frac{5.875+5.75}{2}\right)^2$ $=-84.65\ \text{kN}\cdot\text{m}$	$\frac{1}{16}\times27.56\times5.75^2$ $=56.95\ \text{kN}\cdot\text{m}$	$-\frac{1}{14}\times27.56\times5.75^2$ $=-65.09\ \text{kN}\cdot\text{m}$

表 11.8　次梁各截面剪力计算

截面	端支座右侧	离端第二支座左侧	离端第二支座右侧	中间支座左侧、右侧
剪力系数 α_v	0.45	0.6	0.55	0.55
$V=\alpha_v(g+q)l_n$	$0.45\times27.56\times5.755$ $=71.37$ kN	$0.6\times27.56\times5.755$ $=95.16$ kN	$0.55\times27.56\times5.75$ $=87.16$ kN	$0.55\times27.56\times5.75$ $=87.16$ kN

11.2.3.4　次梁截面承载力计算

次梁正截面受弯承载力计算时，跨中截面按 T 形截面进行承载力计算，支座按矩形截面进行承载力计算。

其翼缘计算宽度为：

边跨 $b_f'=\dfrac{l_0}{3}=\dfrac{5875}{3}=1958\ \text{mm}<b+s_n=200+1800$

又 $\dfrac{h_f'}{h_0}=\dfrac{80}{410}=0.19>0.1$，不考虑翼缘高度，故 $b_f'=1958$ mm。

中间跨 $b_f'=\dfrac{l_0}{3}=\dfrac{5750}{3}=1917\ \text{mm}<b+s_n=2000\ \text{mm}$

故取 $b_f'=1917$ mm。

判别各跨中 T 形截面的类型，取 $h_0=h-a_s=450-40=410$ mm，则：

$$\alpha_1 f_c b_f' h_f'\left(h_0-\frac{h_f'}{2}\right)=1.0\times11.9\times1958\times80\times\left(410-\frac{80}{2}\right)=689.7\ \text{kN}\cdot\text{m}$$

与表 11.9 中的弯矩值比较可知，各跨中截面均属于第一类 T 形截面。支座截面按矩形截面计算，$h=450$ mm，$b=200$ mm，支座与跨中截面均按一排钢筋考虑，故取 $h_0=410$ mm，梁的纵筋采用 HRB400 级钢筋（$f_y=360\ \text{N/mm}^2$），箍筋采用 HPB300 级钢筋（$f_{yv}=270\ \text{N/mm}^2$），混凝土采用 C25（$f_c=11.9\ \text{N/mm}^2$，$f_t=1.27\ \text{N/mm}^2$），$\alpha_1=1.0$，次梁正截面承载力计算见表 11.9，斜截面承载力计算见表 11.10。

表 11.9　次梁正截面承载力计算

截面	边跨跨中	离端第二支座	离端第二跨跨中、中间跨跨中	中间支座
M/kN·m	86.48	−84.65	56.95	−65.09
$\alpha_s=\dfrac{M}{\alpha_1 f_c b h_0^2}$	$\dfrac{86.48\times10^6}{1.0\times11.9\times1958\times410^2}$ $=0.022$	$\dfrac{84.65\times10^6}{1.0\times11.9\times200\times410^2}$ $=0.212$	$\dfrac{56.95\times10^6}{1.0\times11.9\times1917\times410^2}$ $=0.015$	$\dfrac{65.09\times10^6}{1.0\times11.9\times200\times410^2}$ $=0.163$
$\xi=1-\sqrt{1-2\alpha_s}$	0.022	0.241	0.015	0.179
$A_s=\dfrac{\alpha_1 f_c b\xi h_0}{f_y}$ /mm²	583.8	653.2	389.7	485.2
选用钢筋	3⌀16	2⌀18+1⌀16	2⌀16	2⌀18
实际配筋/mm²	603	710.1	402	509

表 11.10 次梁斜截面承载力计算

截面	端支座右侧	离端第二支座左侧	离端第二支座右侧	中间支座左侧、右侧
V/kN	71.37	95.16	87.16	87.16
$0.25\beta_c f_c bh_0$/kN	$243.6>V$	$243.6>V$	$243.6>V$	$243.6>V$
$0.7f_t bh_0$/kN	$72.9>V$	$72.9<V$	$72.9<V$	$72.9<V$
选用箍筋	双肢ф8	双肢ф8	双肢ф8	双肢ф8
$A_{sv}=nA_{sv1}$/mm²	100.6	100.6	100.6	100.6
$s=\dfrac{f_{yv}A_{sv}h_0}{V-0.7f_t bh_0}$ /mm	构造配箍	$\dfrac{270\times100.6\times410}{(95.16-72.9)\times10^3}=500$	$\dfrac{270\times100.6\times410}{(87.16-72.9)\times10^3}=781$	$\dfrac{270\times100.6\times410}{(87.16-72.9)\times10^3}=781$
实配箍筋间距/mm	200	200	200	200

11.2.4 主梁的设计

主梁按弹性理论计算计算内力。柱的截面尺寸为 300 mm×300 mm，主梁支承情况如图 11.14(a)所示。

11.2.4.1 荷载计算

为了简化计算，主梁自重按集中荷载考虑。

次梁传来的恒荷载： $9.56\times6=57.36$ kN

主梁的自重： $1.3\times25\times0.25\times(0.65-0.08)\times2=9.26$ kN

梁侧抹灰： $1.3\times17\times0.015\times(0.65-0.08)\times2\times2=0.76$ kN

恒荷载设计值： $G=67.38$ kN

活荷载设计值： $Q=1.5\times6\times2\times6=108$ kN

总荷载： $G+Q=67.38+108=175.38$ kN

11.2.4.2 计算简图

由于主梁线刚度较钢筋混凝土柱线刚度大得多，故主梁中间支座按铰支承考虑。主梁端部搁置在砖壁柱上，其支承长度为 370 mm。

主梁计算跨度：

中间各跨： $l_0=l_n+b=6$ m

边跨：

$$l_n=6-0.12-\frac{0.3}{2}=5.73 \text{ m}$$

$$l_0=l_n+\frac{b}{2}+\frac{a}{2}=5.73+\frac{0.3}{2}+\frac{0.37}{2}=6.065 \text{ m}$$

$$l_0=1.025l_n+\frac{b}{2}=1.025\times5.73+\frac{0.3}{2}=6.023 \text{ m}$$

取 $l_0=6.023$ m。

计算简图 11.14(b)所示。

因跨度相差小于10%，计算时可采用等跨连续梁的弯矩及剪力系数。

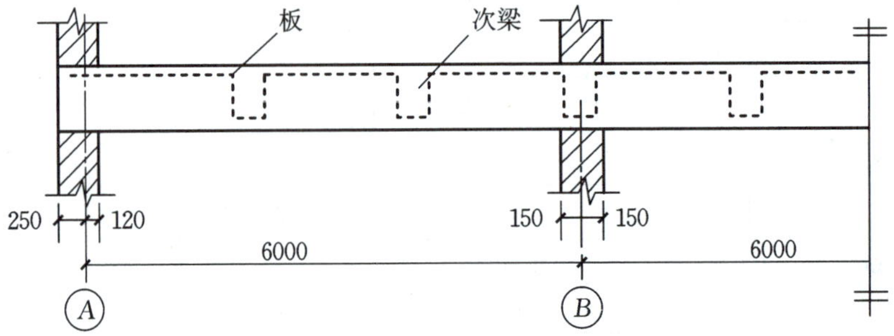

(a)

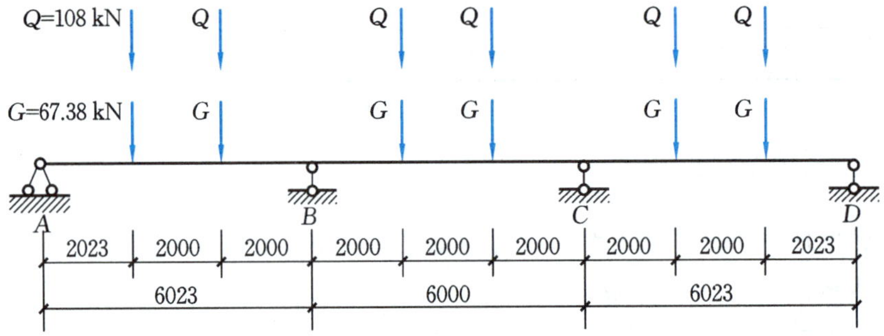

(b)

图 11.14　主梁的实际支承情况和计算简图

(a)主梁支承情况；(b)主梁计算简图

11.2.4.3　弯矩、剪力计算及其包络图

在各种不同分布的荷载作用下，内力计算可采用等跨连续梁的内力系数表进行，跨内和支座截面最大弯矩及剪力可按照下式计算：

$$M=k_1Gl_0+k_2Ql_0$$

$$V=k_3G+k_4Q$$

式中　k_1,k_2,k_3,k_4——可由附录6中相应系数表查得；

l_0——计算跨度，对 B 支座，计算跨度可用相邻两跨的平均值。

边跨：

$$Gl_0=67.38\times6.023=405.83\ \text{kN}\cdot\text{m};Ql_0=108\times6.023=650.48\ \text{kN}\cdot\text{m}$$

中间跨：

$$Gl_0=67.38\times6.0=404.28\ \text{kN}\cdot\text{m};Ql_0=108\times6.0=648\ \text{kN}\cdot\text{m}$$

B 支座：

$$Gl_0=67.38\times\left(\frac{6.023+6}{2}\right)=405.05\ \text{kN}\cdot\text{m};Ql_0=108\times\left(\frac{6.023+6}{2}\right)=649.24\ \text{kN}\cdot\text{m}$$

主梁的弯矩和剪力计算分别见表11.11与表11.12。

表 11.11 主梁各截面弯矩计算 单位:kN·m

项次	荷载简图	边跨跨中	中间支座	中间跨跨中
		$\frac{k}{M_1}$	$\frac{k}{M_B(M_C)}$	$\frac{k}{M_2}$
①	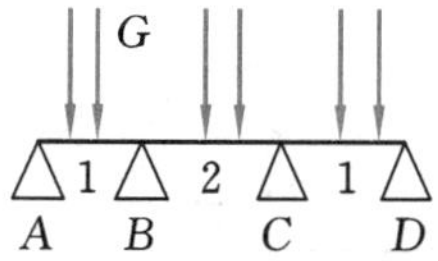	$\frac{0.244}{99.02}$	$\frac{-0.267}{-108.15}$	$\frac{0.067}{27.09}$
②	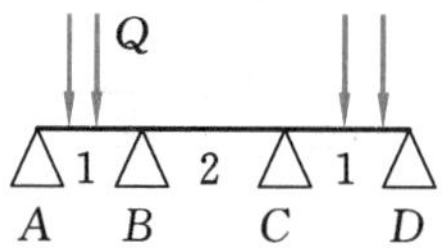	$\frac{0.289}{187.99}$	$\frac{-0.133}{-86.35}$	$\frac{-}{-86.35}$
③	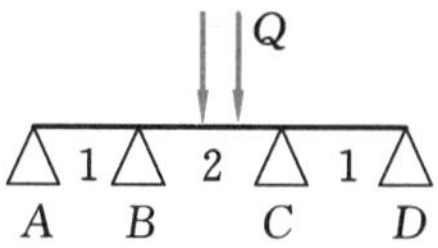	$\approx\frac{1}{3}M_B=-28.78$	$\frac{-0.133}{-86.35}$	$\frac{0.2}{129.6}$
④	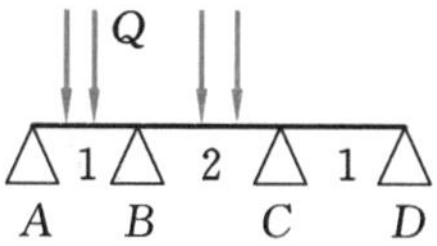	$\frac{0.229}{148.96}$	$\frac{-0.311(-0.089)}{-201.91(-57.78)}$	$\frac{0.17}{110.16}$
最不利组合	①+②	287.01	−194.5	−59.26
	①+③	70.24	−194.5	156.69
	①+④	247.98	−310.05	137.25

表 11.12 主梁各截面剪力计算 单位:kN

项次	荷载简图	边支座	中间支座	
		$\frac{k}{V_A^r}$	$\frac{k}{V_B^l(V_C^l)}$	$\frac{k}{V_B^r(V_C^r)}$
①	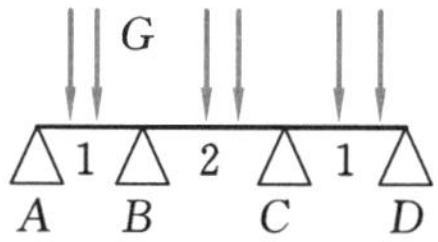	$\frac{0.733}{49.39}$	$\frac{-1.267(-1.000)}{-85.37(-67.38)}$	$\frac{1.000(1.267)}{67.38(85.37)}$
②	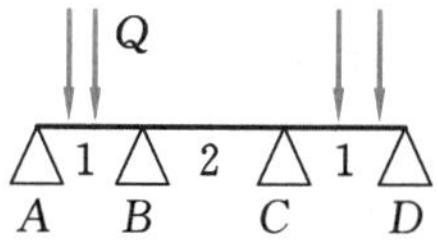	$\frac{0.866}{93.53}$	$\frac{-1.134(0)}{-122.47(0)}$	$\frac{0(1.134)}{0(122.47)}$
④	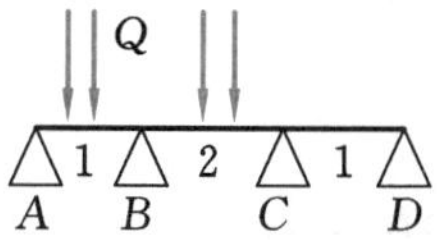	$\frac{0.689}{74.41}$	$\frac{-1.311(-0.778)}{-141.59(-84.02)}$	$\frac{1.222(0.089)}{131.98(9.61)}$
最不利组合	①+②	142.92	−207.84(−67.38)	67.38(207.84)
	①+④	123.8	−226.96(−151.4)	199.36(94.98)

将以上最不利组合下的弯矩和剪力叠画在同一坐标图上，可得到主梁的弯矩包络图和剪力包络图，如图 11.15 所示。

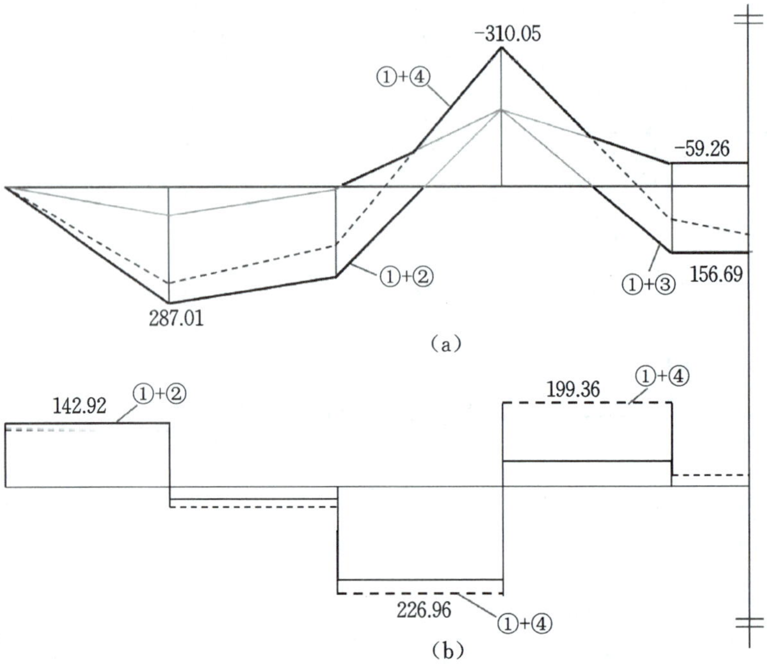

图 11.15　弯矩及剪力包络图

(a)弯矩包络图；(b)剪力包络图

11.2.4.4　主梁截面承载力计算

主梁正截面受弯承载力计算时，跨内截面按 T 形截面进行承载力计算（$h_f'=80$ mm，截面有效高度 $h_0=650-40=610$ mm），其翼缘计算跨度为：

$$b_f'=\frac{l_0}{3}=\frac{6000}{3}=2000\ \text{mm}<b+s_n=6000\ \text{mm}$$

又 $\frac{h_f'}{h_0}=\frac{80}{610}=0.13>0.1$ 不考虑翼缘高度，故 $b_f'=2000$ mm。

判别各跨中 T 形截面的类型，则：

$$\alpha_1 f_c b_f' h_f'\left(h_0-\frac{h_f'}{2}\right)=1.0\times11.9\times2000\times80\times\left(610-\frac{80}{2}\right)=1085.28\ \text{kN}\cdot\text{m}>287.01\ \text{kN}\cdot\text{m}$$

各跨中截面均属于第一类 T 形截面。

支座截面按矩形截面计算，因支座弯矩较大，考虑布置双排钢筋，并布置在次梁主筋下面，截面有效高度 $h_0=650-80=570$ mm，$V_0=G+Q=67.38+108=175.38$ kN，主梁中间支座宽 $b=300$ mm。

梁的纵筋采用 HRB400 级（$f_y=360\ \text{N/mm}^2$），箍筋采用 HPB300 级（$f_{yv}=270\ \text{N/mm}^2$），混凝土采用 C25（$f_c=11.9\ \text{N/mm}^2$，$f_t=1.27\ \text{N/mm}^2$），$\alpha_1=1.0$，主梁正截面承载力计算见表 11.13，斜截面承载力计算见表 11.14。

表 11.13 主梁正截面承载力计算

截面	边跨跨中	中间支座	中间跨跨中	
M/kN·m	287.01	−310.05	156.69	−59.26
$V_0\frac{b}{2}$/kN·m	—	26.71	—	—
$\left(M-V_0\frac{b}{2}\right)$/kN·m	—	−283.34	—	—
$\alpha_s=\frac{M}{\alpha_1 f_c bh_0^2}$	$\frac{287.01\times10^6}{1.0\times11.9\times2000\times610^2}=0.032$	$\frac{283.34\times10^6}{1.0\times11.9\times250\times570^2}=0.293$	$\frac{156.69\times10^6}{1.0\times11.9\times2000\times610^2}=0.018$	$\frac{59.26\times10^6}{1.0\times11.9\times250\times570^2}=0.061$
$\xi=1-\sqrt{1-2\alpha_s}$	0.033	0.357	0.018	0.063
$A_s=\frac{\alpha_1 f_c b\xi h_0}{f_y}$/mm²	1330.8	1681.6	725.9	296.8
选用钢筋	2⌽20+2⌽22	4⌽18+2⌽22	3⌽18	2⌽18
实际配筋/mm²	1388	1777	763	509

表 11.14 主梁斜截面承载力计算

截面	支座 A	支座 B^l(左)	支座 B^r(右)
V/kN	142.92	226.96	199.36
$0.25\beta_c f_c bh_0$/kN	$453.69>V$	$423.94>V$	$423.94>V$
$0.7f_t bh_0$/kN	$135.57<V$	$126.68<V$	$126.68<V$
选用箍筋	双肢⌽8	双肢⌽8	双肢⌽8
$A_{sv}=nA_{sv1}$/mm²	100.6	100.6	100.6
$s=\frac{f_{yv}A_{sv}h_0}{V-0.7f_t bh_0}$/mm	$\frac{270\times100.6\times610}{(142.92-135.57)\times10^3}=2254.3$	$\frac{270\times100.6\times570}{(226.96-126.68)\times10^3}=154.4$	$\frac{270\times100.6\times570}{(199.36-126.68)\times10^3}=213$
实配箍筋间距/mm	150	150	150

11.2.4.5 主梁吊筋计算

由次梁传递给主梁的全部集中荷载设计值为：

$$F=G+Q=57.36+108=165.36\ \text{kN}$$

吊筋采用 HRB400 级钢筋，弯起角度 45°，则：

$$A_{sb}=\frac{F}{2f_y\sin\alpha_s}=\frac{165.36\times10^3}{2\times360\times0.707}=324.8\ \text{mm}^2$$

故吊筋选用 2⌽16($A_s=402\ \text{mm}^2$)。

11.2.4.6 绘制施工图(图 11.16 至图 11.18)

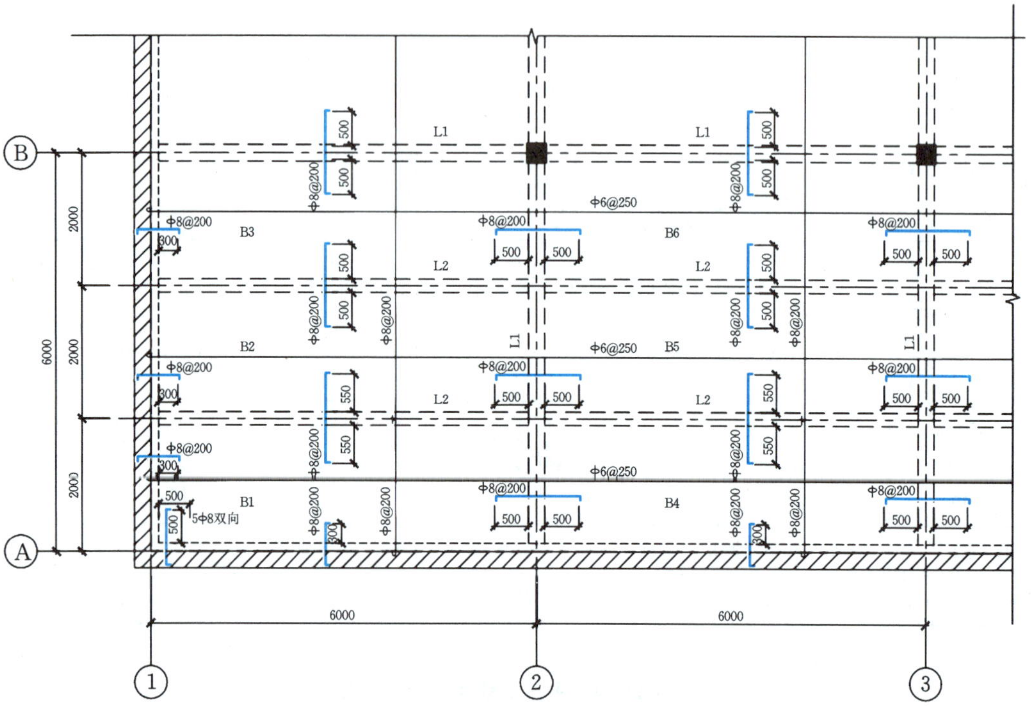

图 11.16 板配筋图

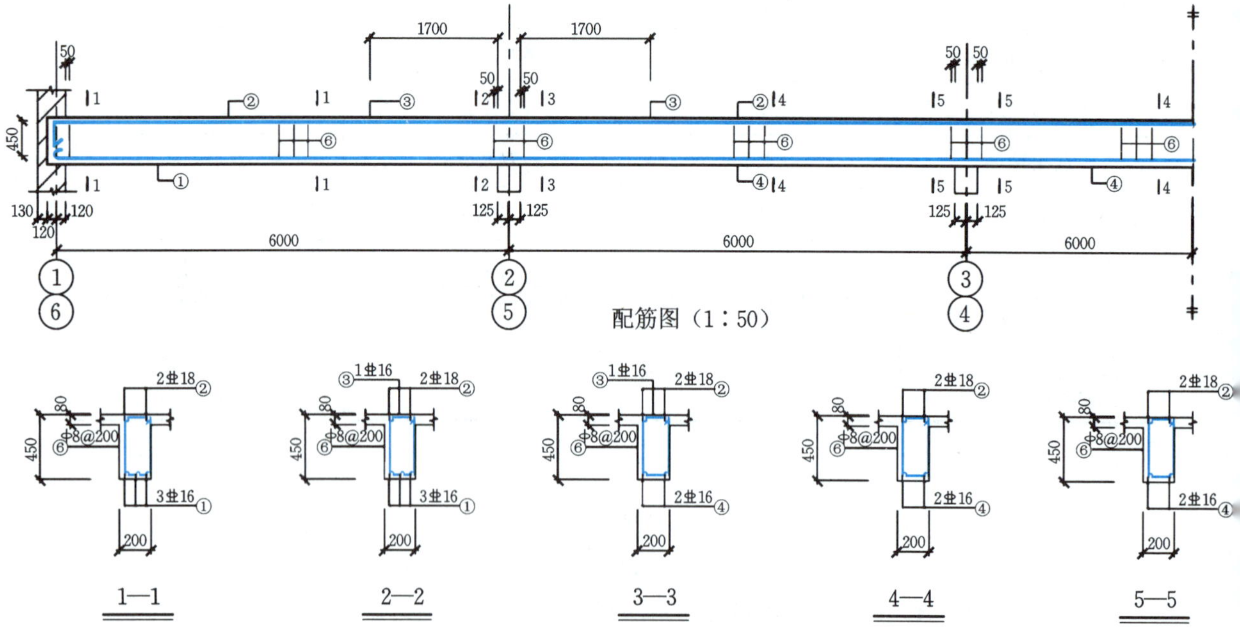

图 11.17 次梁配筋图及截面详图

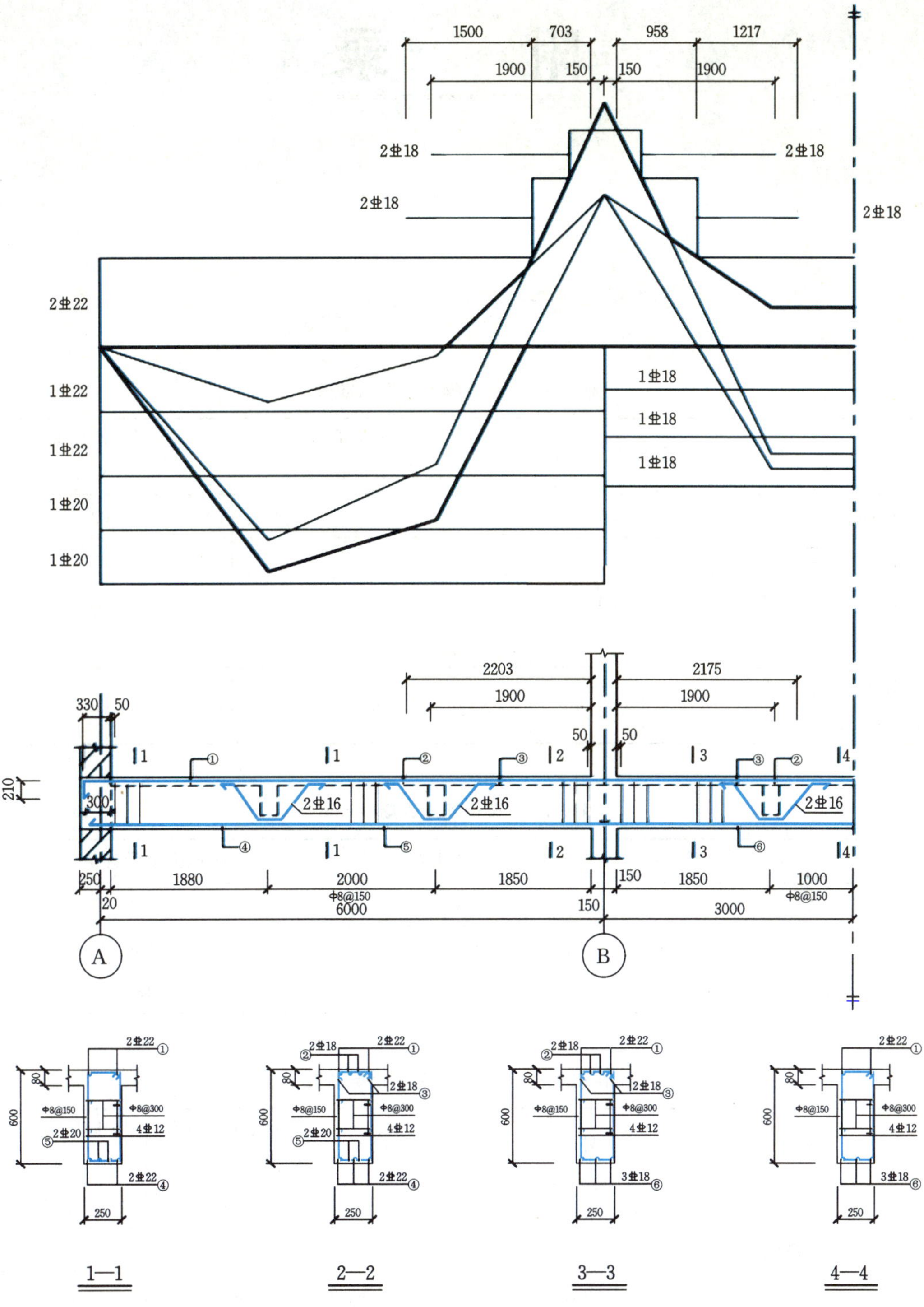

图 11.18 主梁抵抗弯矩图、配筋图及截面详图

附　　录

附录 1　钢筋强度标准值、设计值和弹性模量

附表 1.1　普通钢筋强度标准值

种类	符号	公称直径 d/mm	屈服强度标准值 f_{yk}/(N/mm²)	极限强度标准值 f_{stk}/(N/mm²)
HPB300	ϕ	6～22	300	420
HRB400 HRBF400 RRB400	Φ Φ^{F} Φ^{R}	6～50	400	540
HRB500 HRBF500	Φ Φ^{F}	6～50	500	630

附表 1.2　普通钢筋强度设计值　　单位：N/mm²

种类	抗拉强度设计值 f_y	抗压强度设计值 f'_y
HPB300	270	270
HRB400、HRBF400、RRB400	360	360
HRB500、HRBF500	435	435

附表 1.3　预应力钢筋强度标准值

种类		符号	公称直径 d/mm	屈服强度标准值 f_{pyk}/(N/mm²)	极限强度标准值 f_{ptk}/(N/mm²)
中强度预应力钢丝	光面 螺旋肋	ϕ^{PM} ϕ^{HM}	5、7、9	620	800
				780	870
				980	1270
预应力螺纹钢筋	螺纹	ϕ^{T}	18、25、32、40、50	785	980
				930	1080
				1080	1230

续附表1.3

种类		符号	公称直径 d/mm	屈服强度标准值 f_{pyk}/(N/mm^2)	极限强度标准值 f_{ptk}/(N/mm^2)
消除应力钢丝	光面 螺旋肋	ϕ^P ϕ^H	5	—	1570
				—	1860
			7	—	1570
			9	—	1470
				—	1570
钢绞线	1×3 (三股)	ϕ^S	8.6、10.8、12.9	—	1570
				—	1860
				—	1960
	1×7 (七股)		9.5、12.7、15.2、17.8	—	1720
				—	1860
				—	1960
			21.6	—	1860

附表 1.4　预应力筋强度设计值

单位：N/mm^2

种类	极限强度标准值 f_{ptk}	抗拉强度设计值 f_{py}	抗压强度设计值 f'_{py}
中强度预应力钢丝	800	510	410
	970	650	
	1270	810	
消除应力钢丝	1470	1040	410
	1570	1110	
	1860	1320	
钢绞线	1570	1110	390
	1720	1220	
	1860	1320	
	1960	1390	
预应力螺纹钢筋	980	650	410
	1080	770	
	1230	900	

注：当预应力筋的强度标准值不符合附表 1.4 的规定时，其强度设计值应进行相应的比例换算。

附表 1.5　钢筋的弹性模量　　单位：10^5 N/mm²

牌号或种类	弹性模量 E_s
HPB300 钢筋	2.10
HRB400、HRB500 钢筋 HRBF400、HRBF500 钢筋 RRB400 钢筋 预应力螺纹钢筋	2.00
消除预应力钢丝、中强度预应力钢丝	2.05
钢绞线	1.95

注：必要时可采用实测的弹性模量。

附表 1.6　普通钢筋及预应力筋在最大力下的总伸长率限值

钢筋品种	普通钢筋			预应力筋
	HPB300	HRB400、HRBF400、HRB500、HRBF500	RRB400	
δ_{gt}/%	10.0	7.5	5.0	3.5

附录 2　混凝土强度标准值、设计值和弹性模量

附表 2.1　混凝土强度标准值　　单位：N/mm²

强度种类	混凝土强度等级												
	C20	C25	C30	C35	C40	C45	C50	C55	C60	C65	C70	C75	C80
f_{ck}	13.4	16.7	20.1	23.4	26.8	29.6	32.4	35.5	38.5	41.5	44.5	47.4	50.2
f_{tk}	1.54	1.78	2.01	2.20	2.39	2.51	2.64	2.74	2.85	2.93	2.99	3.05	3.11

附表 2.2　混凝土强度设计值　　单位：N/mm²

强度种类	混凝土强度等级												
	C20	C25	C30	C35	C40	C45	C50	C55	C60	C65	C70	C75	C80
f_c	9.6	11.9	14.3	16.7	19.1	21.1	23.1	25.3	27.5	29.7	31.8	33.8	35.9
f_t	1.10	1.27	1.43	1.57	1.71	1.80	1.89	1.96	2.04	2.09	2.14	2.18	2.22

附表 2.3　混凝土弹性模量　　单位：10^4 N/mm²

混凝土强度等级	C20	C25	C30	C35	C40	C45	C50	C55	C60	C65	C70	C75	C80
E_c	2.55	2.80	3.00	3.15	3.25	3.35	3.45	3.55	3.60	3.65	3.70	3.75	3.80

附录 3 钢筋、钢绞线、钢丝的公称直径、公称截面面积及理论重量

附表 3.1 钢筋的公称直径、公称截面面积及理论重量

公称直径/mm	不同根数钢筋的公称截面面积/mm²									单根钢筋理论重量/(kg/m)
	1	2	3	4	5	6	7	8	9	
6	28.3	57	85	113	142	170	198	226	255	0.222
8	50.3	101	151	201	252	302	352	402	453	0.395
10	78.5	157	236	314	393	471	550	628	707	0.617
12	113.1	226	339	452	565	678	791	904	1017	0.888
14	153.9	308	461	615	769	923	1077	1231	1385	1.21
16	201.1	402	603	804	1005	1206	1407	1608	1809	1.58
18	254.5	509	763	1017	1272	1527	1781	2036	2290	2.00(2.11)
20	314.2	628	942	1256	1570	1884	2199	2513	2827	2.47
22	380.1	760	1140	1520	1900	2281	2661	3041	3421	2.98
25	490.9	982	1473	1964	2454	2945	3436	3927	4418	3.85(4.10)
28	615.8	1232	1847	2463	3079	3695	4310	4926	5542	4.83
32	804.2	1609	2413	3217	4021	4826	5630	6434	7238	6.31(6.65)
36	1017.9	2036	3054	4072	5089	6107	7125	8143	9161	7.99
40	1256.6	2513	3770	5027	6283	7540	8796	10053	11310	9.87(10.34)
50	1963.5	3928	5892	7856	9820	11784	13748	15712	17676	15.42(16.28)

注：括号里为预应力螺纹钢筋的数值。

附表 3.2 钢筋混凝土板每米宽的钢筋截面面积表

钢筋间距/mm	钢筋直径/mm													
	3	4	5	6	6/8	8	8/10	10	10/12	12	12/14	14	14/16	16
70	101	179	281	404	561	719	920	1121	1369	1616	1908	2199	2536	2872
75	94.3	167	262	377	524	671	859	1047	1277	1508	1780	2053	2367	2681
80	88.4	157	245	354	491	629	805	981	1198	1414	1669	1924	2218	2513

续附表3.2

钢筋间距/mm	钢筋直径/mm													
	3	4	5	6	6/8	8	8/10	10	10/12	12	12/14	14	14/16	16
85	83.2	148	231	333	462	592	758	924	1127	1331	1571	1811	2088	2365
90	78.5	140	218	314	437	559	716	872	1064	1257	1484	1710	1972	2234
95	74.5	132	207	298	414	529	678	826	1008	1190	1405	1620	1868	2116
100	70.6	126	196	283	393	503	644	785	958	1131	1335	1539	1775	2011
110	64.2	114	178	257	357	457	585	714	871	1028	1214	1399	1614	1828
120	58.9	105	163	236	327	419	537	654	798	942	1112	1283	1480	1676
125	56.5	100	157	226	314	402	515	628	766	905	1068	1232	1420	1608
130	54.4	96.6	151	218	302	387	495	604	737	870	1027	1184	1366	1547
140	50.5	89.7	140	202	281	359	460	561	684	808	954	1100	1268	1436
150	47.1	83.8	131	189	262	335	429	523	639	754	890	1026	1183	1340
160	44.1	78.5	123	177	246	314	403	491	599	707	834	962	1110	1257
170	41.5	73.9	115	166	231	296	379	462	564	665	786	906	1044	1183
180	39.2	69.8	109	157	218	279	358	436	532	628	742	855	985	1117
190	37.2	66.1	103	149	207	265	339	413	504	595	702	810	934	1058
200	35.3	62.8	98.2	141	196	251	322	393	497	565	668	770	888	1005
220	32.1	57.1	89.3	129	178	228	292	357	436	514	607	700	807	914
240	29.4	52.4	81.9	118	164	209	268	327	399	471	556	641	740	838
250	28.3	50.2	78.5	113	157	201	258	314	383	452	534	616	710	804
260	27.2	48.3	75.5	109	151	193	248	302	368	435	514	592	682	773
280	25.2	44.9	70.1	101	140	180	230	281	342	404	477	550	634	718
300	23.6	41.9	66.5	94	131	168	215	262	320	377	445	513	592	670
320	22.1	39.2	61.4	88	123	157	201	245	299	353	417	481	554	628

注：表中钢筋直径中的6/8，8/10，…系指两种直径的钢筋间隔放置。

附表 3.3 钢绞线的公称直径、公称截面面积及理论质量

种类	公称直径/mm	公称截面面积/mm^2	理论质量/(kg/m)
1×3 标准型	8.6	37.7	0.296
	10.8	58.9	0.462
	12.9	84.8	0.666
1×7 标准型	9.5	54.8	0.430
	12.7	98.7	0.775
	15.2	140	1.101
	17.8	191	1.500
	21.6	285	2.237

附表 3.4 钢丝的公称直径、公称截面面积及理论质量

公称直径/mm	公称截面面积/mm^2	理论质量/(kg/m)
5.0	19.63	0.154
7.0	38.48	0.302
9.0	63.62	0.499

附录 4 《混凝土结构设计标准》(GB/T 50010—2010)(2024 年版)的有关规定

附表 4.1 混凝土保护层的最小厚度 c

环境类别	板、墙、壳	梁、柱、杆
一	15	20
二 a	20	25
二 b	25	35
三 a	30	40
三 b	40	50

注:①混凝土强度等级不大于 C25 时,表中保护层厚度数值应增加 5 mm;

②钢筋混凝土基础宜设置混凝土垫层,基础中钢筋的混凝土保护层厚度应从垫层顶面算起,且不应小于 40 mm。

附表 4.2 混凝土结构的环境类别

环境类别	条件
一	室内干燥环境;无侵蚀型静水浸没环境
二 a	室内潮湿环境;非严寒和非寒冷地区的露天环境;非严寒和非寒冷地区与无侵蚀性的水或土壤直接接触的环境;严寒和寒冷地区的冰冻线以下与无侵蚀性的水或土壤直接接触的环境

续附表4.2

环境类别	条件
二 b	干湿交替环境；水位频繁变动环境；严寒和寒冷地区的露天环境；严寒和寒冷地区冰冻线以上与无侵蚀性的水或土壤直接接触的环境
三 a	严寒和寒冷地区冬季水位变动区环境；受除冰盐影响环境；海风环境
三 b	盐渍土环境；受除冰盐作用环境；海岸环境
四	海水环境
五	受人为或自然的侵蚀性物质影响的环境

注：①室内潮湿环境是指构件表面经常处于结露或湿润状态的环境；

②严寒和寒冷地区的划分应符合现行国家标准《民用建筑热工设计规范》(GB 50176—2016)的有关规定；

③海岸环境和海风环境宜根据当地情况，考虑主导风向及结构所处迎风、背风部位等因素的影响，由调查研究和工程经验确定；

④受除冰盐影响环境是指受到除冰盐盐雾影响的环境；受除冰盐作用环境是指被除冰盐溶液溅射的环境，以及使用除冰盐地区的洗车房、停车楼等建筑；

⑤暴露的环境是指混凝土结构表面所处的环境。

附表 4.3 结构构件的裂缝控制等级及最大裂缝宽度的限值

<table>
<tr><th rowspan="2">环境类别</th><th colspan="2">钢筋混凝土结构</th><th colspan="2">预应力混凝土结构</th></tr>
<tr><th>裂缝控制等级</th><th>$w_{\lim}$</th><th>裂缝控制等级</th><th>$w_{\lim}$</th></tr>
<tr><td>一</td><td rowspan="4">三级</td><td>0.30(0.40)</td><td rowspan="2">三级</td><td>0.20</td></tr>
<tr><td>二 a</td><td rowspan="3">0.20</td><td>0.10</td></tr>
<tr><td>二 b</td><td>二级</td><td>—</td></tr>
<tr><td>三 a、三 b</td><td>一级</td><td>—</td></tr>
</table>

注：①对于处年平均相对湿度小于 60%地区一类环境下的受弯构件，其最大裂缝宽度限值可采用括号内的数值。

②在一类环境下，对钢筋混凝土屋架、托架及需作疲劳验算的吊车梁，其最大裂缝宽度限值应取为 0.20 mm；对钢筋混凝土屋面梁和托梁，其最大裂缝宽度限值应取为 0.20 mm。

③在一类环境下，对预应力混凝土屋架、托架及双向板体系，应按二级裂缝控制等级进行验算；对一类环境下预应力混凝土屋面梁、托梁、单向板，应按表中二 a 类环境的要求进行验算；在一类和二 a 类环境下需作疲劳验算的预应力混凝土吊车梁，应按裂缝控制等级不低于二级的构件进行验算。

④表中规定的预应力混凝土构件的裂缝控制等级和最大裂缝宽度限值仅适用于正截面的验算；预应力混凝土构件的斜截面裂缝控制验算应符合第 9 章的相关规定。

⑤对于烟囱、筒仓和处于液体压力下的结构，其裂缝控制等级要求应符合专门标准的有关规定。

⑥对于处于四、五类环境下的结构构件，其裂缝控制要求应符合专门标准的有关规定。

⑦表中的最大裂缝宽度限值为用于验算荷载作用引起的最大裂缝宽度。

附表 4.4 受弯构件的挠度限值

构件类型		挠度限值
吊车梁	手动吊车	$l_0/500$
	电动吊车	$l_0/600$

续附表4.4

构件类型		挠度限值
屋盖、楼盖及楼梯构件	当 $l_0<7$ m 时	$l_0/200(l_0/250)$
	当 7 m$\leqslant l_0 \leqslant$9 m 时	$l_0/250(l_0/300)$
	当 $l_0>9$ m 时	$l_0/300(l_0/400)$

注：①表中 l_0 为构件的计算跨度，计算悬臂构件的挠度限值时，其计算跨度 l_0/按实际悬臂长度的 2 倍取用；

②表中括号内的数值适用于使用上对挠度有较高要求的构件；

③如果构件制作时预先起拱，且使用上也允许，则在验算挠度时，可将计算所得的挠度值减去起拱值，对于预应力混凝土构件，尚可减去预加力所产生的反拱值；

④构件制作时的起拱值和预加力所产生的反拱值，不宜超过构件在相应荷载组合作用下的计算挠度值。

附表 4.5 纵向受力钢筋的最小配筋百分率 ρ_{min}

受力类型			最小配筋百分率/%
受压构件	全部纵向钢筋	强度等级 500 MPa	0.50
		强度等级 400 MPa	0.55
		强度等级 300 MPa	0.60
	一侧纵向钢筋		0.20
受弯构件、偏心受拉、轴心受拉构件一侧的受拉钢筋			0.20 和 $45f_t/f_y$ 中的较大值

注：①受压构件全部纵向钢筋最小配筋百分率，当采用 C60 以上强度等级的混凝土时，应按表中规定增加 0.10；

②板类受弯构件(不包括悬臂板)的受拉钢筋，当采用强度等级 400 MPa 的钢筋时，其最小配筋百分率应允许采用 0.15 和 $45f_t/f_y$ 中的较大值；

③偏心受拉构件中的受压钢筋，应按受压构件一侧纵向钢筋考虑；

④受压构件的全部纵向钢筋和一侧纵向钢筋的配筋率，以及轴心受拉构件和小偏心受拉构件一侧受拉钢筋的配筋率均按构件的全截面面积计算；

⑤受弯构件、大偏心受拉构件一侧受拉钢筋的配筋率应按全截面面积扣除受压翼缘面积 $(b_f'-b)h_f'$ 后的截面面积计算；

⑥当钢筋沿构件截面周边布置时，"一侧纵向钢筋"系指沿受力方向两个对边中一边布置的纵向钢筋。

附表 4.6 截面抵抗矩塑性影响系数基本值 γ_m

项次	1	2	3		4		5
截面形状	矩形截面	翼缘位于受压区的T形截面	对称I形截面或箱形截面		翼缘位于受拉区的倒T形截面		圆形和环形截面
			$b_f/b\leqslant 2$，h_f/h 为任意值	$b_f/b>2$，$h_f/h<0.2$	$b_f/b\leqslant 2$，h_f/h 为任意值	$b_f/b>2$，$h_f/h<0.2$	
γ_m	1.55	1.50	1.45	1.35	1.50	1.40	$1.6-0.24r_1/r$

注：①对 $b_f'>b_f$ 的 I 形截面，可按项次 2 与项次 3 之间的数值采用；对于 $b_f'<b_f$ 的 I 形截面，可按项次 3 与项次 4 之间的数值采用。

②对于箱形截面，b 系指各肋宽度的总和。

④r_1 位环形截面的内环半径，对圆形截面取 r_1 为零。

附表 4.7 混凝土结构材料的耐久性基本要求

环境类别	最大水胶比	最低强度等级	最大氯离子含量/%	最大碱含量/(kg/m^3)
一	0.60	C20	0.30	不限制
二 a	0.55	C25	0.20	3.0
二 b	0.50(0.55)	C30(C25)	0.15	
三 a	0.45(0.50)	C35(C30)	0.15	
三 b	0.40	C40	0.10	

注:①氯离子含量是指其占胶凝材料总量的百分比;

②预应力构件混凝土中的最大氯离子含量为 0.60%,最低混凝土强度等级宜按表中的规定提高两个等级;

③素混凝土构件的水胶比及最低强度等级的要求可适当放松;

④有可靠工程经验时,二类环境中的最低混凝土强度等级可降低一个等级;

⑤处于严寒和寒冷地区二 b、三 a 类环境中的混凝土应使用引气剂,并可采用括号中的有关参数,

⑥当使用非碱活性集料时,对混凝土中的碱含量可不作限制。

附录 5 受弯构件正截面承载力计算用 ξ、γ_s、α_s 表

附表 5.1 受弯构件正截面计算用 ξ、γ_s、α_s 表

ξ	γ_s	α_s	ξ	γ_s	α_s
0.01	0.995	0.010	0.33	0.835	0.275
0.02	0.990	0.020	0.34	0.830	0.282
0.03	0.985	0.030	0.35	0.825	0.289
0.04	0.980	0.039	0.36	0.820	0.295
0.05	0.975	0.048	0.37	0.815	0.301
0.06	0.970	0.058	0.38	0.810	0.309
0.07	0.965	0.067	0.39	0.805	0.314
0.08	0.960	0.077	0.40	0.800	0.320
0.09	0.955	0.085	0.41	0.795	0.326
0.10	0.950	0.095	0.42	0.790	0.332
0.11	0.945	0.104	0.43	0.785	0.337
0.12	0.940	0.113	0.44	0.780	0.343
0.13	0.935	0.121	0.45	0.775	0.349
0.14	0.930	0.130	0.46	0.770	0.354
0.15	0.925	0.139	0.47	0.765	0.359
0.16	0.920	0.147	0.48	0.760	0.365

续附表5.1

ξ	γ_s	α_s	ξ	γ_s	α_s
0.17	0.915	0.155	0.482	0.759	0.366
0.18	0.910	0.164	0.49	0.755	0.370
0.19	0.905	0.172	0.50	0.750	0.375
0.20	0.900	0.180	0.51	0.745	0.380
0.21	0.895	0.188	0.518	0.741	0.384
0.22	0.890	0.196	0.52	0.740	0.385
0.23	0.885	0.203	0.53	0.735	0.390
0.24	0.880	0.211	0.54	0.730	0.394
0.25	0.875	0.219	0.55	0.725	0.399
0.26	0.870	0.226	0.56	0.720	0.403
0.27	0.865	0.234	0.57	0.715	0.408
0.28	0.860	0.241	0.576	0.712	0.410
0.29	0.855	0.248	0.58	0.710	0.412
0.30	0.850	0.255	0.59	0.705	0.416
0.31	0.845	0.262	0.60	0.700	0.420
0.32	0.840	0.269	0.614	0.693	0.426

附录 6　等截面等跨连续梁在常用荷载作用下的内力系数

附表 6.1　两跨梁

荷　载　图	跨内最大弯矩		支座弯矩	剪　　力		
	M_1	M_2	M_B	V_A	$V_{B左}$ $V_{B右}$	V_C
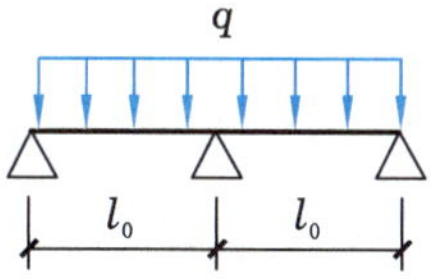	0.070	0.070	−0.125	0.375	−0.625 0.625	−0.375
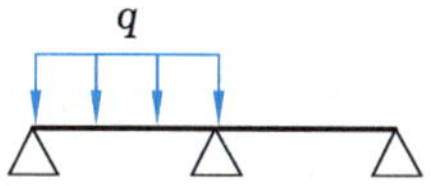	0.096	—	−0.063	0.437	−0.563 0.063	0.063
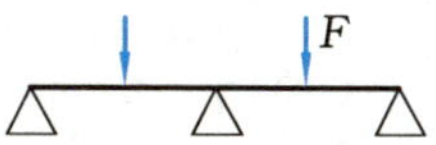	0.156	0.156	−0.188	0.312	−0.688 0.688	−0.312

续附表6.1

荷载图	跨内最大弯矩		支座弯矩	剪力		
	M_1	M_2	M_B	V_A	$V_{B左}$ $V_{B右}$	V_C
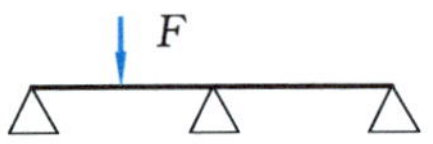	0.203	—	−0.094	0.406	−0.594 0.094	0.094
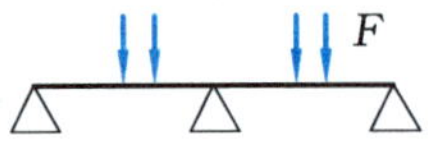	0.222	0.222	−0.333	0.667	−1.333 1.333	−0.667
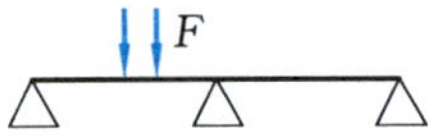	0.278	—	−0.167	0.833	−1.167 0.167	0.167

附表 6.2　三跨梁

荷载图	跨内最大弯矩		支座弯矩		剪力			
	M_1	M_2	M_B	M_C	V_A	$V_{B左}$ $V_{B右}$	$V_{C左}$ $V_{C右}$	V_D
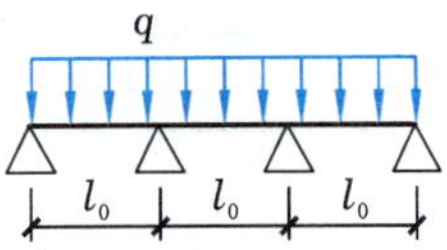	0.080	0.025	−0.100	−0.100	0.400	−0.600 0.500	−0.500 0.600	0.400
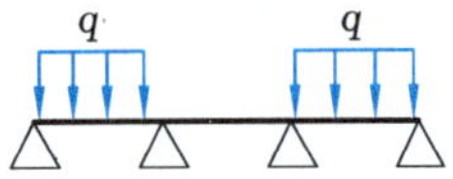	0.101	—	−0.050	−0.050	0.450	−0.55 0	0 0.550	−0.450
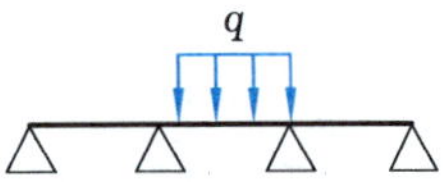	—	0.075	−0.050	−0.050	0.050	−0.050 0.500	−0.500 0.050	0.050
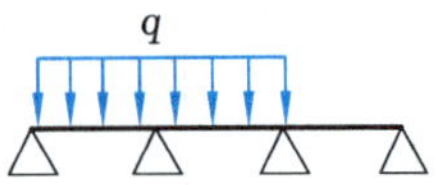	0.073	0.054	−0.117	−0.033	0.383	−0.617 0.583	−0.417 0.033	0.033
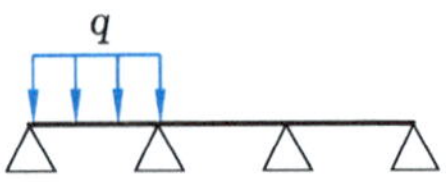	0.094	—	−0.067	0.017	0.433	−0.567 0.083	−0.083 −0.017	−0.017
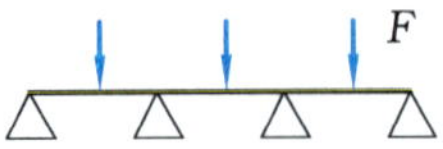	0.175	0.100	−0.150	−0.150	0.350	−0.650 0.500	−0.500 0.650	−0.350

续附表6.2

荷载图	跨内最大弯矩		支座弯矩		剪力			
	M_1	M_2	M_B	M_C	V_A	$V_{B左}$ $V_{B右}$	$V_{C左}$ $V_{C右}$	V_D
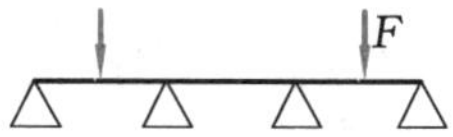	0.213	—	−0.075	−0.075	0.425	−0.575 0	0 0.575	−0.425
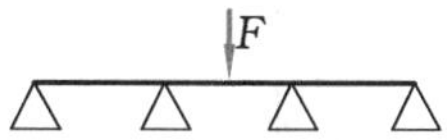	—	0.175	−0.075	−0.075	−0.075	−0.075 0.500	−0.500 0.075	0.075
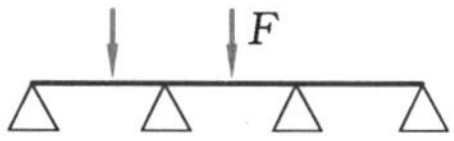	0.162	0.137	−0.175	−0.050	0.325	−0.675 0.625	−0.375 0.050	0.050
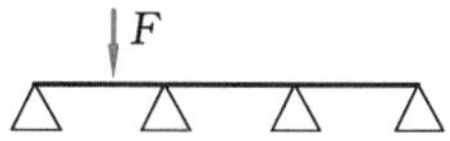	0.200	—	−0.100	0.025	0.400	−0.600 0.125	0.125 −0.125	−0.025
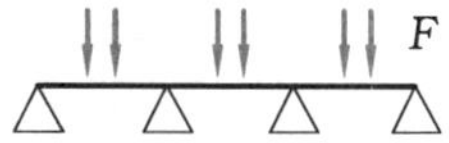	0.244	0.067	−0.267	−0.267	0.733	−1.267 1.000	−1.000 1.267	−0.733
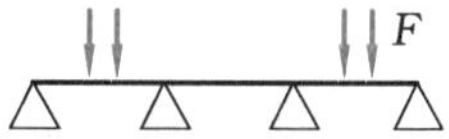	0.289	—	−0.133	−0.133	0.866	−1.134 0	0 1.134	−0.866
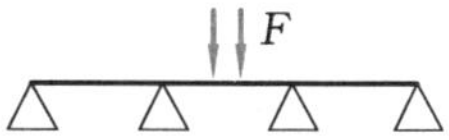	—	0.200	−0.133	−0.133	−0.133	−0.133 1.000	−1.000 0.133	0.133
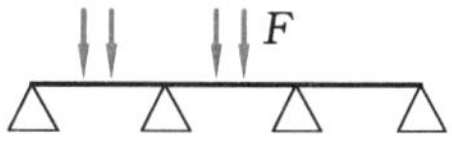	0.229	0.170	−0.311	−0.089	0.689	−1.311 1.222	−0.778 0.089	0.089
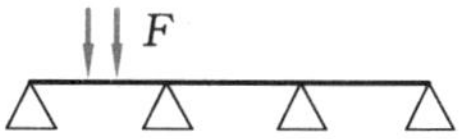	0.274	—	−0.178	0.044	0.822	−1.178 0.222	0.222 −0.044	−0.044

附表 6.3　四跨梁

荷载图	跨内最大弯矩				支座弯矩			剪力				
	M_1	M_2	M_3	M_4	M_B	M_C	M_D	V_A	$V_{B左}$ $V_{B右}$	$V_{C左}$ $V_{C右}$	$V_{D左}$ $V_{D右}$	V_E
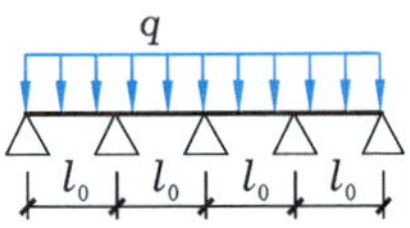	0.077	0.036	0.036	0.077	−0.107	−0.071	−0.107	−0.393	−0.607 0.536	−0.464 0.464	−0.536 0.607	−0.393
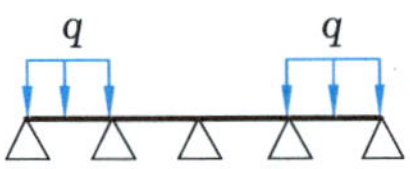	0.100	—	0.081	—	−0.054	−0.036	−0.054	0.446	−0.554 0.018	0.018 0.482	−0.518 0.054	0.054
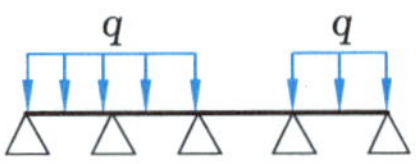	0.072	0.061	—	0.098	−0.121	−0.018	−0.058	0.380	0.620 0.603	−0.397 0.040	−0.04 0.558	0.442
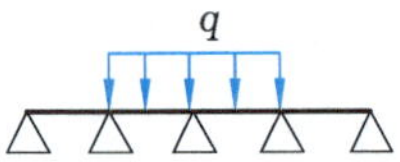	—	0.056	0.056	—	−0.036	0.107	−0.036	−0.036	−0.036 0.429	−0.571 0.571	−0.429 0.036	0.036
	0.094	—	—	—	−0.067	0.018	−0.004	0.433	−0.567 0.085	0.085 −0.022	0.022 0.004	0.004
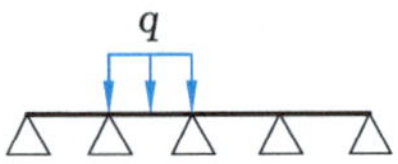	—	0.074	—	—	−0.049	−0.054	0.013	−0.049	−0.049 0.496	−0.504 0.067	0.067 −0.013	−0.013
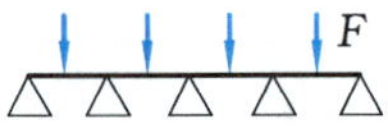	0.169	0.116	0.116	0.169	−0.161	−0.107	−0.161	0.339	−0.661 0.554	−0.446 0.446	−0.554 0.661	−0.339
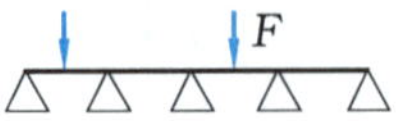	0.210	—	0.180	—	−0.089	−0.054	−0.080	0.420	−0.580 0.027	0.027 0.473	−0.527 0.080	0.080
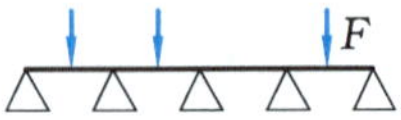	0.159	0.146	—	0.206	−0.181	−0.027	−0.087	0.319	−0.681 0.654	−0.346 −0.060	−0.060 0.587	−0.413

续附表6.3

荷载图	跨内最大弯矩				支座弯矩			剪力				
	M_1	M_2	M_3	M_4	M_B	M_C	M_D	V_A	$V_{B左}$ $V_{B右}$	$V_{C左}$ $V_{C右}$	$V_{D左}$ $V_{D右}$	V_E
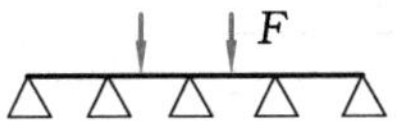	—	0.142	0.142	—	−0.054	−0.161	−0.054	0.054	−0.054 0.393	−0.607 −0.607	−0.393 0.054	0.054
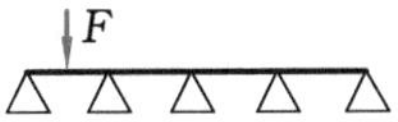	0.200	—	—	—	−0.100	0.027	−0.007	0.400	−0.600 0.127	0.127 −0.033	−0.033 0.007	0.007
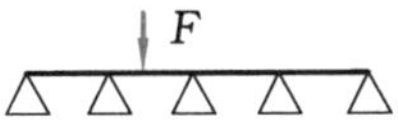	—	0.173	—	—	−0.074	−0.080	0.020	−0.074	−0.074 0.493	−0.507 0.100	0.100 −0.020	−0.020
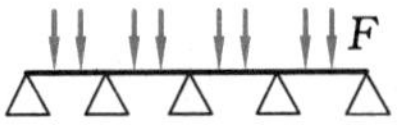	0.238	0.111	0.111	0.238	−0.286	−0.191	−0.286	0.714	−1.286 1.095	−0.905 0.905	−1.095 1.286	−0.714
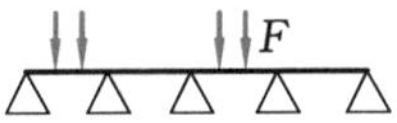	0.286	—	0.222	—	−0.143	−0.095	−0.143	0.857	−1.143 0.048	0.048 0.952	−1.048 0.143	0.143
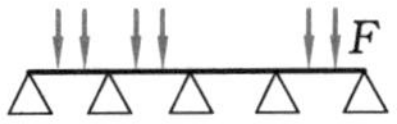	0.226	0.194	—	0.282	−0.321	−0.048	−0.155	0.679	−1.321 1.274	−0.726 −0.107	−0.107 1.155	−0.845
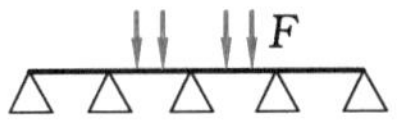	—	0.175	0.175	—	−0.095	−0.286	−0.095	−0.095	−0.095 0.810	−1.190 1.190	−0.810 0.095	0.095
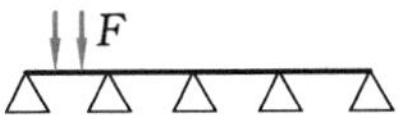	0.274	—	—	—	−0.178	0.048	−0.012	0.822	−1.178 0.226	0.226 −0.060	−0.060 0.012	0.012
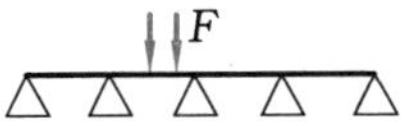	—	0.198	—	—	−0.131	−0.143	0.036	−0.131	−0.131 0.988	−1.012 0.178	0.178 −0.036	−0.036

附表 6.4　五跨梁

荷　载　图	跨内最大弯矩			支座弯矩				剪　　力					
	M_1	M_2	M_3	M_B	M_C	M_D	M_E	V_A	$V_{B左}$ $V_{B右}$	$V_{C左}$ $V_{C右}$	$V_{D左}$ $V_{D右}$	$V_{E左}$ $V_{E右}$	V_F
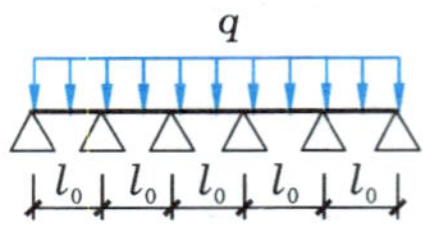	0.078	0.033	0.046	−0.105	−0.079	−0.079	−0.105	0.394	−0.606 0.526	−0.474 0.500	−0.500 0.474	0.526 −0.606	−0.394
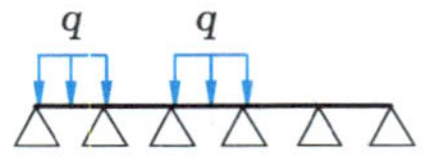	0.100	—	0.085	−0.053	−0.040	−0.040	−0.053	0.447	−0.553 0.013	0.013 0.500	−0.500 −0.013	−0.013 0.553	−0.447
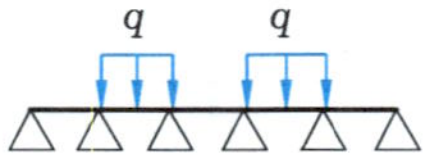	—	0.079	—	−0.053	−0.040	−0.040	−0.053	−0.053	−0.053 0.513	−0.487 0	0 0.487	−0.513 0.053	0.053
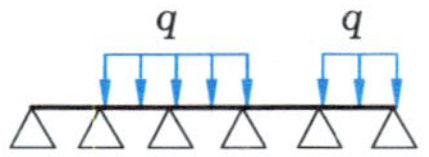	0.073	②0.059 0.078	—	−0.119	−0.022	−0.044	−0.051	0.380	−0.620 0.598	−0.402 −0.023	−0.023 0.493	−0.507 0.052	0.052
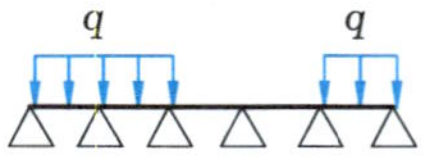	①— 0.098	0.055	0.064	−0.035	−0.111	−0.020	−0.057	−0.035	−0.035 0.424	−0.576 0.591	−0.409 −0.037	−0.037 0.557	−0.443
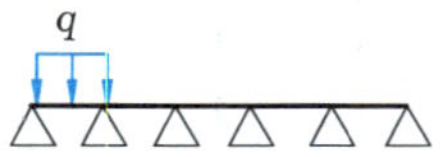	0.094	—	—	−0.067	0.018	−0.005	0.001	0.443	−0.567 0.085	0.085 −0.023	−0.023 0.006	0.006 −0.001	−0.001

续附表6.4

荷　载　图	跨内最大弯矩			支座弯矩				剪　　力					
	M_1	M_2	M_3	M_B	M_C	M_D	M_E	V_A	$V_{B左}$ $V_{B右}$	$V_{C左}$ $V_{C右}$	$V_{D左}$ $V_{D右}$	$V_{E左}$ $V_{E右}$	V_F
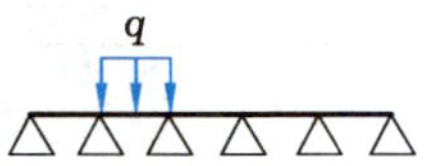	—	0.074	—	−0.049	−0.054	0.014	−0.004	−0.049	−0.049 0.495	−0.505 0.068	0.068 −0.018	−0.018 0.004	0.004
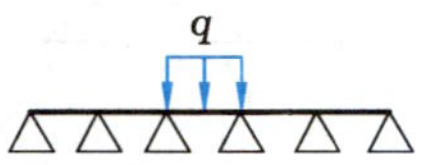	—	—	0.072	0.013	−0.053	−0.053	0.013	0.013	0.013 −0.066	−0.066 0.500	−0.500 0.066	0.066 −0.013	−0.013
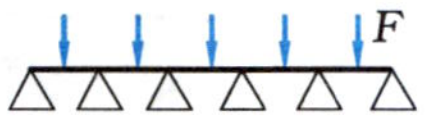	0.171	0.112	0.132	−0.158	−0.118	−0.118	−0.158	0.342	−0.658 0.540	−0.460 0.500	−0.500 0.460	−0.540 0.658	−0.342
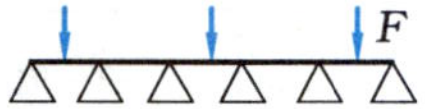	0.211	—	0.191	−0.079	−0.059	− 0.059	−0.079	0.421	−0.579 0.020	0.020 0.500	−0.500 −0.020	−0.020 0.579	−0.421
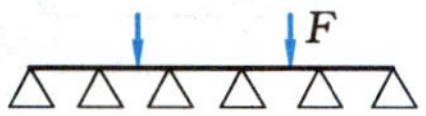	—	0.181	—	−0.079	−0.059	− 0.059	−0.079	−0.079	−0.079 0.520	−0.480 0	0 0.480	−0.520 0.079	0.079
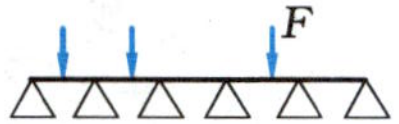	0.160	②0.144 0.178	—	−0.179	−0.032	−0.066	−0.077	0.321	−0.679 0.647	−0.353 −0.034	−0.034 0.489	−0.511 0.077	0.077

续附表6.4

荷载图	跨内最大弯矩			支座弯矩				剪力					
	M_1	M_2	M_3	M_B	M_C	M_D	M_E	V_A	$V_{B左}$ $V_{B右}$	$V_{C左}$ $V_{C右}$	$V_{D左}$ $V_{D右}$	$V_{E左}$ $V_{E右}$	V_F
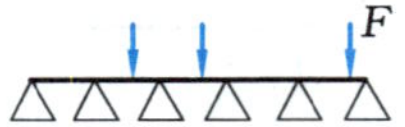	①— 0.207	0.140	0.151	−0.052	−0.167	−0.031	−0.086	−0.052	−0.052 0.385	−0.615 0.637	−0.363 −0.056	−0.056 0.586	−0.414
	0.200	—	—	−0.100	0.027	−0.007	0.002	0.400	−0.600 0.127	0.127 −0.031	−0.031 0.009	0.009 −0.002	−0.002
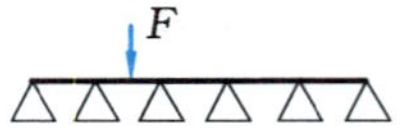	—	0.173	—	−0.073	−0.081	0.022	−0.005	−0.073	−0.073 0.493	−0.507 0.102	0.102 0.027	−0.027 0.005	0.005
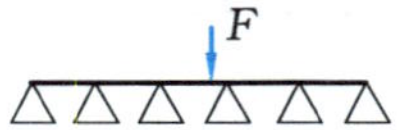	—	—	0.171	0.020	− 0.079	−0.079	0.020	0.020	0.020 −0.099	−0.099 0.500	−0.500 0.099	0.099 −0.020	−0.020
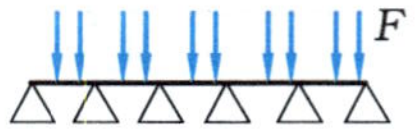	0.240	0.100	0.122	−0.281	−0.211	−0.211	−0.281	0.719	−1.281 1.070	−0.930 1.000	−1.000 0.930	−1.070 1.281	−0.719
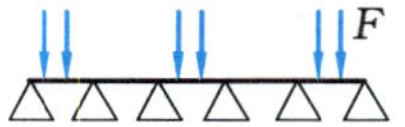	0.287	—	0.228	−0.140	−0.105	−0.105	−0.140	0.860	−1.140 0.035	0.035 1.000	−1.000 −0.035	−0.035 1.140	−0.860

续附表6.4

荷载图	跨内最大弯矩			支座弯矩				剪力					
	M_1	M_2	M_3	M_B	M_C	M_D	M_E	V_A	$V_{B左}$ $V_{B右}$	$V_{C左}$ $V_{C右}$	$V_{D左}$ $V_{D右}$	$V_{E左}$ $V_{E右}$	V_F
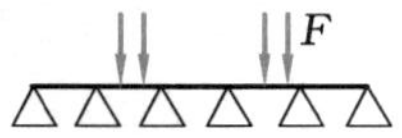	—	0.216	—	−0.140	−0.105	−0.105	−0.140	−0.140	−0.140 1.035	−0.965 0	0.000 0.965	−1.035 0.140	0.140
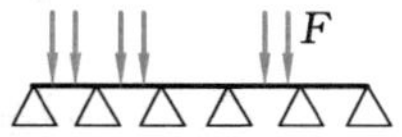	0.227	②0.189/0.209	—	−0.319	−0.057	−0.118	−0.137	0.681	−1.319 1.262	−0.738 −0.061	−0.061 0.981	−1.019 0.137	0.137
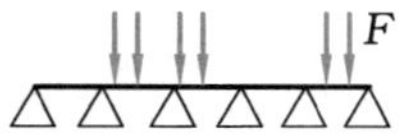	①—/0.282	0.172	0.198	−0.093	−0.297	−0.054	−0.153	−0.093	−0.093 0.796	−1.204 1.243	−0.757 −0.099	−0.099 1.153	0.847
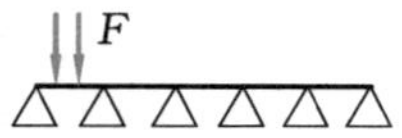	0.274	—	—	−0.179	0.048	−0.013	0.003	0.821	−1.179 0.227	0.227 −0.061	−0.061 0.016	0.016 −0.003	−0.003
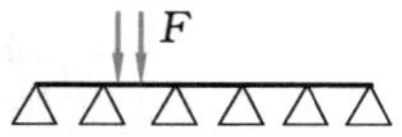	—	0.198	—	−0.131	−0.144	0.038	−0.010	−0.131	−0.131 0.987	−1.013 0.182	0.182 −0.048	−0.048 0.010	0.010
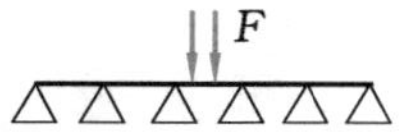	—	—	0.193	0.035	−0.140	−0.140	0.035	0.035	0.035 −0.175	−0.175 1.000	−1.000 0.175	0.175 −0.035	−0.035

注：①分子及分母分别为 M_1 及 M_5 的弯矩系数；②分子及分母分别为 M_2 及 M_4 的弯矩系数。

参考文献

[1] 中华人民共和国住房和城乡建设部.混凝土结构设计标准:GB/T 50010—2010(2024 版)[S].北京:中国建筑工业出版社,2024.

[2] 中华人民共和国住房和城乡建设部.混凝土结构通用规范:GB 55008—2021[S].北京:中国建筑工业出版社,2022.

[3] 中华人民共和国住房和城乡建设部.工程结构通用规范:GB 55001—2021[S].北京:中国建筑工业出版社,2022.

[4] 中华人民共和国住房和城乡建设部.建筑结构可靠性设计统一标准:GB 50068—2018[S].北京:中国建筑工业出版社,2019.

[5] 中华人民共和国住房和城乡建设部.建筑结构荷载规范:GB 50009—2012[S].北京:中国建筑工业出版社,2012.

[6] 中华人民共和国住房和城乡建设部.混凝土结构耐久性设计标准:GB/T 50476—2019[S].北京:中国建筑工业出版社,2019.

[7] 中华人民共和国住房和城乡建设部.预应力混凝土结构设计规范:JGJ 369—2016[S].北京:中国建筑工业出版社,2016.

[8] 东南大学,同济大学,天津大学.混凝土结构:上册 [M].7 版.北京:中国建筑工业出版社,2020.

[9] 杨虹.混凝土结构设计原理[M].北京:机械工业出版社,2018.

[10] 沈蒲生.混凝土结构设计原理 [M].5 版.北京:高等教育出版社,2020.

[11] 刘立新,杨万庆.混凝土结构设计原理[M].3 版.武汉:武汉理工大学出版社,2021.

[12] 赵亮,王百田.混凝土结构原理与设计[M].4 版.武汉:武汉理工大学出版社,2021.

[13] 梁兴文,史庆轩.混凝土结构设计原理[M].5 版.北京:中国建筑工业出版社,2022.

[14] 牛少儒,杨子江.混凝土结构[M].哈尔滨:哈尔滨工业大学出版社,2016.

[15] 徐锡权.建筑结构[M].2 版.北京:北京大学出版社,2014.

[16] 江见鲸,李杰,金伟良.高等混凝土结构理论[M].北京:中国建筑工业出版社,2007.

[17] 东南大学,天津大学,同济大学.混凝土结构学习指导[M].3 版.北京:中国建筑工业出版社,2020.

[18] 刘雁.建筑结构[M].4 版.北京:机械工业出版社,2020.

[19] 唐兴荣.混凝土结构课程设计解析与实例[M].2 版.北京:机械工业出版社,2021.